Wolfgang Uhl
Apostolos Kyriatsoulis

Namen- und Schlagwortreaktionen in der Organischen Chemie

Wolfgang Uhl
Apostolos Kyriatsoulis

Namen- und Schlagwortreaktionen in der Organischen Chemie

Springer Fachmedien Wiesbaden GmbH

Zeichnungen: *Gudrun Uhl*, Santa Ana (California, USA)
Verlagsredaktion: *Björn Gondesen*

Ursprünglich erschienen bei Friedr. Vieweg & Sohn Verlagsgesellschaft mbH, Braunschweig 1984

Satz: Goebecke, Braunschweig

ISBN 978-3-663-02003-5 ISBN 978-3-663-02002-8 (eBook)
DOI 10.1007/978-3-663-02002-8

Vorwort

Das vorliegende Buch enthält eine Sammlung und detaillierte Beschreibung wichtiger Reaktionen der Organischen Chemie, alphabetisch nach Namen und Schlagworten geordnet. Es wendet sich insbesondere an Chemiestudenten im zweiten Studienabschnitt, doch haben wir uns um eine Darstellungsweise bemüht, die auch Studenten mit Chemie als Nebenfach einen problemlosen Einstieg in dieses komplexe Teilgebiet der Chemie ermöglicht. Besonderen Wert haben wir auf eine verständliche Darstellung der Reaktionsmechanismen gelegt, die anhand von Formelbildern ausführlich erläutert werden.
Die Besprechung der einzelnen Reaktionen gliedert sich einheitlich in jeweils vier Abschnitte: Einer kurzen Einführung folgt zunächst die graphische Darstellung des Reaktionsverlaufs. Der gewählte Aufbau des Formelschemas ermöglicht sowohl die direkte Gegenüberstellung von Edukten und Produkten als auch die Wiedergabe von Intermediaten und Übergangszuständen. Ergänzend dazu findet der Leser unterhalb jeder Abbildung einen Kurzkommentar, der stichwortartig die aufeinanderfolgenden Teilschritte der Reaktion erläutert. Diese unmittelbare Verknüpfung von Text und Bild erleichtert das Erfassen und Einprägen der Reaktionsmechanismen sowie das Erkennen von Wechselbeziehungen zwischen molekularer Struktur und Reaktivität.
Eine ausführliche Diskussion des Reaktionsverlaufs folgt im nächsten Abschnitt. Hier erhält der Leser Antwort auf seine Fragen zur treibenden Kraft und damit zur molekularen Basis der wichtigsten Teilschritte. Abgestimmt auf die spezielle Problematik der einzelnen Reaktionen finden sich zusätzliche Erläuterungen, beispielsweise zum stereochemischen Verlauf, zur Kinetik, zu Substituenteneffekten sowie zu möglichen Katalysatoren. Zahlreiche Querverweise – diese sind kursiv hervorgehoben – machen die enge mechanistische Verwandtschaft vieler Umsetzungen deutlich und erleichtern deren Einprägung durch das Aufzeigen gemeinsamer Reaktionsprinzipien.
Im letzten Abschnitt werden stichwortartig die wichtigsten Einsatzgebiete der betreffenden Reaktion vorgestellt. Anhand konkreter Beispiele wird auf besondere Anwendungsmöglichkeiten in den verschiedenen Teilgebieten der Chemie hingewiesen. Die im Literaturverzeichnis angeführten Übersichtsartikel ermöglichen einen bequemen Einstieg in die Originalliteratur.
In einigen Fällen konnte die hier skizzierte Reihenfolge aus umbruchbedingten Gründen nicht eingehalten werden: Um das geschlossene Formelschema nicht zerschneiden zu müssen, mußte die Erläuterung dem Formelschema vorangestellt werden.
Zur Auswahl der Namen- und Schlagwortreaktionen haben neben eigenen Erfahrungen die Kommentare und Vorschläge von Professoren und Studenten verschiedener Universitäten beigetragen. Wir haben daher bewußt auch einige Reaktionen aufgenommen, die zwar als „veraltet" gelten, die aber vielerorts offenbar noch zum Prüfungsstoff gehören. Bei der Darstellung und Diskussion der Mechanismen wurden entsprechende Literaturzitate bis mindestens zum Jahr 1981, teilweise aber auch Originalarbeiten neueren Datums berücksichtigt. Es war unser Ziel, ein Buch zu schreiben, das trotz seiner Ausführlichkeit einen noch relativ geringen Umfang besitzt, das nicht nur rein theoretische, sondern auch praxisnahe Informationen bietet, das handlich und für jeden erschwinglich ist. Wir hoffen, damit dem Leser ein nützliches Nachschlagewerk in die Hand zu geben, das

seine Fragen zu Namen- und Schlagwortreaktionen umfassend beantwortet und zeitraubende Literaturrecherchen erspart.
Der größte Teil dieses Buches entstand in der Zeit unserer Promotion im Arbeitskreis für Biochemie der Technischen Hochschule Darmstadt. Wir sind daher unserem Doktorvater, Herrn Professor H. G. Gassen, sowie unseren Arbeitskollegen für ihre Rücksichtnahme zu größtem Dank verpflichtet. Herrn Professor G. Habermehl danken wir für viele hilfreiche Vorschläge zum Inhalt und Aufbau unseres Buches. Dr. G. Köhler und Dr. U. Bergmann unterstützten uns durch konstruktive Kritik und wertvolle Hinweise bei der Gestaltung der Formelbilder und der Ausarbeitung des Textes. Frau E. Rönnfeld war uns bei der Fertigstellung des Manuskripts eine große Hilfe. Wir bedanken uns ebenso bei den Herren A. Weis und B. Gondesen vom Verlag Vieweg für ihr Interesse an unserer Arbeit und ihr freundliches Entgegenkommen bei unseren Gesprächen, Herrn B. Gondesen auch für seine fachkundlichen Anregungen. Unser besonderer Dank gilt Frau Gudrun Uhl, die viele Stunden ihrer Freizeit geopfert und mit viel Geduld die Formelbilder zu unserem Buch gezeichnet hat.
Wir begrüßen Kommentare und Kritik zu dieser Arbeit und möchten daher unsere Leser zu Stellungnahmen anregen.

Wolfgang Uhl
Apostolos Kyriatsoulis

Verzeichnis der Abkürzungen und Symbole

A	Anwendungen
Ac	Acetyl-
Ar	Aryl-
B	Base
CIDNP	engl. für chemisch induzierte dynamische Kernpolarisation
DMF	Dimethylformamid
DMSO	Dimethylsulfoxid
E	Erläuterungen
Et	Ethyl-
fl	flüssig
g	gasförmig
Hal	Halogen
$h \cdot \nu$	Strahlung
Kat	Katalysator
KM	Kondensationsmittel
KW	Kohlenwasserstoff
L	Literatur
LM	Lösungsmittel
M	Mechanismus
M	Metall
Me	Methyl-
NBS	N-Bromsuccinimid
OM	Oxidationsmittel
P	Druck
Ph	Phenyl-
R	Alkylrest
RT	Raumtemperatur
THF	Tetrahydrofuran
Ts	Tosyl-
Δ	Hitze
	Umlagerung
$-C\lessgtr$	tert.-Butylrest
$-\overset{\vert}{\underset{\vert}{C}}-$	Alkylrest, allgemein
(N–H	N-haltiger Heterocyclus
⌒	Dieses Zeichen weist auf Zwischen- oder Endprodukte einer Reaktion hin oder gibt einen Hinweis zum Reaktionsablauf.

Inhaltsverzeichnis

Namenreaktionen

Schlagwortreaktionen

Arbuzov

Trialkylphosphit-Umwandlung

Die Arbuzov-Reaktion ist eine der vielseitigsten Synthesemethoden zum Aufbau von Kohlenstoff-Phosphor-Bindungen. In ihrer einfachsten Form umfaßt sie die Umsetzung von symmetrischen Estern der phosphorigen Säure (A, B = R^1—O—) mit Alkylhalogeniden zu Phosphonsäureestern. Es handelt sich hierbei um die Aufeinanderfolge zweier S_N2-Prozesse, in deren Verlauf das P-Atom vom trivalenten in den pentavalenten Zustand überführt wird. Die hohe Anwendungsbreite des Verfahrens beruht auf der Möglichkeit, beide Reaktanten in weiten Grenzen zu variieren und darüberhinaus auch Vertreter verwandter Verbindungsklassen als Substrate mit einzubeziehen.

M

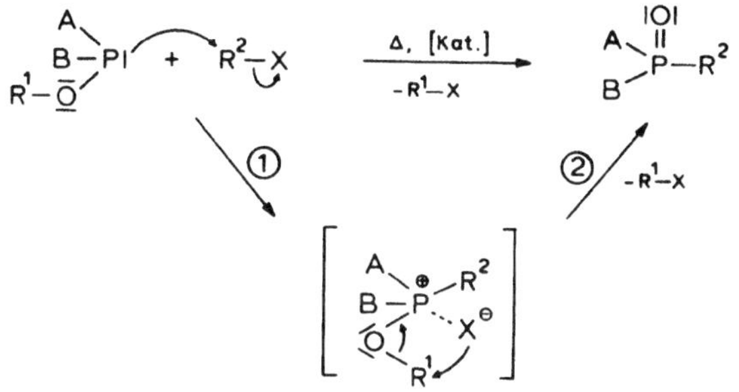

A, B: R^1–O–; C_6H_5–O–; C_6H_5–; –C–; >N–

R^1: H_3C–; –CH_2–; >CH–

R^2: H–; H_3C–; –CH_2–; >CH–; –CO–

X: I; Br; Cl; (OH)

Kat.: h·ν; Cu; $CoCl_2$; $Ni(CO)_4$; $PdCl_2$; $Pd(OAc)_2$

① Nucleophile Substitution (S_N2) ⌒ "Quasiphosphonium"-Derivat

② Nucleophile Substitution (S_N2) ⌒ pentavalentes Phosphor-Derivat

E Die unter dem Formelschema aufgelisteten Derivate des dreiwertigen Phosphors sind leicht polarisierbare Verbindungen (großes Volumen des P-Atoms; vgl. Amine) und zeigen deshalb eher nucleophile als basische Eigenschaften. Ihr Reaktionsverhalten wird zusätzlich durch eine starke Tendenz zur Ausbildung der stabilen P═O Doppelbindung geprägt, die sich u. a. in einer außerordentlichen Empfindlichkeit gegenüber Oxidationsmitteln äußert. Mit primären Aklylhalogeniden setzen sie sich im Sinne einer S_N2-Reaktion zu Phosphonium-Verbindungen um, die zum Teil recht stabil sind (A, B = Aryl—O—, R^1 = Aryl—) und in einigen Fällen bereits isoliert wurden. Der Charakter der P···X-Bindung schwankt zwischen rein ionisch und kovalent.

Trialkylreste der phosphorigen Säure liefern unbeständige "Quasiphosphonium"-Salze, die sehr leicht dem nucleophilen Angriff des Anions $X^\ominus$ unterliegen. Sind R^1 und R^2 gleich, wird bei diesem Teilschritt das verbrauchte Aklylhalogenid zurückgebildet, so daß katalytische Mengen dieser Komponente zur Initiation der Reaktion ausreichen. Die gesamte Umsetzung entspricht nun lediglich einer Isomerisierung der Phosphor-Verbindung (Arbuzov-Umlagerung). Haloalkylester der phosphorigen Säure können intramolekular zu den entsprechenden pentavalenten Derivaten umlagern.

Entsprechend dem S_N2-Charakter der Trialkylphosphit-Umwandlung nimmt die Reaktivität der Halogenkomponente gemäß nachstehender Reihenfolge ab:

$$R{-}CO{-}X > R{-}CH_2{-}X > R_2CH{-}X \gg R_3C{-}X\,; \quad I > Br > Cl$$

Tertiäre Alkylhalogenide sowie die einfachen Aryl- und Vinylhalogenide sind praktisch inaktiv. Auch sekundäre Halogenalkane liefern nur in wenigen Fällen (Isopropyljodid) befriedigende Ergebnisse. In analoger Weise sinkt die Reaktivität der Alkoxygruppen gemischter Trialkylphosphite wie folgt: $-O-CH_3 > -O-C_2H_5 > -O-CH(CH_3)_2$.

Die nucleophile Kraft der Phosphor-Verbindung wird über die Elekronenaffinität der Substituenten A, B und R^1 gesteuert. Elektronenspendende Gruppen erleichtern den Angriff am Halogenid, elektronenziehende Reste erschweren die Umsetzung. Phosphorigsäureester (A, B = R—O—) sollten zumindest an einem ihrer Sauerstoffatome einen Alkylrest tragen. Triarylphosphite zeigen keine Arbuzov-Reaktion.

Ester der phosphonigen und der phosphinigen Säure [$RP(OR^1)_2$ bzw. R_2POR^1] lagern sich im allgemeinen sehr bereitwillig zu den isomeren Phosphinsäureestern bzw. Phosphinoxiden um. Die aus diesen Substraten intermediär gebildeten Addukte zerfallen leichter als die "Quasiphosphonium"-Salze der Phosphorigsäureester. Die Reaktivität der verschiedenen P (III)-Verbindungen läßt sich am Beispiel der Ethyl-Derivate wie folgt abstufen:

$Et_2POEt > EtP(OEt)_2 > P(OEt)_3$.

Normalerweise gelingt die Arbuzov–Reaktion ohne Zusatz von Katalysatoren. In bestimmten Fällen (z. B.: Trialkylphosphite + Jodbenzol) erweist sich jedoch eine Katalyse als notwendig oder zumindest vorteilhaft. Einige Beispiele katalytisch aktiver Substanzen sind unter dem Formelschema zusammengefaßt.

A Synthese von Phosphonolipiden (⌒ Chemotherapie); Darstellung sonst nur schwer zugänglicher Alkylhalogenide (Neopentylhalogenide); Konfigurationsanalysen mit Hilfe cyclischer Phosphorigsäureester

L *A. Arbuzov, J. Russ.* Phys.-Ges. **38**, 687 (1906).

G. M. Kosolapoff, Org. React. **6**, 276 -279 (1951).

K. Sasse, Organische Phosphorverbindungen, in *Houben-Weyl-Müller:* Methoden der Organischen Chemie, 4. Aufl., Bd. XII/1, S. 150–152; 171; 251–257; 433–446, Thieme, Stuttgart 1963.

K. Sasse, Organische Phosphorverbindungen, in *Houben-Weyl-Müller:* Methoden der Organischen Chemie, 4. Aufl., Bd. XII/2, S. 80–82; 284–292; 463–464, Thieme, Stuttgart 1964.

B. A. Arbuzov, Pure Appl. Chem. **9**, 307–353 (1964).

G. Hilgetag, K. Zieloff und *H. Paul,* Angew. Chem. **77**, 261–262 (1965).

H. G. Henning, Z. Chem. **6**, 463–464 (1966).

R. G. Harvey, Tetrahedron **22**, 2561–2573 (1966).

G. Aksnes und *R. Eriksen,* Acta Chim. Scand. **20**, 2463–2466 (1966).

A. J. Kirby und *S. G. Warren,* The Organic Chemistry of Phosphorus, S. 37–45, Elsevier, Amsterdam 1967.

H. Groß, G. Engelhardt, J. Freiberg, W. Bürger und *B. Costisella,* Liebigs Ann. Chem. **707**, 35–43 (1967).

H.-G. Henning und *G. Hilgetag,* Z. Chem. **7**, 169–176 (1967).

B. A. Arbuzov, Z. Chem. **14**, 41–49 (1974).

R. S. Edmundson, Phosphoric Acid Derivatives, in *Barton-Ollis:* Comprehensive Organic Chemistry, vol. II, S. 1287–1288, Pergamon Press, Oxford (1979).

T. M. Balthazor und *R. C. Grabiak,* J. Org. Chem. **45**, 5425–5426 (1980).

A. K. Bhattacharya und *G. Thyagarajan,* Chem. Rev. **81**, 415–430 (1981).

J. A. Miles, R. C. Grabiak und *M. T. Beeny,* J. Org. Chem. **46**, 3486–3492 (1981).

Arndt-Eistert

Kettenverlängerung von Carbonsäuren um eine CH_2-Gruppe

Carbonsäurechloride lassen sich durch Reaktion mit Diazomethan und anschließender Umlagerung (*Wolff, Diazoketon→ Keten-Umlagerung*) der hierbei entstehenden Diazoketone um eine CH_2-Gruppe verlängern. Die Umsetzung verläuft unter milden Bedingungen und ist daher auch zur Homologisierung reduktionsempfindlicher Verbindungen geeignet. Die Art der eingesetzten Säure ist nur insofern Einschränkungen unterworfen, als zu acide Substituenten (z. B.—OH) im Molekül selbst mit Diazomethan reagieren können.

M

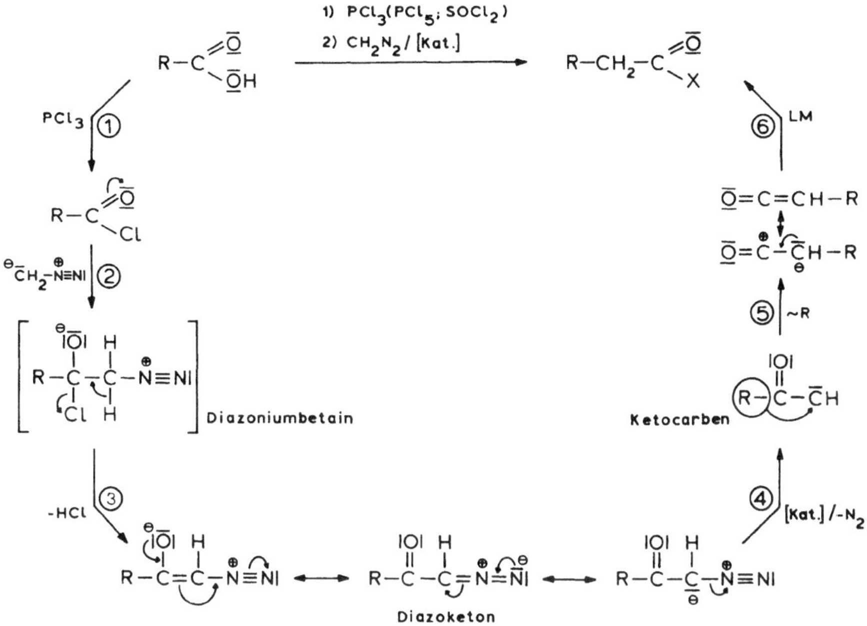

X: OH; OR; NH_2; NHR

LM: H_2O; $R{-}OH$; NH_3; $R{-}NH_2$

Kat.: Ag; Ag_2O; Cu; Pt oder Δ; $h \cdot \nu$

① Überführung in das Carbonsäurechlorid (Nucleophile Substitution)

② Nucleophile Addition ⌒ Diazoniumbetain

③ β-Eliminierung von HCl ⌒ stabiles Diazoketon

④ Eliminierung von Stickstoff

⑤ Aniontrope Umlagerung (*Wolff-Umlagerung*)

⑥ Solvolyse des Ketens

E Der formulierte Mechanismus ist noch nicht in allen Einzelheiten geklärt. Das intermediär entstehende Diazoniumbetain geht sofort unter HCl-Abspaltung in das stabilere, manchmal sogar isolierbare Diazoketon über (stark delokalisiertes Elektronensystem). Da dieses mit der gebildeten Salzsäure zu einem α-Halogen-keton reagieren kann, muß mit einem Überschuß an Diazomethan gearbeitet werden (⌒ $CH_3Cl + N_2$).

In Gegenwart eines Katalysators (z. B. Silberoxid) bzw. beim Belichten oder Erwärmen spaltet das Diazoketon Stickstoff ab und es entsteht ein instabiles Carben. Dessen Elektronensextett wird durch anionotrope Wanderung des Restes R aufgefüllt. Speziell diese Umlagerung konnte durch Umsetzung ^{14}C-markierter Benzoesäure bewiesen werden.

Bei optisch aktiven Carbonsäuren verläuft die Homologisierung ohne Racemisierung oder Inversion. Auch bei cis- und trans-Säuren bleibt die Konfiguration erhalten. Die Reaktion mißlingt, wenn durch sterische Hinderungen bedingt keine Umsetzung der Säurechloride mit Diazomethan möglich ist (Mesitylencarbonsäure).

Mit Hilfe von Diazomethan läßt sich auch die Homologisierung von Aldehyden und Ketonen erreichen. Im Gegensatz zur Arndt–Eistert–Reaktion wird hier ein Mechanismus angenommen, bei dem kein freies Carben auftritt:

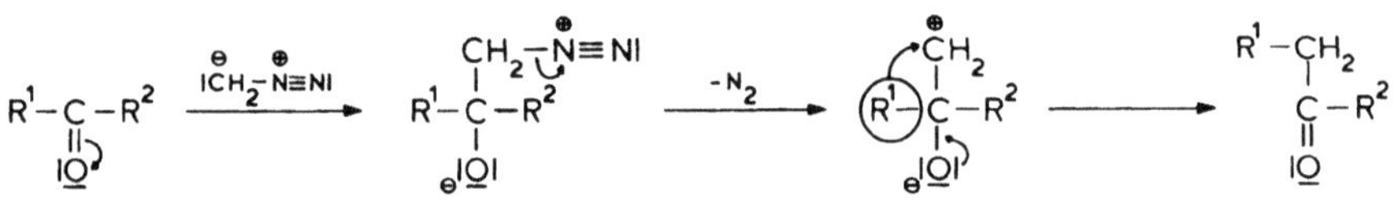

A Ringerweiterung cyclischer Ketone (siehe auch *Tiffeneau-Demjonov*); Aufbau von Steroiden und Synthese von Naturstoffen; Darstellung biologisch wichtiger Kohlenhydrate

L *L. Wolff*, Liebigs Ann. Chem. **394**, 23–59 (1912).
F. Arndt, B. Eistert und *W. Partale*, Ber. Dtsch. Chem. Ges. **60**, 1364–1370 (1927).
H. Henecka, Methoden zur Herstellung, Umwandlung und Decarboxylierung von Carbonsäuren, in *Houben-Weyl-Müller*: Methoden der Organischen Chemie, 4. Aufl., Bd. VIII, S. 456–458, Thieme, Stuttgart 1952.
B. Eistert, M. Regitz, G. Heck und *H. Schwall*, Methoden zur Herstellung und Umwandlung von Diazoverbindungen, in *Houben-Weyl-Müller*: Methoden der Organischen Chemie, 4. Aufl., Bd. X/4, S. 855–868, Thieme, Stuttgart 1968.
D. M. Piatak und *J. Wicha*, Chem. Rev. **78**, 199–241 (1978).
J. Dyong, L. Baumeister und *H. Bendlin*, Chem. Ber. **112**, 161–174 (1979).
I. O. Sutherland, Esters, in *Barton-Ollis*: Comprehensive Organic Chemistry, vol. II, S. 900–901, Pergamon Press, Oxford 1979.

Baeyer–Villiger–Oxidation

Keton → Ester–Umlagerung

Durch Umsetzung mit Peroxysäuren sowie einigen anderen Peroxyverbindungen lassen sich Ketone in Ester und cyclische Ketone in Lactone überführen. Aus α-Diketonen erhält man die entsprechenden Carbonsäureanhydride, aus α,β-ungesättigten Ketonen die Enolester. Am besten geeignet sind Carbonylverbindungen mit tertiären oder sekundären Resten R (auch Vinylgruppen). Substrate mit primären Alkylgruppen zeigen meist geringe Reaktivität.

M

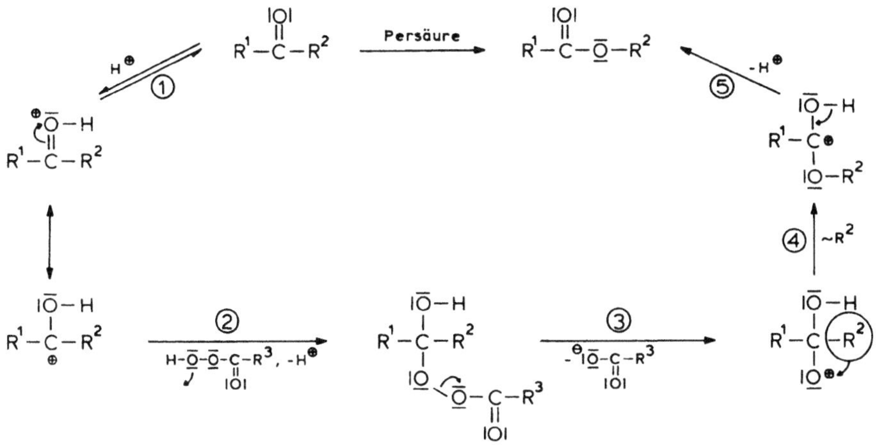

Persäure:

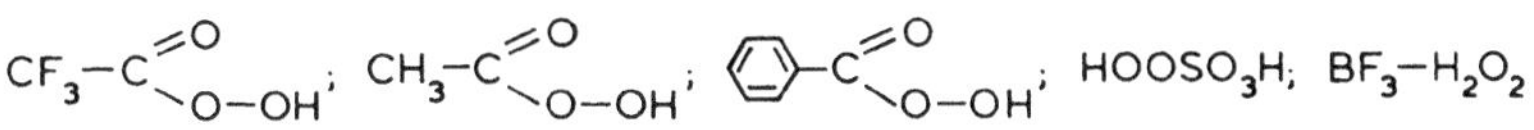

① Aktivierung des Ketons durch Protonierung

② Nucleophiler Angriff der Peroxyverbindung

③ Heterolytische Spaltung der Peroxid-Bindung

④ Anionotrope Umlagerung eines Alkylrestes

⑤ Deprotonierung

E Die säurekatalysierte Addition der Peroxyverbindung an die Carbonylkomponente ist für die Gesamtreaktion geschwindigkeitsbestimmend. Bei der sich anschließenden heterolytischen Spaltung der O—O-Bindung entsteht ein Sauerstoffatom mit einem Elektronen-Sextett, das durch die anionotrope Umlagerung eines Alkylrestes zum Oktett aufgefüllt wird. Die Wanderungstendenz von R entspricht hierbei der für die *Wagner-Meerwein-* bzw. *Pinakol-Umlagerung* gefundenen Reihenfolge:

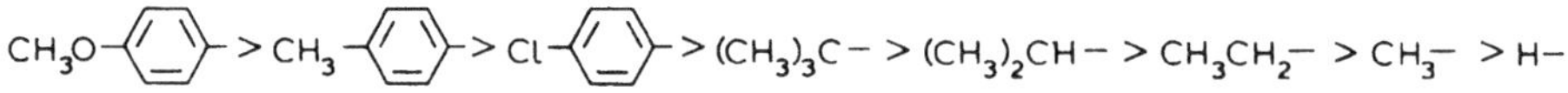

Die Gruppen wandern umso leichter, je besser sie eine positive Ladung kompensieren können. Sterische Faktoren können jedoch die Wanderungstendenz von der hiernach zu erwartenden Reihenfolge abweichen lassen. Die Konfiguration von R bleibt erhalten. Durch ^{18}O-Markierung konnte eindeutig bewiesen werden, daß der bei der Umlagerung eingeschobene Sauerstoff aus dem Säuremolekül stammt. Unklar ist bisher, ob die Abspaltung des Carboxylations und die Wanderung von R nacheinander oder gleichzeitig erfolgen. Obwohl eher ein synchroner Mechanismus anzunehmen ist (positiv geladener Sauerstoff!), wurde aus didaktischen Gründen die kationische Zwischenstufe in das Formelschema aufgenommen.

Peroxytrifluoressigsäure zeichnet sich durch eine besonders hohe Reaktivität aus. Sie beruht wahrscheinlich darauf, daß deren Anion als konjugierte Base einer starken Säure eine sehr gute Austrittsgruppe darstellt.

A Technische Darstellung von Lactonen aus cyclischen Ketonen; Steroidchemie: Synthese von Estern aus Methylketonen (Konfigurationserhalt!); Strukturaufklärung von Ketonen

L *A. von Baeyer* und *V. Villiger*, Ber. Dtsch. Chem. Ges. **32**, 3625-3633 (1899).
C. H. Hassall, Org. React. **9**, 73-106 (1957).
H. Kroeper, Lactone durch Umlagerungsreaktionen, in *Houben-Weyl-Müller:* Methoden der Organischen Chemie, 4. Aufl., Bd. VI/2, S. 707-711, Thieme, Stuttgart 1963.
H. O. House, Modern Synthetic Reactions, 2nd ed., S. 321-328, Benjamin, Menlo Park 1972.
A. De Boer und *R.E. Ellwanger*, J. Org. Chem. **39**, 77-83 (1974).
M. A. Winnik, V. Stoute und *P. Fitzgerald*, J. Am. Chem. Soc. **96**, 1977-1979 (1974).
T. Momose, S. Atarashi und *O. Muraoka*, Tetrahedron Lett. **1974**, 3697-3700.
G. Metha, P. N. Pandey und *T. L. Ho*, J. Org. Chem. **41**, 953-956 (1976).
P. A. Griego, Y. Yokoyama, S. Gilman und *Y. Ohfune*, J. Chem. Soc., Chem. Commun. **1977**, 870-871.
Z. Grudzinski, S. M. Roberts, C. Howard und *R. F. Newton*, J. Chem. Soc., Perkin Trans. I **1978**, 1182-1186.
Y. Ogata, K. Tomizawa und *T. Ikeda*, J. Org. Chem. **43**, 2417-2419 (1978).
H. Miura, K.-I. Hirao und *O. Yonemitsu*, Tetrahedron **34**, 1805-1811 (1978).
A. J. Waring, Ketones, in *Barton-Ollis*: Comprehensive Organic Chemistry, vol. I, S. 1086-1087, Pergamon Press, Oxford 1979.
I. O. Sutherland, Esters, in *Barton-Ollis*: Comprehensive Organic Chemistry, vol. II, S. 894-896, Pergamon Press, Oxford 1979.
P. F. Hudrlik, A. M. Hudrlik, G. Negendrappa, T. Yimenu, E. T. Zellers und *E. Chin*, J. Am. Chem. Soc. **102**, 6894-6896 (1980).
Shafiullah, M. A. Ghaffari und H. Ali, Tetrahedron **36**, 2263-2265 (1980).
R. Noyori, T. Sato und *H. Kobayashi*, Tetrahedron Lett. **1980**, 2569-2572.
R. Noyori, H. Kobayashi und *T. Sato*, Tetrahedron Lett. **1980**, 2573-2576.
J. M. Schwab, J. Am. Chem. Soc. **103**, 1876-1878 (1981).
W. Adam und *A. Rodriquez*, Tetrahedron Lett. **1981**, 3505-3508.
W. Adam und *A. Rodriquez*, Tetrahedron Lett. **1981**, 3509-3512.
W. F. Bailey und *M.-J. Shih*, J. Am. Chem. Soc. **104**, 1769-1771 (1982).
M. Suzuki, H. Takada und *R. Noyori*, J. Org. Chem. **47**, 902-904 (1982).

Bamberger

N-Phenyl-hydroxylamin → p-Aminophenol-Umlagerung

Unter der Einwirkung verdünnter Schwefelsäure zeigen N-Phenyl-hydroxylamine eine Umlagerungsreaktion, die zur vorwiegenden Bildung von para-Aminophenolen führt. In vielen Fällen muß jedoch mit einem hohen Anteil an ortho-substituierten Nebenprodukten gerechnet werden. Das Verfahren ist auch auf eine Reihe anderer N-Aryl-hydroxylamine übertragbar.

E Die Protonierung des Sauerstoffatoms der Hydroxylgruppe verstärkt die Polarisierung der N-OH-Bindung und erleichert dadurch deren heterolytische Spaltung. Die Abtrennung des Wassermoleküls wird durch die Resonanzstabilisierung des entstehenden mesomeren Kations zusätzlich begünstigt. Dieses addiert bevorzugt in para-Stellung einen im Reaktionsmedium vorhandenen nucleophilen Partner. Durch die sich anschließende Protonenverschiebung wird das aromatische System zurückgebildet und das Molekül stabilisiert.

Während bei Umsetzungen in wäßriger Schwefelsäure fast ausschließlich p-Aminophenole entstehen, führt die Verwendung von Halogenwasserstoffsäuren oder alkoholischen Lösungsmitteln zur vestärkten Bildung ortho-substituierter Produkte (z. B. ⌒ 4- und 2-Ethoxyanilin). Ist die para-Position besetzt, hängt der Verlauf der Reaktion von der Art des Substituenten ab:

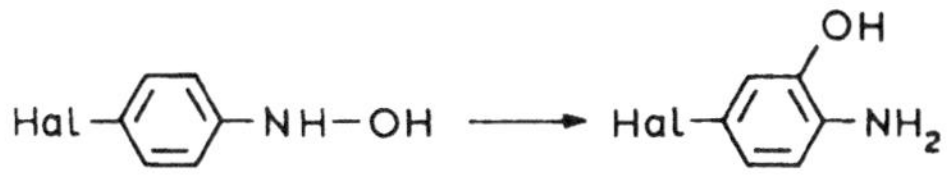

Keine Verschiebung des Halogens! Die OH-Gruppe wird in ortho-Stellung gebunden.

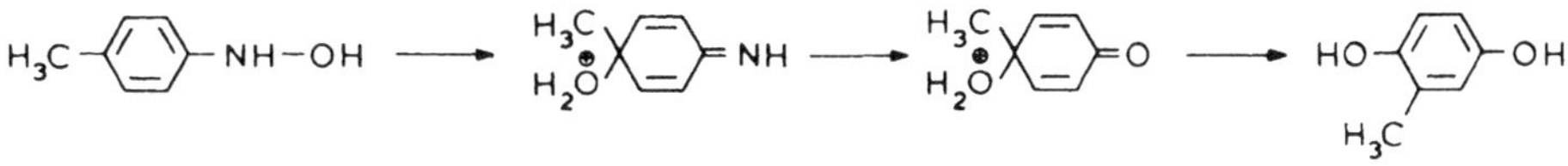

Das primär gebildete Iminochinol wird zum Chinol hydrolysiert. Die Stabilisierung erfolgt durch Umlagerung der Methylgruppe (⌒ Methylhydrochinon).

Das Auftreten von Anilin und Azoxybenzol als Nebenprodukte wird auf die Einwirkung von Luftsauerstoff zurückgeführt. Die gebildeten Aminophenole sind oxidationsempfindlich und müssen unter entsprechenden Vorsichtsmaßnahmen dargestellt werden.

M

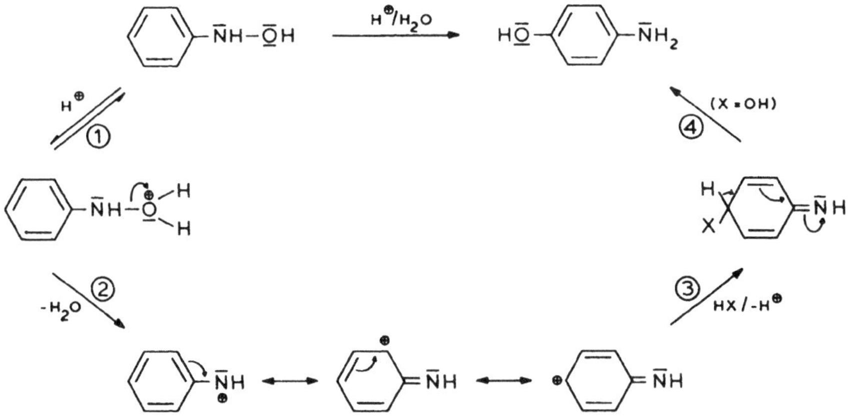

HX: HOH; HF; HCl; HBr; $HO_3SC_6H_5$; $HOCH_3$; HOC_2H_5

① Protonierung ⌒ Erhöhung der Austrittstendenz

② Abspaltung von Wasser ⌒ mesomeriestabilisiertes Kation

③ Addition eines Nucleophils

④ Aromatisierung durch Protonenverschiebung

A Darstellung aromatischer Amine; Redukion aromatischer Nitroverbindungen unter Umlagerungsbedingungen (Nitrobenzol → 4-Amino-phenol)

L *E. Bamberger*, Ber. Dtsch. Chem. Ges. **27**, 1347–1350; 1548–1557 (1894).
H. E. Heller, E. D. Hughes und *C. K. Ingold*, Nature **168**, 909–910 (1951).
E. D. Hughes und *C. K. Ingold*, Q. Rev., Chem. Soc. **6**, 45–48 (1952).
B. Zeeh und *H. Metzger*, Methoden zur Herstellung und Umwandlung von Hydroxylaminen, in *Houben-Weyl-Müller*: Methoden der Organischen Chemie, 4. Aufl. Bd. X/1, S. 1249–1252. Thieme, Stuttgart 1971.
T. Okamoto, K. Shudo und *T. Ohta*, J. Am. Chem. Soc. **97**, 7184–7185 (1975).
K.-F. Wedemeyer, Methoden zur Herstellung und Umwandlung ein- und mehrwertiger Phenole, in *Houben-Weyl-Müller*: Methoden der Organischen Chemie, 4. Aufl. Bd. VI/1c, S. 85–107, Thieme, Stuttgart 1976.
M. E. Grace, M. J. Loosemore, M. L. Semmel und *R. F. Pratt*, J. Am. Chem. Soc. **102**, 6784–6789 (1980).
T. Sone, Y. Tokuda, T. Sakai, S. Shinkai und *O. Manabe*, J. Chem. Soc., Perkin Trans. II **1981**, 298–302.
T. Sone, K. Hamamoto, Y. Seiji, S. Shinkai und *O. Manabe*, J. Chem. Soc., Perkin Trans. II **1981**, 1596–1598.

Bamford-Stevens

Darstellung von Aryldiazoalkanen bzw. Olefinen

Durch Umsetzung von Carbonylverbindungen mit Arylsulfonylhydrazinen erhält man Hydrazone, die durch Basen in die entsprechenden Diazoverbindungen und Sulfinsäuresalze gespalten werden. Erstere bilden, je nach Reaktionsbedingungen, Carbene oder Carbeniumionen, die zu Olefinen (Hauptprodukt) weiterreagieren. Es werden fast ausschließlich p-Toluolsulfonylhydrazone dargestellt, da sie leicht zugänglich und stabil sind.

E Die Art der entstehenden Zwischenverbindungen ist entscheidend von der Wahl des Lösungsmittels abhängig. In protischen Solventien wird das Diazoalkan noch vor der N_2-Eliminierung protoniert. Das nachfolgend, im Teilschritt ⑤ gebildete Carbeniumion stabilisiert sich (ohne oder mit vorheriger Umlagerung) durch Abgabe eines $H^{\oplus}$-Ions und Ausbildung einer Doppelbindung. In aprotischen Lösungsmitteln entsteht nach der N_2-Abspaltung ein Carben, das die üblichen Folgereakionen zeigt (Insertion, Hydridwanderung, Additionsreaktionen). Da die Hydrazone über ein acides H-Atom verfügen, kann bei zu geringer Basenkonzentration ein protisches Lösungsmittel "vorgetäuscht" werden. Beide Mechanismen führen vorwiegend zu trans-orientierten Produkten.

Die Ausbeute an Olefinen ist bei ringförmigen Hydrazonen mittlerer Größe (5-, 6-gliedrig) besonders gut, da die Stabilisierung hier offenbar ausschließlich durch Hydridwanderung (= Isomerisierung) erfolgt. Bei höhergliedrigen Ringsystemen sowie bei offenkettigen Verbindungen nimmt die Konkurrenz durch Einschubreaktionen zu.

Die Umsetzung der Hydrazone mit Alkyllithium-Reagenzien stellt eine Variante der *Bamford-Stevens-Reaktion* dar. Sie führt über eine Eliminierung des α-H-Atoms aus dem Li-Salz des Tosylhydrazons ebenfalls zu olefinischen Produkten. Es entstehen fast ausschließlich nicht umgelagerte Alkene mit vorwiegender cis-Orientierung:

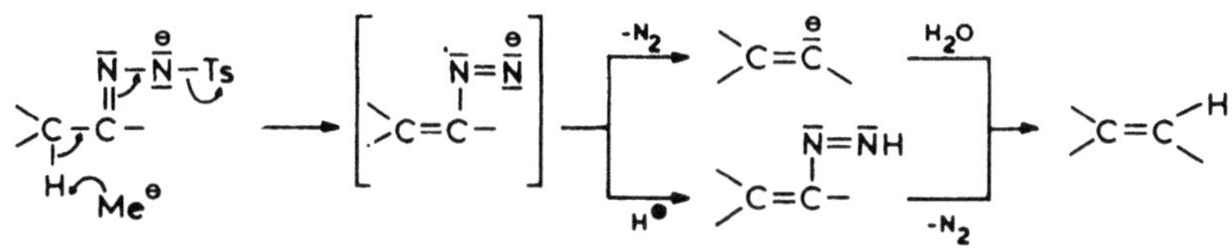

M

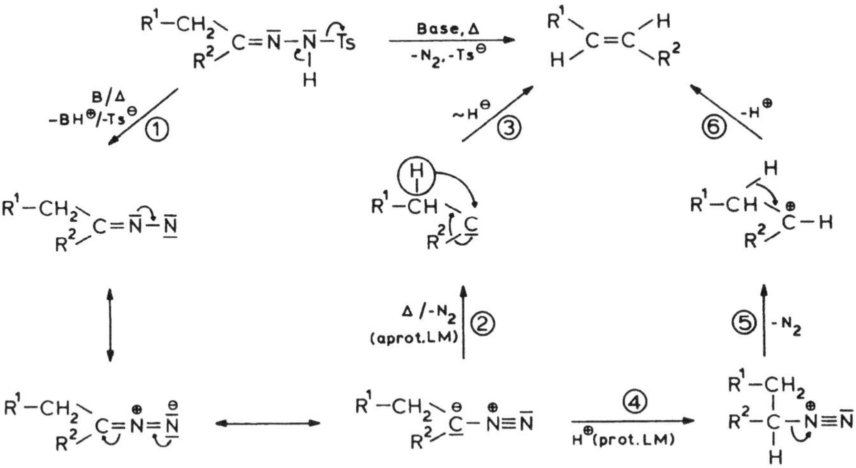

Base: $H^{\ominus}$; $EtO^{\ominus}$; $MeO^{\ominus}$; $NH_2^{\ominus}$; $R^{\ominus}$;

LM(prot.): Ethanol; Ethylenglycol; Diethylenglycol;

LM(aprot.): Diethylenglycoldimethylether; ~diethylether; Pyridin; Kohlenwasserstoffe (Decalin);

① Thermische α-Eliminierung
② Eliminierung von N_2 ⌒ Carben
③ Stabilisierung durch Hydridwanderung
④ Protonierung ⌒ Einschränkung der Konjugationsmöglichkeit
⑤ Eliminierung von N_2 ⌒ Carbeniumion
⑥ Stabilisierung durch Protonenabgabe

A Synthese von Olefinen; Darstellung von Diazoverbindungen: Aryl- und Heteroaryldiazoalkane [Diazo-phenylmethan; Diazo-(3-pyridyl)methan], α-Diazocarbonylverbindungen (⌒ Arzneimittelchemie) und Chinondiazide

L

W. R. Bamford und *T. S. Stevens*, J. Chem. Soc. **1952,** 4735–4740.
R. H. Shapiro, Thetrahedron Lett. **1968,** 345-347.
H. Prinzbach und *W. Auge*, Olefine durch spezielle Reaktionen, in *Houben-Weyl-Müller*: Methoden der Organischen Chemie, 4. Aufl., Bd.V/1b, S. 698–718, Thieme, Stuttgart 1972.
W. Sucrow, Hydrazine und Hydrazone, in *F. Korte*: Methodicum Chimicum, Bd. VI, S. 129–130, Thieme, Stuttgart 1974.
M. Regitz, Aliphatische Diazo-Verbindungen, in *F. Korte*: Methodicum Chimicum, Bd. VI, S. 222-225, Thieme, Stuttgart 1974.
J. Casanova und *B. Waegell*, Bull. Soc. Chim. Fr. **1975**, 922–932.
R. H. Shapiro, Org. React. **23**, 405–507 (1976).
M. Regitz, Diazoalkane, S. 115–138, Thieme, Stuttgart 1977.
A. Nikon und *P. S. Zurer*, J. Org. Chem. **46**, 4685–4694 (1981).

Beckmann

Oxim → Amid-Umlagerung

Unter dem Einfluß saurer Katalysatoren lagern sich Oxime in substituierte Carbonsäureamide um. Da sowohl Dialkyl-, Diaryl- als auch Aryl-alkyl-Verbindungen einsetzbar sind, ist die Reaktion von breiter Anwendbarkeit. Aldoxime reagieren analog, jedoch ist in den seltensten Fällen eine Wanderung des H-Atoms zu beobachten. Die Beckmann-Umlagerung eignet sich daher nicht als allgemein anwendbare Methode zur Darstellung unsubstituierter Amide aus Aldoximen.

M

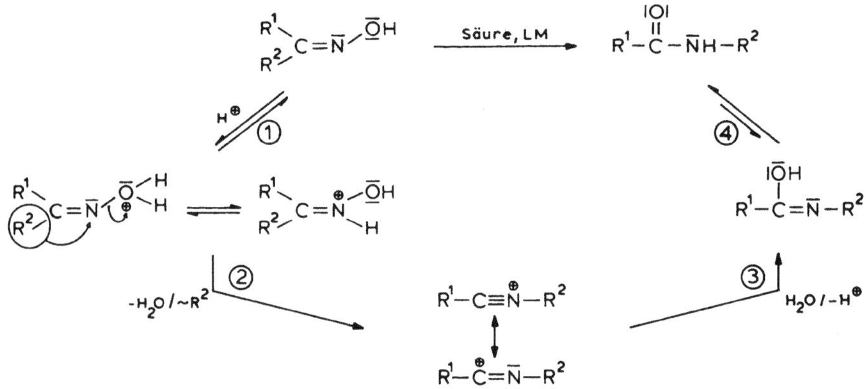

Säure: H_2SO_4; H_3PO_4; HX; R—COOH; $R—SO_3H$; PCl_5; BF_3; $AlCl_3$

LM: Ether; Eisessig; Acetonitril; Alkohol; Pyridin; Benzol

① Protonierung ⌒ Immonium bzw. Oxoniumion

② Abspaltung von Wasser, anionotrope Wanderung ⌒ Nitriliumion

③ Addition von Wasser, Deprotonierung

④ Amid-Imid-Tautomerie

E Die Abtrennung der Hydroxylgruppe unter Mitnahme des bindenden Elektronenpaares wird durch Protonierung bzw. Überführung in einen anorganischen Ester erleichert. Das am Stickstoffatom entstehende Elektronensextett wird sofort durch die anionotrope Wanderung einer der beiden Reste R zum Oktett aufgefüllt. Hierbei handelt es sich vermutlich um einen synchron ablaufenden Prozeß, da bisher keine intermediär auftretenden Nitreniumionen nachgewiesen werden konnten.

Von der Umlagerung ist stets der zur OH-Gruppe trans-ständige Stubstituent betroffen. Gelegentliche Abweichungen von dieser Regel erklärt man sich dadurch, daß vor dem eigentlichen Wechsel des Bindungsplatzes eine Isomerisierung stattfindet, bei der sich die Stellung der OH-Gruppe bezüglich R^1 und R^2 ändert.

Bei unsymmetrisch substituierten Oximen gilt für die Wanderungstendenz:

$(CH_3)_3C-$ >  > $(CH_3)_2CH-$ > CH_3CH_2- > CH_3- > H−

Die optische Aktivität der wandernden Gruppe bleibt erhalten. Sie wird im allgemeinen nie vollständig vom Rest des Moleküls gelöst. Nur in wenigen Fällen wurden auch intermolekulare Umlagerungen beobachtet.

Da im geschwindigkeitsbestimmenden Schritt der Reaktion (②) geladene Teilchen gebildet werden, sollten unpolare Solventien die Umsetzung hemmen. Tatsächlich ist die Umlagerung in Kohlenwasserstoffen als Lösungsmittel kaum durchführbar, während sie in Ether, Alkohol oder Acetonitril bereitwillig abläuft. Durch Zugabe radioaktiv markierten Wassers (^{18}O) konnte die Abtrennung des Sauerstoffs aus dem Oxim bewiesen werden.

Bei der Verwendung von Lewis-Säuren als Katalysatoren wird folgender, den S_Ni-Reaktionen verwandter Mechanismus vorgeschlagen:

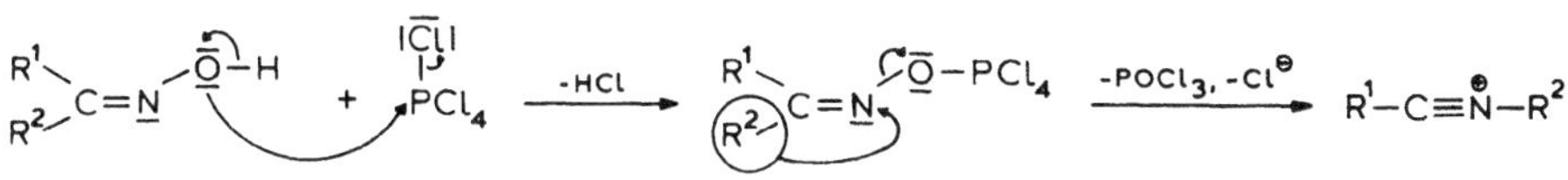

A Konfigurationsermittlung von Oximen; Darstellung von ε-Caprolactam aus Cyclohexanonoxim (↷ Kunststoffe und Polyamidfasern wie z. B. Perlon)

L

E. Beckmann, Ber. Dtsch. Chem. Ges. **20**, 1507–1510; 2580–2585 (1887).
E. C. Franklin, Chem. Rev. **14**, 219–250 (1934).
B. Jones, Chem. Rev. **35**, 335–350 (1944).
L. G. Donaruma und *W. Z. Heldt*, Org. React. **11**, 1–156 (1960).
H. Metzger, Herstellung und Umwandlung von Oximen, in *Houben-Weyl-Müller*: Methoden der Organischen Chemie, 4. Aufl., Bd. X/4, S. 228–232, Thieme, Stuttgart 1968.
T. S. Stevens und *W. E. Watts*, Selected Molecular Rearrangements, S. 52–58, Van Nostrand Reinhold, London 1973.
C. A. Grob und *J. Ide*, Helv. Chim. Acta **57**, 2562–2583 (1974).
H. Suginome und *H. Takahashi*, Bull. Soc. Chem. Jpn. **48**, 576–582 (1975).
B. Eistert und *G. Holzer*, Chem. Ber. **109**, 3462–3472 (1976).
T. Sasaki, S. Eguchi und *O. Hiroaki*, J. Org. Chem. **41**, 1803–1807 (1976).
H. Suginome und *F. Yagihaschi*, J. Chem. Soc., Perkin Trans. I **1977**, 2488–2496.
G. Zinner, Chem.-Ztg. **102**, 58–60 (1978).
H. Gnichtel und *U. Boehringer*, Chem. Ber. **113**, 1507–1513 (1980).
G. Fodor und *S. Nagubandi*, Tetrahedron **36**, 1279–1300 (1980).
K. Hattori, Y. Matsumura, T. Miyazaki, K. Maruoka und *H. Yamamoto*, J. Am. Chem. Soc. **103**, 7368–7370 (1981).
H. Langhals und *C. Rüchardt*, Chem. Ber. **114**, 3831–3854 (1981).
M. Bös und *W. Fleischhacker*, Liebigs Ann. Chem. **1982**, 112–117.
S. Fujita, K. Koyama und *Y. Inagaki*, Synthesis **1982**, 68–69.
K. Hattori, K. Maruoka und *H. Yamamoto*, Tetrahedron Lett. **1982**, 3395–3396.

Birch

Partielle Reduktion aromatischer Verbindungen

Die Reduktion aromatischer Ringsysteme mit Alkalimetallen und Alkohol in flüssigem Ammoniak führt zu partiell hydrierten Produkten, die mit Hilfe anderer Verfahren nur schwer zugänglich sind. Charakteristisch für die Reaktion ist die 1,4-Addition von Wasserstoff, die auch bei der Umsetzung von Alkenen mit konjugierten Doppelbindungen erfolgt. Während isolierte Doppelbindungen nicht reagieren, werden Dreifachbindungen stereospezifisch zu trans-Olefinen reduziert.

M

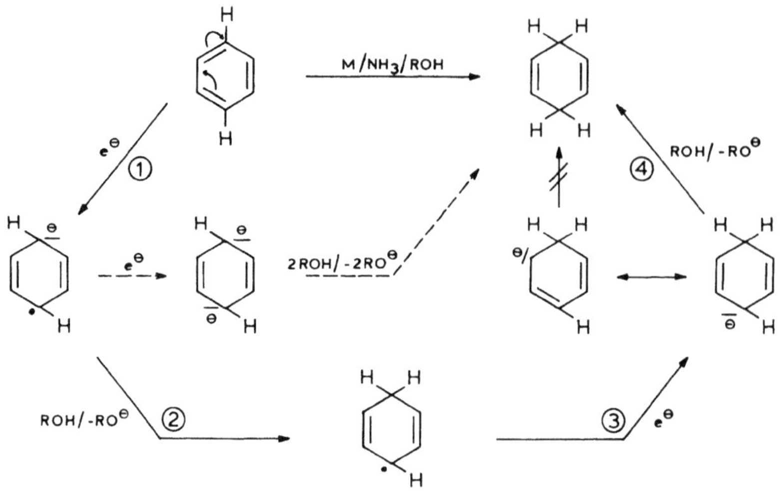

①,③ Elektronentransfer ($Na \rightarrow Na^{\oplus} + e^{\ominus}$)

②,④ Protonierung ($ROH \rightarrow RO^{\ominus} + H^{\oplus}$)

E Leitfähigkeitsmessungen sowie magnetische bzw. spektroskopische Untersuchungen haben gezeigt, daß im Reaktionsmedium "solvatisierte Elektronen" existieren, die offenbar als nucleophiles Reagens fungieren. Demzufolge begünstigen elektronenziehende Substituenten (–COONa) am Aromaten die Reduktion, während Donorgruppen ($-CH_3$, $-NH_2$, $-O^{\ominus}$) den gegenteiligen Effekt bewirken. Es gilt folgendes Orientierungsprinzip:

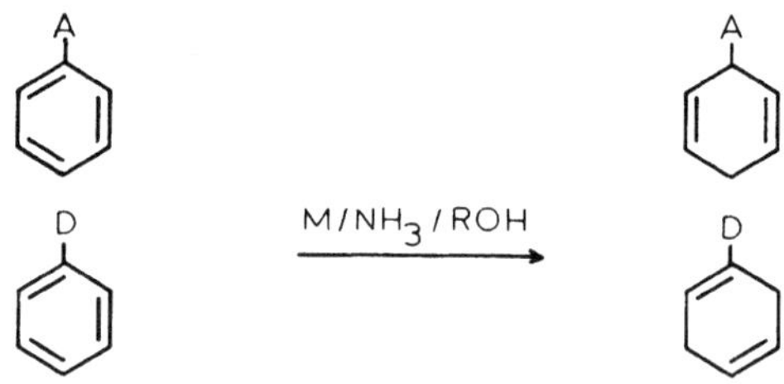

A ≡ Acceptor ; D ≡ Donor

Da das Radikal-Anion eine meist zu schwache Base darstellt, um vom Ammoniak ein $H^{\oplus}$-Ion zu abstrahieren, wird oft ein Alkohol (acider als NH_3) als Protonenquelle zugesetzt. Er hat darüberhinaus die Aufgabe, die immer stärker basisch werdende Lösung ($NH_2^{\ominus}$) zu puffern und damit eine Isomerisierung des Produktes zum konjugierten Dien zu verhindern.

Die selektive 1,4-Hydrierung wird von Hine (1966) in Anlehnung an das "principle of least motion" (Rice und Teller, 1938) erklärt. Danach ist derjenige Reaktionsweg bevorzugt, der die geringste Änderung hinsichtlich der Atompositionen und der Elektronenverteilung erfordert. Vergleicht man die beiden Reaktionsmöglichkeiten des mesomeren Anions so wird deutlich, daß sich die "Bindungsordnung" im Aromaten bei der Bildung des 1,4-Produktes am wenigsten verschiebt:

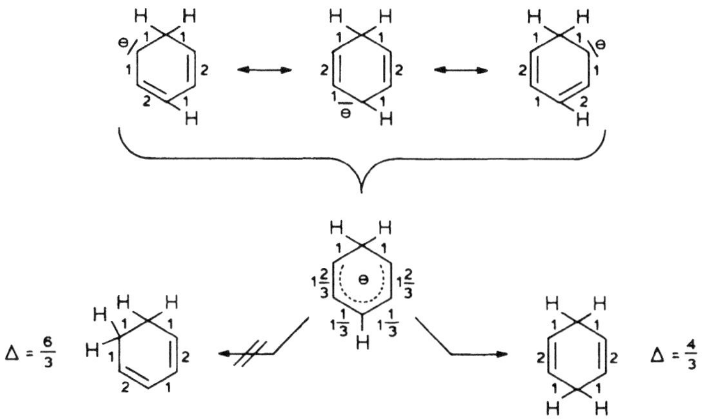

Die Zahlen geben die Bindungsordnung an. Es bedeuten:

1: Einfachbindung 2: Doppelbindung

$1\frac{1}{3}$, $1\frac{2}{3}$: Einfachbindung mit partiellem Doppelbindungscharakter

Δ: Änderung der Bindungsordnung

Die Reaktion wird normalerweise am Siedepunkt von Ammoniak (-33 ° C) ausgeführt. Da viele Verbindungen unter diesen Bedingungen schlecht löslich sind, ist häufig ein Zusatz von "Hilfs-Solventien" (Ester, THF) erforderlich. Durch Eisen, einer in nicht destilliertem Ammoniak üblichen Verunreinigung, wird die Bildung von Wasserstoff und Amidionen katalysiert ($M + NH_3 \rightarrow M^{\oplus} NH_2^{\ominus} + \frac{1}{2} H_2$). Bei Verwendung von Lithium tritt diese Störung am wenigsten in Erscheinung.

A Stufenweise Reduktion von Aromaten; Reduktion von Aromaten mit empfindlichen Substituenten ($-CH_2OH$); Steroidchemie: Syntese von 19-Norsteroiden (⌒ Hormontherapie)

L

F. O. Rice und *E. Teller*, J. Chem. Phys. **6**, 489 (1938).
A. J. Birch, J. Chem. Soc. **1944**, 430–436.
A. L. Wilds und *N. A. Nelson*, J. Am. Chem. Soc. **75**, 5360–5365 (1953).
A. J. Birch und *H. Smith*, Q. Rev., Chem. Soc. **12**, 17–33 (1958).
J. Hine, J. Org. Chem. **31**, 1236–1244 (1966).
H. O. House, Modern Synthetic Reactions, 2nd ed., S. 190–205, Benjamin, Menlo Park, 1972.
M. N. Paddon-Row, R. Hartcher und *R. N. Warrener*, J. Chem. Soc., Chem. Commun. **1976**, 305–306.
M. N. Paddon-Row, D. N. Butler und *R. N. Warrener*, J. Chem. Soc., Chem. Commun. **1976**, 741–742.
R. G. Harvey, P. P. Fu und *P. W. Rabideau*, J. Org. Chem. **41**, 2706–2710 (1976).
K. B. Wiberg, W. F. Bailey und *M. E. Jason*, J. Org. Chem. **41**, 2711–2714 (1976).
V. Rautenstrauch und *M. Geoffroy*, J. Am. Chem. Soc. **99**, 6280–6286 (1977).
W. Carruthers, Some Modern Methods of Organic Synthesis, 2nd ed., S. 443–456, Cambridge University Press, Cambridge 1978.
M. N. Paddon-Row und *R. Hartcher*, J. Am. Chem. Soc. **102**, 662–670 (1980).
M. N. Paddon-Row und *R. Hartcher*, J. Am. Chem. Soc. **102**, 671–678 (1980).
A. J. Birch, A. L. Hinde und *L. Radom*, J. Am. Chem. Soc. **102**, 3370–3376 (1980).
A. J. Birch, A. L. Hinde und *L. Radom*, J. Am. Chem. Soc. **102**, 4074–4080 (1980).
A. J. Birch, A. L. Hinde und *L. Radom*, J. Am. Chem. Soc. **102**, 6430–6437 (1980).
A. J. Birch, A. L. Hinde und *L. Radom*, J. Am. Chem. Soc. **103**, 284–289 (1981).
M. Yasuda, C. Pac und *H. Sakurai*, J. Org. Chem. **46**, 788–792 (1981).
P. W. Rabideau, N. K. Peters und *D. L. Huser*, J. Org. Chem. **46**, 1593–1597 (1981).
S. Chandrasekaran und *J. V. Turner*, Tetrahedron Lett. **1982**, 3799–3802.

Bischler-Napieralski

Isochinolin-Synthese

Erhitzt man N-acylierte β-Phenylethylamine mit geeigneten Kondensationsmitteln in inerten Lösungsmitteln, so entstehen 3,4-Dihydro-isochinoline, die durch Oxidation leicht in die betreffenden Isochinolin-Derivate überführbar sind. Diese intramolekulare Cyclisierung ist das beste Verfahren zur Darstellung derartiger Heterocyclen.

M

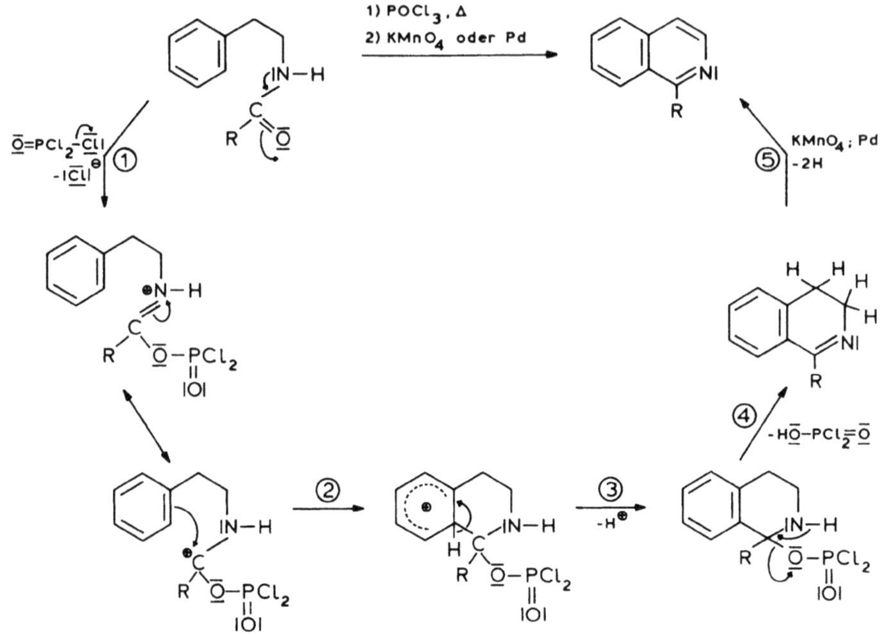

KM: $POCl_3$; P_4O_{10}; PCl_5; $ZnCl_2$

LM: Chloroform; Benzol; Toluol; Xylol; Tetralin;

① Aktivierung der Amidgruppe (Erhöhung der Elektrophilie)

②,③ Elektrophile aromatische Substitution

④ β-Eliminierung

⑤ Oxidation

E Der einleitende Angriff des Kondensationsmittels am Sauerstoff der Amidgruppe verstärkt die Polarisierung der C=O-Bindung und induziert dadurch die intramolekulare elektrophile Substitution. Die Reaktivität des Aromaten ist naturgemäß stark von der Elektronendichte im Ring abhängig. Während Donorgruppen ($-OCH_3$) die Cyclisierung erleichtern, bewirken Akzeptorgruppen ($-NO_2$) eine drastische Verminderung der Ausbeute.

Die gebildeten 3,4-Dihydro-isochinoline müssen nun durch Oxidation in die entsprechenden Isochinolin-Derivate überführt werden. Gewöhnlich benutzt man hierzu Kaliumpermanganat bzw. Palladium. Auch Braunstein und rotes Blutlaugensalz sind geeignet. Geht man von α-Hydroxy-β-phenylethylaminen aus, erhält man direkt das vollständig konjugierte Endprodukt (*Pictet-Gams-Modifizierung*).

Ein elektronenspendender Substituent in meta-Stellung zum Ethylamin-Rest läßt zwei verschiedene Produkte erwarten. Der Ringschluß erfolgt jedoch ausschließlich in para-Position zur Donorgruppe. Nur wenn diese besetzt ist, entsteht das entsprechende ortho-Produkt.

Fodor und Mitarbeiter (1972) konnten bei der Umsetzung von N-β-Phenylethyl-benzamid-Derivaten mit Phosphorpentachlorid in Tetrachlorkohlenstoff zeigen, daß das gebildete Benzimidoylchlorid quantitativ zum entsprechenden Dihydro-isochinolin cyclisiert. Möglicherweise wird hierbei intermediär ein Nitriliumion gebildet, das einen sehr raschen Ringschluß ermöglicht:

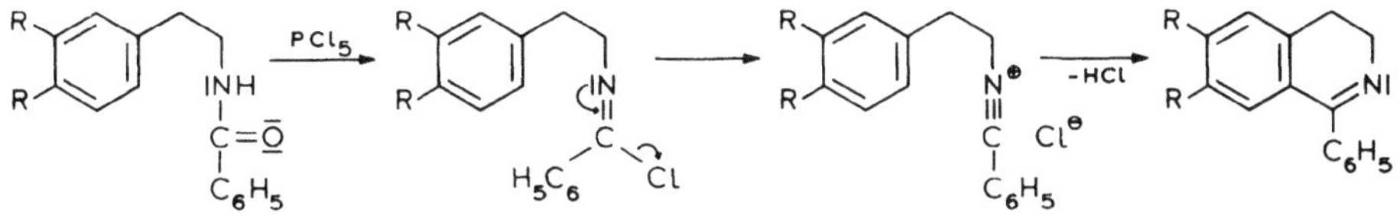

A Synthese von Alkaloiden (Papaverin, Reserpin); Darstellung verschiedener Heterocyclen (Isochinolin, Phenanthridin, Benzochinolin)

L *A. Bischler* und *B. Napieralski*, Ber. Dtsch. Chem. Ges. **26**, 1903–1908 (1893).
A. Pictet und *A. Gams*, Ber. Dtsch. Chem. Ges. **42**, 2943–2952 (1909).
F. W. Bergstrom, Chem. Rev. **35**, 218–220 (1944).
W. M. Whaley und *T. R. Govindachari*, Org. React. **6**, 74–150 (1951).
R. Tada, *H. Sakurawa* und *N. Tokura*, Bull. Chem. Soc. Jpn. **33**, 50 (1960).
L. A. Paquette, Principles of modern Heterocyclic Chemistry, 282–284, Benjamin, Amsterdam 1968.
G. Fodor, *J. Gal* und *B. A. Phillips*, Angew. Chem. **84**, 947–949 (1972).
P. A. Claret, Isoquinoles, in *Barton-Ollis*: Comprehensive Organic Chemistry, vol. IV, S. 207–209, Pergamon Press, Oxford 1979.
G. Fodor und *S. Nagubandi*, Tetrahedron **36**, 1279–1300 (1980).

Blaise

β-Ketoester-Synthese

Die β-Ketoester-Synthese nach Blaise kann als eine Variante der *Reformatskij-Reaktion* angesehen werden. In beiden Fällen dienen α-Bromfettsäureester als Edukte, die zunächst durch Umsetzung mit elementarem Zink aktiviert werden. Die Addition der metallorganischen Zwischenprodukte an Nitrile führt zur Bildung von β-Imino-carbonsäureestern, die unter der Einwirkung von Mineralsäuren zu den analogen β-Keto-Verbindungen hydrolysiert werden. Aliphatische und aromatische Nitrile liefern im allgemeinen vergleichbare Ausbeuten.

E Einzelheiten über die Bildung der zinkorganischen Verbindung werden im Rahmen der *Reformatskij-Synthese* besprochen und können dort nachgelesen werden. Der sich anschließende Additionsschritt verläuft mit aromatischen und unverzweigten aliphatischen Nitrilen am leichtesten. Lediglich Acetonitril neigt unter den Reaktionsbedingungen zur Dimerisierung und ist daher als Carbonylkomponente weniger geeignet. Bei den höheren Homologen erniedrigen Alkylgruppen in α- oder β-Stellung die Ausbeuten merklich.

Eine gegenläufige Tendenz zeigt sich bei der Variation von R^3. Man erhält wesentlich bessere Ergebnisse, wenn man von Estern primärer Alkohole zu Estern sekundärer Alkohole (Butyl-(2)-ester; Pentyl-(3)-ester) übergeht. Die Ursache liegt in der verminderten Selbstkondensation der sterisch gehinderten Verbindungen. Ester tertiärer Alkohole werden wegen ihrer geringen thermischen Stabilität nicht eingesetzt.

In analoger Weise wirkt die Anwesenheit von Substituenten in der α-Position einer Selbstkondensation der Ester entgegen (R^1, R^2 = Alkyl). Die häufig benutzten α-Methyl- und α,α-Dimethyl-Derivate sind daher deutlich bessere Substrate als die entsprechenden unsubstituierten Verbindungen, deren Umsetzung erst durch die Entwicklung einer speziellen Reaktionsführung eine gewisse Bedeutung erlangt hat: Zutropfen einer benzolischen Lösung des α-Brom-carbonsäureesters zum Gemisch der beiden Reaktionspartner in Benzol bei Siedetemperatur (Variante nach Kagan-Suen).

Bei Synthesen mit aliphatischen Nitrilen hat sich ein Überschuß an Zink und α-Brom-carbonsäureester als günstig erwiesen. Zur Einschränkung der Selbstkondensation empfiehlt sich die Einhaltung möglichst kurzer Reaktionszeiten.

M

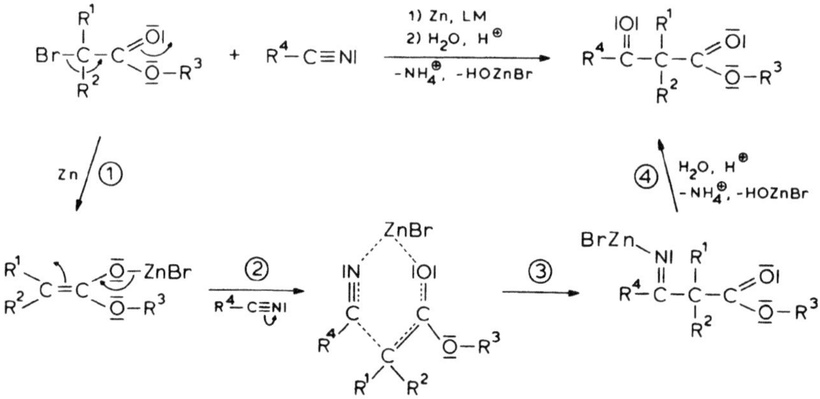

R^1, R^2: H; $-CH_3$

R^3: $-CH_3$; $-CH_2-$; $-CH<$

R^4: $-CH_3$; $-CH_2-$; $-CH<$; 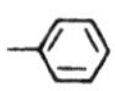

LM: Benzol; Benzol / Ether

① Bildung der zinkorganischen Verbindung

②,③ Chelatisierung ⌒ nucleophile Addition

④ Hydrolyse

A Synthese von α-mono- und besonders α,α-disubstituierten β-Ketocarbonsäureestern

L E. E. *Blaise*, C. R. hebd. Séances Acad. Sci. **132**, 38; 478; 978 (1901).
A. Horeau und *J. Jacques*, Bull. Soc. Chim. Fr. **1947**, 58–62.
J. Cason, K. L. Rinehart, jr. und *S. D. Thornton*, jr., J. Org. Chem. **18**, 1594–1600 (1953).
A. Kirrmann und *S. Geiger-Berschandy*, Bull. Soc. Chim. Fr. **1955**, 991–994.
H. Lapin, V. Arsenijevic und *A. Horeau*, Bull. Soc. Chim. Fr. **1960**, 1700–1707.
H. B. Kagan und *Y-Heng Suen*, Bull. Soc. Chim. Fr. **1966**, 1819–1822.
A. Horeau, J. Jacques, H. B. Kagan und *Y-Heng Suen*, Bull. Soc. Chim. Fr. **1966**, 1823–1825.
H. O. House, Modern Synthetic Reactions, 2nd ed., S. 734–746; 748; 756–760, Benjamin, Menlo Park 1972.
H. Henecka, Acylierung von Carbonsäureestern mit Carbonsäurenitrilen (Blaise-Reaktion), in *Houben-Weyl-Müller*: Methoden der Organischen Chemie, 4. Aufl., Bd. VII/2a, S. 518–520, Thieme Stuttgart 1973.
G. Aichinger, Acylierung von Carbonsäureestern mit Carbonsäurenitrilen (Blaise Reaktion), in *F. Korte*: Methodicum Chimicum, Bd. V, S. 369–370, Thieme, Stuttgart 1975.

Blanc

Chlormethylierung von Aromaten

Die Einführung einer Chlormethylgruppe in Aromaten gelingt durch Umsetzung der Substrate mit Formaldehyd und HCl-Gas. Hierbei handelt es sich um eine elektrophile aromatische Substitution, der unter den sauren Bedingungen unmittelbar eine S_N1-Reaktion folgt. Die entstehenden Benzylhalogenide sind sehr reaktiv und dienen häufig als Ausgangsverbindungen für weitere Synthesen.

M

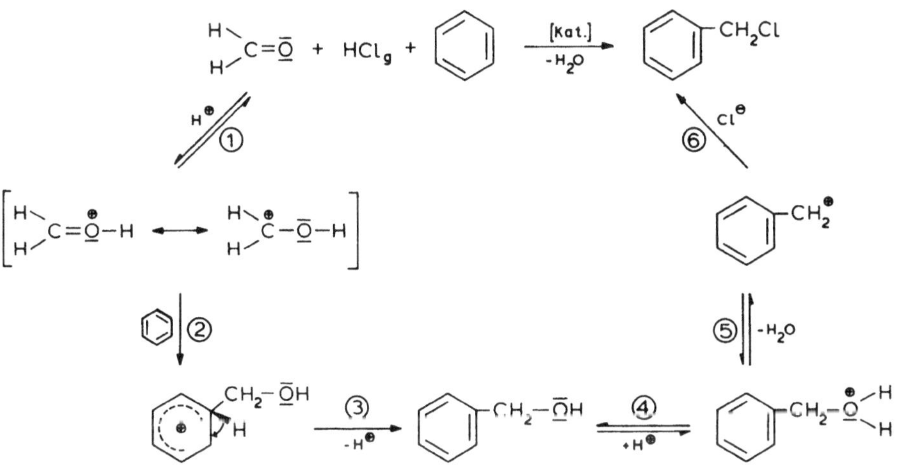

Kat.: H_2SO_4; H_3PO_4; $ZnCl_2$; $AlCl_3$

① Protonierung ⌒ Aktivierung des Formaldehyds

②,③ Elektrophile aromatische Substitution

④ Protonierung ⌒ Erhöhung der Austrittstendenz

⑤,⑥ Nucleophile Substitution (S_N1)

E Die Chlormethylierung ist eine der *Friedel-Crafts-Reaktion* verwandte Umsetzung, sie verläuft jedoch unter noch milderen Bedingungen. Aus sterischen Gründen und wegen seiner hohen Reaktivität ist Formaldehyd besonders leicht zur elektrophilen aromatischen Substitution befähigt. Es lassen sich jedoch ebenso Acetaldehyd sowie höhere Aldehyde einsetzen (⌒ Ar-CHCl—R). Besonders hohe Ausbeuten werden bei der Verwendung von Paraformaldehyd erzielt. Die analoge Darstellung brom- bzw. jodmethylierter Produkte ist ebenfalls möglich.

Während bei reaktionsfähigen Aromaten (Phenolether) die Salzsäure selbst als Katalysator genügt, ist in anderen Fällen (Benzol, Halogenbenzole) die Zugabe eines weiteren Katalysators notwendig. Verbindungen mit meta-dirigierenden Substituenten reagieren besonders träge. Bei Aminen und Phenolen dagegen muß wegen ihrer hohen Reaktivität unter besonderen Vorsichtsmaßnahmen - z. B. Verdünnen mit inerten Lösungsmitteln - gearbeitet werden, da es sonst leicht zu Polymerisationen kommt. Besonders bei reaktiven Aromaten läßt sich die Bildung von Diarylmethanen ($Ar{-}CH_2^{\oplus} + Ar{-}H \rightarrow Ar{-}CH_2{-}Ar + H^{\oplus}$) kaum verhindern. Weitere Nebenprodukte sind die häufig auftretenden mehrfach substituierten Verbindungen. Auch auf die Bildung des stark cancerogenen 1,1'—Bis-chlor-dimethylethers sei an dieser Stelle hingewiesen.

Mit Phenolen (Phenolaten) reagiert Formaldehyd auch ohne Zusatz von Säure. Man arbeitet gewöhnlich in wäßrig alkalischer Lösung und erhält schon bei niedrigen Temperaturen ein Gemisch aus in ortho- oder para-Stellung hydroxymethylierten Produkten *(Hydroxymethylierung)*. Auch hier ist es oft schwer, die Umsetzung auf der Stufe der Monosubstitution zu stoppen. In vielen Fällen erhält man di- und trisubstituierte Kerne sowie Diarylmethane und harzartige Verbindungen. Diese Polymeren (Bakelite) sind als Kunststoffe und Lacke von großem technischem Interesse.

A Darstellung von sehr reaktiven Benzylhalogeniden (⌒ Säuren, Aldehyde, Ether, Alkohole, Amine, Nitrile)

L
G. Blanc, Bull. Soc. Chim. Fr. **33**, 313 (1923).
R. C. Fuson und *C. H. McKeever*, Org. React. **1**, 63–90 (1942).
R. Stroh, Aufbaureaktionen unter Chlorwasserstoffabspaltung - Chlormethylierung, in *Houben-Weyl-Müller*: Methoden der Organischen Chemie, 4. Aufl., Bd.V/3, S. 1001–1007, Thieme, Stuttgart 1962.
G. A. Olah und *W. S. Tolgyesi*, Haloalkylations, in *G. A. Olah*: Friedel-Crafts and Related Reactions, vol. II, S. 659–784, Wiley-Interscience, New York 1964.
K. Hafner und *K. L. Moritz*, Reactions of Non-benzenoid Aromatics, in *G. A. Olah*: Friedel-Crafts and Related Reactions, vol. IV, S. 137–140, Wiley-Interscience, New York 1965.
D. A. Whiting, Phenols, in *Barton-Ollis*: Comprehensive Organic Chemistry, vol I, S. 759–760, Pergamon Press, Oxford 1979.

Bouveault

Verseifung von Carbonsäureamiden

Amide, die sich nur schwer nach den üblichen Methoden (konzentrierte Säuren oder Alkalien) verseifen lassen, können durch Umsetzung mit Natriumnitrit in die entsprechenden Carbonsäuren überführt werden. Als Lösungsmittel dienen meist konzentrierte Schwefel- oder Phosphorsäure. Das Verfahren ist allerdings nur dann anwendbar, wenn das Amid keine zusätzlichen Möglichkeiten zur Nitrosierung bietet. (vgl. *Diazotierung*)

M

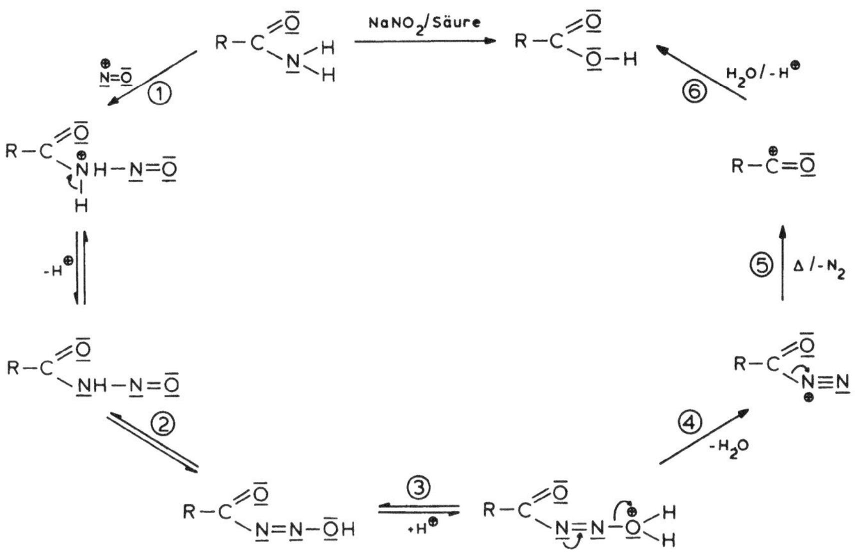

Säure: H_2SO_4; H_3PO_4

① Nitrosierung, elektrophile Addition
② Nitroso → Isonitroso-Umlagerung (Tautomerie)
③ Protonierung, Erhöhung der Austrittstendenz
④ Abspaltung von Wasser
⑤ Thermische N_2-Eliminierung
⑥ Addition von Wasser

E In einem vorgelagerten Gleichgewicht entsteht unter dem Einfluß einer starken Säure das reaktive Nitrosyl-Kation. Dessen elektrophiler Angriff am Stickstoffatom des Amids führt über mehrere Zwischenstufen zu einer unbeständigen Diazoverbindung, die unter den sauren Reaktionsbedingungen sofort N_2 eliminiert. Das verbleibende Acyl-Kation stabilisiert sich durch Umsetzung mit Wasser unter Bildung der entsprechenden Carbonsäure.

Das Verhalten der NH_2-Gruppe in Amiden gegenüber HNO_2 ist dem primärer Amine vergleichbar. Da Nitrile unter den gegebenen Bedingungen zunächst zu Amiden hydrolysiert werden, lassen sich auch diese Verbindungen zu Carbonsäuren umsetzen.

Zur Durchführung der Reaktion wird das Amid in konzentrierter Säure gelöst und anschliessend unter schwachem Erwärmen ein Überschuß an $NaNO_2$-Lösung zugetropft. Arbeitet man bei höheren Temperaturen, ist die Verwendung von Phosphorsäure vorteilhaft, weil diese auch in der Hitze keine Oxidationswirkung zeigt.

Bei einer Variante des Verfahrens wird das Amid in Eisessig gelöst und in der Kälte Distickstofftrioxid eingeleitet.

A Vorwiegend zur Verseifung sterisch gehinderter Amide bzw. Nitrile (⌒ Trialkylessigsäure)

L *L. Bouveault*, Bull. Soc. Chim. Fr. **9**, 368 (1893).
H. Henecka, Methoden zur Herstellung, Umwandlung und Decarboxylierung von Carbonsäuren, in *Houben-Weyl-Müller*: Methoden der Organischen Chemie, 4. Aufl., Bd. VIII, S. 432–433, Thieme, Stuttgart 1952.
W. Stein, Carbonsäuren durch Hydrolyse, in *F. Korte*: Methodicum Chimicum, Bd. V, S. 572–573, Thieme, Stuttgart 1975.

Bouveault-Blanc

Reduktion von Carbonsäureestern

Carbonsäureester können in Gegenwart von Alkohol mit metallischem Natrium zu primären Alkoholen reduziert werden. Ebenso lassen sich Säurechloride und Nitrile (⌒ primäre Amine) mit guten Ausbeuten umsetzen. Freie Carbonsäuren sowie isolierte Doppelbindungen werden nicht angegriffen. In Abwesenheit von Alkohol entstehen unter Dimerisierung Acyloine (vgl. *Hansley-Prelog-Stoll; Acyloin-Kondensation*).

M

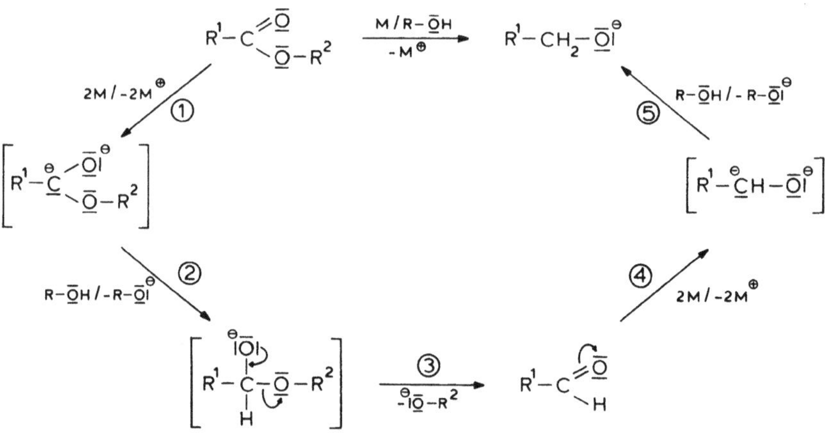

M: Na; Li

R-OH: Ethanol; Butanol; Amylalkohol; Methyl-cyclohexanol; Isopropanol

① und ④ Elektronentransfer ⌒ Dianion

② und ⑤ Protonentransfer

③ Eliminierung des Alkoholations ⌒ Aldehyd

E Trotz des hohen Natrium-Verbrauchs – pro Mol Ester werden vier Grammatome des Metalls benötigt – wird die Bouveault-Blanc-Reaktion wegen ihrer Selektivität bisweilen anderen Reduktionsmethoden (z. B. katalytische Hydrierung) vorgezogen. In letzter Zeit ist jedoch ihre präparative Bedeutung durch die zunehmende Verwendung von $LiAlH_4$ immer mehr zurückgegangen.

Da der Alkohol möglichst wenig mit dem Metall reagieren soll (⌒ $H_2\uparrow$), greift man häufig auf sekundäre Alkohole zurück. Hierbei hat sich ein Gemisch aus den drei isomeren Methylcyclohexanolen bewährt. Um die Bildung von Nebenprodukten (Acyloine) zurückzudrängen, kann man das Metall fein verteilt in einem aromatischen Kohlenwasserstoff vorlegen. Die Reaktanten werden dann nur in den stöchiometrisch notwendigen Mengen eingesetzt.

A Synthese von Fettalkoholen aus Glyceriden und anderen Fettsäureestern; Darstellung ungesättigter Alkohole; selektive Reduktion der Esterfunktion in Dicarbonsäuremonoestern

L *L. Bouveault* und *G. Blanc*, C. R. hebd. Séances Acad. Sci. **136**, 1676 (1903).
K. Buser und *H. Rupe*, Helv. Chim. Acta **26**, 857–863 (1943).
V. L. Hansley, Ind. Eng. Chem. **39**, 55–64 (1947).
H. Henecka, Reduktion der Carbonsäureester unter Bildung von Alkoholen, in *Houben-Weyl-Müller*: Methoden der Organischen Chemie, 4. Aufl., Bd. VIII, S. 643–644, Thieme, Stuttgart 1952.
W. Enz, Helv. Chim. Acta **44**, 206–212 (1961).
H. O. House, Modern Synthetic Reactions, 2nd ed., S. 150–151, Benjamin, Menlo Park 1972.

Brown

Hydroborierung von Olefinen

Werden Olefine mit Diboran (B_2H_6) behandelt, entstehen durch Addition von [BH_3] an die Doppelbindung Monoalkylborane. Außer bei sterisch gehinderten Alkenen schreitet die Reaktion bis zu den Trialkyl-boranen fort. Diese können mit Wasserstoffperoxid und Natronlauge zu Alkoholen oxidiert werden. Da in der Regel das am wengisten substituierte C-Atom der ursprünglichen Doppelbindung die OH-Gruppe trägt, entspricht die Umsetzung einer Addition von Wasser entgegen der *Markownikoff-Regel.*

E Diboran wird gewöhnlich aus Natriumborhydrid und einer Lewis-Säure (häufig BF_3 in Form des $Et_2\overset{\oplus}{O}-\overset{\ominus}{B}F_3$-Komplexes) in situ hergestellt. Kann das Hydrid mit funktionellen Zentren im Olefin reagieren, muß direkt gasförmiges B_2H_6 verwendet werden.

Der produktbestimmende Schritt ist die Addition des Diborans an das Alken in einem 4-Zentren-Übergangszustand. Die Verknüpfung von Bor und Kohlenstoff erfolgt dabei grundsätzlich auf der sterisch günstigeren, d. h. weniger substituierten Seite der Doppelbindung. Ist die Doppelbindung durch elektronenziehende Gruppen substituiert, so erfolgt der Angriff des Bor-Atoms an der α-Position; ist der Substituent ein Donor-Molekül, addiert sich das Bor-Atom an das β-C-Atom der Doppelbindung.

Bedingt durch die Geometrie des Primärkomplexes entstehen ausschließlich cis-orientierte Produkte (cis-Hydroxylierung). Die intermediär auftretenden Trialkylborane werden normalerweise nicht isoliert.

Ein Nachteil der Reaktion ist ihre geringe Selektivität; Aldehyde, Nitrile, Carbonsäuren und auch Ketone werden angegriffen. Durch Verwendung substituierter Borane (Bis-[3-methylbutyl-(2)]-boran) lassen sich diese Schwierigkeiten zum Teil umgehen.

Weitere Varianten der Reaktion sind

– die Reduktion der Borane mit Carbonsäuren:

$$R^1_3B + 3R^2-COOH \longrightarrow 3R^1H + (R^2-COO)_3B$$

- die Dimerisierung der Borane mit Silbernitrat und Natronlauge:

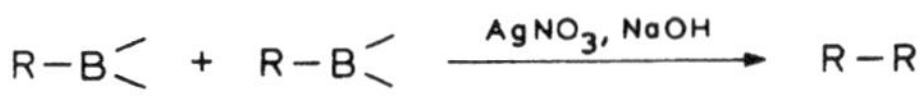

- die Isomerisierung der Borane durch Temperaturerhöhung:

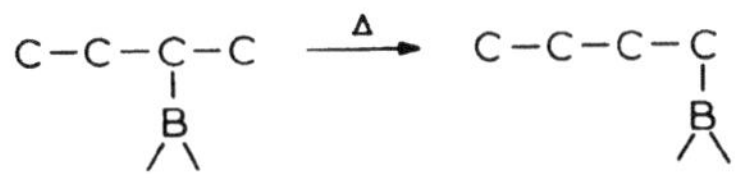

M

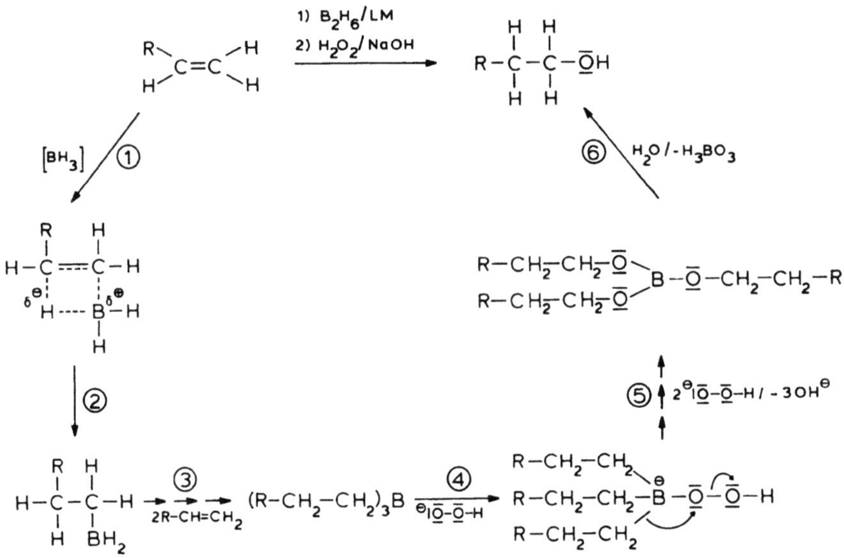

LM: Diethylenglycoldimethylether; Diethylether; THF

① Komplexierung auf der sterisch günstigen Molekülseite
② Elektrophile Addition (anti-*Markownikoff*)
③ Stufenweise Addition weiterer Olefinmoleküle ⌒ Trialkyl-boran
④ Nucleophile Addition eines Hydroperoxid-Anions
⑤ Intramolekulare Umlagerung einer Alkylgruppe
⑥ Hydrolyse des Borsäureesters

A Addition von Wasser an olefinische Doppelbindungen entgegen der *Markownikoff-Regel*; Darstellung optisch aktiver Alkohole aus sterisch gehinderten (optisch aktiven) Olefinen der Terpen- bzw. Steroidreihe

L *H. C. Brown* und *B. C. Subba Rao*, J. Am. Chem. Soc. **78**, 2582–2588 (1956).
H. C. Brown und *B. C. Subba Rao*, J. Am. Chem. Soc. **81**, 6423–6437 (1959).
H. C. Brown, Hydroboration, S. 1–290, W. A. Benjamin, Inc., New York 1962.

G. Zweifel und H. C. Brown, Org. React. **13**, 1–54 (1963).
E. Schenker, Anwendung von komplexen Borhydriden und von Diboran in der Organischen Chemie, in *Foerst*: Neuere Methoden der präparativen Organischen Chemie, Bd. IV, S. 173–293, Verlag Chemie, Weinheim/Bergstrasse 1966.
R. O. C. Norman, Principles of Organic Synthesis, S. 543–547; 551–552; 571, Methney, London 1968.
H.O. House, Modern Synthetic Reactions, 2nd ed., S. 106–144, Benjamin, Menlo Park 1972.
B. Cornils und *E. Zilly*, Hydroxylierung von Olefinen zu Polyolen, in *F. Korte*: Methodicum Chimicum, Bd. V, S. 24–30, Thieme, Stuttgart 1975.
D. S. Matteson, J. Organomet. Chem. **119**, 33–55 (1976).
D. S. Matteson, J. Organomet. Chem. **147**, 43–62 (1978).
A. Pelter und *K. Smith*, Boron-Hydrogen Compounds, in *Barton-Ollis*: Comprehensive Organic Chemistry, Vol. III, S. 705–790, Pergamon Press, Oxford 1979.
H. C. Brown, Angew. Chem. **92**, 675–683 (1980).
S. Nagase, N. K. Ray und *K. Morokuma*, J. Am. Chem. Soc. **102**, 4536–4537 (1980).
W. C. Still und *K. P. Darst*, J. Am. Chem. Soc. **102**, 7385–7387 (1980).
H. C. Brown, N. Ravindran und *S. U. Kulkarni*, J. Org. Chem. **45**, 384–389 (1980).
H. C. Brown und *J. B. Campell*, jr., J. Org. Chem. **45**, 389–395 (1980).
H. C. Brown, J. A. Sikorski, S. U. Kulkarni und *H. D. Lee*, J. Org. Chem. **47**, 863–872 (1982).

Bucherer

–OH ⇄ –NH_2-Austausch an Aromaten

Die Bucherer-Reaktion erlaubt die Umwandlung aromatischer Hydroxyverbindungen in die entsprechenden Amine und umgekehrt. Sie verläuft in wäßrigem Medium unter dem katalytischen Einfluß von schwefliger Säure bzw. deren Salzen. Die Anwendbarkeit des Verfahrens ist inbesondere vom Substitutionsmuster des betreffenden Ringsystems abhängig und daher auf bestimmte Aromaten (s. Erläuterungen) beschränkt. Im allgemeinen reagieren Amine leichter als Hydroxyverbindungen.

E Die Bucherer-Reaktion ist eine in allen Teilschritten reversible Umsetzung. Der unter **M** formulierte Mechanismus wurde durch Reindarstellung der auftretenden Zwischenprodukte gesichert. Bei α-substituierten Ausgangskomponenten beginnt die Reaktion mit der Protonierung eines der beiden elektronenreichen C-Atome 2 oder 4. Das gebildete Kation addiert ein Hydrogensulfit-Anion und tautomerisiert anschließend zur energieärmeren Tetralonsulfonsäure. Die entstehende Carbonylgruppe wird durch den nucleophilen Angriff des Amins und die Abspaltung von Wasser aus der tautomeren Form des Adduktes in eine Aminogruppe überführt. Für das resultierende Kation existieren zwei Möglichkeiten zur Stabilisierung unter Protonenabgabe. Der im Formelschema mit unterbrochenen Pfeilen dargestellte Weg führt über Ketimine, die in wasserfreiem Medium isoliert werden konnten. Unter den üblichen Bedingungen erfolgt die Abspaltung des $H^{\oplus}$-Ions – unterstützt durch den induktiven Effekt der Sulfogruppe – am C-Atom 2. Die gebildete Sulfonsäure ist instabil und geht daher leicht unter Eliminierung von Hydrogensulfit in das entsprechende Naphthylamin über.

Bei den Naphtholen und Naphthylaminen ist das Vorhandensein einer reaktionsfähigen Gruppe ausreichend, die sowohl in α- als auch in β-Stellung gebunden sein kann. Einwertige Phenole und Amine der Benzolreihe reagieren dagegen nicht. Anthracen- sowie Phenanthren-Derivate und ebenso eine Reihe von Heterocyclen (Chinolin, Isochinolin) liefern bessere Ausbeuten. In bicyclischen Systemen mit zwei Hydroxy- oder Aminogruppen in verschiedenen Ringen wird normalerweise nur ein Substituent ausgetauscht.

Auch die Zwischenprodukte der Bucherer-Reaktion sind von präparativem Interesse. Sie ermöglichen einen Zugang zu sonst nur schwierig oder gar nicht darstellbaren Verbindungen

(Hydroxytetralinsulfonsäuren, N-arylierte α-Naphthylamine). Der Ersatz der Aminkomponente durch Phenylhydrazin erlaubt die Synthese von Carbazolen. Sogenannte "Transaminierungen" ($Ar{-}NH_2 + R{-}NH_2 \rightarrow Ar{-}NH{-}R + NH_3$) ergänzen den Anwendungsbereich des Verfahrens.

M

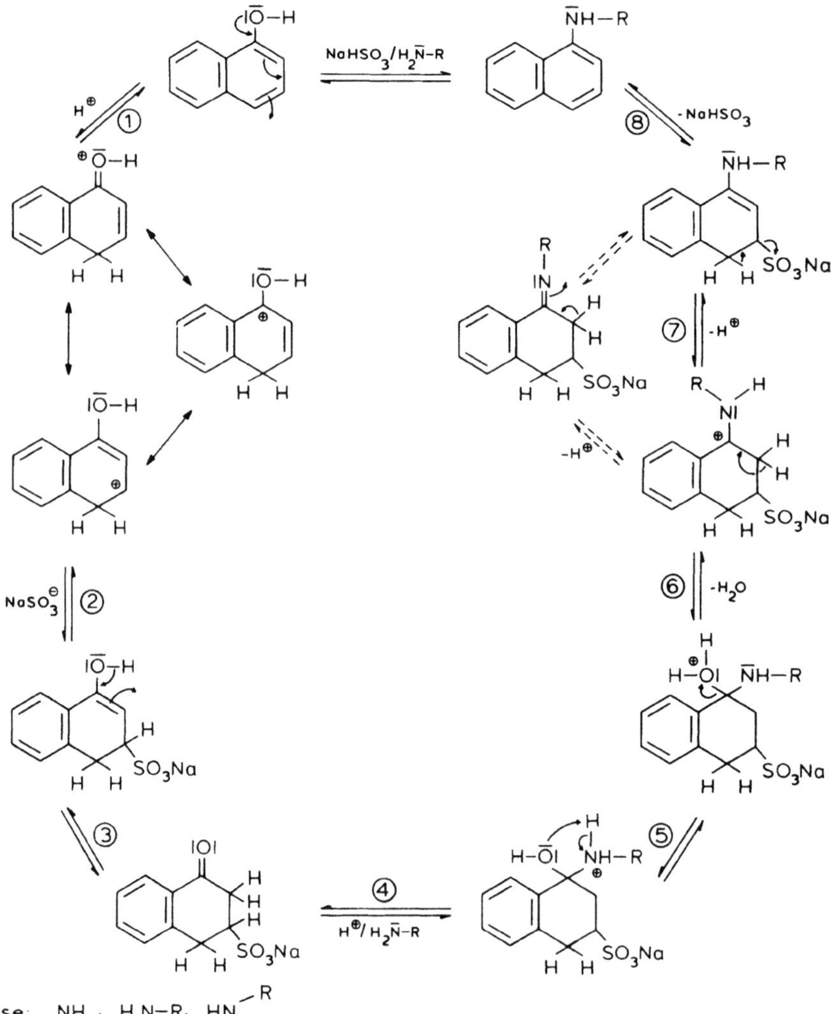

Base: NH_3; $H_2N{-}R$; HNR_2

① Protonierung in para-Position (hohe Elektronendichte)

② Nucleophile Addition von $NaSO_3^{\ominus}$

③ Keto-Enol-Tautomerie ⌒ Na-1-tetralon-3-sulfonat

④ Nucleophiler Angriff des Amins an der Carbonylgruppe

⑤ Protonentransfer ⌒ Erhöhung der Austrittstendenz der OH-Gruppe

⑥ Abspaltung von Wasser ⌒ Kation

⑦ Deprotonierung

⑧ β-Eliminierung von Natriumhydrogensulfit

A Darstellung zahlreicher Naphthalin-Derivate (Zwischenprodukte bei Farbstoff-Synthesen); Transaminierungs-Reaktionen; Carbazol-Synthese

L *H. T. Bucherer*, J. Prakt. Chem. **69**, 49–91 (1904).
N. L. Drake, Org. React. **1**, 105–125 (1942).
R. Schröter, Bucherer-Reaktion, in *Houben-Weyl-Müller*: Methoden der Organischen Chemie, 4. Aufl., Bd. XI/1, S. 143–159, Thieme, Stuttgart 1957.
A. Rieche und *H. Seeboth*, Liebigs Ann. Chem. **638**, 43–110 (1960).
H. J. Shine, Aromatic Rearrangements, S. 207–212, Elsevier, Amsterdam 1967.
A. Seeboth, Angew. Chem. **79**, 329–340 (1967).

Cannizzaro

Disproportionierung von Aldehyden

Aldehyde, die kein Wasserstoffatom in α-Stellung zur Carbonylgruppe besitzen, disproportionieren bei der Behandlung mit starken Basen. Als Produkte entstehen ein primärer Alkohol sowie das Salz der entsprechenden Carbonsäure (Dismutation). Es handelt sich um eine Hydridübertragungs-Reaktion: das H-Atom einer Aldehydfunktion wird als Hydridion an die Carbonylgruppe eines zweiten Aldehydmoleküls abgegeben.

M

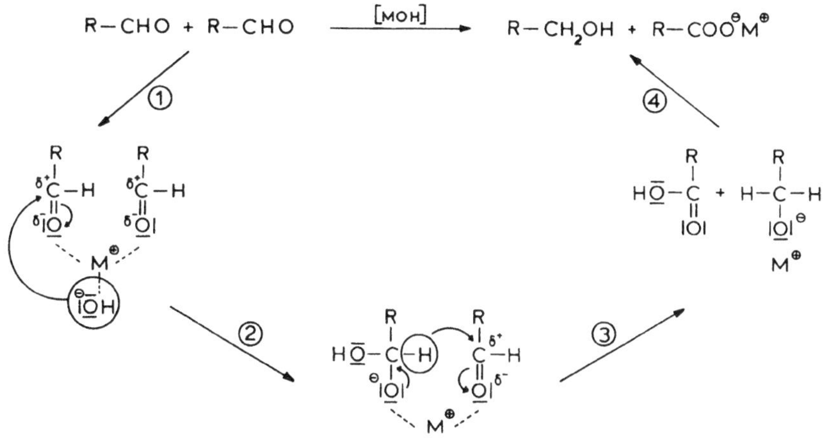

MOH: LiOH; NaOH; KOH; CsOH; $Ba(OH)_2$; $Ca(OH)_2$; TlOH

① Primäre Komplexbildung
② Nucleophile Addition
③ Hydridübertragung
④ Protonentransfer

E Durch die Komplexbildung mit dem Metallhydroxid wird der elektropositive Charakter am Carbonyl-Kohlenstoff verstärkt und dadurch der nucleophile Angriff eines Hydroxylions an einer der beiden Carbonylgruppen erleichtert (s. *Benzilsäure-Umlagerung, Meerwein-Ponndorf-Verley-Reduktion*). Die entstehende negative Ladung am Sauerstoff begünstigt durch ihren starken Elektronenschub die Abtrennung des Wasserstoffatoms als Hydridion. Dessen Transfer auf die benachbarte Aldehydfunktion ist für die Gesamtreaktion geschwindigkeitsbestimmend.

Aromatische Aldehyde sowie Formaldehyd sind als Ausgangskomponenten besonders geeignet. Ebenso gut verlaufen die Disproportionierungen heteroaromatischer Substrate. Aldehyde mit α-ständigem Wasserstoff gehen die wesentlich schnellere *Aldolkondensation* ein. Oft läßt sich jedoch auch in diesen Fällen, beispielsweise durch Einsatz von Raney-Nickel und Alkali, die Cannizzaro-Reaktion erzwingen.

Die Umsetzung ist gewöhnlich zweiter Ordnung in bezug auf die Carbonylverbindung und erster Ordnung bezüglich der Base. Ihre Geschwindigkeit wird sowohl von der Art der Substituenten als auch vom Kation des verwendeten Hydroxids beeinflußt. Während Akzeptorgruppen die Reaktion beschleunigen, wirken Donorgruppen hemmend. Die Effektivität der verschiedenen Metallionen steigt in der unter dem Formelschema angegebenen Reihenfolge von links nach rechts.

Spezialfälle

"Gekreuzte Cannizzaro-Reaktion"

Als Hydridionen-Donor fungiert stets Formaldehyd.

$$R{-}CHO \;+\; CH_2O \;\longrightarrow\; R{-}CH_2OH \;+\; HCOOH$$

"Innere Cannizzaro-Reaktion"

Disproportionierung von α-Ketoaldehyden.

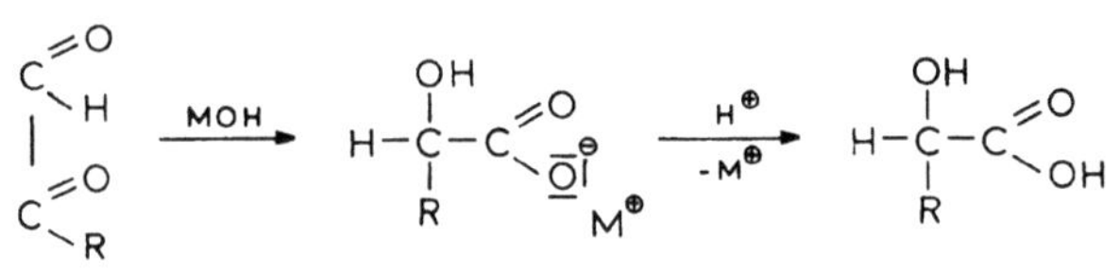

A Pentaerythrit-Synthese aus Acetaldehyd und Formalin (Nitropenta-Sprengstoffe); Darstellung von α-Hydroxycarbonsäuren aus α-Ketoaldehyden

L *S. Cannizzaro,* Liebigs Ann. Chem. **88**, 129–130 (1853).
T. A. Geissmann, Org. React. **2**, 94–113 (1944).
V. Franzen, Chem. Ber. **88**, 1361–1367 (1955).
V. Broglia, Chem.-Ztg. **86**, 409–411 (1962).
D. Luther und *H. Koch,* Chem. Ber. **99**, 2227–2236 (1966).
F. P. B. van der Maeden, H. Steinberg und *T. J. de Boer,* Rec. Trav. Chem. Pays-Bas **91**, 221–228 (1972).
B. Cornils und *E. Zilly,* Alkohole durch Reduktionsreaktionen, in *F. Korte*: Methodicum Chimicum, Bd. V, S. 72–75, Thieme, Stuttgart, 1975.
G. W. Gokel, H. M. Gerdes und *N. W. Rebert,* Tetrahedron Lett. **1976**, 653–656.
K. R. Brower und *D. Hughes,* J. Am. Chem. Soc. **100**, 7591–7596 (1978).
T. Laird, Aromatic Aldehydes, in *Barton-Ollis*: Comprehensive Organic Chemistry, vol. I, S. 1140–1141, Pergamon Press, Oxford 1979.
A. Spassav, R. Grekova und *G. Demirou,* Chem. Ber. **115**, 622–626 (1982).

Claisen

Esterkondensation

In einer der *Aldol-Reaktion* verwandten Umsetzung lassen sich zwei Moleküle des selben Esters mit Hilfe starker Basen zu β-Ketoestern kondensieren. Wird ein Gemisch aus zwei verschiedenen Estern vorgelegt, bestimmen die C-H-Acidität sowie die Hydrolyseempfindlichkeit über deren Funktion als Methylen- bzw. Esterkomponente. Die intramolekulare Kondensation von langkettigen Dicarbonsäurediestern ist als *Dieckmann-Kondensation* bekannt.

M

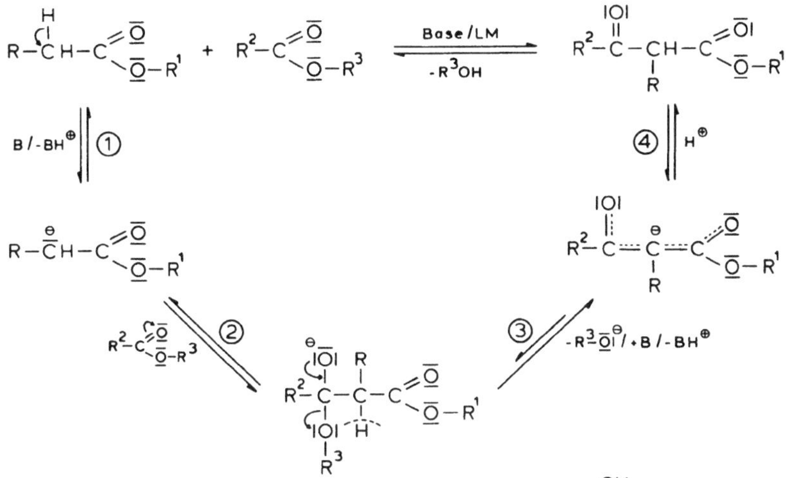

Base: NaOR; Na; $NaNH_2$; NaH; $Na^{\oplus\ominus}C(C_6H_5)_3$; 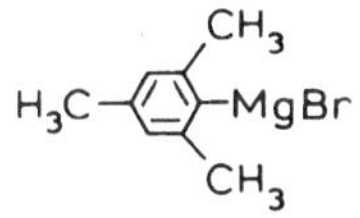

LM: Benzol; Toluol; Xylol

① Deprotonierung ⌒ Carbanion

② Nucleophile Addition an die Carbonylkomponente

③ Eliminierung von Alkohol ⌒ resonanzstabilisiertes Anion

④ Protonierung

E Das im ersten Teilschritt gebildete Carbanion ist eine sehr starke Base, die das Gleichgewicht zugunsten der undissoziierten Methylenkomponente zu verschieben sucht. Dies läßt sich durch Verwendung starker Kondensationsmittel zum Teil kompensieren. Als zusätzliche Maßnahme empfiehlt sich die fortwährende Entfernung des gebildeten Alkohols durch Destillation.

Die eigentliche Triebkraft für die Reaktion liefert jedoch die Bildung des resonanzstabilisierten und somit energiearmen Enolations. Eine Umsetzung gelingt folglich nur dann problemlos, wenn ein enolisierbares Endprodukt entsteht.

Beim Einsatz verschiedener Ester können prinzipiell beide als Methylenkomponente fungieren, so daß Produktgemische entstehen. Es ist vorteilhaft, wenn einer der beiden Reaktanten kein α- Wasserstoffatom besitzt (Benzoesäure-, Oxalsäureester).

Da β-Ketosäuren in freiem Zustand unbeständig sind, findet beim Verseifen der dargestellten Ester (meist gleichzeitig) eine CO_2-Abspaltung statt, die zur Bildung von Ketonen führt (*Ketonspaltung*). Umsetzungen mit Oxalsäureestern liefern Produkte, die nach der Hydrolyse und Decarboxylierung in α-Ketosäuren übergehen. Hieraus lassen sich durch Behandeln mit konzentrierter Schwefelsäure (Decarbonylierung) die um ein C-Atom ärmeren Carbonsäuren gewinnen.

Die präparative Bedeutung des Verfahrens wird dadurch erhöht, daß sich auch Ketone (↷ β-Diketone) sowie Nitrile (↷ β-Ketocarbonsäurenitrile) als Reaktionspartner eignen (s. *Stobbe-Kondensation*). Derartige Kondensationen verlaufen stets so, daß diese Verbindungen als Methylenkomponenten fungieren.

Die synthetisierten β-Dicarbonylverbindungen zählen zu den wichtigsten Zwischenprodukten der organischen Chemie. Sie sind einer ganzen Reihe von Folgereaktionen (Substitutions-, Additions-, Kondensationsreaktionen) zugänglich und eröffnen somit eine Vielzahl weiterer präparativer Möglichkeiten.

A Synthese von sonst nur schwer zugänglichen bi- und polyfunktionellen Verbindungen: β-Ketocarbonsäure-Derivate, β-Diketone, Malonester, α-Ketosäuren; Darstellung von Ketonen; Ringschlußreaktionen

L
L. Claisen, Ber. Dtsch. Chem. Ges. **20**, 655–657 (1887).
C. R. Hauser und *B. E. Hudson*, jr., Org. React. **1**, 266–302 (1942).
H. Henecka, Fortschr. Chem. Forsch. **1**, 685–724 (1950).
H. Henecka, Herstellung von Carbonsäureestern, in *Houben-Weyl-Müller*: Methoden der Organischen Chemie, 4. Aufl., Bd. VIII, S. 560–572, Thieme, Stuttgart 1952.
C. R. Hauser, F. W. Swamer und *J. T. Adams*, Org. React. **8**, 59–196 (1954).
F. Korte, K. H. Büchel, H. Mäder, G. Römer und *H. H. Schulze*, Chem. Ber. **95**, 2424–2437 (1962).
H. O. House, Modern Synthetic Reactions, 2nd ed., S. 747–754, Benjamin, Menlo Park 1972.
B. Kurtev, C. Kratchanov und *N. Kirtchev*, Synthesis **1975**, 106–108.
I. O. Sutherland, Esters, in *Barton-Ollis*: Comprehensive Organic Chemistry, vol. II, S. 924–925, Pergamon Press, Oxford 1979.
J. E. Bartmess, R. L. Hays und *G. Caldwell*, J. Am. Chem. Soc. **103**, 1338–1344 (1981).

Claisen

Umlagerung von Allyl-vinylethern

Die thermisch induzierte Umlagerung von Allyl-vinylethern stellt eine elegante Methode zur Synthese von γ,δ-ungesättigten Carbonylverbindungen dar. Ihr synthetischer Wert wird insbesondere durch die hohe Stereoselektivität des Reaktionsablaufs bedingt. Ersetzt man, wie im Formelschema gezeigt, den Vinyl-Rest durch einen Benzolring (Phenyl-allylether), so entstehen die entsprechenden Allylphenole.

E Die Reaktion gehört zur Gruppe der [3,3]-sigmatropen Umlagerungen (s. *Cope-Umlagerung*). Es handelt sich hierbei um intramolekulare Prozesse, bei denen eine σ-Bindung, die einem oder mehreren π-Elektronensystemen benachbart ist, in eine neue Stellung wandert. Die Verschiebung erfolgt synchron zwischen zwei Atomtriaden, in einem cyclischen, sechsgliedrigen Übergangszustand:

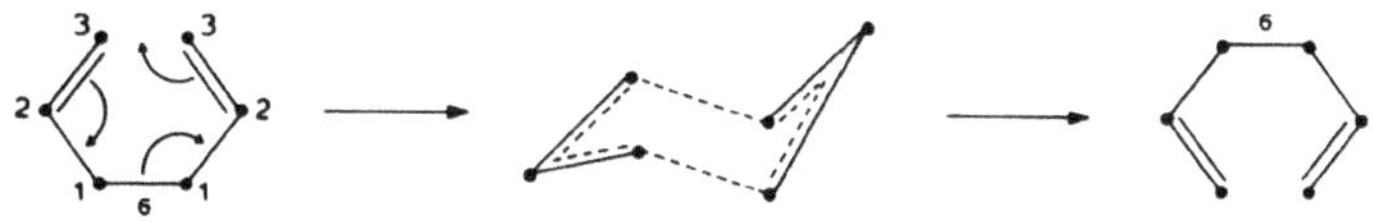

Die Konformation des intermediären Ringsystems entspricht der "Sessel-Form" des Cyclohexans. Aufgrund der hier bevorzugten Besetzung equatorialer Positionen durch die vorhandenen Substituenten, konnte die vorwiegende Bildung von trans-Olefinen erklärt werden (Perrin und Faulkner, 1969). Auf dieser Basis ist es sogar möglich, quantitative Aussagen über das cis/trans-Verhältnis der entstehenden Produkte zu machen.

Bei der Umlagerung von Phenol-allylethern ist die Bildung der ortho-substituierten Allylphenole bevorzugt (ortho-Umlagerung). Die wandernde Allylgruppe invertiert. Sind beide ortho-Stellungen besetzt, schließt sich eine *Cope-Umlagerung* an, wobei die entsprechenden para-Produkte entstehen. Hierbei erfolgt eine erneute Konfigurationsumkehr des Allylrestes, so daß die ursprüngliche Struktur der Seitenkette wieder hergestellt wird.

Die Claisen-Umlagerung aliphatischer Komponenten unterscheidet sich nicht von dem oben geschilderten Ablauf. In der Regel fallen die entstehenden Homoallylcarbonylverbindungen in guten, oft sogar quantitativen Ausbeuten an. Zur Darstellung der benötigten Allylvinylether bringt man Alkyl-vinylether in Gegenwart von Quecksilber (II)-Salzen mit Allylalkoholen zur Reaktion:

$$R^1{-}O{-}CH{=}CH_2 \;+\; R^2{-}OH \;\rightleftharpoons\; R^1{-}OH \;+\; R^2{-}O{-}CH{=}CH_2$$

$$R^1 = -\overset{|}{\underset{|}{C}}- \;; \qquad R^2 = -CH_2{-}CH{=}CH_2$$

Die Umlagerung der beschriebenen Ether kann teilweise auch auf analoge Stickstoffverbindungen übertragen werden (Aniline, Naphthylamine). Diese sogenannte *Amino-Claisen-*Umlagerung erfolgt jedoch weniger leicht und ist nur auf bestimmte Systeme anwendbar. An Aromaten der Naphthalin-Reihe wurden die bisher besten Ergebnisse erzielt.

M

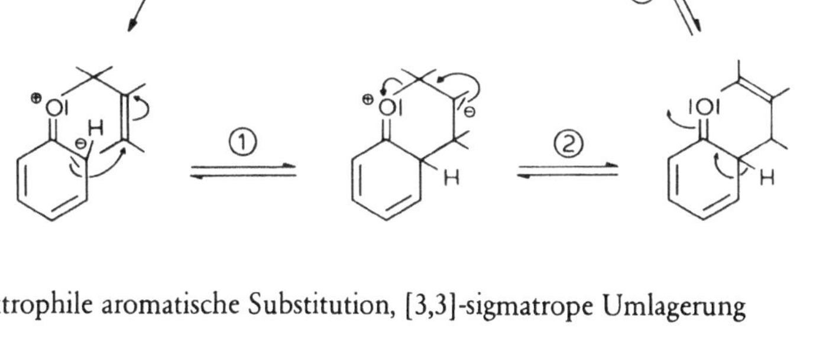

①,②,③ Elektrophile aromatische Substitution, [3,3]-sigmatrope Umlagerung

A Synthese wichtiger Naturstoffe der Terpen-Reihe (Squalen); angulare Substitutionen in polycyclischen Systemen; Kombination mit *Cope-Umlagerung* (↷ α-Sinensal, Torreyal); Teilschritte bei der Darstellung von Alkaloiden, Prostaglandinen usw

L

L. Claisen, Ber. Dtsch. Chem. Ges. **45**, 3157–3166 (1912).
D. S. Tarbell, Chem. Rev. **27**, 495–546 (1940).
D. S. Tarbell, Org. React. **2**, 1–48 (1944).
F. Kalberer und *H. Schmid*, Helv. Chim. Acta **40**, 13–26; 779–786 (1957).
W. N. White und *C. D. Slater*, J. Org. Chem. **27**, 2908–2914 (1962).
H. L. Shine, Aromatic Rearrangements, S. 89–123, Elsevier, Amsterdam 1967.
A. Jefferson und *F. Scheinmann*, Q. Rev., Chem. Soc. **22**, 391–421 (1968).
C. L. Perrin und *D. J. Faulkner*, Tetrahedron Lett. **1969**, 2783–2786.
A. J. Hansen und *H. Schmid*, Chimia **24**, 89–99 (1970).
D. J. Faulkner, Synthesis **1971**, 179–184.
A. S. Arora und *I. K. Ugi*, [3,3]-Sigmatrope Umlagerungen, in *Houben-Weyl-Müller*: Methoden der Organischen Chemie, 4. Aufl., Bd. V/1b, S. 920–929, Thieme, Stuttgart 1972.
T. S. Stevens und *W. E. Watts*, Selected Molecular Rearrangements, S. 181–191, van Nostrand Reinhold, London 1973.
S. J. Rhoads und *N. R. Raulins*, Org. React. **22**, 1–252 (1975).
K. F. Wedemeyer, Ein- und mehrwertige Phenole, in *Houben-Weyl-Müller:* Methoden der Organischen Chemie, 4. Aufl., Bd. VI/1c, S. 502–550, Thieme, Stuttgart 1976.
F. E. Ziegler, Acc. Chem. Res. **10**, 227–232 (1977).
S. Jolidon und *H. J. Hansen*, Helv. Chim. Acta **60**, 978–1032 (1977).
A. Wunderli, T. Winkler und *H.-J. Hansen*, Helv. Chim. Acta **60**, 2436–2459 (1977).
G. B. Bennett, Synthesis **1977**, 589–606.
B. Lythgoe, R. Manwaring, J. R. Milner, T. A. Moran, M. E. N. Nambudiry und *J. Tideswell*, J. Chem. Soc., Perkin Trans. I **1978**, 387–395.
B. H. Al-Sader und *D. M. Al-Fekri*, J. Org. Chem. **43**, 3626–3627 (1978).
D. K. Bates und *M. C. Jones*, J. Org. Chem. **43**, 3775–3776 (1978).
Y. Fujise, T. Nakatsu, A. Nakamura und *S. Itô*, Tetrahedron Lett. **1978**, 4293–4296.
N. Baggett, Ethers in *Barton-Ollis*: Comprehensive Organic Chemistry, vol. I, S. 837–839, Pergamon Press, Oxford 1979.
R. E. Ireland, S. Thaisrivongs, N. Vanier und *C. S. Wilcox*, J. Org. Chem. **45**, 48–61 (1980).
G. Saucy, N. Cohen, B. L. Banner und *D. P. Trullinger*, J. Org. Chem. **45**, 2080–2083 (1980).
J. Reisch, I. Mester, S. K. Kapoor, Z. Rózsa und *K. Szendrei*, Liebigs Ann. Chem. **1981**, 85–91.
A. Viola, J. J. Collins und *N. Filipp*, Tetrahedron **37**, 3785–3791 (1981).
P. A. Bartlett und *C. F. Pizzo*, J. Org. Chem. **46**, 3896–3900 (1981).
M. M. Adelman, R. L. Funk und *J. D. Munger, jr.*, J. Am. Chem. Soc. **104**, 4030–4032 (1982).
Y. Hirano und *C. Djerassi*, J. Org. Chem. **47**, 2420–2426 (1982).

Claisen-Schmidt

Aldolkondensation

Die Claisen-Schmidt-Reaktion ist ein Sonderfall der *Aldol-Reaktion* und beinhaltet die Umsetzung aromatischer Aldehyde (kein α-H-Atom) mit aliphatischen Aldehyden und Ketonen zu α,β-ungesättigten Carbonylverbindungen. Die Kondensation verläuft normalerweise in Gegenwart starker Basen, sie ist jedoch auch säurekatalysiert (HCl-Gas) durchführbar.

M

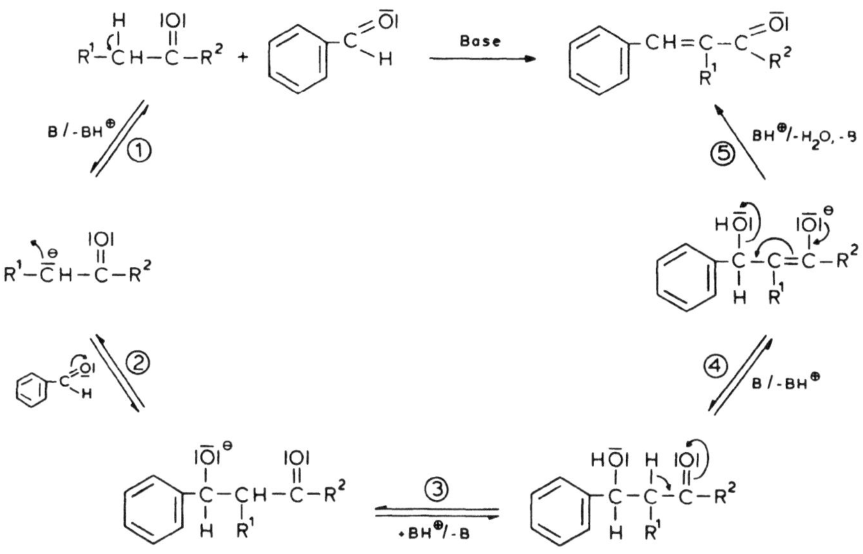

Base: NaOH; NaOMe; NaOEt

① Deprotonierung ⌒ Carbanion
② Nucleophiler Angriff am aromatischen Aldehyd
③ Protonierung ⌒ β-Hydroxyketon
④ Deprotonierung ⌒ Enolation
⑤ Abspaltung der Hydroxygruppe ⌒ konjugiertes System (irreversibel!)

E Im Gegensatz zur eigentlichen *Aldol-Reaktion* schließt sich bei Umsetzungen nach Claisen-Schmidt fast immer eine schnell ablaufende, irreversible Abspaltung von Wasser an. Die entstehende Doppelbindung wird Teil eines konjugierten Systems, das sowohl den Aromaten als auch die Carbonylgruppe einschließt. Nur in seltenen Fällen läßt sich das β-Hydroxyketon isolieren.

Die Carbonylfunktion des ungesättigten Aldehyds oder Ketons steht normalerweise in trans Stellung zum größeren Substituenten (Ph–) am β-C-Atom. Der Grund dafür ist die entsprechende, sterisch bedingte Orientierung dieser Gruppen im intermediären Enolation.

Die Verwendung aromatischer Aldehyde ist notwendig, um die Bildung von Polymeren zu vermeiden. Produkte, die ein α-Wasserstoffatom besitzen, werden häufig unter den stark basischen Bedingungen deprotoniert und reagieren zu höher kondensierten Verbindungen.

Setzt man Aceton als Methylenkomponente ein, können zwei verschiedene Produkte gebildet werden. Je nach Molverhältnis bzw. Reaktionsbedingungen reagieren beide oder nur eine der Methylgruppen. Kondensationen an Methylengruppen acyclischer Ketone gelingen oft nicht. Das zunächst gebildete Aldol-Produkt unterliegt einer Retroaldol-Reaktion, die in diesen Fällen schneller verläuft als die zu erwartende Dehydratisierung.

Das Substiutionsmuster des Aromaten besitzt einen starken Einfluß auf die erreichbare Ausbeute. Im Gegensatz zu elektronenspendenden Gruppen ($-NH_2$, $-OH$) begünstigen elektronenziehende Substituenten ($-NO_2$, $-Cl$) die Reaktion.

A Steroid-Synthese (Epiandrosteron); Darstellung von Chalkon (1,3-Diphenyl-propen-3-on ⌒ Parfümerie); Synthese ungesättigter Aldehyde (Zimtaldehyd)

L *J. G. Schmidt,* Ber. Dtsch. Chem. Ges. **14**, 1459-1461 (1881).
L. Claisen und *A. Claparède,* Ber. Dtsch. Chem. Ges. **14**, 2460–2476 (1881).
R. Kuhn, W. Badstübner und *C. Grundmann,* Ber. Dtsch. Chem. Ges. **69**, 97–107 (1936).
G. Sipos und *F. Sirokman,* Nature **202**, 489 (1964).
A. T. Nielsen und *W. J. Houlihan,* Org. React. **16**, 3; 45 (1968).
H. O. House, Modern Synthetic Reactions, 2nd ed., S. 632–639, Benjamin, Menlo Park 1972.
S. A. Fine und *P. D. Pulaski,* J. Org. Chem. **38**, 1747–1749 (1973).

Clemmensen

Reduktion von Carbonylverbindungen

Aldehyde und Ketone lassen sich mit Zinkamalgam und konzentrierter Salzsäure zu Kohlenwasserstoffen reduzieren. Da meist drastische Bedingungen erforderlich sind, ist die Reaktion für polyfunktionelle Verbindungen ungeeignet. Sie versagt ebenso bei säureempfindlichen Substanzen (vgl. *Wolff-Kishner-Reduktion*). Die häufigsten Nebenprodukte sind Pinakole, Alkohole, Olefine und Polymere.

E Der Mechanismus der Clemmensen-Reduktion ist noch teilweise ungeklärt. Die unter **M** formulierte Reaktionsfolge (Darstellung entnommen aus Horner und Schmitt, 1978) ist mit den bisher vorhandenen Daten in Einklang zu bringen, sie ist jedoch nicht bewiesen.

Es handelt sich hier um eine Grenzflächenreaktion, bei der vier Elektronen vom Zink auf die Carbonylkomponente übertragen werden (Vier-Elektronen-Übergang). Durch die Amalgamierung des Metalls erhöht sich das Abscheidungspotential des Wasserstoffs (Wasserstoff-Überspannung). Damit läßt sich die zu erwartende Reaktion zwischen Zink und Säure zu molekularem Wasserstoff verhindern. Andere Metalle, die ein dem Zink vergleichbares Reduktionspotential besitzen, liefern sehr schlechte Ausbeuten. Ebenso ist die Zahl der geeigneten Säuren sehr beschränkt. Nur die Halogenwasserstoffsäuren sind stark genug und besitzen gleichzeitig Anionen, die vom Amalgam nicht reduziert werden.

Am besten sind aromatisch-aliphatische Ketone für die Umsetzung geeignet. Alicyclische und Diarylketone liefern geringe Ausbeuten. Isolierte Doppelbindungen werden nicht angegriffen, dagegen läßt sich bei konjugierten Doppelbindungen eine Reduktion kaum vermeiden. Bifunktionelle Ausgangskomponenten wie 1,3- und 1,4-Dicarbonylverbindungen oder auch α,β-ungesättigte Ketone bilden meist umgelagerte Produkte (s. *Wagner-Meerwein*):

$$H_3C{-}CO{-}CH_2{-}CO{-}CH_3 \longrightarrow H_3C{-}CO{-}CH(CH_3)_2$$

Eine von Yamamura vorgeschlagene Variante des Verfahrens (trockenes HCl-Gas + Zinkstaub in organischen Lösungungsmitteln) verläuft unter wesentlich milderen Bedingungen und ermöglicht daher auch die Reduktion empfindlicher Substanzen mit hohen Ausbeuten.

M

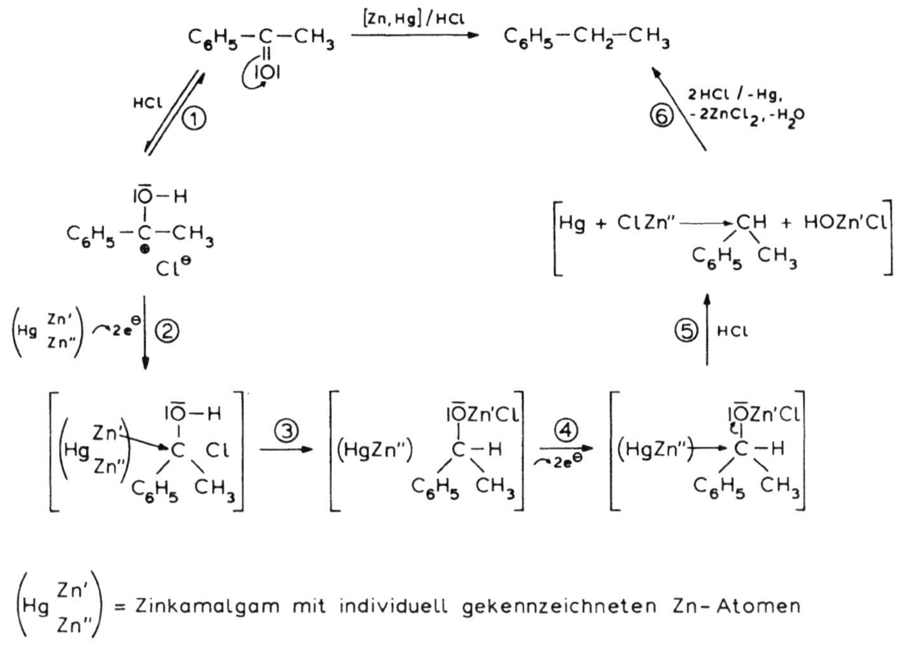

① Protonierung ⌒ sp^2-Kohlenstoffatom

② Chemisorption, Elektronentransfer

③ Ausbildung einer C-H-Bindung

④ Elektronentransfer

⑤ Spaltung der stark polaren C-O-Bindung

⑥ Protonierung ⌒ Ausbildung der zweiten C-H-Bindung

A Reduktion von Verbindungen mit Carboxylgruppen oder phenolischen Hydroxylgruppen

L *E. Clemmensen*, Ber. Dtsch. Chem. Ges. **46**, 1837–1843 (1913).

E. L. Martin, Org. React. **1**, 155–209 (1942).

T. Nakabayashi, J. Am. Chem. Soc. **82**, 3900–3913 (1960).

S. Yamamura, S. Ueda und *Y. Hirata*, J. Chem. Soc., Chem. Commun. **1967**, 1049–1050.

F. Asinger und *H. H. Vogel*, Alkane Cycloalkane, in *Houben-Weyl-Müller*: Methoden der Organischen Chemie, 4. Aufl., Bd. V/1a, S. 244–250; 450–456, Thieme, Stuttgart 1970.

H. O. House, Modern Synthetic Reactions, 2nd ed., S. 163–167, Benjamin, Menlo Park 1972.

E. Vedejs, Org. React. **22**, 401–422 (1975).

L. Horner und *E. Schmitt*, Liebigs Ann. Chem. **1978**, 1617–1633.

M. Zachis und *J. A. Rabi*, Tetrahedron Lett. **1980**, 3735–3738.

Cope

Pyrolytische Spaltung von Aminoxiden

Aminoxide zerfallen beim Erhitzen unter Bildung von Dialkyl-hydroxylaminen und Olefinen. Hierbei handelt es sich um eine Art intramolekulare E2-Reaktion, die von allen vergleichbaren pyrolytischen Eliminierungen (Ester-, *Xanthogenat-Pyrolyse*) die größte syn-Stereoselektivität zeigt. Die Aminoxid-Spaltung ist daher ein wertvolles Hilfsmittel zur Synthese von Alkenen bestimmter Geometrie.

M

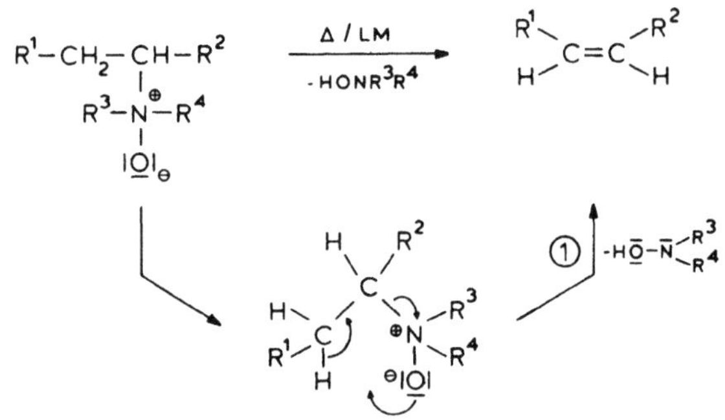

Δ: 80–200°C

LM: Dimethylsulfoxid; Tetrahydrofuran

① Thermisch induzierte cis-Eliminierung

E Der zentrale Schritt dieser Reaktion ist der Angriff des stark basischen Sauerstoffs auf ein β-ständiges Wasserstoffatom. Durch die Ausbildung eines cyclischen, fünfgliedrigen Übergangszustandes wird eine entsprechend günstige Anordnung der beteiligten Molekülfragmente gewährleistet. Mit Hilfe deuterierter Verbindungen konnte der stereoselektive Verlauf der Eliminierung nachgewiesen werden.

Sind mehrere geeignete H-Atome vorhanden, so ist in einfachen, acyclischen Aminoxiden die Spaltungsrichtung weitgehend statistisch kontrolliert. Einen bevorzugten Angriff auf β-ständige Methylgruppen wie beim *Hofmann-Abbau* quartärer Ammoniumhydroxide gibt es hier nicht. Bei alicyclischen Verbindungen besteht eine Abhängigkeit von der Ringgröße. Während in Cyclopentyl- und Cycloheptyl-Systemen bevorzugt endocyclische Doppelbindungen entstehen, werden bei Cyclohexyl-Derivaten vorwiegend exocyclische Doppelbindungen ausgebildet, um die bei der Synthese des endo-Produktes notwendige partielle Einebnung des sechsgliedrigen Rings und die damit verbundenen Wechselwirkungen ekliptisch angeordneter Gruppen zu vermeiden.

A Stereospezifische Synthese von Olefinen; Darstellung N,N-disubstituierter Hydroxylamine; Eliminierung von Stickstoff aus einer Verbindung; Synthese von Cyclobuten

L *A. C. Cope, T. T. Foster* und *P. H. Towle*, J. Am. Chem. Soc. **71**, 3929–3935 (1949).
C. H. DePuy und *R. W. King*, Chem. Rev. **60**, 448–451 (1960).
A. C. Cope und *E. R. Trumbull*, Org. React. **11**, 361–367 (1960).
M. Hanack, S. Bocher und *A. Nierth*, Pyrolyse von Aminoxiden, in *Houben-Weyl-Müller*: Methoden der Organischen Chemie, 4. Aufl., Bd. V/1b, S. 238–250, Thieme, Stuttgart 1972.
R. G. Laughlin, J. Am. Chem. Soc. **95**, 3295–3299 (1973).
R. D. Bach, D. Andrzejewski und *L. R. Dusolo*, J. Org. Chem. **38**, 1742–1743 (1973).
S. Oae und *N. Furukawa*, Tetrahedron **33**, 2359–2367 (1977).
D. R. Boyd, D.C. Neill und *M. E. Stubbs*, J. Chem. Soc., Perkin Trans. II **1978**, 30–34.

Cope

Umlagerung von 1,5-Dienen

Beim Erhitzen von 1,5-Dienen findet eine Umlagerung statt, die unter Reorganisation des π-Systems zur Bildung ebenfalls ungesättigter Produkte führt. Da die Umsetzung reversibel ist, stellt sich ein Gleichgewicht ein, das die thermodynamisch stabilere Komponente im Überschuß enthält. Nur bei 3-Hydroxy-1,5-dienen ist die Rückreaktion nicht möglich, weil das Produkt zur Carbonylform tautomerisiert (Oxy-Cope-Umlagerung).

M

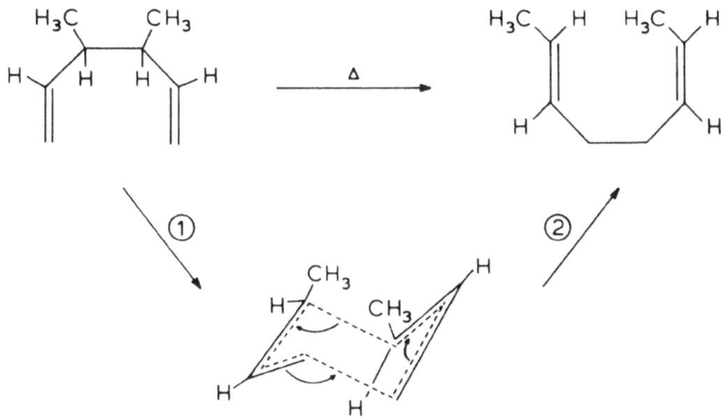

① Bildung eines cyclischen Übergangszustands

② Sigmatrope Bindungsverschiebung

E Die Cope-Reaktion ist ein typisches Beispiel für [3,3]-sigmatrope Umlagerungen (vergleiche auch *Claisen*). Sie kann nach verschiedenen Mechanismen verlaufen, von denen der hier gezeigte Grenzfall am häufigsten beobachtet wird. Es handelt sich um einen synchronen, pericyclischen Prozeß (cyclische Bindungsverschiebung zwischen ringförmig angeordneten Atomen), bei dem ein dem Benzol isokonjugater und daher als "aromatisch" bezeichneter Übergangszustand durchlaufen wird. Der simultane Ablauf der Umlagerung wird durch die stark negative Aktivierungsentropie sowie die für eine Bindungsspaltung zu geringe Aktivierungsenergie gestützt.

Bei dem ebenfalls denkbaren Diradikal-Mechanismus handelt es sich um einen Zwei-Stufen-Prozeß, der durch das Auftreten diskreter, kurzlebiger Zwischenverbindungen charakterisiert ist. Er wird jedoch offenbar nur dann verwirklicht, wenn ein energiereiches Diensystem vorliegt, das Radikal-stabilisierende Subsituenten (Vinylgruppe) trägt.

Die Cope-Umlagerung ist auf nahezu alle 1,5-Diene anwendbar. Ist eine der beiden Doppelbindungen Teil eines aromatischen Systems, findet keine Reaktion statt. Substituenten an den C-Atomen 3 oder 4 erleichtern die Umsetzung, wenn sie mit der neu entstehenden Doppelbindung in Konjugation treten können. Die Umlagerung konjugierter Triene führt zur Bildung ringförmiger Verbindungen, wobei das cyclische Isomer gewöhnlich stabiler ist als die offenkettige Ausgangskomponente. Manche Diene (1,5-Hexadien; 3,4-Homotropiliden) liefern Produkte, die mit dem eingesetzten Olefin identisch sind (entartete Cope-Umlagerung). Die Umlagerung ist dann chemisch nicht mehr nachzuweisen. Mit Hilfe der NMR-Spektroskopie läßt sich jedoch zeigen, daß z. B. das 3,4-Homotropiliden bei -50°C etwa einmal pro Sekunde, bei 180°C ca. tausendmal pro Sekunde umlagert und daher durch eine Art "Mittelwert" zweier gleicher Strukturen beschrieben werden muß ("fluktuierende Struktur").

A Ringschluß-Reaktionen; Kombination mit *Claisen-Umlagerung*: α,β-ungesättigte Aldehyde; Terpenchemie (↷ Sinensal, Torreyal, Dendrolasin)

L. *A. C. Cope* und *E. M. Hardy*, J. Am. Chem. Soc. **62**, 441–444 (1940).
A. C. Cope, J. E. Meili und *D. W. H. MacDowell*, J. Am. Chem. Soc. **78**, 2551–2556 (1956).
E. Vogel, Angew. Chem. **74**, 829–839 (1962).
W. von E. Doering und *W. R. Roth*, Tetrahedron **18**, 67–74 (1962).
W. von E. Doering und *W. R. Roth*, Angew. Chem., Int. Ed. Engl. **2**, 115–122 (1963).
G. Maier, Chem. in unserer Zeit **2**, 35–41 (1968).
M. J. S. Dewar, Angew. Chem. **83**, 859–875 (1971).
M. J. Goldstein, R. C. Krauss und *S.-H. Dai*, J. Am. Chem. Soc. **94**, 680–682 (1972).
T. S. Stevens und *W. E. Watts*, Selected Molecular Rearrangements, S. 175–181, Van Nostrand Reinhold, London 1973.
S. J. Rhoads und *N. R. Raulins*, Org. React. **22**, 1–252 (1975).
R. Wehrli, D. Bellus, H.-J. Hansen und *H. Schmid*, Chimia **30**, 416–423 (1976).
R. Gompper und *W. R. Ulrich*, Angew. Chem. **88**, 298–301 (1976).
F. Vögtee und *E. Goldschmitt*, Chem. Ber. **109**, 1–40 (1976).
A. Busch und *H. M. R. Hoffmann*, Tetrahedron Lett. **1976**, 2379–2382.
M. Huché, Tetrahedron Lett. **1976**, 2607–2610.
R. Wehrli, H. Schmid, D. Bellus und *H.-J. Hansen*, Helv. Chim. Acta **60**, 1325–1356 (1977).
M. J. S. Dewar und *L. E. Wade*, jr., J. Am. Chem. Soc. **99**, 4417–4424 (1977).
S. Itô, J. Itoh, Y. Fujise, T. Nakatsu, C. A. Senkler und *P. von R. Schleyer*, Bull. Chem. Soc. Jpn. **51, 2379–2390** (1978).
E. N. Marvell und *C. Lin*, J. Am. Chem. Soc. **100**, 877–883 (1978).
E. N. Marvell und *T. H.-C. Li*, J. Am. Chem. Soc. **100**, 883–888 (1978).
J. Japenga, G. W. Klumpp und *M. Schakel*, Tetrahedron Lett. **1978**, 1869–1872.
G. Maas und *C. Hummel*, Chem. Ber. **113**, 3679–3696 (1980).
K. J. Shea und *R. B. Phillips*, J. Am. Chem. Soc. **102**, 3156–3162 (1980).
D. I. Loewus, J. Am. Chem. Soc. **103**, 2292–2296 (1981).
A. Viola, J. J. Collins und *N. Filipp*, Tetrahedron **37**, 3791–3795 (1981).
L. E. Overman und *M. Sworin*, Tetrahedron **37**, 4041–4045 (1981).
T. Miyashi, A. Hazato und *T. Mukai*, J. Am. Chem. Soc. **104**, 891–893 (1982).

Curtius

Abbau von Carbonsäureaziden

Der gewöhnlich thermisch induzierte Zerfall von Carbonsäureaziden bietet neben dem *Hofmann-Abbau* von Säureamiden und dem *Lossen-Abbau* von Hydroxamsäuren eine weitere Möglichkeit zur Synthese primärer Amine aus Carbonsäure-Derivaten. Die Reaktion entspricht formal dem Ersatz einer Carboxylgruppe durch eine Aminogruppe. Im Gegensatz zu den beiden anderen Verfahren sind die auch hier als Zwischenprodukte auftretenden Isocyanate isolierbar. Der Curtius-Abbau ist somit die vielseitigste der drei vergleichbaren Methoden.

M

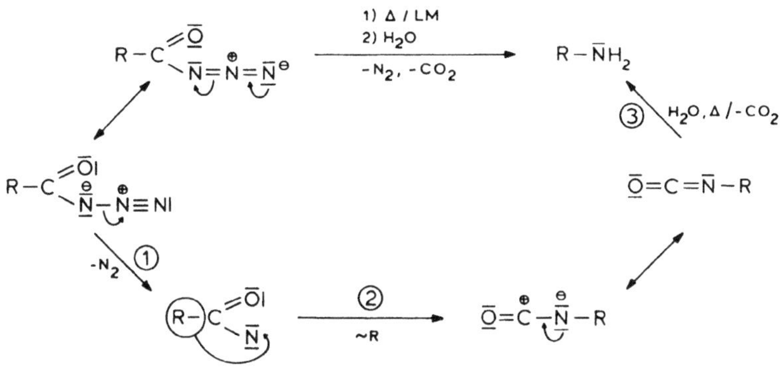

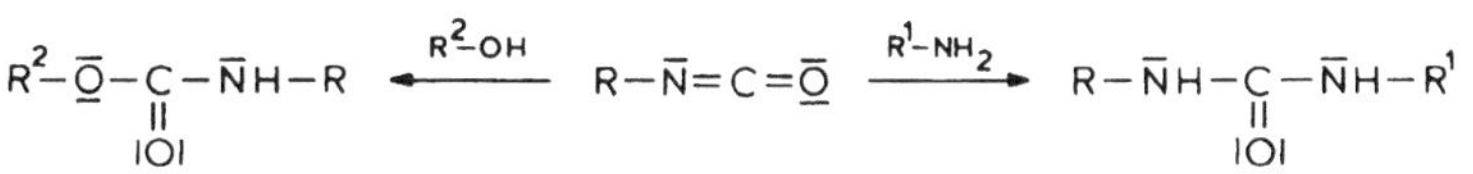

LM: Benzol; Toluol; Chloroform; Methanol; Ethanol; Wasser

① (Thermische) Eliminierung von Stickstoff ↷ Acylnitren

② Anionotrope Umlagerung des Säurerestes ↷ Isocyanat

③ Hydrolyse

E Die Abspaltung des N_2-Moleküls aus dem Carbonsäureazid erfolgt teilweise spontan bei Raumtemperatur, in anderen Fällen muß bis auf etwa 150°C erwärmt werden. Die hierbei entstehende Elektronenlücke am benachbarten Stickstoffatom (Nitren) induziert die anionotrope Wanderung des Restes R. Diese erfolgt unter Beibehaltung der Konfiguration. Vermutlich wird die wandernde Gruppe in keiner Phase der Umlagerung vollständig vom Rest des Moleküls gelöst. Das resultierende Isocyanat kann bei Verwendung inerter Lösungsmittel isoliert werden. In wäßrigem oder alkoholischem Medium bilden sich direkt die entsprechenden Solvolyseprodukte. Da bisher keine der für Nitrene typischen Nebenreaktionen (Isomerisierungs-, Einschub-, Additionsreaktionen) beobachtet wurden, nimmt man allgemein einen synchron verlaufenden Mechanismus an.

Die Pyrolyse von Carbonsäureaziden ist ein präparativ wichtiges Verfahren zur Gewinnung von Isocyanaten bzw. deren Derivaten. Fast alle gesättigten und ungesättigten Säuren der aliphatischen, alicyclischen, aromatischen und heterocyclischen Reihe sind als Substrate geeignet.

Aus α-Hydroxy-, α-Halogen- und α,β-ungesättigten Carbonsäureaziden entstehen Aldehyde bzw. Ketone. Die Azide selbst lassen sich aus den entsprechenden Estern (mit 1. NH_2-NH_2, 2. HNO_2) oder Säurechloriden (mit NaN_3) synthetisieren.

Neben der thermischen ist auch eine photo-induzierte Curtius-Umlagerung bekannt. Sie verläuft bei Raumtemperatur in Lösungsmitteln wie Benzol, Dichlormethan oder Alkohol.

A Synthese von Isocyanaten bzw. deren Derivaten (Urethane, Harnstoffe, primäre Amine); Ersatz von Carboxyl- durch Aminogruppen; Darstellung von α-Aminosäuren aus Alkylmalonsäuremonoestern oder Alkylcyanessigestern

L. *T. Curtius,* Ber. Dtsch. Chem. Ges. **23**, 3023–3041 (1890).
P. A. S. Smith, Org. React. **3**, 337–449 (1946).
F. Möller, Herstellung von Aminen durch Umlagerungsreaktionen, in *Houben-Weyl-Müller*: Methoden der Organischen Chemie, 4. Aufl., Bd. XI/1, S. 862–872, Thieme, Stuttgart 1957.
L. A. Cohen und *B. Witkop,* Angew. Chem. **73**, 259–260 (1961).
E. Fahr und *L. Neumann,* Angew. Chem. **77**, 591 (1965).
W. Lwowski, Angew. Chem. **79**, 922-931 (1967).
J. W. van Reijendam und *F. Baardman,* Synthesis **1973**, 413–414.
N. A. LeBel, R. M. Cherluck und *E. A. Curtis,* Synthesis **1973**, 678–679.
W. Reichen, Helv. Chim. Acta **59**, 2601–2609 (1976).
K. Inouye, K. Watanabe und *M. Shin,* J. Chem. Soc., Perkin Trans. I **1977**, 1905–1911.
R. Imhof, D. W. Ladner und *J. M. Muchowski,* J. Org. Chem. **42**, 3709–3713 (1977).
A. Rauk und *R. F. Alewood,* Can. J. Chem. **55**, 1498–1510 (1977).
H. P. Benecke, Tetrahedron Lett. **1977**, 997–1000.
H. Saikachi und *T. Kitagawa,* Chem. Pharm. Bull. **26**, 1054–1060 (1978).
M. T. Garcia-López, F. G. de las Heras und *M. Stud,* J. Chem. Soc., Perkin Trans. I **1978**, 483–487.

Dakin

Oxidation von Hydroxybenzaldehyden und Hydroxyacetophenonen

Aromatische Aldehyde und Ketone mit einer Hydroxylgruppe in ortho- oder para-Stellung zur Carbonylfunktion werden in alkalischer Lösung durch Wasserstoffperoxid oxidiert. Es entstehen die entsprechenden Dihydroxyverbindungen sowie Ameisensäure, die sofort zu CO_2 weiterreagiert. Die Umsetzung gelingt auch, wenn zusätzliche Substituenten ($-OH$, $-NO_2$, $-NH_2$, $-Hal$, $-OCH_3$) am Ring vorhanden sind.

E Die Dakin-Reaktion ist nur dann mit Erfolg durchführbar, wenn der aromatische Kern stark elektronenspendende Substituenten wie die OH-Gruppe (bzw. $-O^{\ominus}$) trägt. Sie unterscheidet sich damit von der vergleichbaren *Baeyer-Villiger-Oxidation,* die bekanntlich auch Umlagerungen acylierter Benzolringe erlaubt.

Die Umsetzung wird durch den nucleophilen Angriff eines Hydroperoxid-Anions auf die Carbonylgruppe eingeleitet. Die sich anschließende anionotrope Wanderung des Arylrestes erfolgt leichter, wenn der Kern durch zusätzliche Donorgruppen substituiert ist. Bei der Verseifung des hierbei entstehenden Esters erhält der Aromat eine weitere OH-Gruppe, so daß letztlich die Carbonylfunktion der Ausgangsverbindung durch eine Hydroxylgruppe ersetzt wurde.

Die entsprechende Umsetzung aliphatischer Aldehyde und Ketone zu den nächst niederen Alkoholen gelingt nicht. Aromatische Carbonylverbindungen ohne bzw. mit in meta-Stellung befindlicher OH-Gruppe zeigen andere Reaktionen (Hydridwanderung) und liefern oft erhebliche Mengen an Carbonsäurederivaten: Benzaldehyd → Benzoesäure (99%).

Aufgrund neuerer Untersuchungen über die Kinetik der Dakin-Oxidation werden möglicherweise Änderungen des unten formulierten Mechanismus nötig. Die Umsetzung zeigt eine Abhängigkeit 1,4-ter Ordnung von der Wasserstoffperoxid-Konzentration. Diese Tatsache ist anhand der bisher angenommenen Reaktionsfolge nicht erklärbar. Ein entsprechend modifizierter Mechanismus wurde von Hocking und Ong (1977) entwickelt. Sie schlagen die Bildung von Hydrotrioxiden (H—O—O—O—R) als Zwischenstufen vor, deren langsamer und daher geschwindigkeitsbestimmender Zerfall für die gefundene Reaktionsordnung verantwortlich ist.

M

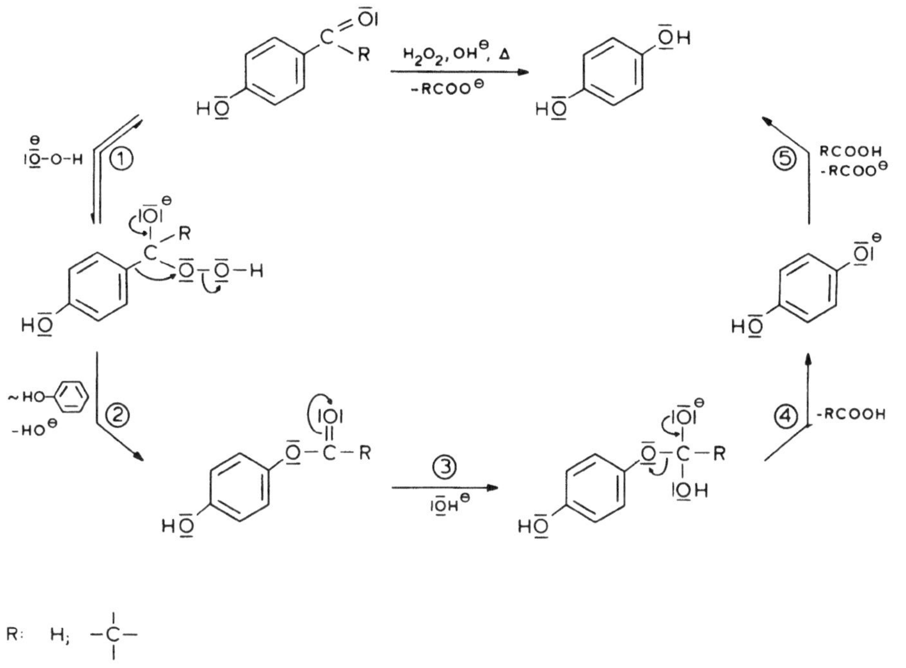

① Nucleophile Addition eines Hydroperoxid-Anions
② Anionotrope Umlagerung des Arylrestes
③,④ Alkalische Esterverseifung
⑤ Protonentransfer

A Synthese zweiwertiger Phenole (Brenzcatechin, Hydrochinon); Ersatz einer Carbonylfunktion (an Aromaten) durch eine OH-Gruppe

L

H. D. Dakin, Am. Chem. J. **42**, 477 (1909).
O. Bayer, Umwandlung von Aldehyden, in *Houben-Weyl-Müller*: Methoden der Organischen Chemie, 4. Aufl., Bd. VII/1, S. 489–490, Thieme, Stuttgart 1954.
J. B. Lee und *B. C. Uff*, Q. Rev., Chem.Soc. **21**, 454–455 (1967).
M. B. Hocking und *J. H. Ong*, Can. J. Chem. **55**, 102–110 (1977).
W. Carruthers, Some Modern Methods of Organic Synthesis, 2nd ed., S. 398–399, Cambridge University Press, Cambridge 1978.
M. B. Hocking, M. Ko und *T. A. Smith*, Can. J. Chem. **56**, 2646–2649 (1978).

Darzens

Glycidester-Synthese

Durch Kondensation von Aldehyden oder Ketonen mit α-Halogenestern erhält man α,β-Epoxyester, die auch als Glycidester bezeichnet werden. Deren Hydrolyse führt primär zur Bildung der entsprechenden freien Säuren, die sofort unter Decarboxylierung weiterreagieren. Die hieraus resultierenden Carbonylverbindungen besitzen eine um ein C-Atom längere Kohlenstoffkette als die Ausgangskomponenten.

M

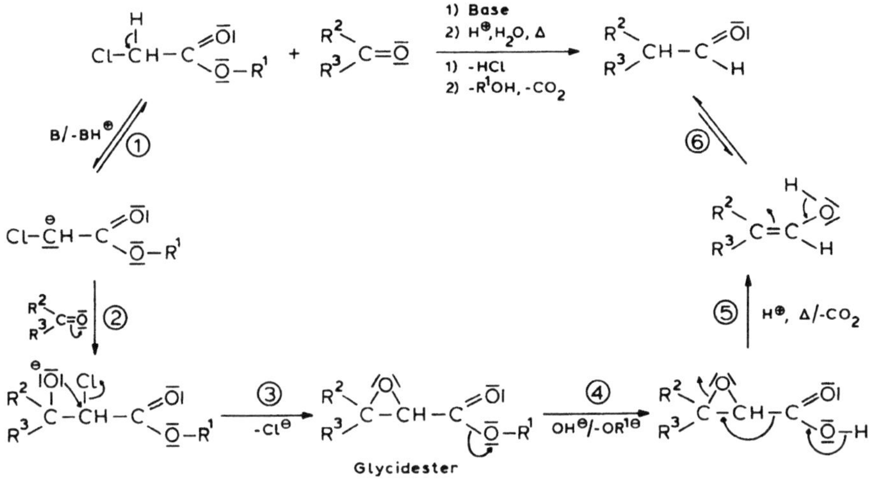

Base: $NaOC_2H_5$; $KOC(CH_3)_3$; $NaNH_2$;

LM: Ether; Benzol; Xylol;

① Deprotonierung ⌒ Carbanion
② Nucleophile Addition ⌒ Chlorhydrin
③ Epoxid-Ringschluß (innere S_N2-Reaktion)
④ alkalische Esterhydrolyse ⌒ Glycidsäure
⑤ Ringöffnung und Decarboxylierung
⑥ Keto-Enol-Tautomerie

E Die Glycidester-Synthese nach Darzens wird durch eine der *Knoevenagel-Reaktion* vergleichbare *Aldoladdition* eingeleitet. Das durch Abstraktion des aciden α-H-Atoms aus der Halogenverbindung gebildete Carbanion greift die nucleophile Carbonylgruppe des Reaktionspartners an. Die Stabilisierung des Produktes erfolgt jedoch in diesem Fall durch die intramolekulare cyclisierende Substitution unter Bildung eines Epoxids. Dieser cyclische Ether ist säurelabil, weshalb die nachfolgende Hydrolyse der Esterfunktion in wäßriger oder alkoholischer Alkalilauge durchgeführt wird. Die Decarboxylierung der so erhaltenen Glycidsäuren gelingt durch Erhitzen in saurem Medium bis zum jeweiligen Zersetzungspunkt. Hierbei entsteht ein Enol, das sich in die stabilere tautomere Keto-Form umlagert.

Mit diesem Verfahren können sowohl aliphatische als auch aromatische und α,β-ungesättigte Aldehyde homologisiert werden. In der Regel werden aber bei aromatischen und aromatisch-aliphatischen Carbonylverbindungen höhere Ausbeuten erzielt. Als Halogen-Komponenten dienen nicht nur Ester, sondern beispielsweise auch Amide und Sulfone. Chloride werden im allgemeinen den Bromiden oder Jodiden vorgezogen.

Die hier als Zwischenprodukte auftretenden Glycidester sind selbst wertvolle Verbindungen. Als Ausgangskomponenten für eine Reihe von Folgereaktionen (Umlagerungen ⌒ α- oder β-Ketoester, Addition von HX ⌒ α-Hydroxy-β-halogenester, Reduktion, *Grignard-Reaktionen* usw.) besitzen sie eine große präparative Bedeutung.

A Darstellung von Glycidestern und deren Folgeprodukten; Homologisierung von Aldehyden und Ketonen; Teilschritt der Totalsynthese von Vitamin A

L

G. Darzens, C. R. hebd. Séances Acad. Sci. **139**, 1214 (1904).
M. S. Newman und *B. J. Magerlein*, Org. React. **5**, 413–440 (1949).
O. Bayer, Herstellung von Aldehyden durch Abbaureaktionen, in *Houben-Weyl-Müller*: Methoden der Organischen Chemie, 4. Aufl., Bd. VII/1, S. 326–329, Thieme, Stuttgart 1954.
M. Ballester, Chem. Rev. **55**, 283–300 (1955).
C. C. Tung, *A. J. Speziale* und *H. W. Frazier*, J. Org. Chem. **28**, 1514–1521 (1963).
G. Dittus, Methoden zur Herstellung und Umwandlung dreigliedriger cyclischer Ether (1,2-Epoxyde), in *Houben-Weyl-Müller*: Methoden der Organischen Chemie, 4. Aufl., Bd. VI/3, S. 406–408, Thieme, Stuttgart 1965.
P. F. Vogt und *D. F. Tavares*, Can. J. Chem. **47**, 2875–2881 (1969).
G. Sipos und *G. Schöbel*, J. Chem. Soc. (C) **1970**, 1154–1156.
H. O. House, Modern Synthetic Reactions, 2nd ed., S. 666–671, Benjamin, Menlo Park 1972.
P. Coutrot, Bull. Soc. Chim. Fr. **1974**, 1965–1970.
P. Coutrot, *L. Legris* und *D. Villieras*, Bull. Soc. Chim. Fr. **1974**, 1971–1976.
G. Sipos, *G. Schöbel* und *F. Sirokmán*, J. Chem. Soc., Perkin Trans. II **1975**, 805–808.
A. Jończyk, *A. Kwast* und *M. Makosza*, J. Chem. Soc., Chem. Commun. **1977**, 902–903.
C. R. Johnson und *T. R. Bade*, J. Org. Chem. **47**, 1205–1212 (1982).

Dieckmann

Intramolekulare Esterkondensation

Dicarbonsäureester lassen sich unter dem Einfluß starker Basen in cyclische β-Ketoester überführen. Die Reaktion ist jedoch nur dann möglich, wenn mindestens ein α-H-Atom vorhanden ist und die beiden funktionellen Gruppen durch wenigstens drei Kohlenstoffatome (≙ vier Bindungen) voneinander getrennt sind. Optimale Ausbeuten werden bei der Darstellung fünf- und sechsgliedriger Ringe erzielt.

E Die Dieckmann-Reaktion stellt einen Spezialfall der *Claisenschen Esterkondensation* dar. Sie ist in allen Schritten reversibel (s. Retro-Dieckmann-Kondensation) und gelingt nur dann problemslos, wenn sich der cyclische β-Ketoester in der unter **M** dargestellten Weise deprotonieren läßt. Die Bildung des Enolations im letzten Teilschritt führt zu einem mesomeriestabilisierten Endprodukt und liefert so die eigentliche Triebkraft für die Reaktion.

Anhand ^{14}C-markierter Verbindungen konnte gezeigt werden, daß die Cyclisierung für die Umsetzung geschwindigkeitsbestimmend ist. Dabei müssen die beiden Estergruppen derart lokalisiert sein, daß zumindest ein viergliedriges Ringsystem entsteht. Kleinere Ringe lassen sich aus sterischen Gründen nicht darstellen, Ringe mit mehr als sechs Gliedern sind nur in mäßigen Ausbeuten erhältlich. Ihre Synthese wird durch die Verwendung sehr verdünnter Lösungen unterstützt (weniger Konkurrenz durch intermolekulare Kondensation).

Viele Verbindungen bieten Kondensationsmöglichkeiten nach zwei Richtungen. In solchen Fällen wird meist die acidere α-Methylengruppe deprotoniert (Methylenkomponente). Jedoch zeigen Temperatur, Lösungsmittel und besonders das Substitutionsmuster einen erheblichen dirigierenden Einfluß.

Heteroatome stören in der Regel nicht. Sie bieten im Gegenteil die Möglichkeit zur Darstellung heterocyclischer Verbindungen. Die Esterfunktion des Endproduktes läßt sich durch saure Hydrolyse (⌒ —COOH) und anschließende Decarboxylierung (Δ:⌒ CO_2) entfernen. Man erhält so in guten Ausbeuten cyclische Ketone.

Die Durchführung der Reaktion erfolgt in sorgfältig getrockneten Apparaturen und wasserfreien Lösungsmitteln unter Inertgas-Atmosphäre (meist N_2).

M

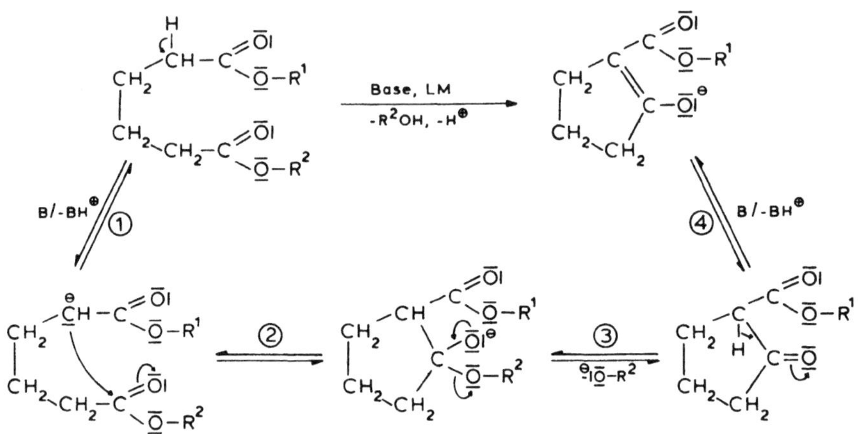

Base: Na; NaH; $NaOC_2H_5$; $NaNH_2$; $NaOC(CH_3)_3$

LM: Benzol; Toluol; Xylol; Ether

① Deprotonierung ⌒ Carbanion

②,③ Cyclisierende intramolekulare nucleophile Substitution

④ Stabilisierung durch Deprotonierung (mesomeres System)

A Darstellung carbocyclischer und heterocyclischer Ketone (meist Cyclopentanone und Cyclohexanone); Synthese von Heterocyclen (Tetrahydropyrane) und polycyclischen Verbindungen (Steroide)

L *W. Dieckmann*, Ber. Dtsch. Chem. Ges. **27**, 102–103; 965–966 (1894).
D. E. Wolf und *K. Folkers*, Org. React. **6**, 449–463 (1951).
J. P. Schäfer und *J. J. Bloomfield*, Org. React. **15**, 1–203 (1967).
H. O. House, Modern Synthetic Reactions, 2nd ed., S. 740–743, Benjamin, Menlo Park 1972.
H. Henecka, Ketone durch Acylierung von Enolestern bzw. -ethern, in *Houben-Weyl-Müller*: Methoden der Organischen Chemie, 4. Aufl., Bd. VII/2a, S. 504–515, Thieme, Stuttgart 1973.
G. Aichinger, Esterkondensation und analoge Reaktionen, in *F. Korte*: Methodicum Chimicum, Bd. V, S. 363–368, Thieme, Stuttgart 1975.
A. Cox, Dicarboxylic and Polycarboxylic Acids, in *Barton-Ollis*: Comprehensive Organic Chemistry, vol. II, S. 690–694, Pergamon Press, Oxford 1979.
J. R. Mahajan und *I. S. Reseck*, Synthesis **1980**, 998–999.
J. I. Crowley und *H. Rapoport*, J. Org. Chem. **45**, 3215–3227 (1980).
Y. Yamada, *T. Ishii*, *M. Kimura* und *K. Hosaka*, Tetrahedron Lett. **1981**, 1353–1354.
J. Bosch und *J. Bonjoch*, J. Org. Chem. **46**, 1538–1543 (1981).

Diels-Alder

Dien-Synthese; 1,4-Cycloaddition

Bei der Umsetzung von Dienophilen (s.u.) mit konjugierten Dienen entstehen in einer 1,4-Cycloadditionsreaktion cyclische, ebenfalls ungesättigte Produkte. Durch seine Stereoselektivität und die vielseitige Anwendbarkeit besitzt das Verfahren eine große Bedeutung für die präparative organische Chemie. Bedingt durch den thermisch induzierten Zerfall der gebildeten Addukte ist die Umsetzung bei höheren Temperaturen reversibel (Retro-Diels-Alder).

M

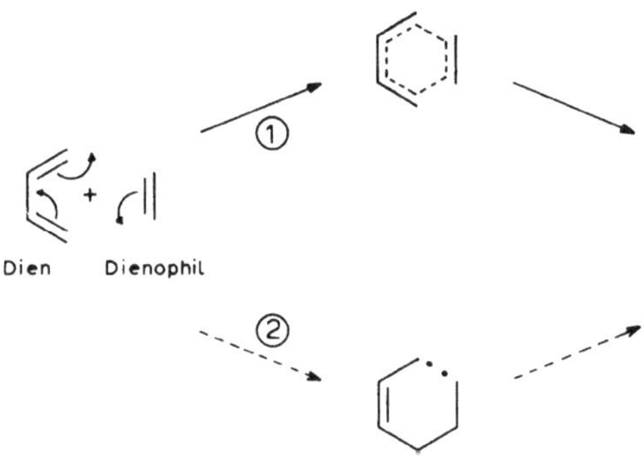

Dien:

Dienophil:

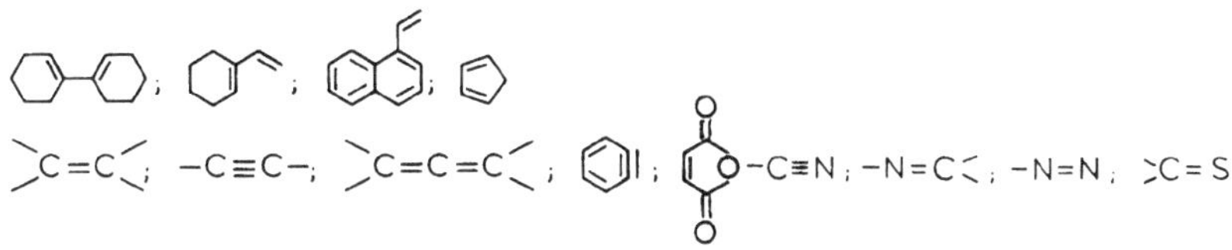

① Synchroner Mechanismus (⌒ Übergangszustand), Mehrzentrenreaktion

② Asynchroner, radikalischer Mechanismus (⌒ Zwischenverbindung)

E Der genaue Verlauf der Diels-Alder-Reaktion ist bis heute umstritten. Man nimmt allgemein an, daß sich die beiden Komponenten in parallelen Ebenen ungefähr senkrecht zur Richtung der neu zu knüpfenden σ-Bindungen nähern, wobei es zu Wechselwirkungen zwischen den π-Systemen kommt. Der Charakter des entstehenden Übergangszustandes sowie die zeitliche Aufeinanderfolge der zum Produkt führenden Bindungsänderungen sind noch unbekannt. Die formulierten Mechanismen stellen möglicherweise Extreme der tatsächlichen Vorgänge dar, die in den verschiedenen Synthesen mehr oder weniger stark verwirklicht werden. Es scheint jedoch, daß die Mehrzahl der thermisch induzierten Additionen dem synchronen Reaktionsablauf folgt.

Die Dienkomponenten reagieren nur aus der cisoiden Konformation heraus, wobei der 1,4-Abstand im Molekül sowie die Fixierung in einer übergeordneten Struktur (Ring) die Reaktivität stark beeinflussen. Auch in bezug auf das Dienophil verläuft die Umsetzung streng stereospezifisch cis, d. h. die Substituenten an der Doppelbindung besitzen auch im gebildeten Addukt dieselbe relative Lage zueinander.

Als Dienophile sind besonders durch elektronenziehende Gruppen (-CO-, -COOR, -C≡N, $-NO_2$) substituierte Verbindungen geeignet. Diene werden dagegen durch elektronenspendende Substituenten [$-CH_3$, $-OCH_3$, $-N(CH_3)_2$] aktiviert. Damit verbundene sterische Hinderungen können jedoch die zu erwartenden Effekte vermindern oder gar überkompensieren. Es sind auch Beispiele für Diels-Alder-Reaktionen mit inversem Elektronenbedarf bekannt (⌒ Pyridazine ⌒ Pharmakologie). Bei Verwendung cyclischer Diene können zwei verschiedene Produkte entstehen. Im endo-Addukt (kinetisch kontrolliert) ragt der größere Teil des Dienophils unter den Ring; beim exo-Addukt (thermodynamisch kontrolliert) ist es umgekehrt:

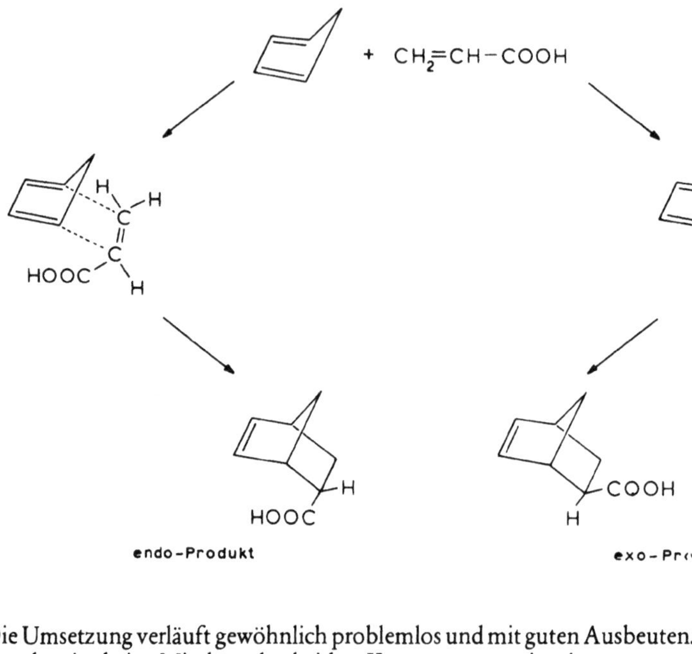

Die Umsetzung verläuft gewöhnlich problemlos und mit guten Ausbeuten. Oft setzt die Reaktion bereits beim Mischen der beiden Komponenten ein. Ansonsten genügt in der Regel schwaches Erwärmen, eventuell in einem geeigneten Lösungsmittel. In vielen Fällen ist eine Katalyse durch Lewis-Säuren möglich.

A Synthese von cyclischen und bicyclischen Systemen (Cyclohexen, Norbornadien); Schutz von Doppelbindungen (Reversibilität!); Steroid-Synthesen (intramolekulare Diels-Alder-Reaktion); Teilschritte bei der Darstellung von Cholesterol und Reserpin

L *O. Diels* und *K. Alder*, Liebigs Ann. Chem. **460**, 98–122 (1928).
J. A. Norton, Chem. Rev. **31**, 319–523 (1942).
M. C. Kloetzel, Org. React. **4**, 1–59 (1948).
H. L. Holmes, Org. React. **4**, 60–173 (1948).
L. W. Butz und *A. W. Rytina*, Org. React. **5**, 136–192 (1949).
J. G. Martin und *R. K. Hill*, Chem. Rev. **61**, 537–562 (1961).
S. B. Needleman und *M. C. Chang Kuo*, Chem. Rev. **62**, 405–431 (1962).
A. Wassermann, Diels-Alder-Reactions, S. 1–114, Elsevier, Amsterdam 1965.
J. Sauer, Angew. Chem. **78**, 233–252 (1966).
J. Sauer, Angew. Chem. **79**, 76–94 (1967).
H. Kwart und *K. King*, Chem. Rev. **68**, 415–447 (1968).
H. Wollweber, Diels-Alder-Reaktion, in *Houben-Weyl-Müller:* Methoden der Organischen Chemie, 4. Aufl., Bd. V/1c, S. 977–1139, Thieme, Stuttgart 1970.
O. Klein, Cycloolefine durch Diels-Alder-Reaktionen, in *Houben-Weyl-Müller:* Methoden der Organischen Chemie, 4. Aufl., Bd. V/1b, S. 433–450, Thieme, Stuttgart 1972.
G. Seitz und *T. Kämpchen*, Chem.-Ztg. **99**, 292; 503–504 (1975).
W. Carruthers, Some Modern Methods of Organic Synthesis, 2nd ed., S. 161–230, Cambridge University Press, Cambridge 1978.
J. L. Ripoll, *A. Rouessac* und *F. Rouessac*, Tetrahedron **34**, 19–40 (1978).
H.-D. Scharf, *H. Plum*, *J. Fleischhauer* und *W. Schleker*, Chem. Ber. **112**, 862–882 (1979).
R. Sustmann, *M. Böhm* und *J. Sauer*, Chem. Ber. **112**, 883–889 (1979).
J. Sauer und *R. Sustmann*, Angew. Chem. **92**, 773–801 (1980).
G. Weber, *K. Menke* und *H. Hopf*, Chem. Ber. **113**, 531–541 (1980).
G. Brieger und *J. N. Bennett*, Chem. Rev. **80**, 63–97 (1980).
R. L. Funk und *K. P. C. Vollhardt*, Chem. Soc. Rev. **9**, 41–62 (1980).
U. Szeimies-Seebach, *A. Schöffer* und *R. Römer*, Chem. Ber. **114**, 1767–1785 (1981).
M. Petrzilka und *J. I. Grayson*, Synthesis **1981**, 753–786.
J. Fleischhauer, *A. N. Asaad*, *W. Schleker* und *H.-D. Scharf*, Liebigs Ann. Chem. **1981**, 306–311.
H. H. Wasserman und *J. L. Ives*, Tetrahedron **37**, 1825–1852 (1981).
L. A. M. Turkenburg, *P. M. L. Block*, *W. H. de Wolf* und *F. Bickelhaupt*, Angew. Chem. **94**, 291–299 (1982).
W. R. Roush, *H. R. Gillis* und *A. I. Ko*, J. Am. Chem. Soc. **104**, 2269–2283 (1982).
S. Fukuzumi und *J. K. Kochi*, Tetrahedron **38**, 1035–1049 (1982).

Einhorn

Amidomethylierung

Durch Umsetzung von Carbonsäureamiden mit Formaldehyd erhält man N-Hydroxymethylamide. Diese lassen sich in einer sauer katalysierten Reaktion mit Substanzen, die ein austauschbares H-Atom besitzen, kondensieren. Hierbei entstehen Amidomethylverbindungen, die beim Verseifen die korrespondierende Säure sowie das Aminomethyl-Derivat der aciden Ausgangskomponente liefern. Die präparative Bedeutung des Verfahrens liegt in der Möglichkeit zur Substitution eines Wasserstoffatoms durch eine primäre Aminomethylgruppe (s. *Mannich-Reaktion*).

M

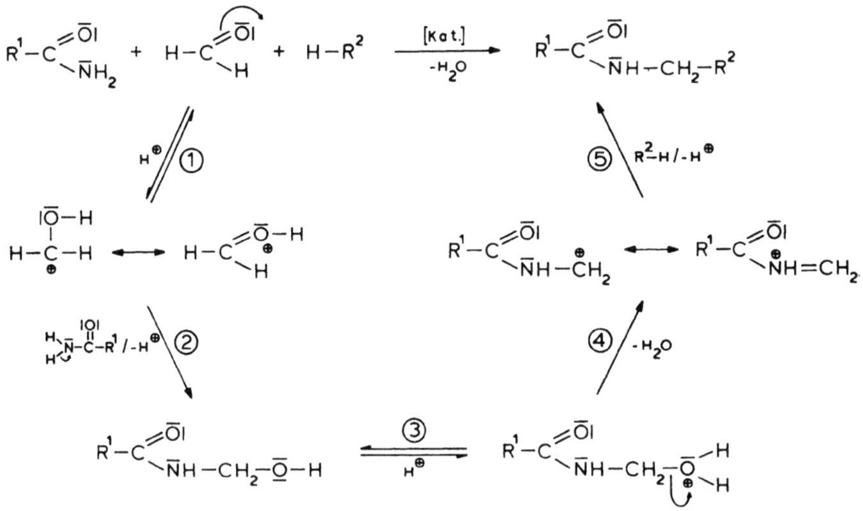

Kat.: HCl; H_2SO_4; H_3PO_4; HCOOH; $ZnCl_2$; $AlCl_3$

R^2–H: Ar–H; Ar–OH; R–$\bar{N}H_2$; R–$\bar{N}HR^3$; R–C(=O)–$\bar{N}H_2$; R–C(=O)–$\bar{N}HR^3$

① Protonierung ⌒ Aktivierung des Aldehyds

② Elektrophile Substitution (Hydroxymethylierung)

③ Protonierung ⌒ Erhöhung der Austrittstendenz

④ Abspaltung von H_2O ⌒ mesomeres Carbenium-Immonium-Ion

⑤ Elektrophile Substitution (Amidomethylierung)

E Die Schwierigkeiten bei der Einführung primärer Aminomethylgruppen beruhen darauf, daß alle am Stickstoff gebundenen Wasserstoffatome ersetzt werden können und daher in der Regel höher substituierte Amine entstehen. Mit Hilfe des leicht wieder abspaltbaren Acylrestes als Schutzgruppe kann diese unerwünschte Reaktivität vorübergehend ausgeschaltet werden. Wegen der im Vergleich zum freien Amin verringerten Nucleophilie wird es aber oft notwendig, das Amid zunächst getrennt mit dem Formaldehyd umzusetzen. Man vermeidet so eine primäre Reaktion der Carbonylverbindung mit der ebenfalls nucleophilen C-H-aciden Komponente.

Zur Überführung der N-Hydroxymethylcarbonsäureamide in die entsprechenden Carbeniumionen ist eine relativ starke Säurekatalyse notwendig. Dies beschränkt die Zahl der möglichen Kondensationspartner auf unempfindliche Verbindungen mit ausgeprägt nucleophilem Charakter. Andererseits sind beim Einhorn-Verfahren, im Gegensatz zu vergleichbaren Reaktionen, auch aromatische H-Atome einer Substitution zugänglich. Selbst Ringsysteme mit desaktivierten Kernen (Benzoesäure, Benzonitril) und einige Heterocyclen (Furan, Thiophen) werden angegriffen. Die Amidomethylierung ist daher durchaus mit den übrigen elektrophilen Substitutionen (*Friedel-Crafts*, Nitrierung usw.) vergleichbar.

Die Freisetzung der Aminomethyl-Derivate aus den amidomethylierten Verbindungen muß äußerst vorsichtig erfolgen. Empfindliche Amide können bei der Hydrolyse die gesamte Acylaminomethylgruppe verlieren.

A Synthese primärer Benzylamine; Aminomethylierung von (auch desaktivierten) Aromaten; Überführung von Tetracyclin in leicht lösliche Derivate (Lymecyllin)

L *A. Einhorn*, Liebigs Ann. Chem. **343**, 207 (1905).
H. Hellmann, Angew. Chem. **69**, 463–471 (1957).
H. Hellmann, Amidomethylierungen, in *Foerst*: Neuere Methoden der Präparativen Organischen Chemie, Bd. II, S. 190–207, Verlag Chemie, Weinheim/Bergstrasse 1960.
H. E. Zaugg und *W. B. Martin*, Org. React. **14**, 63–69 (1965).
F. Lauria, C. Bernardelli, G. Tosolini und *W. Logemann*, Liebigs Ann. Chem. **706**, 233–249 (1967).

Emde

Reduktiver Abbau quartärer Ammoniumsalze

Die Spaltung quartärer Ammoniumsalze mit Natriumamalgam in Wasser oder Wasser/Alkohol-Gemischen eignet sich sowohl für aromatische als auch für araliphatische Verbindungen. Besonders leicht werden Benzyl-Derivate umgesetzt, die neben dem entsprechenden tertiären Amin Toluol liefern. Analoge Spaltprodukte erhält man bei Verwendung von Natrium in flüssigem Ammoniak und teilweise auch mit Raney-Nickel in alkalischer Lösung.

M

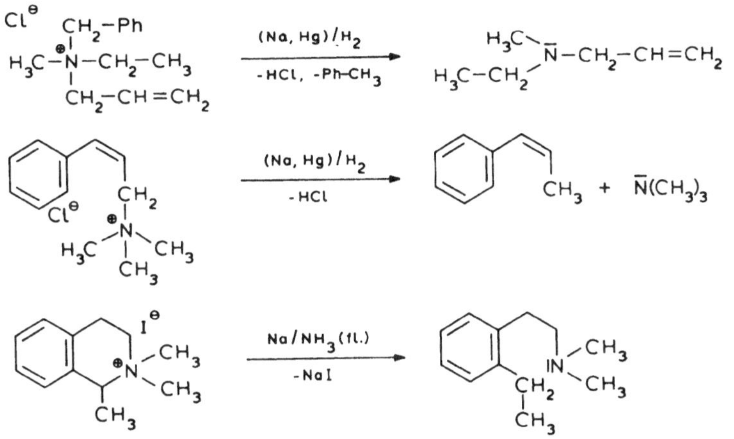

E Die reduktive Spaltung quartärer Ammoniumsalze verläuft besonders leicht, wenn "gute anionische Austrittsgruppen" (Benzyl-, Allyl-) vorhanden sind. Emde konnte am Beispiel von Zimtsäure-Derivaten (Ph—CH═CH—CH_2—) zeigen, daß der ungesättigte Charakter des Substituenten für die Lockerung und damit die Spaltbarkeit der C-N-Bindung verantwortlich ist. Benzoide Doppelbindungen wirken ähnlich, wenn sich der Ring in α- oder β-Stellung zum Stickstoff befindet. Besonders leicht verläuft die Abspaltung von Benzyl-Resten. Phenyltrialkylammoniumsalze bleiben im wesentlichen unverändert. Ist der Stickstoff Teil eines Ringsystems, kann eine Ringöffnung erfolgen (z. B. Tetrahydrochinolin und -isochinolin).

Wegen der teilweise unterschiedlichen Spaltprodukte und der niedrigeren Reaktionstemperatur ist die Emde-Reakion eine wertvolle Ergänzung zum *Hofmann-Abbau* quartärer Ammoniumhydroxide.

A Strukturbestimmung von Alkaloiden und biogenen Aminen; Öffnung und Abbau von Ringsystemen; allgemein: Ergänzung zum *Hofmann-Abbau* wegen der z. T. unterschiedlichen Spaltprodukte

L

H. Emde, Ber. Dtsch. Chem. Ges. **42**, 2590–2594 (1909).
H. Emde, Helv. Chim. Acta **15**, 1330–1336 (1932).
H. Emde und *H. Kull*, Arch. Pharm. Ber. Dtsch. Pharm. Ges. **272**, 469–481 (1934).
W. H. Hartung und *R. Simonoff*, Org. React. **7**, 278–280 (1953).
E. Leete und *A. R. Friedman*, J. Am. Chem. Soc. **86**, 1224–1226 (1964).
M. Ferles, Amine durch Spaltungsreaktionen, in *F. Korte*: Methodicum Chimicum, Bd. VI, S. 599, Thieme, Stuttgart 1974.

Erlenmeyer-Plöchl

Azlacton-Kondensation

Die Azlacton-Synthese nach Erlenmeyer stellt eine präparativ wichtige Variante der *Perkin-Reaktion* dar. Es handelt sich hierbei um die Kondensation aromatischer Aldehyde mit N-Acyl-Derivaten von Glycin in Gegenwart von Acetanhydrid. Die entstehenden Azlactone dienen meist nur als Zwischenprodukte bei der Synthese einer Vielzahl weiterer Verbindungen (Aminosäuren, α-Ketosäuren).

M

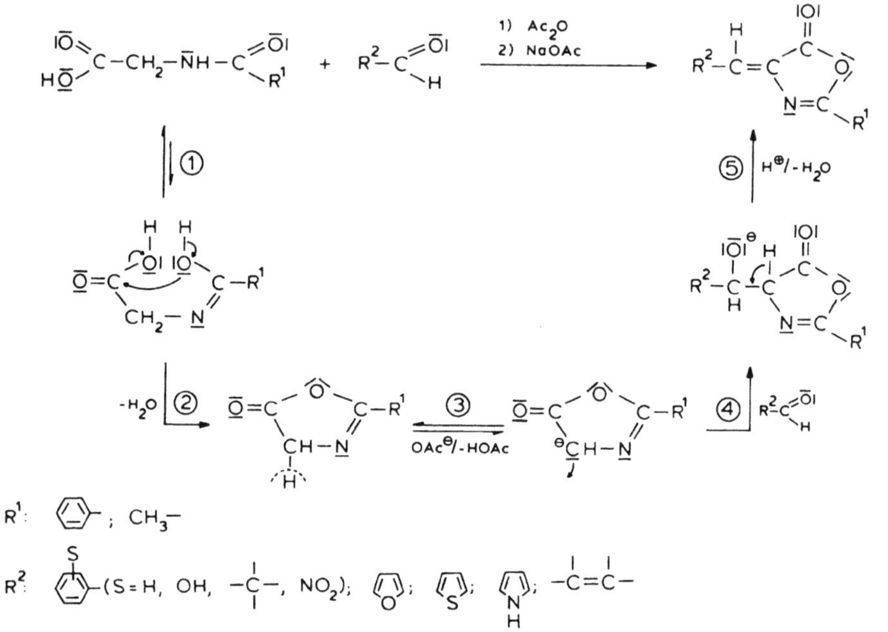

① Amid-Imid-Tautomerie

② Cyclisierung unter Abspaltung von Wasser ⌒ Azlacton

③ Deprotonierung ⌒ Carbanion

④ Nucleophile Addition

⑤ Protonierung, Abspaltung von Wasser ⌒ mesomeres System

E N-Acylglycin läßt sich in Gegenwart von Acetanhydrid durch Dehydratisierung cyclisieren. Die Abspaltung von Wasser erfolgt aus der im tautomeren Gleichgewicht gebildeten Imid-Form. Das entstehende Azlacton besitzt eine aktivierte Methylengruppe, die zur Kondensation mit einem aromatischen Aldehyd befähigt ist. Als Base dient, wie bei der *Perkin-Reaktion,* Natriumacetat.

Auch heterocylische (Furfural) sowie α,β-ungesättigte Aldehyde sind verwendbar. Unter modifizierten Bedingungen kann der Anwendungsbereich auch auf bestimmte Ketone ausgedehnt werden. Umsetzungen mit gesättigten aliphatischen Aldehyden gelingen in der Regel nicht.

Die Erlenmeyer-Reaktion verläuft unter milderen Bedingungen als die *Perkin-Reaktion.* Ihre präparative Bedeutung liegt in der Überführung der gebildeten α,β-ungesättigten Azlactone in verschiedene Folgeprodukte. Besondere Bedeutung besitzt die Darstellung aromatisch und heteroaromatisch substituierter Aminosäuren.

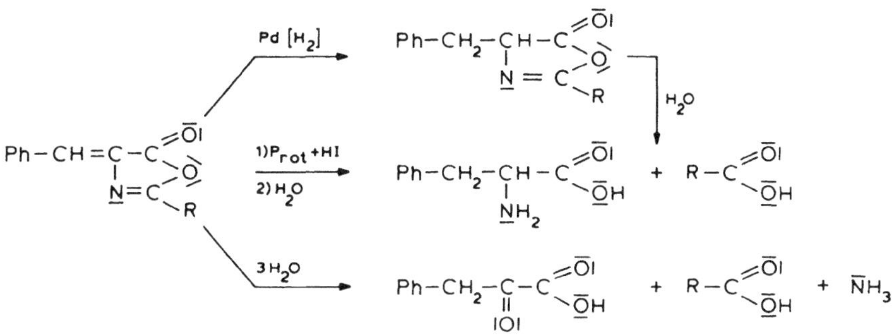

A Synthese von Aminosäuren; Darstellung von Nitrilen mit einer um ein C-Atom verlängerten Kohlenstoffkette (s. *Perkin-Reaktion*); Synthese von α-Ketocarbonsäuren

L *J. Plöchl,* Ber. Dtsch. Chem. Ges. **16**, 2815–2825 (1883).
E. Erlenmeyer, Liebigs Ann. Chem. **275**, 1–8 (1893).
H. E. Carter, Org. React. **3**, 198–239 (1946).
E. Baltazzi, Q. Rev., Chem. Soc. **9**, 150–173 (1955).
M. Crawford und *W. T. Little,* J. Chem. Soc. **1959**, 729–731.
E. Galantay, A. Szabo und *J. Fried,* J. Org. Chem. **28**, 98–102 (1963).
R. K. Griffith und *H. J. Harwood,* J. Org. Chem. **29**, 2658–2662 (1964).
(s. auch unter *Perkin: Zimtsäure-Synthese*).

Etard, Thiele

Seitenketten-Oxidation

Mit Hilfe der von Etard und Thiele entwickelten Synthesemethoden ist es möglich, methylsubstituierte Aromaten durch partielle Oxidation der CH_3-Gruppe in Aldehyde zu überführen. Als Oxidationsmittel dienen hierbei Chromylchlorid (CrO_2Cl_2) in Schwefelkohlenstoff oder Tetrachlorkohlenstoff bzw. Chrom(VI)oxid in Acetanhydrid. Beide Verfahren beinhalten die intermediäre Derivatisierung der entstehenden Carbonylverbindung (oder ihrer Vorstufe) zum Schutz der Aldehydfunktion vor einer weitergehenden Oxidation. Der Aldehyd selbst wird durch Hydrolyse aus dem Zwischenprodukt freigesetzt.

M

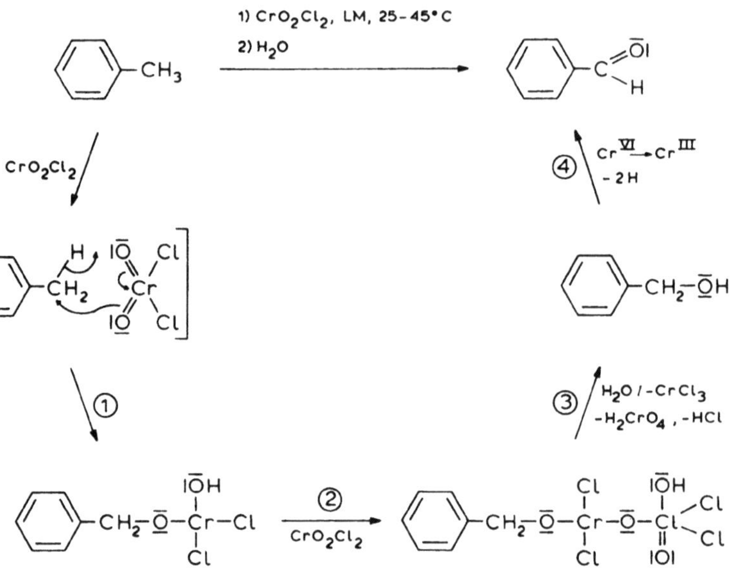

LM: Schwefelkohlenstoff; Tetrachlorkohlenstoff; Chloroform

① Hydridtransfer (S_E-Reaktion)

② Bildung des schwerlöslichen "Etard-Komplexes"

③ Hydrolyse ⌒ Alkohol

④ Oxidation ⌒ Aldehyd

E Die Oxidation des Kohlenwasserstoffs wird durch die elektrophile Substitution eines H-Atoms der Methylgruppe eingeleitet. Nur wenige Reaktanten sind zu derartigen S_E-Reaktionen befähigt. Die ausgeprägte Elektrophilie der Chromverbindung beruht auf ihrer Tendenz, Elektronen aus dem Substratmolekül in die leeren d-Orbitale des Übergangsmetalls einzubauen. Aus Experimenten mit deuteriertem Toluol ist bekannt, daß die Spaltung der C-H-Bindung für die Umsetzung geschwindigkeitsbestimmend ist. Die Reaktion ist jeweils erster Ordnung bezüglich des Aromaten und des Oxidationsmittels.

Das aus dem cyclischen Übergangszustand hervorgehende Intermediärprodukt reagiert sofort mit weiterem Chromylchlorid zu einem schwerlöslichen Komplex der Stöchiometrie: KW/CrO_2Cl_2 = 1/2. Die exakte Struktur dieses Festkörpers ist noch nicht eindeutig geklärt, jedoch scheint sich die hier gebrauchte Formulierung neueren Literaturangaben zufolge zu bestätigen. Durch Zusatz von Wasser wird das Präzipitat unter Freisetzung von Chromsäure hydrolysiert. Das Auftreten einer alkoholischen Zwischenverbindung konnte anhand chemischer sowie spektroskopischer Analysenmethoden bewiesen werden. In Gegenwart reduzierender Agenzien wie Schwefeldioxid [Cr(VI)→Cr(III)] läßt sie sich in einigen Fällen isolieren. Unter den üblichen Reakionsbedingungen wird sie dagegen sofort zum Aldehyd oxidiert, der umgehend durch Destillation abgetrennt werden muß.

Die Ausbeuten sind beim Etard-Verfahren gewöhnlich recht hoch (bis 90%). Nitrogruppen oder Halogenatome am aromatischen Kern stören die Umsetzung nicht. Selbst Alkoxygruppen bleiben in gewissen Fällen erhalten (2-Nitro-4-methoxytoluol). Alkyl-Substituenten ($\nrightarrow CH_3$) werden häufig bevorzugt oxidiert. Um die Bildung chlorierter Nebenprodukte zu vermeiden, zieht man teilweise halogenfreie Chromverbindungen [$O_2Cr(OCOCH_3)_2$; $O_2Cr(OCOC_6H_5)_2$] vor.

Bei der Umsetzung von Methylaromaten mit Chrom(VI)oxid in Acetanhydrid wird die Weiteroxidation des gebildeten Aldehyds zur entsprechenden Carbonsäure durch die intermediäre Bildung stabiler Diacetate verhindert. Diese können isoliert und durch saure Hydrolyse in die Carbonylverbindungen zurückverwandelt werden:

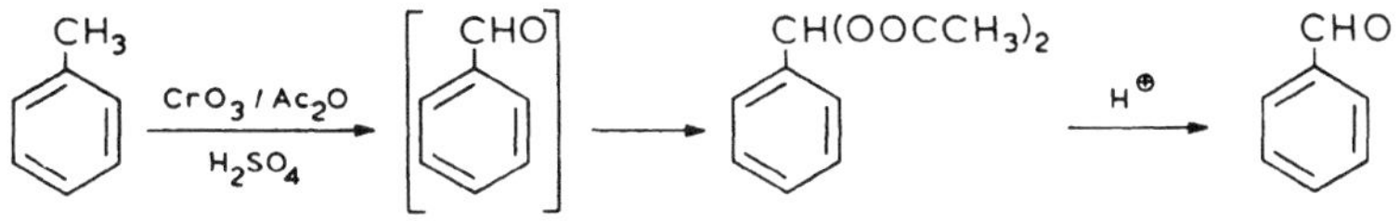

Besonders geeignete Substrate sind durch Nitro- oder Cyanogruppen substituierte Toluol-Derivate. Die Ausbeuten liegen im allgemeinen bei etwa 50%.

A Partielle Oxidation von m-Xylol (→ m-Tolylaldehyd)

L *A. Etard*, C. R. hebd. Séances Acad. Sci. **84**, 127 (1877).
J. Thiele und *E. Winter*, Liebigs Ann. Chem. **311**, 353-362 (1900).
O. Bayer, Oxydation von Methylgruppen, in *Houben-Weyl-Müller*: Methoden der Organischen Chemie, 4. Aufl., Bd. VII/1, S. 143-146, Thieme, Stuttgart 1955.
W. H. Hartford und *M. Darrin*, Chem. Rev. **58**, 25-51 (1958).
H. Schildknecht und *W. Föttinger*, Liebigs Ann. Chem. **659**, 20-26 (1962).
I. Necsoiu, A. T. Balaban, I. Pascaru, E. Sliam, M. Elian und *C. D. Nenitzescu*, Tetrahedron **19**, 1133-1142 (1963).
I. Necsoiu, V. Przemetchi, A. Ghenciulescu, C. N. Rentea und *C. D. Nenitzescu*, Tetrahedron **22**, 3037-3045 (1966).
C. N. Rentea, I. Necsoiu, M. Rentea, A. Ghenciulescu und *C. D. Nenitzescu*, Tetrahedron **22**, 3501-3513 (1966).
F. Freemann, P. J. Cameron, R. H. DuBois, J. Org. Chem. **33**, 3970-3972 (1968).
F. Freemann, N. J. Yamachika, Tetrahedron Lett. **1969**, 3615-3618.
H. O. House, Modern Synthetic Reactions, 2nd ed., S. 289-291, Benjamin, Menlo Park 1972.
F. Freemann und *K. W. Arledge*, J. Org. Chem. **37**, 2656-2662 (1972).
T. Laird, Aromatic Aldehydes, in *Barton-Ollis*: Comprehensive Organic Chemistry, vol. I, S. 1108-1110, Pergamon Press, Oxford 1979.

Favorskii

Umlagerung von α-Halogenketonen

Die Einwirkung von Basen auf α-Halogenketone bewirkt eine Umlagerung der Carbonylverbindungen zu Carbonsäuren (oder deren Derivaten) gleicher Kohlenstoffzahl. Bei den analogen cyclischen Substraten erfolgt eine Ringverengung um ein C-Atom. Je nach Bau des betreffenden Moleküls sind verschiedene Mechanismen möglich.

M

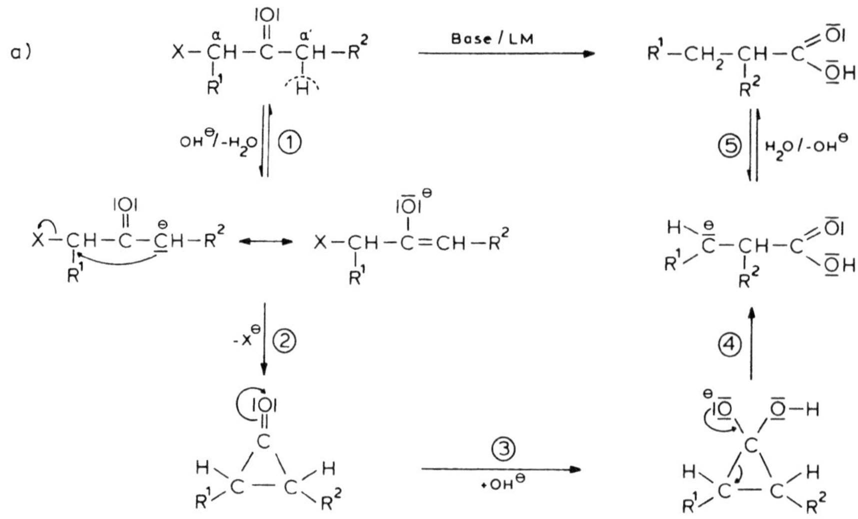

Base: MOH; $M(OH)_2$; M_2CO_3; NH_3; RNH_2; R_2NH

X: Cl; Br

LM: Wasser; Alkohol; Ether; Toluol; Xylol

① Deprotonierung ⌒ Carbanion

② Intramolekulare nucleophile Substitution (S_N2) ⌒ Cyclopropanon

③ Nucleophile Addition der Base

④ Spaltung des Rings, Bildung des stabileren Carbanions ⑤ Protonierung

E Der mit a bezeichnete Mechanismus konnte durch Versuche mit ^{14}C-markierten Verbindungen gestützt werden und scheint – bei Anwesenheit eines α'-Wasserstoffs – allgemein favorisiert zu sein. Die Abtrennung des aciden H-Atoms durch eine Base leitet die nachfolgende Cyclisierung durch intramolekulare Substitution ein. Diese S_N2-Reaktion stellt wahrscheinlich den geschwindigkeitsbestimmenden Schritt der Umlagerung dar. Ist der entsthende Cyclopropanring unsymmetrisch substituiert ($R^1 \neq R^2$), sind prinzipiell zwei Endprodukte möglich. Die Öffnung des Rings erfolgt jedoch in der Regel so, daß das stabilere Carbanion entsteht. Sind nur Alkyl-Substituenten vorhanden, wird die negative Ladung an dem Kohlenstoffatom lokalisiert, das die wenigsten Alkylgruppen trägt und dem somit ein höher substituiertes C-Atom benachbart ist. Dadurch bietet die Favorskii-Umlagerung einen bequemen Zugang zu in α-Stellung stark verzweigten Carbonsäuren.

Ist kein α'-Wasserstoff vorhanden oder ist seine Abtrennung erschwert, verläuft die Reaktion über Mechanismus b. Hier wird die Umlagerung durch einen nucleophilen Angriff der Base an der Carbonylgruppe des Halogenketons ausgelöst (*Semibenzil-Umlagerung*). Die Stabilisierung des anionischen Additionsproduktes erfolgt durch anionotrope Wanderung des Restes $-CR_3$ und Eliminierung des Halogenatoms.

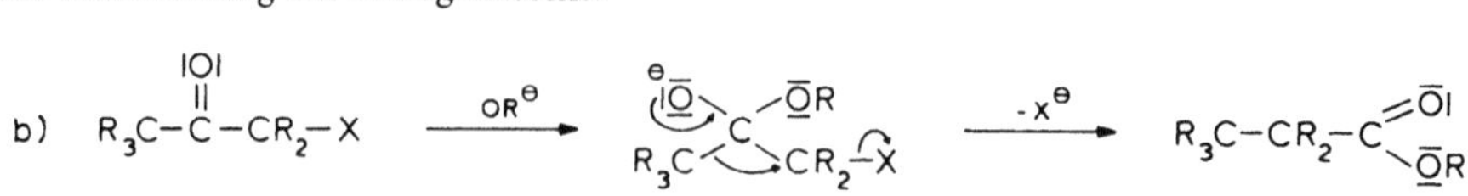

Beide Mechanismen verlaufen streng stereospezifisch. Die Verdrängung des Halogens durch die wandernde Gruppe bewirkt eine Konfigurationsumkehr (Inversion) am α-Kohlenstoff. Die besonders in polaren Lösungsmitteln beobachtete Racemisierung läßt daher auf einen alternativen Reaktionsablauf schließen. Vermutlich erfolgt unter diesen Bedingungen die Abtrennung des Halogens noch vor der Wanderungs des Alkylrestes (↷ Zwitterion). Durch die Abkehr von der bimolekularen Substitution geht auch die damit verbundene Selektivität verloren.

A Synthese in α-Stellung verzweigter acyclischer Carbonsäuren; Ringverengung; Darstellung gespannter Ringsysteme; Modifikation der Ring D-Seitenketten von Steroiden

L

A. Favorskii und *K. Desbout*, J. Prakt. Chem. **51**, 533-563 (1895).
R. B. Loftfield, J. Am. Chem. Soc. **72**, 632-633 (1950).
H. Henecka, Herstellung von Carbonsäuren durch Umlagerungsreaktionen, in *Houben-Weyl-Müller*: Methoden der Organischen Chemie, 4. Aufl., Bd. VIII, S. 456-462, Thieme, Stuttgart 1952.
R. B. Loftfield und *L. Schaad*, J. Am. Chem. Soc. **76**, 35-37 (1954).
A. S. Kende, Org. React. **11**, 261-316 (1960).
J. M. Conia und *J. R. Salaun*, Acc. Chem. Res. **5**, 33-40 (1972).
F. G. Bordwell, *J. Almy* und *J. G. Strong*, J. Org. Chem. **38**, 571-585 (1973).
S. Linke, Carbonsäuren durch die Favorskii-Umlagerung, in *F. Korte*: Methodicum Chimicum, Bd. V, S. 603-607, Thieme, Stuttgart 1975.
M. J. A. McGrath, Tetrahedron **32**, 377-387 (1976).
P. J. Chenier und *J. C. Kao*, J. Org. Chem. **41**, 3730-3734 (1976).
A. Baretta und *B. Waegell*, Tetrahedron Lett. **1976**, 753-756.
J. R. Hanson, *D. Raines* und *H. Wadsworth*, J. Chem. Soc., Perkin Trans. I **1978**, 743-745.
A. J. Waring, Ketones, in *Barton-Ollis*: Comprehensive Organic Chemistry, vol. I., S. 1091-1093, Pergamon Press, Oxford 1979.
T. Sakai, *E. Amano*, *A. Kawabata* und *A. Takeda*, J. Org. Chem. **45**, 43-47 (1980).
T. H. Chan und *B. S. Ong*, Tetrahedron **36**, 2269-2289 (1980).
Ž. Ôeković, *J. Bošnjak* und *M. Cvetkovć*, Tetrahedron Lett. **1980**, 2675-2678.
A. Abad, *M. Arnó*, *J. R. Pedro* und *E. Seoane*, Tetrahedron Lett. **1981**, 1733-1736.
L. J. Schaad, *T. Katayama* und *A. Takeda*, J. Org. Chem. **46**, 2924-2931 (1981).
P. Ceccherelli und *M. Curini*, J. Org. Chem. **47**, 3172-3174 (1982).

Finkelstein

Umhalogenierung

Die Umhalogenierung von Alkylhalogeniden dient insbesondere zur Darstellung der sonst nur schwer zugänglichen Alkyljodide aus den entsprechenden Chloriden bzw. Bromiden. Darüberhinaus besitzt die Einführung von Fluoridionen präparative Bedeutung. Da es sich um eine S_N2-Reaktion handelt, sind vor allem primäre Alkyhalogenide für die Umsetzung geeignet.

E Um befriedigende Ausbeuten zu erzielen, muß die Lage des Gleichgewichts auf die Produktseite verschoben werden. Bei der Darstellung von Alkyljodiden macht man sich die unterschiedliche Löslichkeit der Natriumhalogenide in Aceton zunutze. Während das eingesetzte NaI in Lösung geht, fällt das entstehende NaCl bzw. NaBr aus und wird somit dem Gleichgewicht entzogen. Bei der Synthese von Alkylfluoriden verhindert die geringe Reaktivität der

Produkte – $F^{\ominus}$ ist eine schlechte Austrittsgruppe – weitgehend die unerwünschte Rückreaktion. Um die nucleophile Kraft des Fluoridions nicht durch Solvatationseffekte zu mindern, werden hier dipolare aprotische Lösungsmittel bevorzugt.

Im allgemeinen verläuft die Umhalogenierung bei Bromiden leichter als bei den entsprechenden Chloriden. Besonders reaktiv sind Halogenatome in der Nachbarschaft elektronenziehender Gruppen (α-Halogencarbonsäuren, α-Halogenketone, Alkyl- und Benzylhalogenide). Arylhalogenide reagieren nur, wenn elektronenziehende Substituenten vorhanden sind. Aus 1,2-Dihalogenverbindungen entstehen in einer irreversiblen bimolekularen Reaktion Olefine.

Aufgrund des Mechanismus (S_N2) sind primäre Halogenide reaktiver als sekundäre oder gar tertiäre. Die Reaktion wird daher oft zum Nachweis primärer Chloride und Bromide eingesetzt. Durch Zugabe von Lewis-Säuren läßt sie sich jedoch ins S_N1-Gebiet drängen, wovon man beispielsweise bei der Alkylfluorid-Synthese Gebrauch macht:

$$R{-}Cl + AlCl_3 \longrightarrow R^{\oplus} + AlCl_4^{\ominus}$$

$$R^{\oplus} + H{-}F \longrightarrow R{-}F + H^{\oplus}$$

M

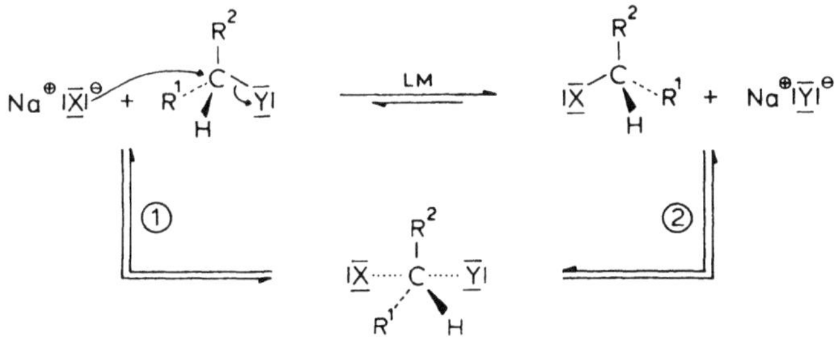

Übergangszustand

X: I; F

Y: Cl; Br; I; $-O-SO_2-C_6H_4-CH_3$

LM: Aceton (Glykol; Alkohol; Wasser), DMF

①,② Bimolekulare nucleophile Substitution (S_N2)

A Umhalogenierung von Alkylchloriden und -bromiden in die entsprechenden -jodide (Steroid-Reihe!); Darstellung von Fluoriden (Aerosole, Frigene); Nachweisreaktion für primäre Alkylchloride und -bromide

L

H. Finkelstein, Ber. Dtsch. Chem. Ges. **43**, 1528–1535 (1910).
F. R. Jensen und *W. E. Coleman*, J. Org. Chem. **23**, 869–873 (1958).
A. Roedig, Herstellung von Jodverbindungen, in *Houben-Weyl-Müller*: Methoden der Organischen Chemie, 4. Aufl., Bd. V/4, S. 595–605, Thieme, Stuttgart 1960.
W. Treibs, J. Herrmann und *G. Zimmermann*, Chem. Ber. **93**, 2198–2208 (1960).
Y. Kondo, T. Kato und *N. Tokura*, Bull. Chem. Soc. Jpn. **48**, 285–290 (1975).
F. Rolla, W. Roth und *L. Horner*, Naturwissenschaften **64**, 337–338 (1977).
W. B. Smith und *G. D. Branun*, Tetrahedron Lett. **1981**, 2055–2058.

Fischer

Indol-Synthese

Bei der Indolsynthese nach Fischer werden die leicht zugänglichen Phenylhydrazone als Ausgangskomponenten benutzt. Der Aufbau des heterocyclischen Systems erfolgt durch eine intramolekulare Additionsreaktion des in einem Primärschritt umgelagerten Substrats. Unsymmetrisch substituierte Ausgangsverbindungen können zur Bildung verschiedener Produkte führen, wobei eine starke Abhängigkeit von den gewählten Versuchsbedingungen zu beobachten ist.

M

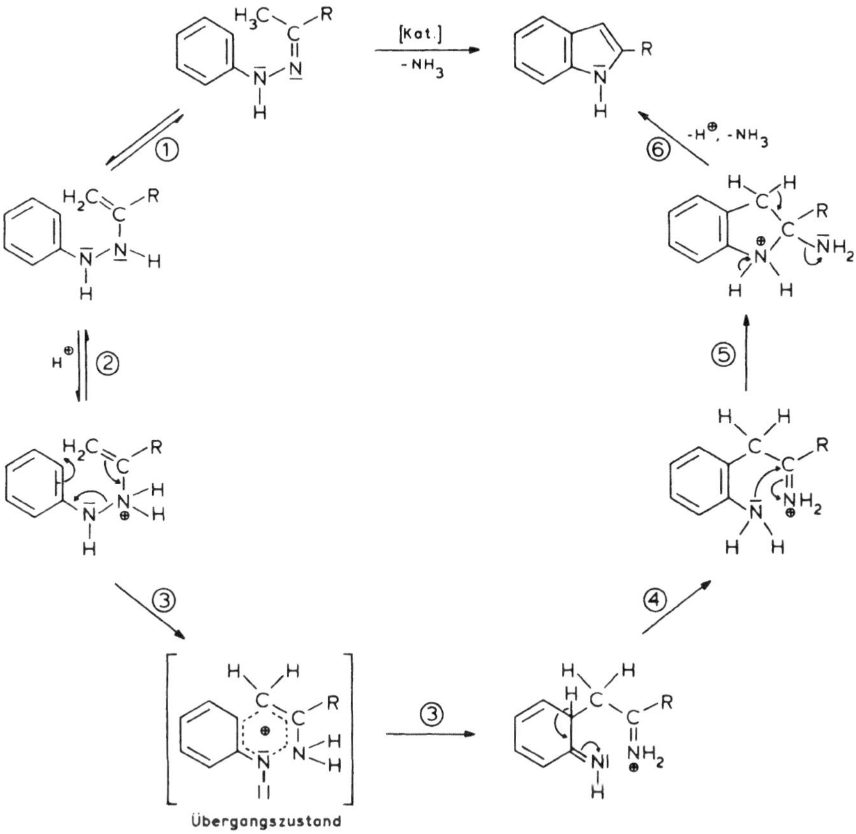

Kat.: $ZnCl_2$; BF_3; CuCl; H_2SO_4; HCl; H_3PO_4; CH_3COOH

① Tautomerisierung: Arylhydrazon ⇌ Aryl-alkenylhydrazin

② Aktivierung durch Protonierung

③ [3,3]-sigmatrope Umlagerung

④ Rückbildung des aromatischen Systems

⑤ Cyclisierung durch intramolekulare nucleophile Addition

⑥ Deprotonierung, Abspaltung von NH_3 ⌒ aromatisches System

E Die Einstellung des Gleichgewichts zwischen dem Phenylhydrazon und seiner tautomeren Form wird durch Protonen- oder Lewis-Säuren beschleunigt. Das N-protonierte En-hydrazin zeigt eine große Tendenz zur [3,3]-sigmatropen Umlagerung unter Bildung des entsprechenden Dienonimins (s. *Claisen-Umlagerung; Benzidin-Umlagerung*). Dieser Prozeß erfolgt deshalb so rasch, weil die positive Ladung im sechsgliedrigen Übergangszustand über mehrere Atome delokalisiert ist. Das nach der Aromatisierung auftretende Imin wurde erst vor kurzer Zeit mit Hilfe der ^{13}C-Kernresonanz-Spektroskopie nachgewiesen. Dessen elektrophiles C-Atom reagiert unter Ringschluß mit der kernständigen Aminogruppe. Durch die sich anschließende Deprotonierung und Abspaltung von Ammoniak entsteht das aromatische System des Indols. Mit Hilfe ^{15}N-markierter Verbindungen konnte bewiesen werden, daß hierbei der vom Benzolring weiter entfernte Stickstoff eliminiert wird.

Hydrazone unsymmetrischer Ketone können prinzipiell zwei verschiedene Produkte bilden. Unter dem Einfluß starker Säuren und hoher Temperaturen erfolgt die Cyclisierung vorwiegend am weniger substituierten α-C-Atom. Schwache Säuren begünstigen dagegen die Reaktion am stärker verzweigten Kohlenstoff. Arylhydrazone cyclischer Ketone liefern Carbazole.

Ist der Phenylrest in meta-Position substituiert, können ebenfalls zwei isomere Verbindungen entstehen. Die Knüpfung der C-C-Bindung erfolgt vorwiegend in para-Stellung zu ortho-/para-dirigierenden Gruppen sowie in ortho-Position zu meta-dirigierenden Substituenten.

Die Synthese des Indols selbst durch Cyclisierung des Phenylhydrazons des Acetaldehyds ist bisher nicht gelungen.

A Darstellung von Indol-Derivaten (Indoxyl, Isatin, Tryptophan, Indigo); Synthese von Carbazolen

L *E. Fischer* und *F. Jourdan*, Ber. Dtsch. Chem. Ges. **16**, 2241–2245 (1883).

R. B. van Order und *H. G. Lindwall*, Chem. Rev. **30**, 69–96 (1942).

R. B. Carlin, J. Am. Chem. Soc. **74**, 1077–1078 (1952).

B. Robinson, Chem. Rev. **63**, 373–401 (1963).

H. J. Shine, Aromatic Rearrangements, S. 190–207, Elsevier, Amsterdam 1967.

E. Enders, Umwandlung von Arylhydrazonen, in *Houben-Weyl-Müller*: Methoden der Organischen Chemie, 4.Aufl., Bd. X/2, S. 546–586, Thieme, Stuttgart 1967.

B. Robinson, Chem. Rev. **69**, 227–250 (1969).

R. K. Brown, Synthesis of the Indole Nucleus, in *Weissberger-Taylor*: The Chemistry of Heterocyclic Compounds, vol. **25**, Indoles I, S. 232–290, Wiley-Intersciene, New York 1972.

P. Schiess und *A. Grieder*, Helv. Chim. Acta **57**, 2643–2657 (1974).

A. W. Douglas, J. Am. Chem. Soc. **100**, 6463–6469 (1978).

G. L. Glish und *R. G. Cooks*, J. Am. Chem. Soc. **100**, 6720–6725 (1978).

B. Miller und *E. R. Matjeka*, J. Am. Chem. Soc. **102**, 4772–4780 (1980).

R. Fusco und *F. Sannicolò*, Tetrahedron **36**, 161–170 (1980).

H. Ishi, Acc. Chem. Res. **14**, 275–283 (1981).

G. W. B. Reed, *P. T. W. Cheny* und *S. McLean*, Can. J. Chem. **60**, 419–424 (1982).

Fischer-Hepp

Nitrosamin-Umlagerung

Aus sekundären aromatischen N-Nitrosaminen entstehen unter dem katalytischen Einfluß von Säuren die isomeren C-Nitroso-Derivate. In benzoiden Systemen bindet die umgelagerte NO-Gruppe stets in para-Stellung zur Aminofunktion. Ist diese blockiert, erhält man denitrosierte, jedoch keine ortho-substituierten Produkte. Als Katalysator benutzt man gewöhnlich in trockenem Ethanol oder Ether gelösten Chlorwasserstoff. Alle anderen Säuren sind weniger effektiv.

M

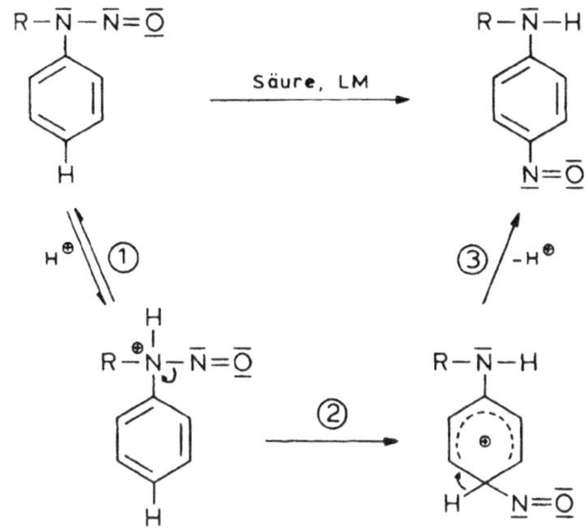

R: $-CH_3$; $-CH_2-$; $-CH<$; 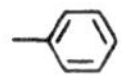

Säure: HCl; HBr; H_2SO_4

LM: Ethanol; Ether; Wasser; Eisessig

① Protonierung

②,③ Umlagerung, elektrophile aromatische Substitution (s. Erläuterungen)

E In den meisten Lehrbüchern wird die Nitrosamin-Umlagerung als eine eindeutig intermolekulare Reaktion beschrieben. Danach entsteht durch Denitrosierung des Substrats ein freies Nitrosyl-Kation oder Nitrosylchloridmolekül, das nachfolgend den aromatischen Kern elektrophil angreift und in para-Stellung zur Aminofunktion bindet. Dieser bisher allgemein akzeptierte Mechanismus basiert jedoch ausschließlich auf der Interpretation einer Reihe von Produktanalysen und konnte nie eindeutig bewiesen werden.

Neueren Untersuchungen zufolge, die sich insbesondere mit kinetischen Aspekten der Nitrosamin-Umlagerung befassen, scheint es sich bei der Fischer-Hepp-Reaktion um zwei getrennte, jedoch von einem gemeinsamen Zwischenprodukt ausgehende Prozesse zu handeln. Dieser Vorstellung entsprechend unterliegt das im ersten Teilschritt gebildete protonierte Substrat gleichzeitig sowohl der reversiblen Denitrosierung als auch der Umlagerung zum para-substituierten Isomeren. Die Abtrennung der NO-Funktion, die durch den nucleophilen Angriff z. B. eines Chloridions am Stickstoffatom der Nitrosogruppe ausgelöst wird (vgl. *Orton-Umla-*

gerung), erklärt die beobachtete Abhängigkeit der Reaktion von der Art des Säureanions, das Auftreten von "cross-over"-Produkten sowie andere Effekte, die auf die Bildung freier Nitrosierungsreagenzien schließen lassen. Die Umlagerung selbst soll dagegen intramolekular verlaufen. Diese Annahme stützt sich u. a. auf die Tatsache, daß eine Isomerisierung selbst in Gegenwart großer Mengen Harnstoff als "Nitrosyl-Fänger" noch stattfinden kann. Ein direkter Transfer der NO-Gruppe vom Amin-Stickstoff zur para-Position des Ringsystems ist allerdings in Anbetracht der großen Entfernung zwischen beiden Zentren unwahrscheinlich. Man nimmt daher an, daß das wandernde Nitrosyl-Kation zunächst in Form eines π-Komplexes am Substratmolekül gebunden bleibt und danach über einen σ-Komplex am C_4-Atom des Aromaten fixiert wird.

Analoge Umlagerungen werden auch bei Nitrosaminen der Naphthalin-Reihe beobachtet. Je nach Position der funktionellen Gruppe (α- oder β-Naphthylamin-Derivat) entsteht das in 4- oder 1-Stellung nitrosierte Produkt.

A Kern-(C-)Nitrosierung sekundärer aromatischer Amine

L *O. Fischer* und *E. Hepp*, Ber. Dtsch. Chem. Ges. **19**, 2991–2995 (1886).
F. Möller, Fischer-Hepp-Umlagerung, in *Houben-Weyl-Müller*: Methoden der Organischen Chemie, 4. Aufl., Bd. XI/1, S. 834–836, Thieme, Stuttgart 1957.
H. J. Shine, Aromatic Rearrangements, S. 231–235, Elsevier, Amsterdam 1967.
G. Steel und *D. L. H. Williams*, J. Chem. Soc., Chem. Commun. **1969**, 975–976.
T. D. B. Morgan und *D. L. H. Williams*, J. Chem. Soc., Chem. Commun. **1970**, 1671–1672.
B. T. Baliga, J. Org. Chem. **35**, 2031–2032 (1970).
T. D. B. Morgan und *D. L. H. Williams*, J. Chem. Soc., Perkin Trans. II **1972**, 74–78.
T. D. B. Morgan, D. L. H. Williams und *J. A. Wilson*, J. Chem. Soc., Perkin Trans. II **1973**, 473–476.
D. L. H. Williams und *J. A. Wilson*, J. Chem. Soc., Perkin Trans. II **1974**, 13–17.
D. L. H. Williams, J. Chem. Soc., Perkin Trans. II **1975**, 655–659.
D. L. H. Williams, Tetrahedron **31**, 1343–1349 (1975).
I. D. Biggs und *D. L. H. Williams*, J. Chem. Soc., Perkin Trans. II **1976**, 601–605; 691–695.
R. J. Lindsay, Aromatic Amines, in *Barthon-Ollis*: Comprehensive Organic Chemistry, vol. II, S. 157–158, Pergamon Press, Oxford 1979.
S. S. Johal, D. L. H. Williams und *E. Buncel*, J. Chem. Soc., Perkin Trans. II **1980**, 165–169.

Fischer-Tropsch

Kohlenwasserstoff-Synthese

Im Jahre 1925 erhielten Fischer und Tropsch das Patent für ein Verfahren zur Gewinnung von Kohlenwasserstoffen aus Synthesegas (CO/H_2) unter Verwendung von Fe/ZnO- bzw. Co/Cr_2O_3-Kontakten. Inzwischen ist es möglich geworden, durch Variation von Druck, Temperatur, Katalysator usw. die Zusammensetzung des entstehenden Kohlenwasserstoffgemisches zu steuern und darüber hinaus auch sauerstoffhaltige Verbindungen – vorwiegend Alkohole – darzustellen.

M

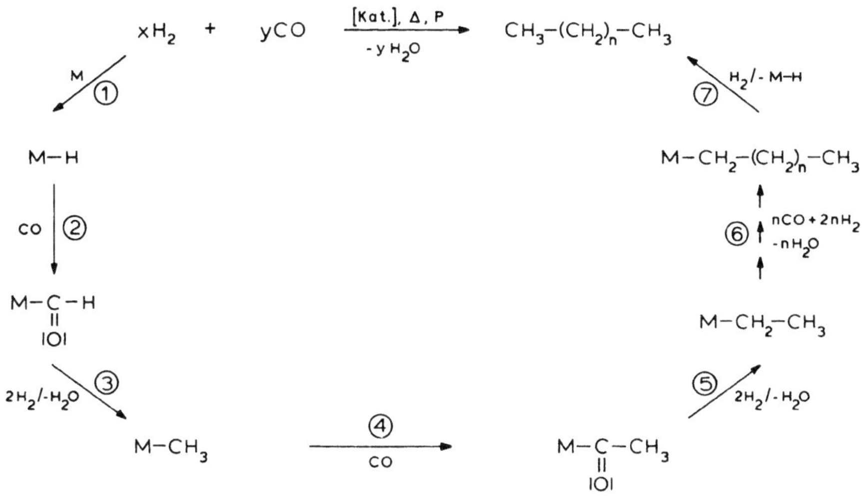

x: $2n + 5$; y: $n + 2$

Kat: Fe/ZnO; Co/Cr_2O_3; Co/ThO_2

Temp:	220-235°C	Festbett-Reaktor,	300-340°C	Flugstaub-Reaktor
Druck:	25 bar		20-30 bar	

① Bildung eines Metallhydrids

② Einschub von CO in die M-H-Bindung

③ Reduktion durch H_2 unter H_2O-Abspaltung

④ Einschub von CO in die M-C-Bindung

⑤ Reduktion mit H_2 unter H_2O-Abspaltung

⑥ Kettenverlängerung durch Wiederholung von ④ und ⑤

⑦ Kettenabbruch durch hydrogenolytische Spaltung der M-C-Bindung

E Die Reaktionsfolge beginnt mit der Bildung eines Metallhydrids durch Spaltung von Wasserstoff an der Metalloberfläche. Danach wird Kohlenmonoxid an das Metallzentrum koordiniert und in die M-H-Bindung eingeschoben. Die anschließende Reduktion mit Wasserstoff ist wesentlich komplexer als im Formelschema angegeben. Die Bildung von $M\text{-}CH_3$ erfolgt in mehreren Teilschritten über Formaldehyd als Zwischenstufe. Daneben ist, abweichend vom geschilderten Reaktionsablauf, die Entstehung von Methanol unter Rückerhalt des Metallhydrids möglich.

Im vierten Schritt wird ein weiteres CO-Molekül gebunden, in die M-C-Bindung eingeschoben und anschließend reduziert. Durch mehrmaliges Wiederholen dieser Vorgänge werden sukzessive C_1-Bausteine zu längeren Ketten aneinandergereiht bis die Reaktionsfolge durch hydrogenolytische Spaltung der M-C-Bindung abbricht.

Der geschilderte Syntheseweg kann durch eine Reihe von Reaktionen (Dissoziation, Isomerisierung) derart verändert werden, daß auch ungesättigte sowie verzweigte Kohlenwasserstoffe entstehen.

Diese Methode der Kohleverflüssigung war besonders während des zweiten Weltkrieges von Bedeutung, wurde jedoch danach durch die bevorzugte Nutzung von Öl als Rohstoff weitgehend verdrängt.

A Synthese von Kohlenwasserstoffen (Benzin, Leichtöl, Paraffine, Olefine) und sauerstoffhaltigen Verbindungen (Alkohole, Ketone); Ersatz des Rohstoffs Öl durch Kohle

L *F. Fischer* und *H. Tropsch*, Brennstoff-Chem. **4**, 193–197 (1923).
F. Kainer, Die Kohlenwasserstoff-Synthese nach Fischer-Tropsch, Springer, Berlin 1950.
R. A. Friedel und *R. B. Anderson*, J. Am. Chem. Soc. **72**, 1212–1215 (1950).
F. Martin und *E. Weingaertner*, Die Fischer-Tropsch-Synthese, in *Winnacker-Weingaertner*: Chemische Technologie, Organische Technologie, Bd. I, S. 776–890, Hanser, München 1952.
A. Rieche, Grundriß der Technischen Organischen Chemie, 2. Aufl., S. 126–139, Hirzel, Leipzig 1961.
H. Schulz, *B. R. Rao* und *M. Elstner*, Erdöl-Kohle **23**, 651–655 (1970).
G. Henrici-Olivé und *S. Olivé*, Angew. Chem. **88**, 144–150 (1976).
W. A. Herrmann und *J. Plank*, Angew. Chem. **90**, 555–556 (1978).
K. Griesbaum und *D. Hönicke*, Chem. in unserer Zeit **14**, 90–101 (1980).
D. Fraenkel und *B. C. Gates*, J. Am. Chem. Soc. **102**, 2478–2480 (1980).
R. C. Brady III und *R. Pettit*, J. Am. Chem. Soc. **102**, 6181–6182 (1980).
R. C. Brady III und *R. Pettit*, J. Am. Chem. Soc. **103**, 1287–1289 (1981).
P. Biloen und *W. M. H. Sachtler*, Adv. in Catalysis **30**, 165–216 (1981).
W. A. Herrmann, Angew. Chem. **94**, 118–131 (1982).

Forster

α-Diazoketon-Synthese

Die Synthese von α-Diazoketonen durch Einwirkung von Chloramin auf α-Oximinoketone ist ein Verfahren, das ursprünglich zur Darstellung von 3-Diazocampher entwickelt wurde. Inzwischen hat man erkannt, daß die Forster-Reaktion auch in vielen anderen Fällen anwendbar ist und einige α-Diazoketone zugänglich macht, die mit den bisher bekannten Methoden (s. *Bamford-Stevens*) kaum erhältlich sind.

M

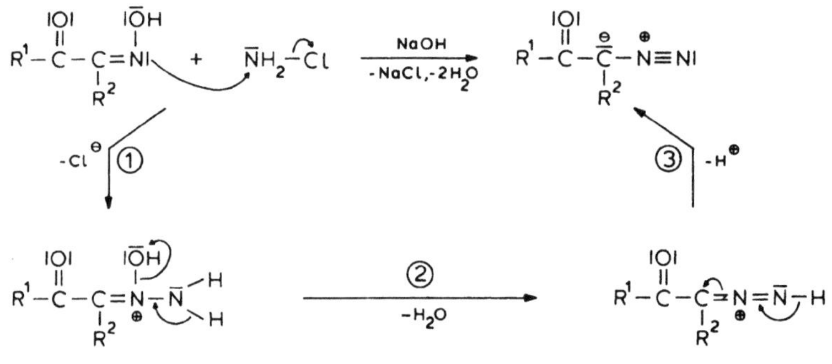

① Nucleophile Substitution am Stickstoff des Chloramins

② Abspaltung von Wasser

③ Deprotonierung

E Die für den einleitenden Teilschritt formulierte Reaktion erinnert an die bekannte Raschig-Synthese von Hydrazin aus Chloramin und Ammoniak. Im vorliegenden Fall wäre ein alternativer Mechanismus, nämlich der nucleophile Angriff des Chloramins am Stickstoffatom des Oxims, ebenfalls denkbar. Dies würde jedoch eine aktive Rolle der Carbonylfunktion des Ketons als Elektronenakzeptor bedingen. Meinwald und Mitarbeiter (1959) konnten jedoch zeigen, daß eine Ketogruppe für die beschriebene Umsetzung nicht notwendig ist und stützten damit den formulierten Reaktionsverlauf.

Die Forster-Reaktion stellt ein einfaches Verfahren zum Aufbau der Diazogruppe dar. IhrAnwendungsbereich konzentrierte sich ursprünglich auf die Synthese von α-Diazocarbonylverbindungen. Arylierte Diazoalkane wurden erst in befriedigenden Ausbeuten zugänglich, als man das Chloramin im Reaktionsgemisch aus Ammoniak und Natriumhypochlorit herstellte. Diese Methode gewährleistet die erforderlichen stark basischen Bedingungen.

In einigen Fällen kann das Chloramin gegen Hydroxylamin-O-sulfonsäure oder Phenylhydrazin ausgetauscht werden. Durch eine Variante des Verfahrens läßt sich auch Diazomethan aus Formaldehydoxim mit guten Ausbeuten (70–75%) darstellen.

A Vorwiegend zur Synthese von α-Diazocarbonylverbindungen, besonders geeignet für Verbindungen der Indan-Reihe; Darstellung ungesättigter Diazoketone

L *M. O. Forster*, J. Chem. Soc. **107**, 260–267 (1915).
J. Meinwald, *P. G. Gassmann* und *E. G. Miller*, J. Am. Chem. Soc. **81**, 4751–4752 (1959).
W. Rundel, Angew. Chem. **74**, 469 (1962).
B. Eistert, *M. Regitz*, *G. Heck* und *H. Schwall*, Methoden zur Herstellung und Umwandlung von aliphatischen Diazoverbindungen, in *Houben-Weyl-Müller*: Methoden der Organischen Chemie, 4. Aufl., Bd. X/4, S. 582–587, Thieme, Stuttgart 1968.
M. Regitz, Herstellung von aliphatischen Diazoverbindungen, in *F. Korte*: Methodicum Chimicum, Bd. VI, S. 216–218, Thieme, Stuttgart 1974.

Friedel-Crafts

Acylierung von Aromaten

Die Friedel-Crafts-Acylierung ist die wohl bekannteste Methode zur Darstellung aromatischer Ketone. Die Einführung der Acylgruppe in ein aromatisches System erfolgt meist durch Umsetzung mit Säurechloriden oder -anhydriden in Gegenwart geeigneter Katalysatoren. Die Anwendbarkeit ist auf Aromaten mit einer dem Benzol vergleichbaren oder größeren Reaktivität beschränkt.

E Durch Bindung des Katalysators an das Sauerstoffatom der Acylkomponente wird diese zunächst in eine reaktionsfähige Form gebracht. Der nun folgende elektrophile Angriff am Aromaten erfolgt entweder durch den im vorgelagerten Gleichgewicht gebildeten Komplex selbst oder durch ein Acyl-Kation, das bei der partiellen Dissoziation dieses Komplexes entstehen kann. Letztere Möglichkeit wird offenbar dann bevorzugt, wenn sterische Hinderungen an der Acylkomponente oder am Aromaten die Reaktion erschweren. Darüberhinaus ist auch die Art des Lösungsmittels entscheidend. Während in polaren Solventien (Nitrobenzol) beispielsweise $CH_3CO^{\oplus}$-Ionen mit Hilfe der IR-Spektroskopie nachgewiesen werden konnten, scheinen in unpolaren Lösungsmitteln nur die entsprechenden Komplexe zu existieren.

Die entstehenden Produkte werden, wie die eingesetzten Acylkomponenten, durch den Katalysator komplex gebunden. Sie müssen daher in jedem Fall durch einen hydrolytischen Schritt in die freie Form überführt werden. Diese Tatsache bedingt, daß bei der Umsetzung von Säurehalogeniden mindestens molare Mengen, bei Verwendung von Säureanhydriden (wegen der gebildeten Carbonsäure) sogar mehr als zwei Mole Katalysator benötigt werden. Die Art des Katalysators wird entsprechend der Reaktivität des Aromaten gewählt. Für die meisten Fälle ist $AlCl_3$ geeignet. Besonders gute Ergebnisse liefern mit ortho- und para-dirigierenden Substituenten (Alkyl-, Hydroxy-, Alkoxy-) versehene Verbindungen, sowie einige Heterocyclen wie Pyrrole, Furane und Thiophene. Pyridine und Chinoline reagieren nicht. Auch durch metadirigierende Gruppen wird eine Reaktion in der Regel verhindert. Bei Aminen und Phenolen überwiegen Acylierungen am N- bzw. O-Atom, die sich jedoch durch Schutz der funktionellen Gruppen (Acetylierung, Veresterung) vermeiden lassen. C-acylierte Phenole werden allerdings günstiger durch *Fries-Umlagerungen* dargestellt.

Im Gegensatz zur *Friedel-Crafts-Alkylierung* ist bei der Acylierung eine Zweitsubstitution unwahrscheinlich, weil die eingeführte Carbonylgruppe die Reaktivität des Aromaten stark vermindert.

M

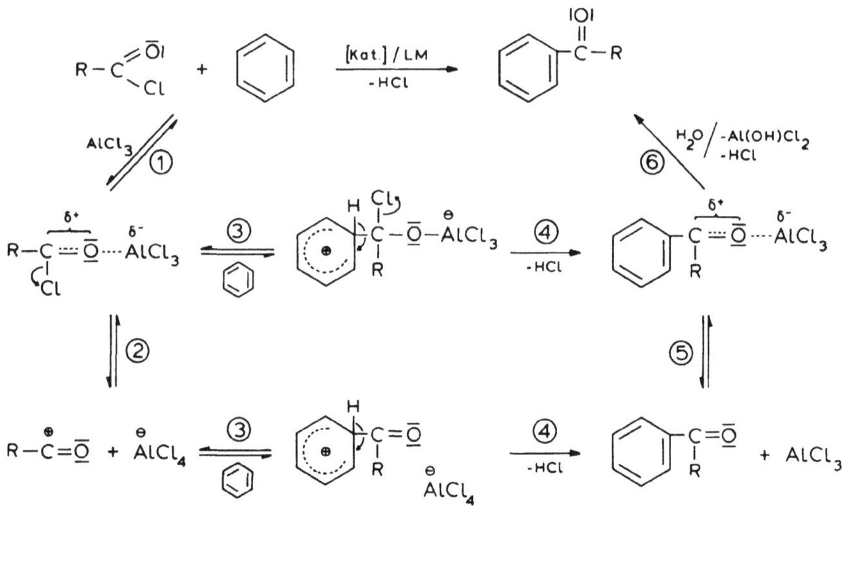

Kat: $AlCl_3$; $ZnCl_2$; $SbCl_3$; BF_3; H_2SO_4; H_3PO_4; $HClO_4$

LM: Benzol; Nitrobenzol; Tetrachlorkohlenstoff; Schwefelkohlenstoff

① Aktivierung der Acylkomponente durch Komplexbildung mit dem Katalysator

② Partielle Dissoziation ⌒ Acyl-Kation

③,④ Elektrophile aromatische Substitution

⑤ Komplexierung des Produktes durch den Katalysator

⑥ Hydrolytische Spaltung des Produkt-Katalysator-Komplexes

A Darstellung aromatischer Ketone; Synthese von Ketosäuren durch Verwendung cyclischer Anhydride; Ringschlußreaktionen ⌒ 5-, 6- und 7-gliedrige Ringsysteme

L *C. Friedel* und *J. M. Crafts*, C. R. hebd. Séances Acad. Sci. **84**, 1392; 1450 (1877).
W. S. Johnson, Org. React. **2**, 130–136 (1944).
E. Berliner, Org. React. **5**, 229–289 (1949).
P. H. Gore, Chem. Rev. **55**, 229–281 (1955).
G. A. Olah, Friedel-Crafts and Related Reactions, vol. III, Wiley-Interscience, New York 1964.
D. E. Pearson und *C. A. Buehler*, Synthesis, 533–542 (1972).
C. W. Schellhammer, Herstellung von Ketonen, in *Houben-Weyl-Müller*: Methoden der Organischen Chemie, 4. Aufl., Bd. VII/2a, S. 15–378, Thieme, Stuttgart 1973.
H. Meyer, Direkte Einführung der Keto-Gruppe, in *F. Korte*: Methodicum Chimicum, Bd. V, S. 341–354, Thieme, Stuttgart 1975.
F. Effenberger, Chem. in unserer Zeit **13**, 87–94 (1979).
G. G. Yakobson und *G. G. Furin*, Synthesis **1980**, 345–364.
P. Beak und *K. R. Berger*, J. Am. Chem. Soc. **102**, 3848–3856 (1980).
F. Bigi, G. Casiraghi, G. Casnati und *G. Sartori*, Synthesis **1981**, 310–312.
T. F. Buckley III und *H. Rapoport*, J. Am. Chem. Soc. **103**, 6157–6163 (1981).
B. E. Maryanoff, J. Org. Chem. **46**, 70–74 (1981).

Friedel-Crafts

Alkylierung von Aromaten

Zur Alkylierung reaktionsfähiger Aromaten sind allgemein solche Verbindungen geeignet, die mit Hilfe eines Katalysators Carbeniumionen bilden können. Die gebräuchlichsten Reagenzien sind Alkylhalogenide, Olefine sowie Alkohole. Aromaten, die OH-, OR- und NH_2-Gruppen tragen, sind als Subtrate ungeeignet, da die basischen Substituenten selbst mit dem Katalysator reagieren. Im Gegensatz zur *Friedel-Crafts-Acylierung* ist diese Reaktion reversibel.

E Der Mechanismus der Friedel-Crafts-Alkylierung ist denen der -Acylierung und der direkten Halogenierung von Aromaten vergleichbar. Im vorliegenden Fall wird das Alkylhalogenid durch die Komplexierung mit dem Katalysator noch stärker polarisiert und somit zur elektrophilen Substitution befähigt. Während besonders primäre Ausgangskomponenten den Kern in Form der gebildeten Koordinationsverbindung angreifen, ist bereits bei sekundären Halogeniden mit dem Entstehen von Ionenpaaren zu rechnen (+I-Effekt der Alkylgruppen). Die Reaktivität steigt allgemein in der Reihenfolge primär < sekundär < tertiär < Benzyl ≈ Allyl. Sie wird jedoch zusätzlich durch die Art des gebundenen Halogens beeinflußt. Durch die mit zunehmender Größe erschwerte Komplexbildung mit dem Katalysator findet man eine vom Fluorid zum Jodid abnehmende Reaktivität.

Bei Alkylierungen mit Alkoholen und Olefinen erfolgt die Polarisierung meist mit Hilfe von Protonensäuren. Deren Effektivität sinkt, wie die der Lewis-Säuren, in der unter dem Formelschema angegebenen Reihenfolge jeweils von links nach rechts. Für Umsetzungen mit Alkenen gilt die *Markownikoff-Regel*. Werden Alkohole mit Lewis-Säuren aktiviert, müssen diese in mindestens molaren Mengen zugesetzt werden, da bei der Reaktion entstehendes Wasser einen Teil des Katalysators bindet. Sonst sind im allgemeinen katalytische Mengen ausreichend.

Der primär gebildete π-Komplex entsteht durch einen Ladungstransfer vom Aromaten (Donor) auf den positivierten Kohlenstoff des Halogenids (Akzeptor). Es handelt sich hierbei um eine echte Zwischenstufe, die sich spektroskopisch nachweisen läßt. Das Elektrophil ist in dieser Phase noch an keinem bestimmten C-Atom des Kerns fixiert und das aromatische System ist nur leicht gestört.

Bei der Ausbildung des σ-Komplexes wird das Halogen vollständig abgetrennt und das C-Atom über eine σ-Bindung am Ring lokalisiert. In diesem metastabilen Zwischenprodukt, das bei tiefen Temperaturen sogar isolierbar ist, sind vier π-Elektronen über fünf Kohlenstoffatome verteilt. Das sechste C-Atom zeigt eine sp^3-Hybridisierung. Das anschließend eliminierte Proton bleibt zunächst locker gebunden. Hierbei wird ein Übergangszustand durchlaufen, der dem beschriebenen π-Komplex vergleichbar ist. Durch die vollständige Ablösung des $H^{\oplus}$-Ions wird das aromatische System zurückgebildet.

Da die alkylierten Produkte reaktiver sind als die entsprechenden Ausgangsverbindungen, werden oft Mehrfachalkylierungen beobachtet. Weitere, häufig auftretende Nebenreaktionen sind Umlagerungen (s. *Wagner-Meerwein*), Isomerisierungen sowie Disproportionierungen.

M

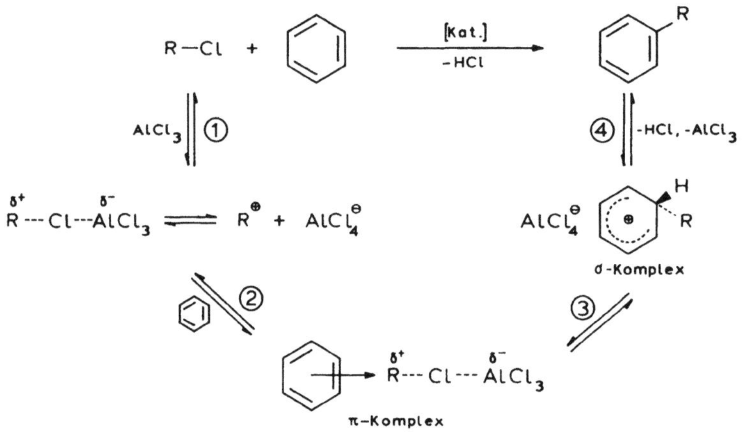

Alkylierungsmittel: R—Cl; R—Br; R—OH; R—SH; R—OTs; >C=C<

Kat: $AlCl_3$; $FeCl_3$; $SbCl_5$; $SnCl_4$; BF_3; $TiCl_4$; $ZnCl_2$
HF; H_2SO_4; P_4O_{10}; H_3PO_4

① Komplexierung ⌒ Erhöhung der positiven Partialladung am C-Atom

② Elektrophiler Angriff am Aromaten ⌒ π-Komplex

③ Bildung des σ-Komplexes

④ Deprotonierung ⌒ Rückbildung des aromatischen Systems

A Polystyrol-Synthese aus Ethylen und Benzol; Aufbau von Ringsystemen (Phenanthren, Tetralin); Schutz reaktiver Zentren (Reversibilität!), meist durch tert.-Butylgruppen

L *C. Friedel* und *J. M. Crafts*, C. R. hebd. Séances Acad. Sci. **84**, 1392; 1450 (1877).
D. V. Nightingale, Chem. Rev. **25**, 329–376 (1939).
C. C. Price, Org. React. **3**, 1–82 (1946).
E. Berliner, Org. React. **5**, 229–289 (1949).
G. A. Olah, Friedel-Crafts and Related Reactions, vol. I und II, Wiley-Interscience, New York 1963–1964.
F. Asinger und *H. H. Vogel*, Herstellung von Phenyl-Alkanen bzw. -Cycloalkanen, in *Houben-Weyl-Müller*: Methoden der Organischen Chemie, 4. Aufl., Bd. V/1a, S. 501–539, Thieme, Stuttgart 1970.
H. Fricke, Olefine durch Friedel-Crafts-Synthese, in *Houben-Weyl-Müller*: Methoden der Organischen Chemie, 4. Aufl., Bd. V/1b, S. 490–505, Thieme, Stuttgart 1972.
I. Ernest, Bindung, Struktur und Reaktionsmechanismen in der Organischen Chemie, S. 227–237, Springer, Wien 1972.
G. A. Olah, Friedel-Crafts Chemistry, Wiley, New York 1973.
B. Chevrier und *R. Weiss*, Angew. Chem. **86**, 12–20 (1974).
A. Streitwieser, jr. und *C. H. Heathcock*, Introduction to Organic Chemistry, S. 909–914, Macmillan, New York 1976.
W. Ackermann und *A. Heesing*, Chem. Ber. **110**, 3126–3133 (1977).
P. J. Stang und *A. G. Anderson*, J. Am. Chem. Soc. **100**, 1520–1525 (1978).
F. Effenberger, Chem. in unserer Zeit **13**, 87–94 (1979).
G. G. Yakobson und *G. G. Furin*, Synthesis **1980**, 345–364.
M. T. Reetz, *J. Westermann* und *R. Steinbach*, Angew. Chem. **92**, 933–934 (1980).
W. L. Mendelson, *C. B. Spainhour*, Jr., *S. S. Jones*, *B. L. Lam* und *K. L. Wert*, Tetrahedron Lett. **1980**, 1393–1396.
F. Bigi, *G. Casiraghi*, *G. Casnati* und *G. Sartori*, Synthesis **1981**, 310–312.
V. Bonvino, *G. Casini*, *M. Ferappi*, *G. M. Cingolani* und *B. R. Pietroni*, Tetrahedron **37**, 615–620 (1981).

Fries

Phenolester → Acylphenol-Umlagerung

Die Synthesemethoden für Arylalkylketone finden in der Fries-Umlagerung eine wertvolle Ergänzung zur Acylierung nach *Friedel-Crafts*. Sie ist auf eine Vielzahl von Verbindungen anwendbar, die aufgrund störender Substituenten oder wegen ihrer geringen Reaktivität letzterem Verfahren nicht zugänglich sind. Sowohl die Phenol- als auch die Acylkomponenten sind in weiten Grenzen variierbar. N-Acylaniline zeigen eine analoge Reaktion.

E Der genaue Mechanismus der Fries-Umlagerung ist bis heute nicht bekannt. Besonders umstritten ist die Frage, ob es sich um einen intra- oder intermolekularen Vorgang handelt. Das unter **M** formulierte Reaktionsschema wurde von Ogata und Mitarbeitern (1964) vorgeschlagen und stützt sich auf Experimente mit ^{14}C-markierten Verbindungen.

Im Gegensatz zur *Friedel-Crafts-Acylierung* sind hier zum Teil auch Aromaten mit meta-dirigierenden Substituenten verwendbar. Bei mehrfach alkylierten Kernen beobachtet man häufig zusätzlich eine Wanderung der Alkylgruppen. Der Einsatz besonders reaktiver Katalysatoren kann bei ringständigen Alkoxygruppen zur Spaltung führen, so daß die entsprechenden Dihydroxyverbindungen entstehen.

Carbonsäuren unterschiedlichster Struktur sind bereits als Acylkomponenten getestet worden. Mehrfachbindungen oder Verzweigungen in der Kohlenstoffkette stören nicht. Auch Benzoesäure und deren Derivate sowie aromatische Sulfonsäuren können verwendet werden.

Das ortho-/para-Verhältnis der Produkte ist von mehreren Faktoren abhängig: Neben dem Substitutionsmuster des Aromaten entscheiden vor allem die Temperatur, das Lösungsmittel sowie die Konzentration des Katalysators über die Position der umgelagerten Acylgruppe. Während die Besetzung der para-Stellung (reversibel!) durch Lösungsmittel mit hoher Dielektrizitätskonstante (Nitrobenzol), niedrige Temperaturen und einen Überschuß an Katalysator begünstigt wird, führen Solventien wie Dichlorethylen und Schwefelkohlenstoff, hohe Temperaturen und geringe Katalysatormengen zur bevorzugten Bildung der ortho-Produkte (irreversibel, zusätzlich: Chelatbildung zwischen Sauerstoff und Katalysator). Neben der säurekatalysierten Fries-Umlagerung ist auch die entsprechende photoinduzierte Reaktion bekannt. Sie liefert in der Regel dieselben Produkte und besitzt im allgemeinen keine besonderen Vorteile. Der Mechanismus ist noch nicht eindeutig geklärt.

M

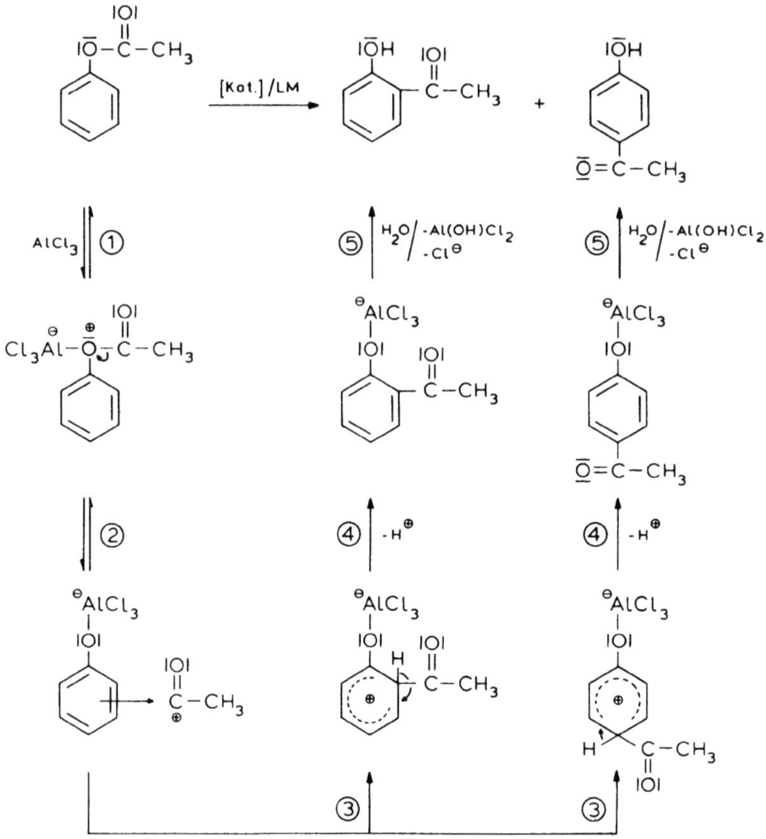

Kat.: $AlCl_3$; BF_3; $ZnCl_2$; $TiCl_4$; $FeCl_3$

LM: Nitrobenzol; Chlorbenzol; Schwefelkohlenstoff

① Komplexierung ⌒ Aktivierung des Esters

② Ausbildung eines π-Komplexes mit dem Acyl-Kation

③ Bildung des σ-Komplexes ⌒ ortho- und para-Produkt

④ Deprotonierung ⌒ Rückbildung des aromatischen Systems

⑤ Hydrolytische Spaltung des Produkt-Katalysator-Komplexes

A Darstellung von Acylphenolen; Synthese von sonst schwer zugänglichen 4-Acylanilinen

L
K. Fries und *G. Fink*, Ber. Dtsch. Chem. Ges. **41**, 4271–4294 (1908).
A. H. Blatt, Chem. Rev. **27**, 413–436 (1940).
A. H. Blatt, Org. React. **1**, 342–369 (1942).
N. M. Cullinane, R. A. Woolhouse und *B. F. R. Edwards*, J. Chem. Soc. **1961**, 3842–3845.
Y. Ogata und *H. Tabuchi*, Tetrahedron **20**, 1661–1666 (1964).
H. J. Shine, Aromatic Rearrangements, S. 72–82, Elsevier, Amsterdam 1967.
H. Henecka, Ketone durch Umlagerung von Carbonsäure-arylestern, in *Houben-Weyl-Müller*: Methoden der Organischen Chemie, 4. Aufl., Bd. VII/2a, S. 379–389, Thieme, Stuttgart 1973.
H. Zimmer, Ketone durch Umlagerung, in *F. Korte*: Methodicum Chimicum, Bd. V, S. 432–439, Thieme, Stuttgart 1975.
R. Martin, Bull. Soc. Chim. Fr., **1977**, 901–905.
N. Cohen, R. J. Lopresti und *T. H. Williams*, J. Org. Chem. **43**, 3723–3726 (1978).
A. Warshawsky, R. Kalir und *A. Patchornik*, J. Am. Chem. Soc. **100**, 4544–4550 (1978).
D. Veierov, Y. Mazur und *E. Fischer*, J. Chem. Soc., Perkin Trans. II, **1980**, 1659–1664.
R. Martinez-Utrilla und *M. A. Miranda*, Tetrahedron Lett. **1980**, 2281–2282.
D. J. Crouse, S. L. Hurlbut und *D. M. S. Wheeler*, J. Org. Chem. **46**, 374–378 (1981).
V. P. Pathak und *R. N. Khanna*, Synthesis **1981**, 882–883.
F. Effenberger und *R. Gutmann*, Chem. Ber. **115**, 1089–1102 (1982).
F. Fariña, R. Martinez-Utrilla und *M. C. Paredes*, Tetrahedron **38**, 1531–1538 (1982).
T. A. Chorn, R. G. F. Giles, I. R. Green, V. I. Hugo und *P. R. K. Mitchell*, Tetrahedron Lett. **1982**, 3299–3300.

Gabriel

Phthalimid-Spaltung; Synthese primärer Amine

Die Umsetzung von Phthalimidkalium mit Alkylhalogeniden ermöglicht die selektive Darstellung primärer Amine. Eine Mehrfachalkylierung zu sekundären und tertiären Aminen, wie sie bei einigen anderen Verfahren beobachtet wird, ist hier ausgeschlossen. Für die Darstellung aromatischer Amine ist die Methode ungeeignet.

M

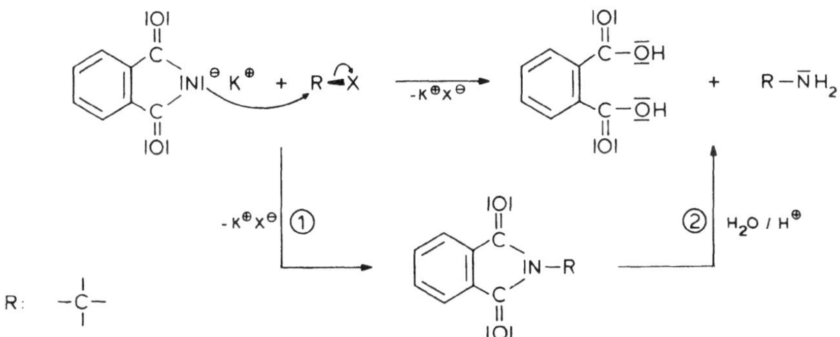

X: Cl; Br; I; OTs;

① Nucleophile Substitution

② Saure oder alkalische Hydrolyse des N-Alkyl-phthalimids

E Infolge des Elektronenzugs der beiden benachbarten Carbonylgruppen besitzt das Proton am Stickstoffatom des Phthalimids sauren Charakter (pK_a : 8,3). Das Molekül kann als N-Analoges eines 1,3-Diketons betrachtet werden, wobei die Einführung des Stickstoffs (durch dessen höhere Elektronegativität) die sauren Eigenschaften noch verstärkt. Die negative Ladung der konjugierten Base kann über einen weiten Bereich delokalisiert werden. Das Phthalimid liegt daher in alkalischer Lösung fast ausschließlich als Anion vor und ist auch leicht als Alkalisalz zu isolieren.

Die Reaktion mit einem Alkylhalogenid könnte prinzipiell sowohl am O- als auch am N-Atom erfolgen. Bedingt durch die stärkere Nucleophilie des Stickstoffs entstehen jedoch vorwiegend die N-alkylierten Produkte (N-Alkyl-phthalimid).

Die Freisetzung des Amins durch saure oder alkalische Hydrolyse verläuft in den meisten Fällen sehr langsam. Man greift daher häufig auf eine von Ing und Manske (1926) vorgeschlagene Variante zurück (Hydrazinolyse):

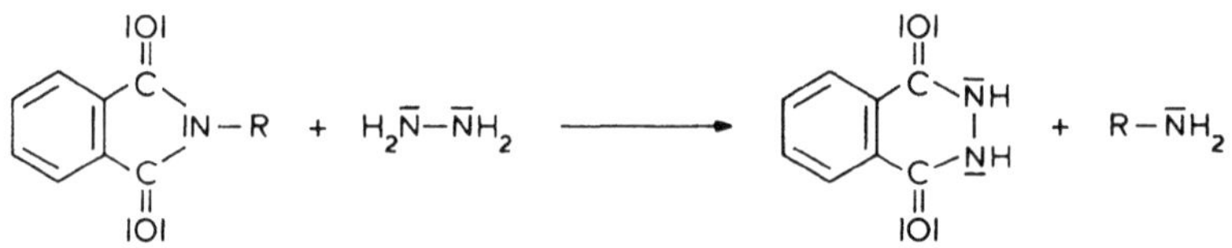

Neben einer Vielzahl von Alkylhalogeniden sind auch Tosylate und Epoxide für die Gabriel-Synthese verwendbar. Funktionelle Gruppen stören, wenn sie unter den Reaktionsbedingungen verseifbar sind (Ester, Amide, Nitrile). Einen Ausweg bietet hier die Verwendung von Bis-[phenylmercaptol]-amin:

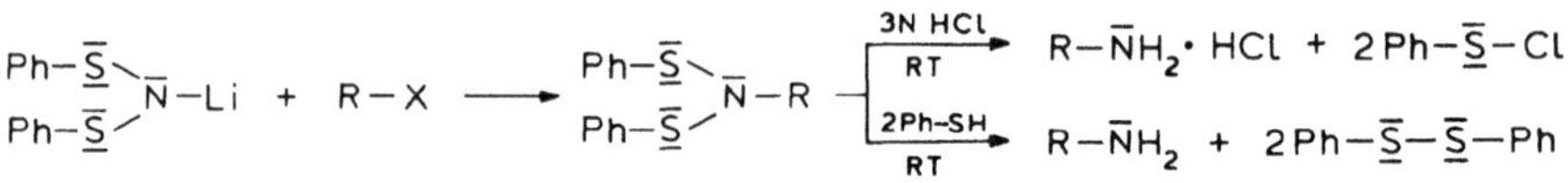

A Selektive Darstellung primärer Amine; Synthese von α-Aminocarbonsäuren

L *S. Gabriel*, Ber. Dtsch. Chem. Ges. **20**, 2224–2236 (1887).
H. R. Ing und *R. H. F. Manske*, J. Chem. Soc., **1926**, 2348–2351.
G. Spielberger, Amine durch Austauschreaktionen, in *Houben-Weyl-Müller*: Methoden der Organischen Chemie, 4. Aufl., Bd. XI/1, S. 79–96, Thieme, Stuttgart 1957.
M. S. Gibson und *R. W. Bradshaw*, Angew. Chem. **80**, 986–996 (1968).
T. Mukaiyama und *T. Taguchi*, Tetrahedron Lett. **1970**, 3411–3414.

Gattermann

Aryl-Formylierung

Die Einführung der Formylgruppe in aromatische Systeme gelingt durch Umsetzung mit einem Gemisch aus Cyanwasserstoff und Chlorwasserstoff-Gas in Gegenwart von *Friedel-Crafts*-Katalysatoren. Hinsichtlich des Anwendungsbereichs stellt dieses Verfahren eine wertvolle Ergänzung zur *Gattermann-Koch-Reaktion* dar. Der Einsatz von Blausäure ist jedoch sehr aufwendig und hat daher zur Entwicklung modifizierter Arbeitstechniken geführt.

M

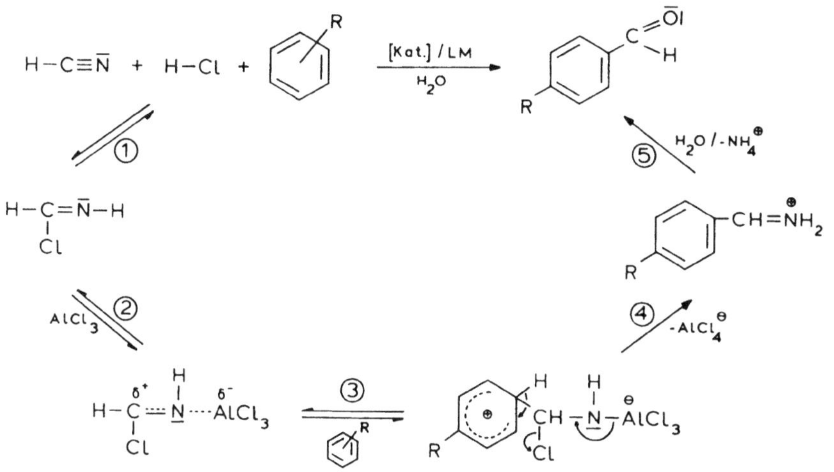

R: −OH; −O−C−; −C−

Kat.: $AlCl_3$; $ZnCl_2$

LM: Benzol; Chlorbenzol; 1,1,2,2-Tetrachlorethan; Ether Chloroform;

① Bildung von Formimidchlorid

② Komplexierung ⌒ elektrophiles Reagens

③,④ Elektrophile aromatische Substitution

⑤ Hydrolyse

E In einem vorgelagerten Gleichgewicht bildet sich zunächst aus Blausäure und Salzsäure Formimidchlorid, das durch Komplexbildung mit dem Katalysator in das eigentliche elektrophile Reagens überführt wird. Oft wird die Blausäure durch Zinkcyanid, das etwas Natriumchlorid enthält, ersetzt (*Gattermann-Adams*). Das Salz ist wesentlich angenehmer zu handhaben und leichter dosierbar. Auch s-Triazin findet teilweise Verwendung.

Die elektrophile Substitution selbst gelingt nur bei reaktionsfähigen Aromaten, im Gegensatz zum *Gattermann-Koch-Verfahren* auch bei Phenolen und deren Ethern. Während sich diese Verbindungen, ebenso wie etwa Resorcin oder Pyrrole, bereits bei niedrigen Temperaturen (ca. 35° C) und zum Teil ohne Katalysator umsetzen, muß bei weniger reaktiven Aromaten höher erwärmt (ca. 90° C) und eine starke Lewis-Säure, z. B. $AlCl_3$, zugesetzt werden. Amine sind als Substrate ungeeignet.

Die Formylierung erfolgt fast immer in para-Position zur aktivierenden Gruppe. Ist diese Stelle besetzt, erhält man das entsprechende ortho-Derivat. Mit meta-dirigierenden Substituenten versehene Kerne reagieren in der Regel nicht.

Als Produkt entsteht zunächst das Hydrochlorid eines Aldimins, aus dem der Aldehyd durch saure oder alkalische Hydrolyse leicht freigesetzt werden kann.

Völlig analog verläuft die als *Hoesch-* oder *Houben-Hoesch-Reaktion* bekannte Synthese von Ketonen. Sie unterscheidet sich vom Gattermann-Verfahren lediglich durch die Verwendung von Nitrilen anstelle der Blausäure und ermöglicht die Darstellung rein aromatischer sowie araliphatischer Ketoverbindungen. Die besten Ergebnisse erzielt man beim Einsatz aktivierter Ausgangskomponenten, so z. B. bei der Verwendung mehrwertiger Phenole und α-halogenierter Nitrile.

A Formylierung von Phenolen und Phenolethern; Synthese heteroaromatischer Aldehyde (Pyrrol- und Indol-System); Darstellung pharmazeutisch bedeutsamer Aldehyde (antibakterielle und mitosehemmende Verbindungen)

L *L. Gattermann*, Ber. Dtsch. Chem. Ges. **31**, 1149–1152 (1898).
J. Houben und *E. Schmidt*, Ber. Dtsch. Chem. Ges. **46**, 2447–2460; 3616–3627 (1913).
K. Hoesch, Ber. Dtsch. Chem. Ges. **48**, 1122–1133 (1921).
R. Adams und *J. Levine*, J. Am. Chem. Soc. **45**, 2373–2377 (1923).
O. Bayer, Herstellung von Aldehyden, in *Houben-Weyl-Müller*: Methoden der Organischen Chemie, 4. Aufl., Bd. VII/1, S. 20–29, Thieme, Stuttgart 1954.
W. E. Truce, Org. React. **9**, 37–72 (1957).
W. Ruske, Houben-Hoesch and Related Syntheses, in *G. A. Olah*: Friedel-Crafts and Related Reactions, vol. III/1, S. 383–497, Wiley-Interscience, New York 1964.
G. A. Olah und *S. J. Kuhn*, Aldehyde Syntheses, in *G. A. Olah*: Friedel-Crafts and Related Reactions, vol. III/2, S. 1191–1210, Wiley-Interscience, New York 1964.
A. Kreutzberger, Arch. Pharm. Ber. Dtsch. Pharm. Ges. **302**, 828–838 (1969).
A. Kreutzberger, Z. Chem. **10**, 383–384 (1970).
A. Kreutzberger, Arch. Pharm. Ber. Dtsch. Pharm. Ges. **304**, 362–366 (1971).
F. M. Aslam, P. H. Gore und *M. Jehangir*, J. Chem. Soc., Perkin Trans. I **1972**, 892–894.
C. W. Schellhammer, Allgemeines über die Hoesch-Keton-Synthese, in *Houben-Weyl-Müller*: Methoden der Organischen Chemie, 4. Aufl., Bd. VII/2a, S. 389–421, Thieme, Stuttgart 1973.
T. Laird, Aromatic Aldehydes, in *Barton-Ollis*: Comprehensive Organic Chemistry, vol. I, S. 1116–1117, Pergamon Press, Oxford 1979.

Gattermann-Koch

Aryl-Formylierung; Synthese aromatischer Aldehyde

Die Gattermann-Koch-Synthese ermöglicht die Formylierung von Aromaten mit einem Gemisch aus Kohlenmonoxid und Chlorwasserstoff-Gas in Gegenwart geeigneter Katalysatoren bzw. unter erhöhtem Druck. Ihre Anwendungsbreite beschränkt sich auf die Derivatisierung einer sehr begrenzten Zahl reaktionsfähiger Substrate. Im Vergleich zur *Gattermann-* oder *Vilsmeier-Reakion* ist sie daher nur von geringem präparativen Wert.

E Der Angriff am Aromaten erfolgt vermutlich durch einen aus Kohlenmonoxid, Chlorwasserstoff und dem Katalysator gebildeten elektrophilen Komplex, der sich wie das unbeständige Formylchlorid verhält (s. *Friedel-Crafts-Acylierung*). Die Existenz einer dissoziierten Form $HCO^{\oplus} + AlCl_4^{\ominus}$ wird ebenfalls diskutiert.

Sind aktivierende Substituenten vorhanden, wird die Aldehydgruppe meist in para-Stellung eingeführt. Mit meta-dirigierenden Gruppen (-NO_2) versehene Aromaten sowie Phenole und deren Ether reagieren nicht (s. *Gattermann*). Alkylsubstituierte Ausgangsverbindungen zeigen – besonders beim Arbeiten ohne Lösungsmittel – häufig Alkylwanderungen, die jedoch durch Zusatz geeigneter Solventien zurückgedrängt werden können.

Die Durchführung der Synthese kann sowohl bei Normaldruck, als auch unter Überdruck (50–250 bar) erfolgen. Soll unter Normaldruck gearbeitet werden, ist die zusätzliche Beimengung bestimmter Metallhalogenide – meist Kupfer(I)-chlorid – als Katalysatoren (carrier) erforderlich. Ihre Aufgabe besteht offenbar darin, durch Bindung von Kohlenmonoxid in Form eines labilen Komplexes dessen Konzentration lokal auf den erforderlichen Wert zu erhöhen.

Eine zusätzliche Verbesserung der Ausbeute kann in vielen Fällen durch Zusatz von Titan(IV)-chlorid oder Antimon(V)-chlorid zum Aluminiumchlorid erzielt werden.

In einer von Rieche und Mitarbeitern (1960) vorgeschlagenen Variante des Verfahrens benutzt man Dichlormethylalkylether als Formylierungsmittel. Die Ausgangskomponenten werden in Gegenwart von *Friedel-Crafts-Katalysatoren* in Lösungsmitteln wie Schwefelkohlenstoff oder Methylenchlorid zur Reaktion gebracht.

M

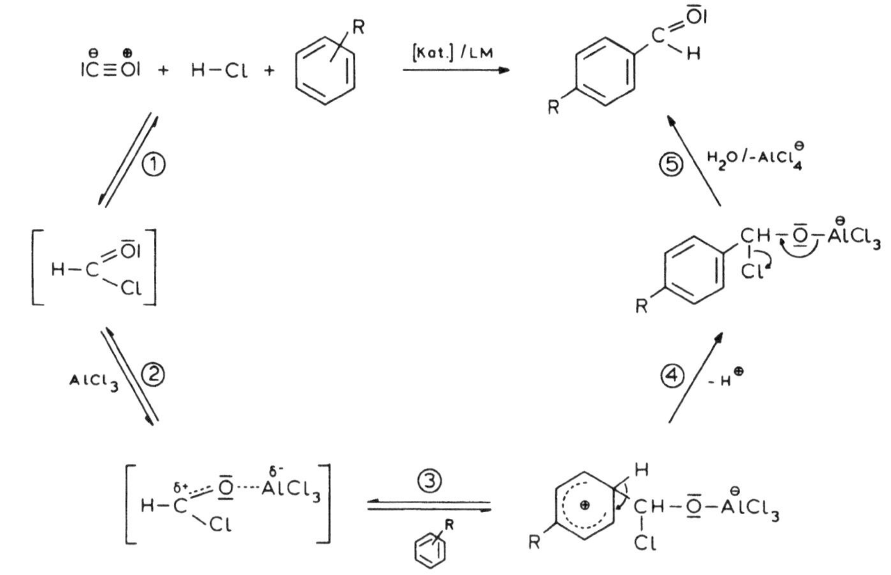

R: H−; −C−; Hal−

Kat.: $AlCl_3$; $AlBr_3$; carrier: CuCl; $NiCl_2$; $TiCl_4$; $SbCl_5$

LM: Benzol; Nitrobenzol; Tetrachlorethylen

① Bildung des elektrophilen Reagens (Formylchlorid)

② Komplexierung ⌒ Erhöhung der Elektrophilie

③,④ Elektrophile aromatische Substitution

⑤ Hydrolyse

A Technische Darstellung von Benzaldehyd und p-Tolylaldehyd; Formylierung N-alkylierter Aniline (⌒ Triphenylmethan-Farbstoffe)

L
L. Gattermann und *J. A. Koch*, Ber. Dtsch. Chem. Ges. **30**, 1622–1624 (1897).
N. N. Crounse, Org. React. **5**, 290–300 (1949).
O. Bayer, Herstellung von Aldehyden, in *Houben-Weyl-Müller*: Methoden der Organischen Chemie, 4. Aufl., Bd VII/1, S. 16–20, Thieme, Stuttgart 1954.
A. Rieche, *H. Gross* und *E. Höft*, Chem. Ber. **93**, 88–94 (1960).
G. A. Olah und *S. J. Kuhn*, Aldehyde Syntheses, in *Olah*: Friedel-Crafts and Related Reactions, vol. III/2, S. 1154–1158, Wiley-Interscience, New York 1964.
G. A. Olah, *F. Pelizza*, *S. Kobayashi* und *J. A. Olah*, J. Am. Chem. Soc. **98**, 296–297 (1976).
T. Laird, Aromatic Aldehydes, in *Barton-Ollis*: Comprehensive Organic Chemistry, vol. I, S. 1114–1115, Pergamon Press, Oxford 1979.

Glaser

Oxidative Kopplung von Alkinen

Die Dimerisierung von Alkinen mit terminaler C≡C-Dreifachbindung zu symmetrischen Diinen gehört zu den bewährten Standardmethoden der Acetylenchemie. Als Kopplungs-Reagenzien sind neben einem geeigneten Oxidationsmittel zumindest katalytische Mengen an Kupfer(I)-Ionen notwendig. Da funktionelle Gruppen in den Ausgangskomponenten gewöhnlich nicht stören, besitzt dieses Verfahren einen relativ großen Anwendungsbereich.

M

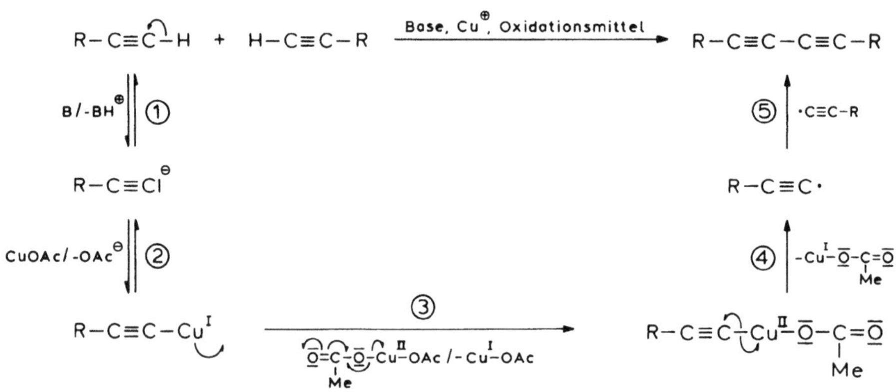

Oxidationsmittel: $Cu^{2\oplus}$; O_2; H_2O_2; $KMnO_4$

Base: Pyridin; Piperidin; Morpholin

① Deprotonierung ⌒ Alkin-Anion
② Nucleophile Substitution (S_N2) an Cu^I-Zentren
③ Elektronentransfer zwischen Cu^I-Acetylid und Cu^{II}-Acetat über eine "Acetatbrücke"
④ Homolytische Spaltung des Cu^{II}-Acetylids ⌒ Alkin-Radikal
⑤ Dimerisierung

E Zur Durchführung der Reaktion stehen mehrere Varianten zur Wahl:

a) Synthese und Isolierung der Kupferacetylide; Oxidation mit Sauerstoff oder anderen Oxidationsmitteln

b) Oxidation des Alkins in wäßrig-alkoholischer Lösung in Gegenwart von Kupfer(I)-chlorid und Ammoniumchlorid mit Sauerstoff

c) Oxidation mit überschüssigem Kupfer(II)-acetat in einer Pyridin-Methanol-Lösung (Eglinton-Variante)

Im Verlauf der beiden zuerst genannten Modifikationen fungieren Kupfer(II)-Ionen als die eigentlichen Oxidationsmittel. Die zusätzliche Verwendung von Sauerstoff dient dazu, diese Ionen aus der reduzierten Form ($Cu^{\oplus}$) zu regenerieren.

Der Mechanismus der Kopplung ist noch nicht in allen Teilen geklärt. Die Abgabe des aciden H-Atoms an die Base sowie die abschließende Dimerisierung der Alkin-Radikale scheinen jedoch weitgehend gesichert. Die dargestellte Reaktionsfolge wurde von Clifford und Waters (1963) vorgeschlagen. Sie stützt sich auf kinetische Untersuchungen der Oxidation von Propargylalkohol mit Kupfer(II)-acetat in einem Piperidin-Essigsäure-Puffer unter Zusatz von Kupfer(I)-Salzen. Ihre Experimente haben gezeigt, daß die Umsetzung nur in Anwesenheit von $Cu^{\oplus}$-Ionen gelingt, wobei die in Kupfer(II)-Salzen praktisch immer vorhandenen Verunreinigungen bereits ausreichen. Man vermutet, daß sie durch Komplexbildung mit dem π- System der Dreifachbindung das Alkin aktivieren und u. a. dessen Ionisierung erleichtern. Die Geschwindigkeit der Reaktion nimmt mit der Basizität des Lösungsmittels zu.

Eine weitere Variante des Verfahrens (*Cadiot-Chodkiewicz*) erlaubt die Darstellung unsymmetrischer Diine. Hierbei werden monosubstituierte Acetylen-Derivate mit 1-Bromalkinen in Gegenwart von Kupfer(I)-Salzen umgesetzt:

$$R^1{-}C{\equiv}C{-}H \;+\; Br{-}C{\equiv}C{-}R^2 \xrightarrow{Cu^{\oplus},\ Base} R^1{-}C{\equiv}C{-}C{\equiv}C{-}R^2 \;+\; HBr$$

A Verlängerung von Kohlenstoffketten; Ringschlußreaktionen mit α,ω- Diacetylenen ⌒ Annulene; Synthese von Naturstoffen (Vitamine, Zucker, Fettsäuren); Indigo-Synthese *(Baeyer, 1882)*

L *C. Glaser*, Ber. Dtsch. Chem. Ges. **2**, 422–424 (1869).
A. S. Hay, J. Org. Chem. **27**, 3320–3321 (1962).
G. Eglinton und *W. McCrae*, Adv. Org. Chem. **4**, 225–328 (1963).
A. A. Clifford und *W. A. Waters*, J. Chem. Soc., **1963**, 3056–3062.
J. D. Campbell und *G. Eglinton*, J. Chem. Soc. **1964**, 1158–1161.
G. Bähr und *P. Burba*, Organo-Kupfer-Verbindungen, in *Houben-Weyl-Müller*: Methoden der Organischen Chemie, 4. Aufl., Bd. XIII/1, S. 751–752, Thieme, Stuttgart 1970.
U. Fritzsche und *S. Hünig*, Tetrahedron Lett. **1972**, 4831–4834.
R. Eastmond und *D. R. M. Walton*, Tetrahedron **28**, 4591–4599 (1972).

Gomberg-Bachmann-Hey

Synthese von Diarylen

Die Gomberg-Bachmann-Reaktion ermöglicht die Verknüpfung zweier Arylreste zu einer Diphenylverbindung. Ausgehend von Diazoniumsalzen entspricht die Umsetzung formal dem Ersatz der Diazoniumgruppe durch einen aromatischen Kern. Die intramolekulare Kopplung (↷ Ringschluß) ist als *Pschorr-Reaktion* bekannt.

M

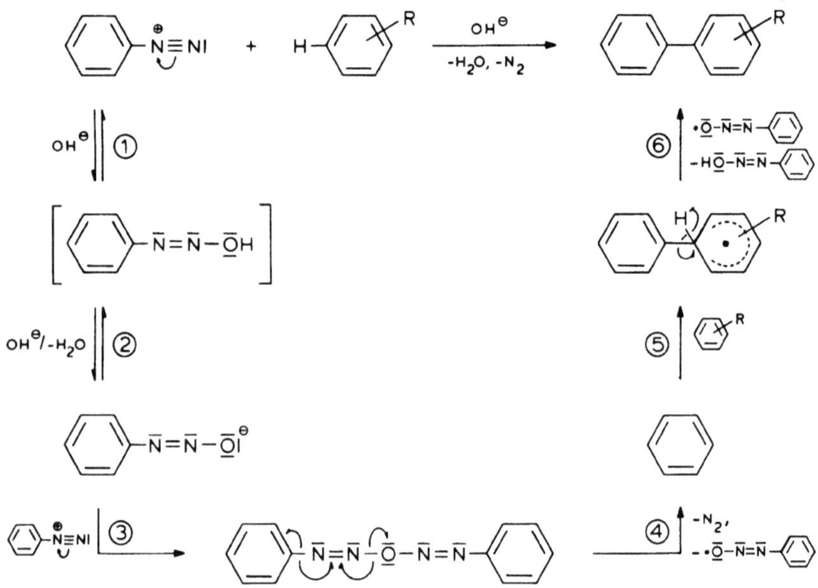

① Nucleophile Addition von $OH^{\ominus}$ ↷ Diazohydroxid

② Deprotonierung ↷ Diazohydroxid-Anion

③ Nucleophile Kopplung mit einem Diazoniumion ↷ Diazoanhydrid

④ Radikalische Fragmentierung des Diazoanhydrids (homolytische Spaltung)

⑤ Radikalische Substitution

⑥ Abstraktion eines H•-Radikals ↷ Rückbildung des aromatischen Systems

E Die $N_2^{\oplus}$-Gruppe von Diazoniumsalzen ist wegen ihrer sehr großen Austrittstendenz (↷ N_2) leicht durch andere Substituenten ersetzbar, wobei der Mechanismus jedoch nicht in allen Fällen eindeutig geklärt ist. Der hier gezeigte Reaktionsablauf wurde von Rüchardt und Merz (1964) formuliert.

Das Reaktionsgemisch ist ein Zwei-Phasen-System, bestehend aus der wäßrigen Lösung des Diazoniumsalzes und einem (flüssigen) Aromaten. Die in saurer Lösung beständigen Salze bilden bei Zugabe von Natronlauge zunächst das entsprechende Diazohydroxid-Anion, das anschließend mit einem zweiten Molekül der Ausgangskomponente zum kovalenten Diazoanhydrid koppelt. Dieses ist im wäßrigen Medium unlöslich und wird sofort von der organischen Phase aufgenommen, wo es spontan unter N_2-Eliminierung zerfällt. Die hierbei entstehenden Aryl-Radikale sind als "weiche Säuren" – gemäß der Definition von Pearson und Schwarzenbach – zum Angriff auf den Aromaten ("weiche Base") geeignet. Bei dieser radikalischen Substitution entstehen Diaryl-Derivate, die sich durch Abgabe eines Wasserstoff-Radikals stabilisieren. Die sonst üblichen Substitutionsregeln gelten hier nicht. Ungeachtet der Art seiner Substituenten (1. oder 2. Ordnung) erfolgt die Arylierung des Aromaten bevorzugt in ortho-Stellung.

Verwendet man Phenylazotriphenylmethan als Reagens, so wird die Stufe des Anhydrids übersprungen. Es spaltet direkt wie folgt: $Ph{-}N{=}N{-}CPh_3 \rightarrow Ph\bullet + N_2 + \bullet CPh_3$

Der Mechanismus der Gomberg-Bachmann-Arylierung bedingt das Auftreten einer Reihe von Nebenreaktionen (z. B. Bildung von Polyarylen und Azoverbindungen). Die Ausbeuten sind daher meist niedrig und bleiben gewöhnlich unter 40%. Dennoch hat das Verfahren eine gewisse Bedeutung, weil es den einzigen gezielten Zugang zu unsymmetrischen Diphenylverbindungen bietet.

A Darstellung vorwiegend unsymmetrischer Diphenyl-Derivate

L *M. Gomberg* und *W. E. Bachmann*, J. Am. Chem. Soc. **46**, 2339–2343 (1924).
D. H. Hey und *W. A. Waters*, Chem. Rev. **21**, 178–208 (1937).
W. E. Bachmann und *R. A. Hoffmann*, Org. React. **2**, 224–261 (1944).
D. R. Augood und *G. H. Williams*, Chem. Rev. **57**, 129–190 (1957).
D. F. DeTar, Org. React. **9**, 411–462 (1957).
C. Rüchardt und *E. Merz*, Tetrahedron Lett. **1964**, 2431–2436.
R. M. Cooper und *M. J. Perkins*, Tetrahedron Lett. **1969**, 2477–2480.
H. Zollinger, Acc. Chem. Res. **6**, 335–341 (1973).
F. F. Gadallah, A. A. Cantu und *R. M. Elofson*, J. Org. Chem. **38**, 2386–2393 (1973).
M. Sainsbury, Tetrahedron **36**, 3329 (1980).

Grignard

Addition magnesiumorganischer Verbindungen

Unter der Grignard-Reaktion im engeren Sinne versteht man die Addition magnesiumorganischer Verbindungen an polarisierte Doppelbindungen. Sie findet vorwiegend Verwendung bei der Umwandlung von Aldehyden und Ketonen in die entsprechenden primären, sekundaren oder tertiären Alkohole. Aufgrund ihrer Reaktivität erlauben die Grignard-Reagenzien jedoch noch zahlreiche weitere Umsetzungen unter Einbeziehung verschiedener Verbindungsklassen (siehe Erläuterungen). Sie stellen somit ein sehr wirksames und vielseitiges Hilfsmittel der präparativen organischen Chemie dar.

E Die wichtigste Synthesemethode zur Gewinnung von Grignard-Reagenzien ist die Umsetzung organischer Halogenide mit Magnesium. Als Lösungsmittel haben sich wasserfreie, nucleophile Solventien besonders bewährt. In ihrer Eigenschaft als Lewis-Basen erniedrigen sie die Aktivierungsenergie der Reaktion und stabilisieren gleichzeitig die gebildeten Produkte. Die neugeknüpfte C-Metall-Bindung besitzt einen kovalenten Charakter und ist stark polar, wobei die negative Partialladung am Kohlenstoffatom lokalisiert ist.

Die Bildung der Grignard-Verbindung beginnt mit der Diffusion des Halogenids durch die Oxidschicht des Metalls. Es wird daraufhin an Gitterfehlstellen (hohes Oberflächenpotential) der Metalloberfläche fixiert und induziert dort die Abtrennung von Magnesiumatomen aus dem Kristallverband. Die entstehende metallorganische Verbindung löst sich durch Diffusion vom Reaktionszentrum.

Saubere Metalloberflächen mit möglichst vielen Gitterfehlstellen begünstigen somit die Bildung der Grignard-Reagenzien. Die katalytische Wirkung von Jod beruht auf dem Abbau der Oxidschicht.

Grignard-Ragenzien unterliegen in Lösung einer reversiblen Umwandlung in verschiedene Folgeprodukte:

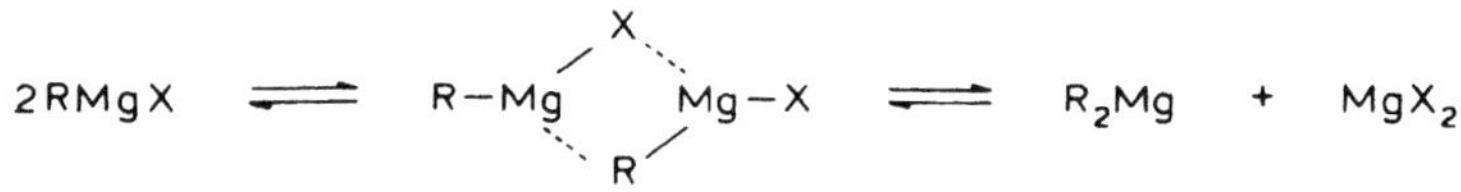

Die Lage dieses sogenannten Schlenk-Gleichgewichts hängt ab von der Struktur der Verbindung, ihrer Konzentration sowie von der Art des Alkylrestes bzw. des Halogens. Auch das Lösungsmittel, das koordinativ an die einzelnen Komponenten bindet, zeigt einen deutlichen Einfluß.

Es ist folglich sehr schwierig, die an der Umsetzung direkt beteiligten Moleküle hinsichtlich ihrer Zusammensetzung und Struktur zu charakterisieren. Hinzu kommt, daß auch das Dialkylmagnesium mit der Carbonylverbindung reagieren kann. Der exakte Mechanismus ist daher bis heute nicht bekannt. Man nimmt jedoch an, daß zunächst der Sauerstoff koordinativ an das Metallatom des Alkylmagnesiumhalogenids gebunden wird, woraufhin sich der sechsgliedrige Komplex ausbildet. Der entstehende Alkohol wird durch Hydrolyse freigesetzt.

Neben Aldehyden und Ketonen können auch Nitrile (⌒ Ketimine ⌒ Ketone), Schiffsche Basen (⌒ sekundäre Amine), Kohlendioxid (⌒ Carbonsäuren) und andere analoge Verbindungen (C=S, S=O, N=O usw.) umgesetzt werden. Weitere Reaktionen, die nicht auf der Addition an Doppelbindungen beruhen, sind exemplarisch in den folgenden Beispielen zusammengefaßt:

a) Verbindungen mit aktivem Wasserstoff (Wasser, Alkohole, Mercaptane, Amine, organische oder anorganische Säuren usw.):

$$R{-}H + R^1{-}MgX \longrightarrow R^1{-}H + R{-}MgX$$

b) Alkylhalogenide:

$$R{-}X + R^1{-}MgX \longrightarrow R{-}R^1 + MgX_2$$

c) Pyrolyse:

$$2\,C_4H_9{-}MgX \longrightarrow MgX_2 + MgH_2 + 2\,C_4H_8$$

d) Halogene:

$$X_2^1 + R{-}MgX^2 \longrightarrow R{-}X^1 + MgX^1X^2$$

M

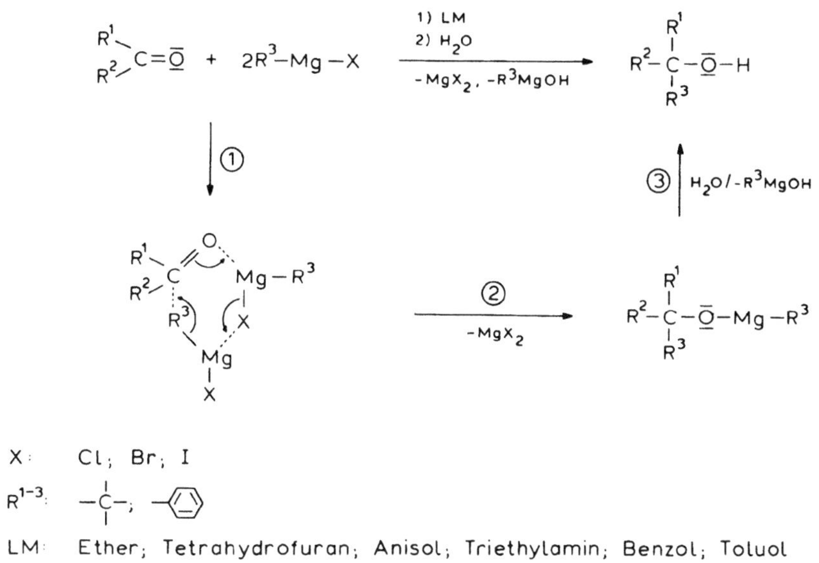

① Komplexierung der Carbonylverbindung durch das Grignard-Reagens

② Reduktion ⌒ Alkoholat

③ Hydrolyse

A Knüpfung von C-C-Bindungen (⌒ Kohlenwasserstoffe, Alkohole); Ringschlußreaktionen (ω- Halogenketone ⌒ Cyclopentanole, Cyclohexanole); Darstellung substituierter Heterocyclen (Chinoline, Pyrrole); Synthese von Hydroperoxiden aus Ethern; Synthese von Heteroauxin (Pflanzenwuchs-Hormon), Stilben (⌒ Stilbenfarbstoffe), Alkylchlorsilanen (⌒ Silicone)

L

V. Grignard, C. R. hebd. Séances Acad. Sci. **130**, 1322 (1900).
C. G. Swain und *H. B. Boyles*, J. Am. Chem. Soc. **73**, 870–872 (1951).
R. N. Lewis und *J. R. Wright*, J. Am. Chem. Soc. **74**, 1257–1259 (1952).
M. S. Kharasch und *O. Reinmuth*, Grignard Reactions of Nonmetallic Substances, Prentice-Hall, New York 1954.
D. A. Shirley, Org. React. **8**, 28–58 (1954).
I. T. Millar und *H. Heaney*, Q. Rev., Chem. Soc. **11**, 109–119 (1957).
A. Mustafa, W. Asker, A. F. A. Shalaby und *Z. Selim*, J. Org. Chem. **26**, 1779–1781 (1961).
H. O. House, D. D. Traficante, H. W. Thompson und *R. Evans*, J. Org. Chem. **28**, 348–365 (1963).
E. C. Ashby, Q. Rev., Chem. Soc. **21**, 259–285 (1967).
K. Nützel, Methoden zur Herstellung und Umwandlung magnesiumorganischer Verbindungen, in *Houben-Weyl-Müller*: Methoden der Organischen Chemie, 4. Aufl., Bd. XIII/2a, S. 54–527, Thieme, Stuttgart 1973.
E. C. Ashby, J. Laemmle und *H. M. Neumann*, Acc. Chem. Res. **7**, 272–280 (1974).
E. C. Ashby und *J. T. Laemmle*, Chem. Rev. **75**, 521–546 (1975).
G. Giacomelli, L. Lardicci und *A. M. Caporusso*, J. Chem. Soc., Perkin Trans. I **1975**, 1795–1798.
T. Holm, Acta Chem. Scand. B **30**, 985–990 (1976).

A. Maercker und *W. Streit*, Chem. Ber. **109**, 2064–2089 (1976).
F. Gerard, und *P. Miginiac*, J. Organomet. Chem. **111**, 17–30 (1976).
R. A. Benkeser, M. P. Siklosi und *E. C. Mozdzen*, J. Am. Chem. Soc. **100**, 2134–2139 (1978).
L. Lehmkuhl und *W. Bergstein*, Liebigs Ann. Chem., **1978**, 1436–1448.
G. Hund und *W. Schneider*, Chem. Ber. **113**, 401–407 (1980).
M. T. Reetz, J. Westermann und *R. Steinbach*, Angew. Chem. **92**, 931–933 (1980).
Y.-H. Lai, Synthesis **1981**, 585–604.
E. C. Ashby und *J. R. Bowers, jr*, J. Am. Chem. Soc. **103**, 2242–2250 (1981).
C. Bernardon und *A. Deberly*, J. Org. Chem. **47**, 463–468 (1982).

Grob

Fragmentierung

Nach Grob und Schiess (1967) versteht man unter Fragmentierung den "meist heterolytischen Zerfall eines Moleküls, das eine bestimmte Kombination von Atomen besitzt, in drei Bruchstücke in gesetzmäßiger Weise". Diese Abbaureaktion entspricht formal einer Eliminierung, bei der anstelle des β-Wasserstoffs ein positiv geladenes Molekülfragment abgetrennt wird. Oft ist für ein gegebenes System die Fragmentierung nur eine von vielen Reaktionsmöglichkeiten, so daß mit Konkurrenzreaktionen (Substitution, Eliminierung) gerechnet werden muß.

M

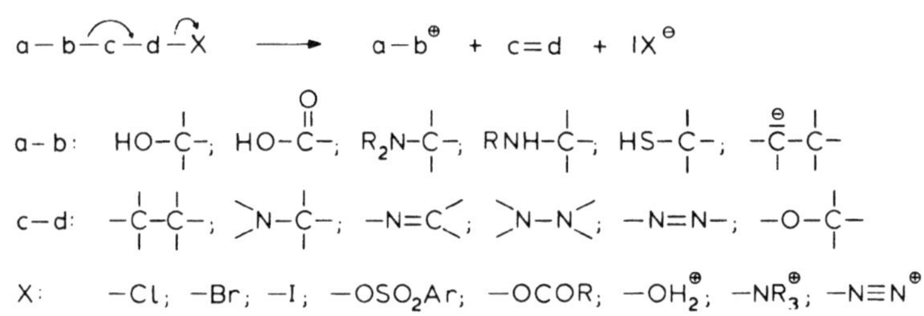

E Entsprechend dem allgemeinen Zerfallsschema verläßt die elekronenziehende (nucleofuge) Gruppe X das Molekül als Anion. Das dadurch am Atom d entstehende Elektronendefizit wird durch Heterolyse der Bindung b-c auf das Atom b übertragen. Die Abspaltung des (elektrofugen) Fragments a-b⊕ als Kation wird erleichtert, wenn a durch einen induktiven oder mesomeren Effekt die entstehende Ladung wenigstens teilweise kompensieren kann. Das endgültige Schicksal der Zerfallsprodukte ist abhängig von ihrer Struktur und von den Eigenschaften des sie umgebenden Mediums.

Wie bei den Eliminierungen, sind auch bei den Fragmentierungen Unterschiede im zeitlichen Ablauf der Reaktion möglich. Die Abtrennung von a-b und X kann sowohl gleichzeitig als auch nacheinander erfolgen:

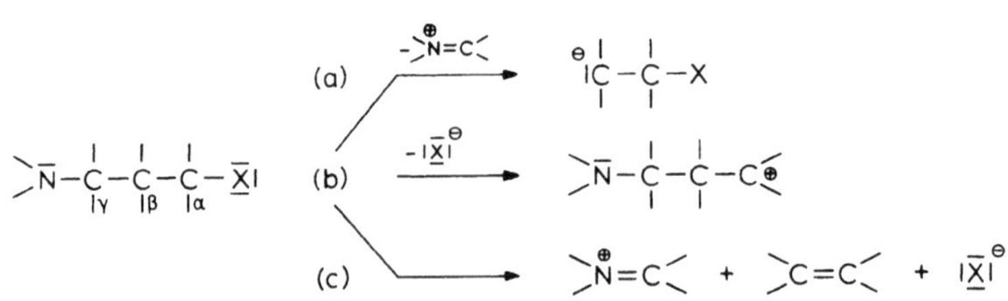

Der zweistufige Zerfall wird durch den geschwindigkeitsbestimmenden Austritt der elektrofugen oder der nucleofugen Gruppe initiiert. Im ersten Fall (a) entsteht neben dem Immoniumion ein Carbanion. Daher wird dieser (selten beobachtete) Mechanismus durch elektronenziehende Gruppen am β-Kohlenstoff begünstigt. Im zweiten Fall (b) bildet sich ein γ-Aminocarbeniumion, das durch Donorgruppen am α-C-Atom stabilisiert wird. Abgesehen von ihrem induktiven Effekt besitzt die Aminogruppe keinen Einfluß auf diese Ionisierungsreaktion. Die Bildungsgeschwindigkeit des Kations wird somit durch die "üblichen Regeln" bestimmt. Bei der synchronen Fragmentierung (c) verlassen beide Gruppen gleichzeitig das Molekül. Dieser Mechanismus ist dann zu erwarten, wenn sowohl die C_{α}-X-Bindung als auch das Orbital des freien Elektronenpaares am Stickstoff antiparallel zur C_{β}-C_{γ}-Bindung orientiert sind (Prinzip der maximalen Orbitalüberlappung im Übergangszustand):

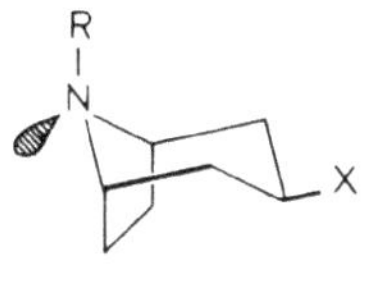

synchroner Mechanismus

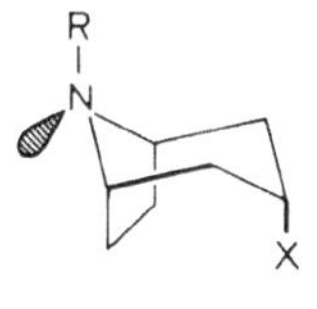

zweistufiger Mechanismus

Durch Umsetzung eines Olefins mit einer Carbonylverbindung in Gegenwart einer Säure läßt sich die zur Fragmentierung umgekehrte Kondensation erreichen.

A Spaltung von α-Halogen- bzw. Glycidsäuren; Fragmentierung von γ-Aminoalkylhalogeniden, γ- Halogenalkoholen (Alkali), β-Epoxyalkoholen (über *Grignard-Verbindungen*); Ringöffnungen bei cyclischen Verbindungen (1-Amino-3-brom-adamantan)

L *C. A. Grob* und *W. Baumann*, Helv. Chim. Acta **38**, 594–610 (1955).
C. A. Grob, Experientia **13**, 126–129 (1957).
C. A. Grob, F. Ostermayer und *W. Raudenbusch*, Helv. Chim. Acta **45**, 1672–1682 (1962).
C. A. Grob und *W. Schwarz*, Helv. Chim. Acta **47**, 1870–1878 (1964).
R. D'Arcy, C. A. Grob, T. Kaffenberger und *V. Krasnobajew*, Helv. Chim. Acta **49**, 185–203 (1966).
C. A. Grob und *P. W. Schiess*, Angew. Chem. **79**, 1–14 (1967).
C. A. Grob, F. M. Unger, E. D. Weiler und *A. Weiss*, Helv. Chim. Acta **55**, 501–509 (1972).
H. E. Zimmerman, R. J. Boettcher, N. E. Buehler, G. E. Keck und *M. G. Steinmetz*, J. Am. Chem. Soc. **98**, 7680–7689 (1976).
K. B. Becker und *C. A. Grob*, The formation of unsaturated groups by heterolytic fragmentation, in *Patai*: The Chemistry of Double-bonded Functional Groups, vol. 2, S. 653–723, Wiley-Interscience, London 1977.

Hansley-Prelog-Stoll

Acyloin-Ringschluß

Die Ringschlußreaktion nach Hansley-Prelog-Stoll stellt ein wertvolles Verfahren zur Synthese vielgliedriger Kohlenstoffringe dar. Ausgehend von Estern höherer aliphatischer Dicarbonsäuren erhält man bei deren Reduktion mit Natrium durch intramolekulare Dimerisierung radikalischer Zwischenprodukte α-Hydroxyketone (Aclyoine). Etwa vorhandene Doppel- oder Dreifachbindungen stören die Reaktion nicht. (siehe auch *Acyloin-Kondensation* und *Bouveault-Blanc-Reaktion*)

M

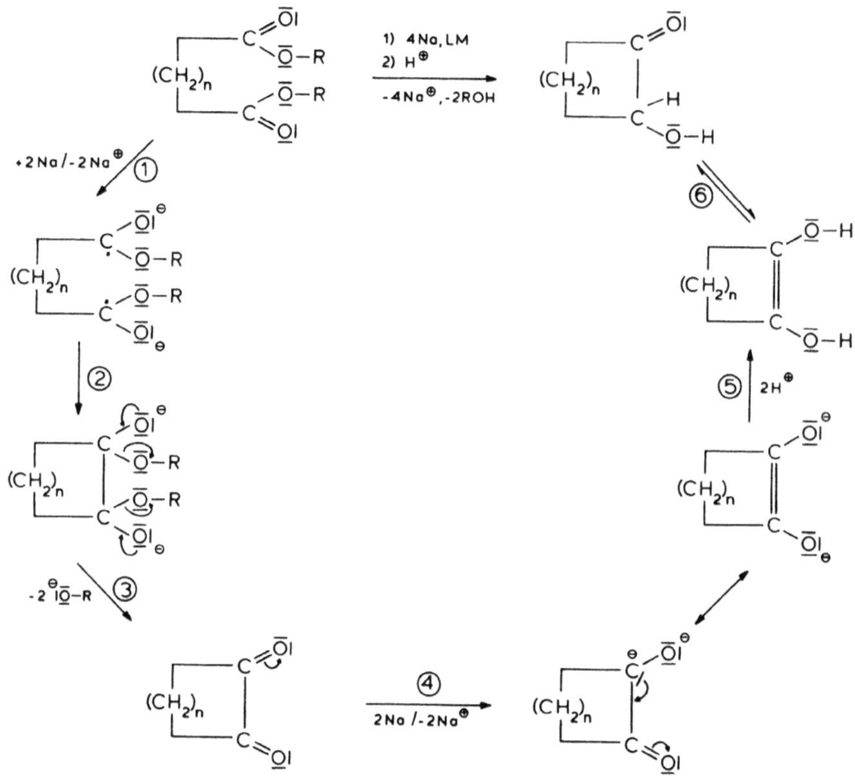

LM: Xylol; Toluol; Benzol; Ether

① Elektronentransfer ⌒ radikalisches Dianion
② Intramolekulare Dimerisierung
③ Eliminierung der Alkoxygruppen ⌒ α,β-Diketon
④ Elektronentransfer ⌒ Dianion
⑤ Protonierung ⌒ Endiol
⑥ Keto-Enol-Tautomerie ⌒ Acyloin

E Die Reduktion erfolgt in der Regel mit einer Suspension des Metalls in siedendem Lösungsmittel. Der radikalische Charakter der Reaktion macht das Arbeiten unter N_2-Atmosphäre notwendig, da Sauerstoff als Diradikal die Umsetzung inhibiert.

Die intramolekulare Dimerisierung erfordert eine starke Annäherung der terminalen funktionellen Gruppen. Um zu erklären, warum sich diese gerade für lange Ketten unvorteilhafte Konformation einstellt, nimmt man an, daß die beiden Enden an benachbarten Stellen auf der Oberfläche des Metalls binden, während die Kohlenstoffkette in das Lösungsmittel ragt.

Die erreichbaren Ausbeuten hängen stark von der Kettenlänge der eingesetzten Ester ab. Sie ändern sich etwa wie folgt:

Ringgröße:	6 – 7	Ausbeute:	50 – 60%
	8 – 9		30 – 40%
	10 – 20		60 – 95%

Während nach oben keine Grenzen gesetzt sind, ist die Anwendbarkeit der Reaktion auf niedermolekulare Komponenten sehr beschränkt. Das Minimum liegt etwa bei einer Kettenlänge von vier C-Atomen.

Die cyclischen Acyloine sind sehr reaktiv und lassen sich leicht zu einer Reihe von Folgeprodukten umsetzen (Ketone, Lactone oder Lactame, Cycloalkane).

Über den Gebrauch silylierter Substrate: siehe *Acyloin-Kondensation*!

A Synthese vielgliedriger Kohlenstoffringe; Darstellung von Catenanen; Kohlenhydrat-Chemie: Synthese von Inosen; Synthese von Muscon, Zibeton (Parfürmerie); Aufbau des Steroid-Gerüstes (Natrium in flüssigem Ammoniak/Ether)

L

V. L. Hansley, Chem. Zentralbl. (II) **1941**, 1449.
V. Prelog, L. Frenkiel, M. Kobelt und *P. Barman*, Helv. Chim. Acta **30**, 1741–1749 (1947).
M. Stoll, J. Hulstkamp und *A. Rouvè*, Helv. Chim. Acta **30**, 1815–1845 (1947).
S. M. McElvain, Org. React. **4**, 256–268 (1948).
K. Ziegler, Methoden zur Herstellung und Umwandlung großer Ringsysteme, in *Houben-Weyl-Müller*: Methoden der Organischen Chemie, 4. Aufl., Bd. IV/2, S. 755–758, Thieme, Stuttgart 1955.
V. Prey und *F. Stadler*, Liebigs Ann. Chem. **660**, 155–162 (1962).
J. P. Schaefer und *J. J. Bloomfield*, Org. React. **15**, 34–36 (1967).
C. Ainsworth und *F. Chen*, J. Org. Chem. **35**, 1272–1274 (1970).
J. J. Bloomfield, D. C. Owsley und *J. M. Nelke*, Org. React. **23**, 259–403 (1976).
I. O. Sutherland, Esters, in *Barton-Ollis*: Comprehensive Organic Chemistry, vol. II, S. 934–935, Pergamon Press, Oxford 1979.

Hantzsch

Pyridin-Synthese

Die cyclisierende Kondensation von β-Ketoestern mit Aldehyden und Ammoniak ist das wohl gebräuchlichste Verfahren zur Synthese von Pyridin und seinen Derivaten. Aufgrund ihrer allgemeinen Anwendbarkeit besitzt die Reaktion eine große präparative Bedeutung, die durch Entwicklung zahlreicher Varianten (z. B. Guareschi-Thorpe) noch stark erweitert wurde.

E In den beiden ersten, gleichzeitig verlaufenden Teilschritten reagiert der β-Ketoester einerseits mit Ammoniak und andererseits, in einer *Knoevenagel-Kondensation*, mit dem Aldehyd. Die entstehenden Zwischenprodukte sind aufgrund ihrer Struktur zu einer Art *Michael-Addition* befähigt. Hierbei addiert sich der elektronenreiche β-Kohlenstoff des Enamins nucelophil an die aktivierte C=C-Doppelbindung des Alkyliden- (bzw. Aryliden-) β-Ketoesters.

Der Ringschluß erfolgt durch die intramolekulare Reaktion der terminalen funktionellen Gruppen und führt, nach Abspaltung von Wasser, zur Bildung von 1,4-Dihydropyridin-Derivaten. Diese neigen zur Aromatisierung und lassen sich daher leicht zu den entsprechenden

Pyridinen oxidieren. Die beiden Esterfunktionen können durch saure Hydrolyse mit anschließender Decarboxylierung entfernt werden.

Der Mechanismus der Oxidation verläuft wahrscheinlich über eine primäre Abstraktion des an den Stickstoff gebundenen Wasserstoffatoms als Hydridion. Das entstehende Kation stabilisiert sich durch Abgabe eines Protons in para-Stellung. Ist in dieser Position zusätzlich ein Substituent mit elektronenspendendem Charakter vorhanden, so kann auch er als positiv geladene Gruppe eliminiert werden. Welcher der beiden Fälle eintritt, ist sowohl von der Stabilität des Carbeniumions als auch von der Größe der in 3- und 5-Stellung am Ring befindlichen Substituenten abhängig.

M

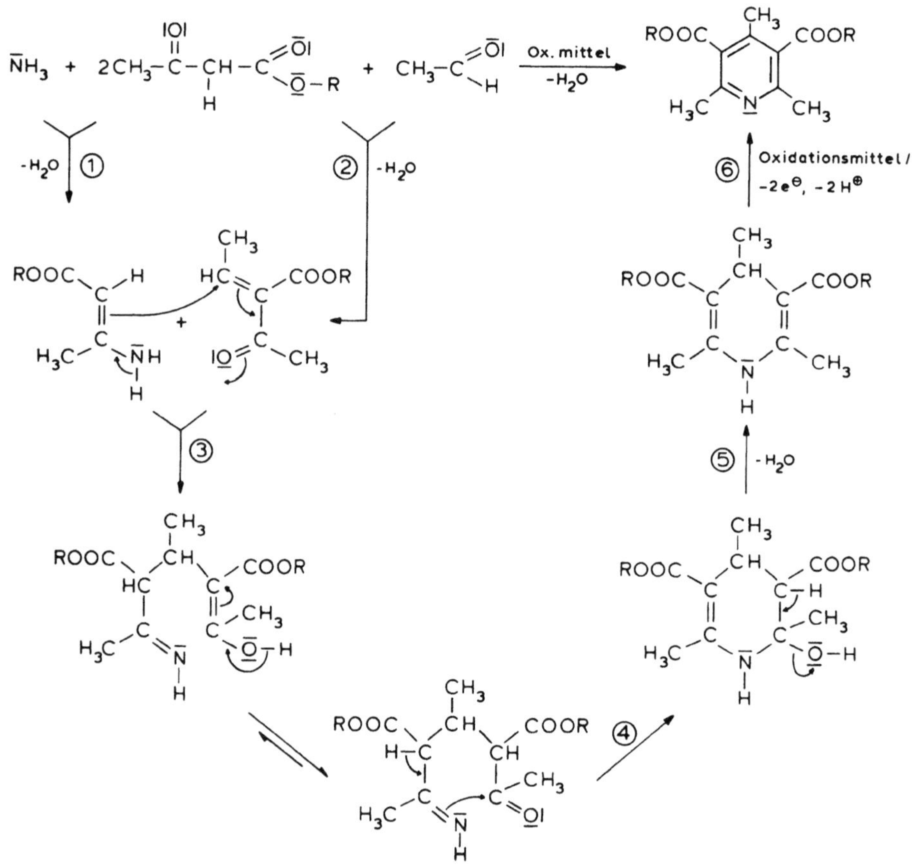

Oxidationsmittel: HNO_2; HNO_3; $K_3[Fe(CN)_6]$; I_2; CrO_3; O_2; Pd + Δ

① Enamin-Bildung

② *Aldolkondensation* nach *Knoevenagel*

③ *Michael-Addition*

④ Ringschluß durch intramolekulare nucleophile Addition

⑤ Abspaltung von Wasser (β-Eliminierung)

⑥ Oxidation

A Synthese von Lutidin und Collidin; Teilschritt der Vitamin B_6-Synthese (Pyridoxin)

L *A. Hantzsch*, Liebigs Ann. Chem. **215**, 1–82 (1882).
F. W. Bergstrom, Chem. Rev. **35**, 89–103 (1944).
W. Traber und *P. Karrer*, Helv. Chim. Acta **41**, 2066–2094 (1958).
B. Loev und *K. M. Snader*, J. Org. Chem. **30**, 1914–1916 (1965).
L. A. Paquette, Principles of Modern Heterocyclic Chemistry, S. 226–229, Benjamin, New York 1968.
B. E. Norcross, G. Clement und *M. Weinstein*, J. Chem. Educ. **46**, 694–695 (1969).
R. M. Kellogg, T. J. van Bergen, H. van Dosen, D. Hedstrand, J. Kooi, W. H. Kruizinga und *C. B. Troostuijk*, J. Org. Chem. **45**, 2854–2861 (1980).
F. Bossert, H. Meyer und *W. Wehinger*, Angew. Chem. **93**, 755–763 (1981).
H. Meyer, Liebigs Ann. Chem. **1981**, 1523–1533.

Hell-Volhard-Zelinsky

α-Halogenierung von Carbonsäuren

Carbonsäuren, die ein α-H-Atom besitzen, lassen sich durch Umsetzung mit rotem Phosphor und Brom bzw. Chlor in die entsprechenden α-Halogen-Derivate überführen. Sind zwei Wasserstoffatome vorhanden, so können beide ersetzt werden. Es gelingt oft nicht, die Reaktion auf der Stufe der Monosubstitution zu stoppen. Die Synthese von Jod- oder Fluorcarbonsäuren ist nach diesem Verfahren nicht möglich.

M

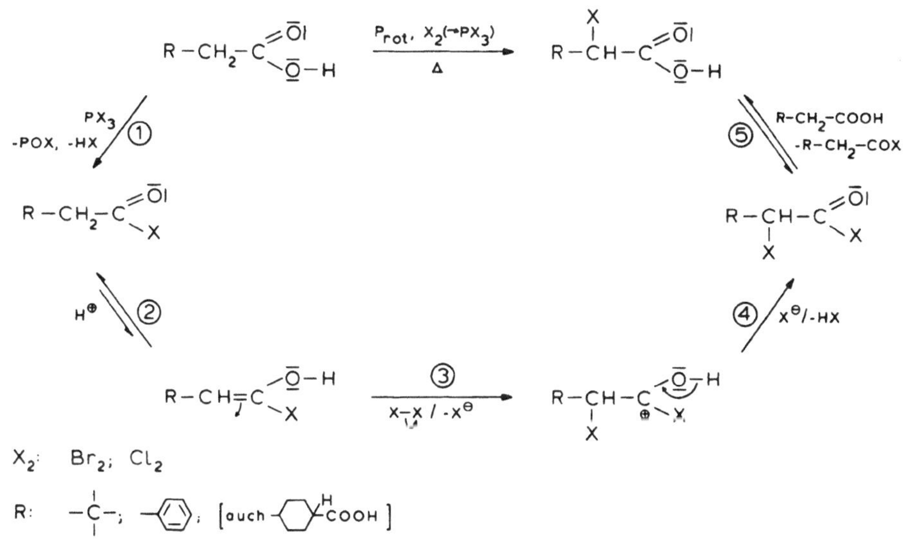

① Bildung des Säurehalogenids ⌒ Aktivierung der α-Methylengruppe

② Keto-Enol-Tautomerie (Enolisierung)

③ Elektrophiler Angriff des Halogens

④ Deprotonierung

⑤ Umhalogenierung

E Die Überführung der freien Säure in das entspechende Halogenid erfolgt durch die Phosphorverbindung PX_3, die in einer vorgelagerten Reaktion entsteht ($2P + 3Br_2 \rightarrow 2PBr_3$). Als Folge beobachtet man eine stärkere Acidität der α-H-Atome, verbunden mit einer erhöhten Enolisierungstendenz. Die Bildung des Enols im geschwindigkeitsbestimmenden Teilschritt ist allerdings umstritten, da verschiedene Untersuchungen auf die Entstehung anderer Zwischenstufen hindeuten. Der nun folgende Angriff des Halogens ist mit der Anfangsphase elektrophiler Additionen an Doppelbindungen vergleichbar, jedoch stabilisiert sich das gebildete Kation hier durch Abgabe eines Protons. Man erhält α-Halogencarbonsäurehalogenide, die mit der eingesetzten Säure im Gleichgewicht stehen und durch Umhalogenierung zur freien α-Halogencarbonsäure weiterreagieren. Das dabei entstehende Säurehalogenid wird wieder in den Reaktionszyklus eingeschleust und unterliegt erneut der α-Halogenierung. Dies hat zur Folge, daß weniger als molare Mengen an PX_3 benötigt werden.

Durch Umsetzungen mit PBr_3 und Cl_2 wurde gezeigt, daß in keinem Fall das Halogenatom des Katalysators eingebaut wird. Man isolierte ausschließlich chloriertes Produkt.

Werden Carbonsäuren (oder deren Derivate) eingesetzt, die bereits über eine ausreichend acide α-Methylengruppe verfügen, so kann auf die Zugabe des Katalysators verzichtet werden. Beispiele hierfür sind Malonsäure, Malonester sowie Acylhalogenide und -anhydride.

A Synthese von α-Aminosäuren durch Umsetzung der α-halogenierten Produkte mit Ammoniak.

L
C. Hell, Ber. Dtsch. Chem. Ges. **14**, 891–893 (1881).
J. Volhard, Liebigs Ann. Chem. **242**, 141–163 (1887).
N. Zelinsky, Ber. Dtsch. Chem. Ges. **20**, 2026 (1887).
H. B. Watson, Chem. Rev. **7**, 173–201 (1930).
E. Schwenk und *D. Papa*, J. Am. Chem. Soc. **70**, 3626–3627 (1948).
H. Kwart und *F. V. Scalzi*, J. Am. Chem. Soc. **86**, 5496–5503 (1964).
J. C. Little, A. R. Sexton, Yu-Lan Chang Tong und *T. E. Zurawic*, J. Am. Chem. Soc. **91**, 7098–7103 (1969).
H. O. House, Modern Synthetic Reactions, 2nd ed., S. 477–478, Benjamin, Menlo Park 1972.

Hock

Phenol-Aceton-Synthese

Behandelt man Cumolhydroperoxid mit verdünnten Säuren, so erfolgt eine Umlagerung unter Bildung von Phenol und Aceton. Die Ausgangsverbindung ist leicht durch Autoxidation von Isopropylbenzol (Cumol) mit Luft oder Sauerstoff erhältlich. Auch andere Peroxide sind der Reaktion zugänglich, sie besitzt jedoch in keinem Fall präparative Bedeutung für Synthesen im Labormaßstab.

E Die Oxidation des Isopropylbenzols erfolgt nach einem Radikal-Kettenmechanismus, wobei der durch die Phenylgruppe aktivierte tertiäre Kohlenstoff die Einhaltung sehr milder Bedingungen (50–90°C) erlaubt:

$$R{-}H + {\cdot}X \longrightarrow R{\cdot} + H{-}X \qquad \left[{\cdot}X = \text{Initiator};\; R{-}H = Ar{-}\underset{CH_3}{\overset{CH_3}{C}}{-}H\right]$$

$$R{\cdot} + O_2 \longrightarrow R{-}O{-}O{\cdot}$$

$$R{-}O{-}O{\cdot} + R{-}H \longrightarrow R{-}O{-}O{-}H + R{\cdot}$$

Bei kontinuierlicher Reaktionsführung kann der Initiationsschritt entfallen, da die im Reaktionsgemisch vorhandenen Radikale stets für eine permanente Umsetzung ausreichen.

Die Spaltung des Hydroperoxids erfolgt ionisch. Sie führt zur Bildung eines Sauerstoffatoms mit Elektronen-Sextett, das durch anionotrope Umlagerung des Phenylrestes aufgefüllt wird (Sextettumlagerung). Da es sich hierbei um eine Art innere nucleophile Substitution handelt, wandert allgemein der Rest bevorzugt, der die größte nucleophile Kraft besitzt (s. *Wagner-Meerwein*). Der Wiedereintritt in dasselbe Molekül wird dadurch gewährleistet, daß in keiner Phase der Reaktion eine vollständige Abtrennung der Phenylgruppe erfolgt.

Das entstehende Carbeniumion stabilisiert sich durch Aufnahme von Wasser als nucleophilem Partner. Es bildet sich ein säurelabiles Halbketal, das unter den gegebenen Reaktionsbedingungen zu den Endprodukten Phenol und Aceton verseift wird.

M

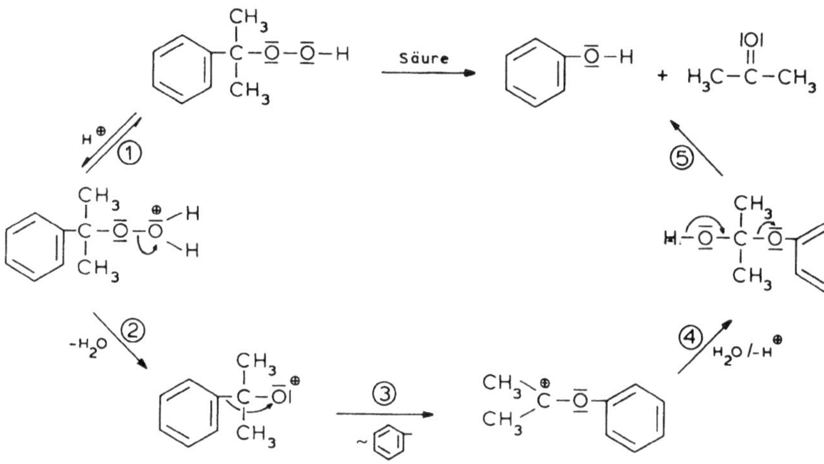

Säure: H_2SO_4; $HClO_4$; (SO_2)

① Protonierung

② Abspaltung von Wasser ⌒ Elektronen-Sextett am Sauerstoff

③ Anionotrope Umlagerung des Phenylrestes ⌒ Carbeniumion

④ Addition von Wasser, Deprotonierung ⌒ Halbketal

⑤ Spaltung des Halbketals in Phenol und Aceton

A Technische Synthese von Phenol (⌒ Phenol-Formaldehyd-Kunststoffe: Bakelite, Duroplaste, Novolacke), Naphthol, Resorcin, Hydrochinon usw.; technische Ketonsynthesen (Aceton, Cyclohexanon, Butanon usw.)

L *H. Hock* und *S. Lang*, Ber. Dtsch. Chem. Ges. **77**, 257–264 (1944).
H. Hock und *H. Kropf*, Chem. Ber. **88**, 1544–1550 (1955).
H. Hock und *H. Kropf*, Angew. Chem. **69**, 313–321 (1957).
H. Hock und *F. Ernst*, Chem. Ber. **92**, 2716–2740 (1959).
D. Kramer, Ketone durch Oxidation sekundärer Alkohole, in *Houben-Weyl-Müller*: Methoden der Organischen Chemie, 4. Aufl., Bd. VII/2a, S. 712–714, Thieme, Stuttgart 1973.
W. Jordan, Direkte Einführung der Hydroxy-Gruppe, in *F. Korte*: Methodicum Chimicum, Bd. V, S. 111–113, Thieme, Stuttgart 1975.

Hofmann

Abbau quartärer Ammoniumverbindungen

Die aus Aminen durch erschöpfende Alkylierung und anschließende Umsetzung mit Silberoxid leicht zugänglichen quartären Ammoniumhydroxide zerfallen beim Erhitzen in ein Olefin, ein tertiäres Amin und Wasser. Die Spaltung erfolgt bereits bei mäßigen Temperaturen (100–200°C) durch einfaches Erhitzen oder Eindampfen einer wäßrigen Lösung des betreffenden Salzes.

M

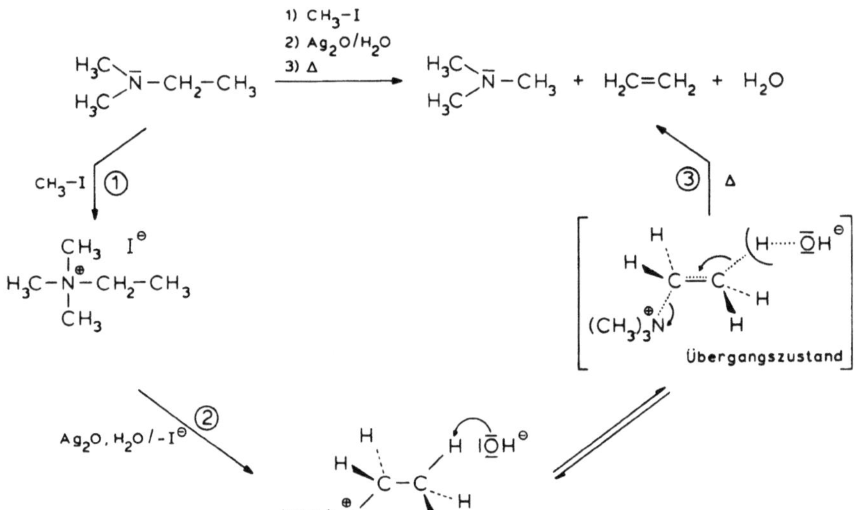

① Erschöpfende Methylierung (Nucleophile Substitution)

② Umsalzung ⌒ quartäres Ammoniumhydroxid

③ Pyrolyse (β-Eliminierung)

E Die pyrolytische Spaltung der quartären Ammoniumbasen verläuft in der Regel nach einem E2-Mechanismus und liefert daher vorwiegend Produkte mit Hofmann-Orientierung. Es handelt sich meist um eine trans-β-Eliminierung, die sich als Vierzentrenreaktion vollzieht. Die austretenden Gruppen nehmen dabei eine trans-planare Anordnung zueinander ein. Ist dies nicht möglich, kann in manchen Fällen eine Abspaltung aus der cis-Stellung erfolgen. Hierbei treten jedoch häufig Substitutionen als Konkurrenzreaktionen auf. Kann das quartäre Ammoniumhydroxid unter Bildung verschiedener Olefine zerfallen, erfolgt die Abtrennung des Protons vorwiegend an dem β-Kohlenstoffatom, das die wenigsten Alkylgruppen trägt. Diese *Hofmann-Regel* ist jedoch nicht allgemein gültig, sondern kann durch verschiedene Faktoren beeinträchtigt werden:

-Acidität der β-Wasserstoff-Atome

-Sterische Einflüsse von Substituenten auf die Konformation des Übergangszustandes

-Stabilisierung des gebildeten Olefins durch Konjugation

Ist kein β-Wasserstoff vorhanden, beobachtet man ausschließlich Substitutionsreaktionen ($R_4N^{\oplus}OH^{\ominus} \rightarrow ROH + R_3N$).

Besondere Bedeutung besitzt das Verfahren zum Abbau cyclischer Ammoniumhydroxide. Ihre Spaltung führt primär zu einer Öffnung des Rings und kann bis zur vollständigen Entfernung des Stickstoffs weitergeführt werden:

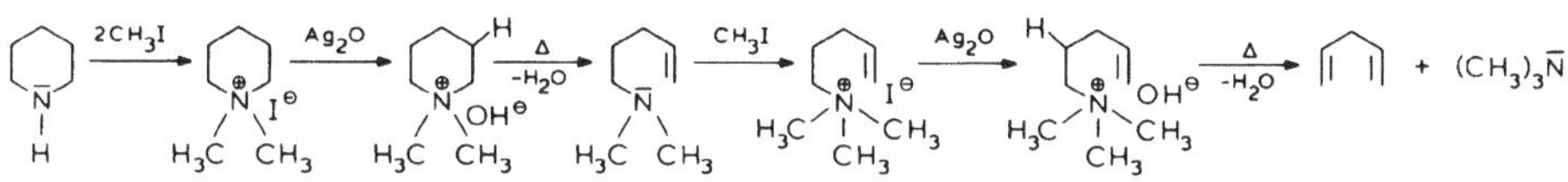

Bei einer von Wittig vorgeschlagenen Variante des Hofmann-Abbaus werden die Ammoniumsalze mit starken Basen, insbesondere Phenyl- und n-Butyllithium, unter Abstraktion eines α-Wasserstoffs zu Yliden umgesetzt. Deren Zerfall erfolgt in einem cyclischen Übergangszustand durch eine cis-α,β-Eliminierung:

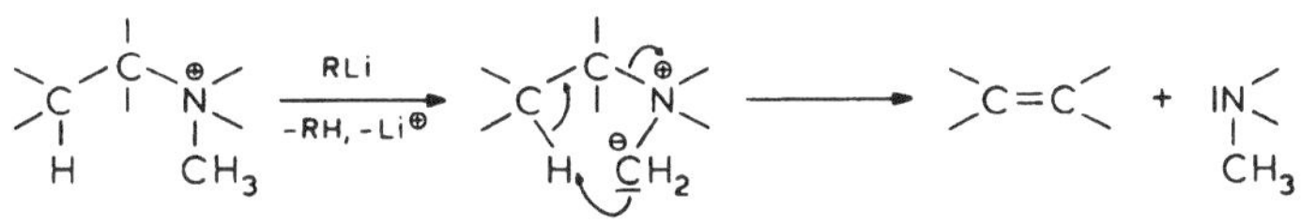

A Konstitutionsermittlung an N-haltigen Naturstoffen (Alkaloide); Synthese von Olefinen unter relativ milden Bedingungen

L *A. W. Hofmann*, Liebigs Ann. Chem. **78**, 253–286 (1851).

G. Wittig und *R. Polster*, Liebigs Ann. Chem. **599**, 13–22 (1956).

G. Wittig und *R. Polster*, Liebigs Ann. Chem. **612**, 102–108 (1958).

G. Wittig und *T. F. Burger*, Liebigs Ann. Chem. **632**, 85–103 (1960).

A. C. Cope und *E. R. Trumbull*, Org. React. **11**, 317–493 (1960).

G. Köbrich, Angew. Chem. **74**, 461–463 (1962).

J. F. Bunnett, Angew. Chem. **74**, 731–741 (1962).

A. T. Babayan und *M. H. Indjikyan*, Tetrahedron **20**, 1371–1376 (1964).

H. J. Bestmann, H. Häberlein und *I. Pils*, Tetrahedron **20**, 2079–2090 (1964).

W. Kirmse, Angew. Chem. **77**, 8–10 (1965).

L. A. Paquette und *L. D. Wise*, J. Org. Chem. **30**, 228–231 (1965).

M. A. Baldwin, D. V. Banthorpe, A. G. Loudon und *F. D. Waller*, J. Chem. Soc. (B) **1967**, 509–513.

F. Kraus, Olefine durch Pyrolyse von Ammonium-Verbindungen, in *Houben-Weyl-Müller*: Methoden der Organischen Chemie, 4. Aufl., Bd. V/1b, S. 219–235, Thieme, Stuttgart 1972.

W. Dietrich, K. Schulze und *M. Mühlstädt*, J. Prakt. Chem. **319**, 799–806 (1977).

D. E. Lewis, L. B. Sims, H. Yamataka und *J. McKenna*, J. Am. Chem. Soc. **102**, 7411–7419 (1980).

Hofmann

Carbonsäureamid-Abbau

Primäre Carbonsäureamide zeigen in Gegenwart wäßriger Natriumhypobromit-Lösung eine Umlagerungsreaktion, die formal einer Eliminierung der C=O-Gruppe entspricht (s. *Curtius-*, *Schmidt-*, *Lossen-Abbau*). Die Umsetzung verläuft über mehrere, z. T. isolierbare Zwischenstufen und führt zur Bildung der entsprechenden, um ein C-Atom ärmeren Amine. Als Ausgangskomponenten sind sowohl aliphatische und alicyclische als auch aromatische und herocyclische Amide geeignet.

M

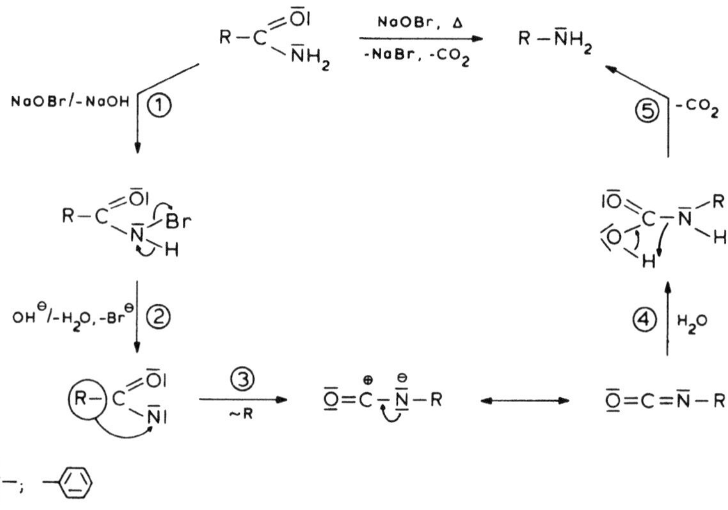

① Elektrophile Substitution ⌒ N-Brom-amid

② α-Eliminierung ⌒ Acylnitren (Elektronen-Sextett)

③ Anionotrope Umlagerung ⌒ Isocyansäureester

④ Addition von Wasser ⌒ Carbamidsäure

⑤ Decarboxylierung

E Das im ersten Schritt gebildete Halogenamid besitzt am Stickstoff ein durch die elektronenziehende Wirkung des Bromatoms sowie der Carbonylgruppe stark acides Proton, das leicht von $OH^{\ominus}$-Ionen abstrahiert werden kann. Die dadurch induzierte Abspaltung des Halogens als Anion ist für die Gesamtreaktion geschwindigkeitsbestimmend. Sie erfolgt umso leichter, je höher die Elektronendichte an der Carbonylgruppe bzw. je schwächer die korrespondierende Säure ist. Für aromatische Amide bedeutet dies eine Beschleunigung der Umsetzung durch elektronenspendende Substituenten ($-CH_3$, $-OCH_3$) und eine Verlangsamung der Reaktion durch elektronenziehende Gruppen ($-NO_2$, -CN).

Das Elektronen-Sextett des Nitrens wird durch anionotrope Wanderung des Restes R zum Oktett aufgefüllt. Hierbei konnte ein Übergangszustand nachgewiesen werden, bei dem R sowohl an das Kohlenstoff- als auch an das Stickstoffatom partiell gebunden ist. Die Umlagerung erfolgt daher unter Konfigurationserhalt, d. h. ist die wandernde Gruppe optisch aktiv, wird keine Racemisierung beobachtet.

Das in Abwesenheit von Wasser stabile Isocyanat wird unter den Reaktionsbedingungen sofort zu der in freier Form nicht existenzfähigen Carbamidsäure hydrolysiert, die unter Abspaltung von CO_2 ein primäres Amin liefert. In einigen Fällen (Amide höherer aliphatischer Carbonsäuren, α,β-ungesättigte Amide) erzielt man bessere Ausbeuten, wenn man die Umsetzung in alkoholischer Lösung durchführt und die hierbei entstehenden Urethane beispielweise mit Natrium, Kalium oder Calciumhydroxid verseift.

A Synthese primärer Amine; Technische Darstellung von Anthranilsäure (Farbstoffindustrie) aus Phthalimid; Abbau von Carbonsäuren um ein C-Atom; Zuckerchemie: Unterscheidung α- und β-ständiger OH-Gruppen (Weerman-Aldonsäureamid-Abbau)

L *A. W. Hofmann*, Ber. Dtsch. Chem. Ges. **14**, 2725–2736 (1881).
E. C. Franklin, Chem. Rev. **14**, 219–250 (1934).
E. S. Wallis und *J. F. Lane*, Org. React. **3**, 267–306 (1946).
F. Möller, Herstellung von Aminen durch Umlagerungsreaktionen, in *Houben-Weyl-Müller*: Methoden der Organischen Chemie, 4. Aufl., Bd. XI/1, S. 854–862, Thieme, Stuttgart 1957.
J. O. Schreck, J. Chem. Educ. **45**, 670–671 (1968).
P. Kovacic, M. K. Lowery und *K. W. Field*, Chem. Rev. **70**, 639–665 (1970).
P. Radlick und *L. R. Brown*, Synthesis, **1974**, 290–292.
N. A. Jönsson und *P. Moses*, Acta Chem. Scand. (B) **28**, 441–448 (1974).
H. E. Baumgarten, H. L. Smith und *A. Staklis*, J. Org. Chem. **40**, 3554–3561 (1975).
S. Chimichi und *R. Nesi*, J. Heterocycl. Chem. **14**, 1099–1100 (1977).
A. O. Sy und *J. A. Raksis*, Tetrahedron Lett **1980**, 2223–2226.
C. J. Kowalski und *K. W. Field*, J. Am. Chem. Soc. **104**, 321–323 (1982).

Hunsdiecker

Decarboxylierung von Silbersalzen

Erhitzt man Silber- oder Quecksilbersalze von Carbonsäuren zusammen mit Brom in Tetrachlorkohlenstoff, so entstehen unter Abspaltung von Kohlendioxid die analogen, um ein C-Atom ärmeren Bromverbindungen. Die Umsetzung entspricht formal dem Ersatz der Carboxylgruppe durch ein Halogenatom. Obwohl auch zahlreiche aromatische Verbindungen dieser Reaktion zugänglich sind, beschränkt sich ihr Anwendungsbereich im wesentlichen auf aliphatische Substrate.

E Während der Mechanismus des ersten Teilschritts noch ungeklärt ist, scheint die Entstehung des Acylhypohalogenits gesichert. Die folgenden Reaktionsstufen bilden eine Radikalkette, die durch homolytische Spaltung des Primärproduktes initiiert wird. Das Auftreten freier Radikale wird durch mehrere Beobachtungen belegt:

a) Die Alkylhalogenide enthalten teilweise Halogenatome aus dem Lösungsmittel ($R\cdot + CCl_4 \rightarrow RCl + \cdot CCl_3$).

b) Ist R optisch aktiv, so geht diese Eigenschaft verloren.

c) Es entstehen für Radikalreaktionen typische Nebenprodukte (R-R).

d) Es erfolgen keine Umlagerungen, wenn R = Neopentyl-.

Weitere mögliche Mechanismen sind die homolytische Fragmentierung ($R\cdot + CO_2 + \cdot Br$) sowie die synchrone Decarboxylierung und Bromidbildung (s. Herwig und Rüchardt, 1972) an der Oberfläche des Metalls. Sie gelten jedoch als unwahrscheinlich und konnten für einige Verbindungen ganz ausgeschlossen werden.

Die Umsetzungen werden normalerweise mit Brom durchgeführt, da bei Verwendung von Chlor und Jod (Simonini-Reaktion) häufig schlechtere Ausbeuten erzielt werden. Substituenten in den Carbonsäuren stören meist nicht, solange sie nicht die α-Position besetzen. Sind Doppel- oder Dreifachbindungen in der Kohlenstoffkette vorhanden, ist die Reaktion ungeeignet.

Verzweigte Reste führen zur Bildung sekundärer und tertiärer Halogenide, aus Arylcarbonsäuren entstehen Halogenbenzole. Aromatische Komponenten werden allerdings nur dann erfolgreich umgesetzt, wenn der Kern durch elektronenziehende Gruppen substituiert ist. Donorgruppen begünstigen Substitutionen am Ring.

Die oft schwierige Darstellung hinreichend sauberer und trockener Silbersalze kann in zahlreichen Varianten dieses Verfahrens umgangen werden. Eine gebräuchliche Methode ist die Umsetzung der freien Carbonsäure mit einem Gemisch von Quecksilberoxid und Brom in Tetrachlorkohlenstoff.

M

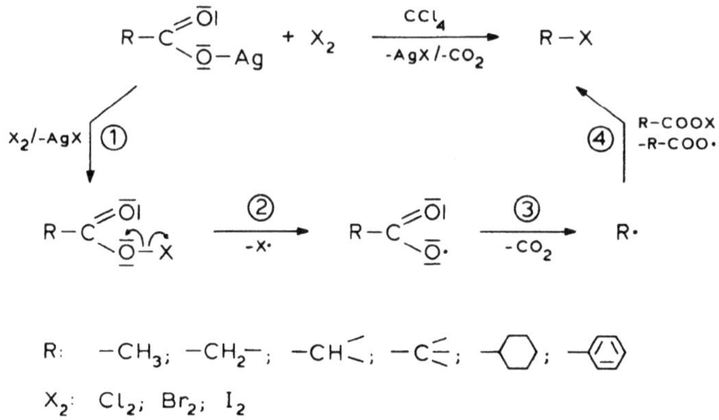

① Bildung des Acylhypohalogenits

② Homolytische Spaltung (Initiation der Kettenreaktion)

③ Decarboxylierung ⌒ Alkyl-(Aryl-)Radikal

④ Abstraktion eines Halogen-Radikals (Kettenpropagation)

A Verkürzung von Kohlenstoffketten um ein C-Atom; Synthese sonst nur schwer zugänglicher Halogenide

L *H. Hunsdiecker* und *C. Hunsdiecker*, Ber. Dtsch. Chem. Ges. **75**, 291–297 (1942).

J. Kleinberg, Chem. Rev. **40**, 381–390 (1947).

R. G. Johnson und *R. K. Ingham*, Chem. Rev. **56**, 219–269 (1956).

C. V. Wilson, Org. React. **9**, 341–348 (1957).

A. Roedig, Herstellung von Bromverbindungen, in *Houben-Weyl-Müller*: Methoden der Organischen Chemie, 4. Aufl., Bd. V/3, S. 480–498, Thieme, Stuttgart 1960.

D. E. Applequist und *N. D. Werner*, J. Org. Chem. **28**, 48–54 (1963).

R. W. Jennings und *T. D. Ziebarth*, J. Org. Chem. **34**, 3216–3217 (1969).

N. J. Bunce und *N. G. Murray*, Tetrahedron **27**, 5323–5335 (1971).

K. Herwig und *C. Rüchardt*, Chem. Ber. **105**, 363–367 (1972).

J. Cason und *D. M. Walba*, J. Org. Chem. **37**, 669–671 (1972).

Japp-Klingemann

Arylhydrazon-Synthese

Viele β-Dicarbonylverbindungen sind aufgrund ihrer CH-Acidität zur Kupplung mit aromatischen Diazoniumsalzen befähigt. Die hierbei primär entstehenden Azoverbindungen sind bei vorsichtiger Reaktionsführung isolierbar. Unter alkalischen Bedingungen werden sie zu den gewünschten Arylhydrazonen hydrolysiert.

M

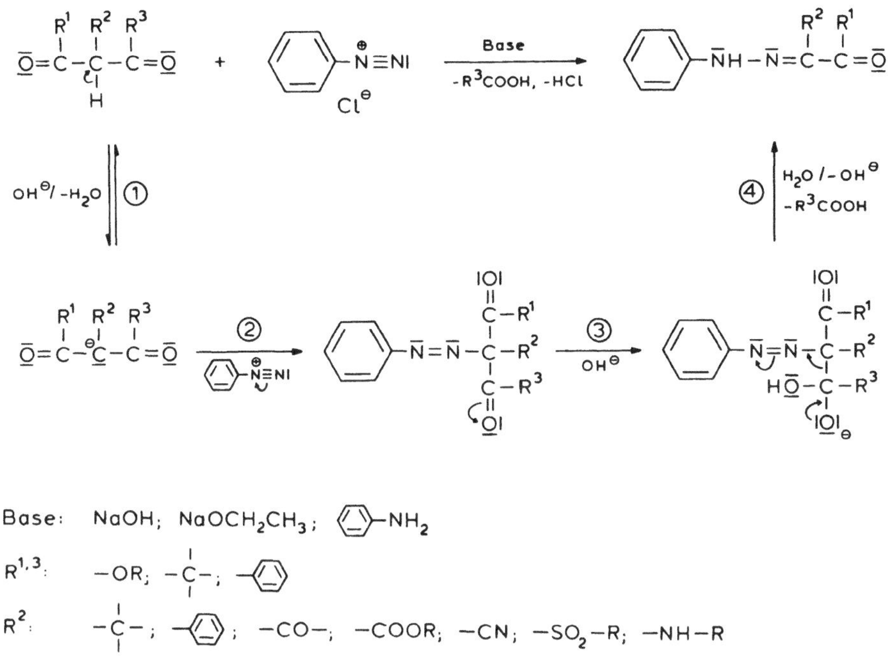

① Deprotonierung ⌒ Carbanion

② Kupplungsreaktion, Addition des Diazoniumions ⌒ Azoverbindung

③,④ Hydrolyse ⌒ Arylhydrazon

E Je höher die Enolisierungstendenz der Carbonylverbindung, desto eher läßt sie sich im Sinne der Japp-Klingemann-Reaktion umsetzen. Die Kupplung wird gewöhnlich in basischem Medium durchgeführt, um die CH-acide Komponente in das reaktivere Anion zu überführen.

Bei genügend hohem pH-Wert werden die primär entstehenden Azoverbindungen hydrolysiert und gehen unter Verlust eines Acylrestes in die entsprechenden Arylhydrazone über. Anstelle von Wasser bzw. $OH^{\ominus}$-Ionen sind durchaus auch andere nucleophile Reagenzien vewendbar.

Die Spaltungsrichtung ist abhängig von der Art der Gruppen R^1 und R^3. Es wird vorwiegend der Acylrest eliminiert, der die elektrophilere Carbonylgruppe besitzt.

Bei sterisch günstig gebauten Verbindungen kann die Kupplungsreaktion auch intramolekular durchgeführt werden. Während beispielsweise Acetophenon keine Arylhydrazone bildet, läßt sich diazotiertes α-Aminoacetophenon unter Ringschluß zu 4-Hydroxycinnolin umsetzen:

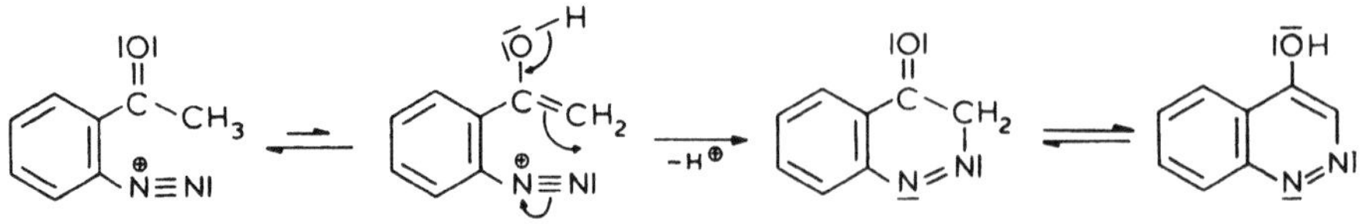

A Synthese von Heterocyclen (Triazole, Cinnolin); Darstellung der Hydrazone von α-Keto-carbonsäuren als Vorstufen für α-Aminocarbonsäure-Synthesen; Synthese von Indolen (Tryptophan, Serotonin, Heteroauxin) über Azoverbindungen ⌒ Hydrazone

L

F. R. Japp und *F. Klingemann*, Ber. Dtsch. Chem. Ges. **20**, 2942–2944 (1887).
R. R. Phillips, Org. React. **10**, 143–178 (1959).
M. Regitz und *B. Eistert*, Chem. Ber. **96**, 3120–3132 (1963).
E. Enders, Herstellung von Arylhydrazonen durch Kupplungsreaktionen, in *Houben-Weyl-Müller*: Methoden der Organischen Chemie, 4. Aufl., Bd. X/3, S. 523–536, Thieme, Stuttgart 1965.
B. Heath-Brown und *P. G. Philpott*, J. Chem. Soc. **1965**, 7185–7193.
W. Ried und *A. Kleemann*, Liebigs Ann. Chem. **713**, 127–138 (1968).
W. Ried und *E.-A. Baumbach*, Liebigs Ann. Chem. **726**, 81–88 (1969).
M. M. Kochhar, J. Heterocycl. Chem. **6**, 977–978 (1969).
R. K. Brown, Indoles, in *Weissberger-Taylor*: Heterocyclic Compounds, vol. 25/1, S. 234–245, Wiley-Interscience, New York 1972.
D. S. Wulfman, Synthetic applications of diazonium ions, in *Patai*: The Chemistry of Diazonium and Diazogroups, vol. I, S. 270–274, Wiley-Interscince, Chichester 1978.
A. O. Abdelhamid, H. M. Hassaneen, I. M. Abbas und *A. S. Shawali*, Tetrahedron **38**, 1527–1530 (1982).

Knoevenagel

Aldolkondensation

Unter der Knoevenagel-Reaktion versteht man die Kondensation von Aldehyden und Ketonen mit Verbindungen, die eine aktive Methylengruppe (d. h. eine Methylengruppe mit zwei Elektronenakzeptoren) besitzen. Sie ist eine Variante der *Perkin-Reaktion* und stellt eine wichtige Methode zur Knüpfung von C-C-Bindungen dar. Es enstehen α,β-ungesättigte Produkte, die in Abhängigkeit von ihrer Struktur und den jeweiligen Versuchsbedingungen verschiedene Folgereaktionen eingehen können.

E Für die Knoevenagel-Reaktion werden in der Literatur zwei Mechanismen diskutiert:

1) Knoevenagel: Der basische Katalysator bewirkt eine Aktivierung der Carbonylkomponente durch intermediäre Bildung von Iminen oder Immoniumionen, die mit dem Carbanion der Methylenkomponente kondensieren. Gestützt wird diese Annahme durch Isolierung N-haltiger Zwischenverbindungen.

2) Hann und Lapworth (1904): Die Umsetzung verläuft über einen aldolartigen Mechanismus. Neben kinetischen Studien und dem Nachweis OH-haltiger Zwischenprodukte bekräfigt die

Verwendbarkeit tertiärer Amine (sie können nicht im Sinne Knoevenagels reagieren!) als Katalysatoren diese Vermutung.

Das gleichzeitige Vorliegen säure- und basenkatalysierter Teilschritte erklärt die Effektivität von Ammoniumsalzen als Katalysatoren, da sie beide Funktionen erfüllen können. Beim Einsatz von Aminen ist demnach die Zugabe geringer Mengen Säure notwendig. Oft sind allerdings schon Verunreinigungen – etwa durch Autoxidation des Aldehyds – oder die Acidität der Methylenkomponente ausreichend.

Die Doppelbindung der entstehenden Produkte bedingt das Auftreten von cis- und trans-Isomeren. Welche Verbindung in der meist stereoselektiv verlaufenden Reaktion gebildet wird, hängt ab von den Versuchsbedingungen und der Art der Ausgangskomponenten (aliphatische Ketone + Malonsäure ↷ trans-Acrylsäure; aromatische Aldehyde + Malonsäure ↷ cis- und trans-Zimtsäure). Typische Folgereaktionen sind die *Michael-Addition* sowie Decarboxylierungen. Letztere werden durch die Verwendung von Pyridin als Base unterstützt (Doebner 1900). Bei der Umsetzung von Malonsäure- oder Cyanessigsäureestern erhält man so direkt die freien α,β-ungesättigten Cabonsäuren.

Gegenüber vergleichbaren Kondensationen erlaubt die Knoevenagel-Reaktion die Einhaltung milder Bedingungen und die Verwendung schwächerer Basen. Nebenreaktionen, wie beispielsweise Polymerisationen, spielen daher nur eine untergeordnete Rolle.

M$_1$

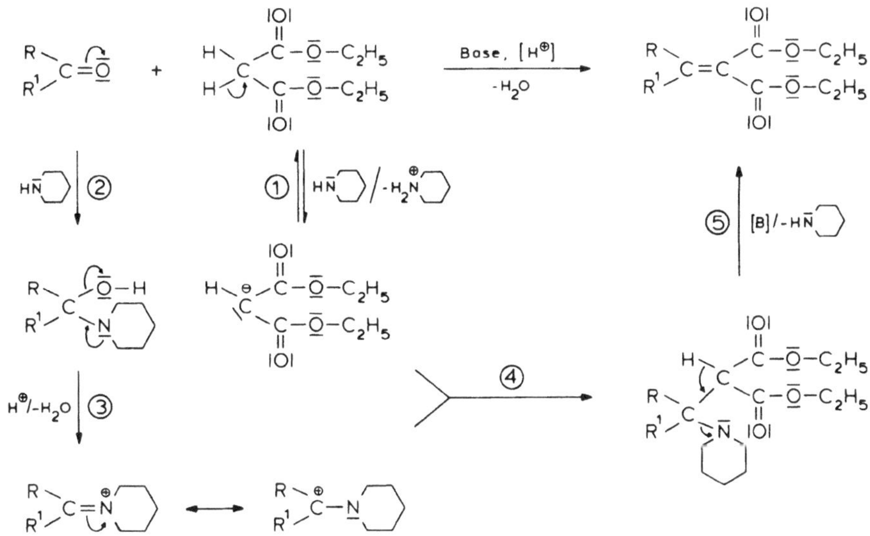

① Deprotonierung der Methylenkomponente ↷ Carbanion

② Nucleophile Addition

③ Protonierung, Dehydratisierung ↷ Immoniumion

④ Nucleophile Addition des Carbanions

⑤ Abspaltung der Base (Piperidin)

M2

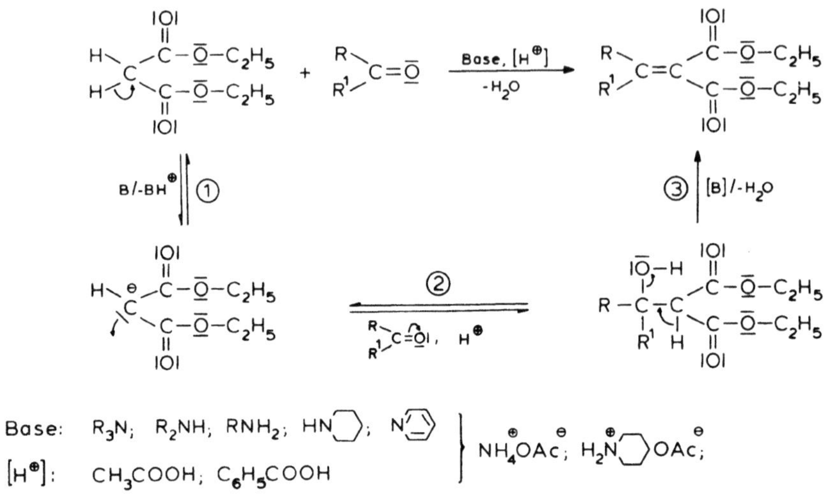

① Deprotonierung der Methylenkomponente ⌒ Carbanion

② Nucleophile Addition an die Carbonylkomponente

③ Eliminierung von Wasser

A Synthese von α,β-ungesättigten Verbindungen (Säuren, Ester, Amide, Nitrile, Ketone usw.); Knüpfung von C-C-Bindungen; Darstellung von Fulvenen (Reaktion mit Cyclopentadien)

L

E. Knoevenagel, Ber. Dtsch. Chem. Ges. **29**, 172–174 (1896).
O. Doebner, Ber. Dtsch. Chem. Ges. **33**, 2140–2142 (1900).
A. C. O. Hann und *A. Lapworth*, J. Chem. Soc. **85**, 46 (1904).
E. P. Kohler und *B. B. Corson*, J. Am. Chem. Soc. **45**, 1975–1986 (1923).
R. Kuhn, W. Badstübner und *C. Grundmann*, Ber. Dtsch. Chem. Ges. **69**, 98–107 (1936).
A. C. Cope, J. Am. Chem. Soc. **59**, 2327–2330 (1937).
R. W. Hein, M. J. Astle und *J. R. Shelton*, J. Org. Chem. **26**, 4874–4878 (1961).
G. Jones, Org. React. **15**, 204–599 (1967).
H. von Brachel und *U. Bahr*, Herstellung von konjugierten Dienen, in *Houben-Weyl-Müller*: Methoden der Organischen Chemie, 4. Aufl., Bd. V/1c, S. 519–536, Thieme, Stuttgart 1970.
H. O. House, Modern Synthetic Reactions, 2nd ed., S. 646–653, Benjamin, Menlo Park 1972.
R. A. Hann, J. Chem. Soc., Perkin Trans. I **1974**, 1379–1380.
S. Linke, Carbonsäuren durch die Knoevenagel-Kondensation, in *F. Korte*: Methodicum Chimicum, Bd. V, S. 583–587, Thieme, Stuttgart 1975.
F. J. L. Herrera, Tetrahedron Lett. **1980**, 4963–4966.
G. A. Taylor, J. Chem. Soc., Perkin Trans. I **1981**, 3132–3134.

Knorr

Pyrrol-Synthese

Die Kondensation von α-Aminoketonen mit Carbonylverbindungen, die eine aktive Methylengruppe besitzen, stellt die variationsfähigste und in der Chemie pyrrolhaltiger Naturstoffe am häufigsten angewandte Methode zur Pyrrol-Ring-Synthese dar. Beide Ausgangskomponenten sind in weiten Grenzen variierbar und gestatten daher die Darstellung einer Vielzahl von Pyrrol-Derivaten mit unterschiedlichsten Substituionsmustern (siehe auch *Pyrrol-Synthese, Paal-Knorr; Hantzsch*).

M

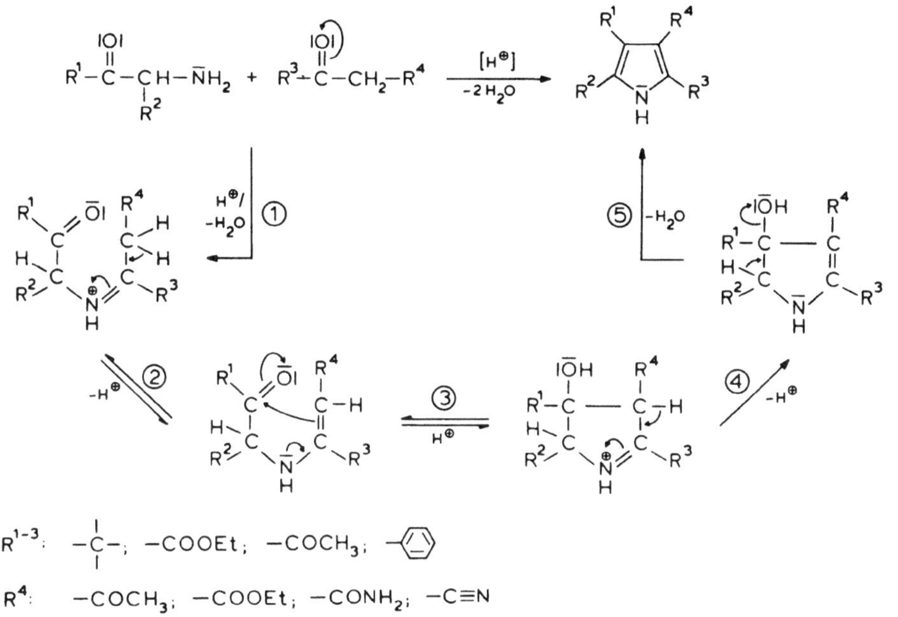

① Nucleophiler Angriff des Amins ② Deprotonierung ⌒ Enamin

③ Cyclisierung ④ Deprotonierung ⌒ Enamin

⑤ Abspaltung von Wasser ⌒ aromatisches System

E Die Pyrrol-Synthese wird durch einen nucleophilen Angriff der Aminogruppe an der elektrophilsten Carbonylgruppe des Reaktionspartners eingeleitet. Das gebildete Immoniumion steht im Gleichgewicht mit dem entsprechenden Enamin. Bei dem darauffolgenden Ringschluß handelt es sich vermutlich nicht um eine Kondensation des *Aldol-Typs*. Man nimmt an, daß die Doppelbindung des Enamins nucleophil mit der Carbonylfunktion der ursprünglichen Aminkomponente reagiert. Die abschließende Eliminierung von Wasser wird durch die damit verbundene Ausbildung eines aromatischen Systems begünstigt.

Alle Teilschritte der Ringsynthese werden durch Säuren katalysiert. Der Verlauf der Umsetzung hängt folglich stark vom pH-Wert des Mediums ab. Da hohe Protonenkonzentrationen einerseits eine Aktivierung der Carbonylgruppen bewirken, andererseits aber die Nucleophilie der Aminogruppe herabsetzen, ist für die Bildung des Imins bei einem bestimmten pH-Wert ein Optimum zu erwarten.

Die Reaktion liefert nur dann befriedigende Ausbeuten, wenn die Methylengruppe der Carbonylkomponente durch einen zweiten Elektronenakzeptor zusätzlich aktiviert wird. Dies ist notwendig, um erfolgreich mit der sehr bereitwillig verlaufenden Selbstkondensation der Aminoverbindung (⌒ Dihydropyrazine) konkurrieren zu können.

Möglichkeiten, dieses Problem zu umgehen, sind z. B. der Einsatz von α-Aminoketon-Salzen, der es erlaubt in alkalischem Medium zu arbeiten, oder die Verwendung der entsprechenden Isonitrosoverbindungen. Letztere können mit Zink/Eisessig, Natiumamalgam oder Dithionit zu den Aminoketonen reduziert werden. Dies geschieht erst in Gegenwart des Reakionspartners, um die Konzentration an freier Aminkomponente und damit die Dimerisierungstendenz gering zu halten.

A Synthese substituierter Pyrrole für Porphyrinfarbstoffe

L *L. Knorr*, Ber. Dtsch. Chem. Ges. **17**, 1635–1642 (1884).
L. Knorr und *H. Lange*, Ber. Dtsch. Chem. Ges. **35**, 2998–3008 (1902).
A. Treibs, R. Schmidt und *R. Zinsmeister*, Chem. Ber. **90**, 79–84 (1957).
A. J. Castro, D. D. Giannini und *W. F. Greenlee*, J. Org. Chem. **35**, 2815–2816 (1970).
A. Gossauer, Die Chemie der Pyrrole, S. 210–221, Springer, Berlin 1974.
A. H. Jackson, Pyrroles, in *Barton-Ollis*: Comprehensive Organic Chemistry, vol. IV, S. 296–298, Pergamon Press, Oxford 1979.
s. auch unter *Pyrrol-Synthese*

Kolbe

Elekrolyse von Carbonsäuresalzen

Die Elektrolyse von Carbonsäuresalz-Lösungen ist eine präparativ sehr einfache Methode zur Synthese von Kohlenwasserstoffen verschiedenster Kettenlänge. Diese entstehen durch Dimerisierung der radikalischen Säurereste, die nach der anodischen Oxidation der Ausgangskomponente unter Abspaltung von Kohlendioxid gebildet werden. Für die Umsetzung sind jedoch nur aliphatische Carboxylationen geeignet.

M

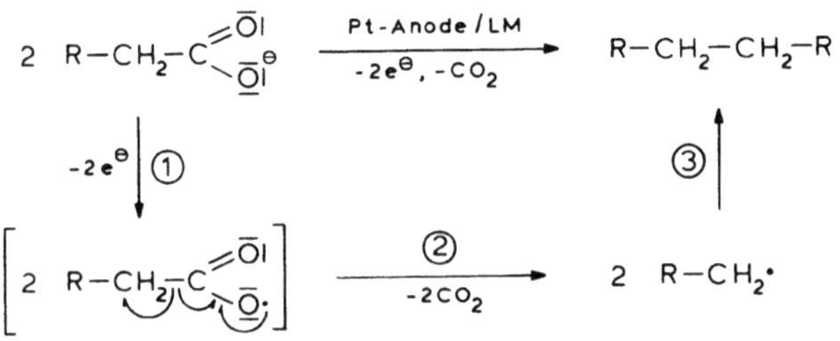

Kathode: $2M^{\oplus} + 2e^{\ominus} \longrightarrow 2M$ oder $2H^{\oplus} + 2e^{\ominus} \longrightarrow H_2$

LM: Wasser; Methanol; Ethanol; Eisessig; Acetonitril

① Anodische Oxidation ② Decarboxylierung ③ Dimerisierung

E Die anodische Oxidation gelingt am besten bei hoher Stromdichte und niedriger Temperatur, in neutralem bis schwach saurem Medium. Zu hohe $OH^{\ominus}$-Ionen-Konzentrationen an der Anode inhibieren die Reaktion:

$$R{-}COO^{\ominus} + OH^{\ominus} \xrightarrow[-2e^{\ominus}]{} R{-}OH + CO_2\,; \quad 2\,OH^{\ominus} \xrightarrow[-2e^{\ominus}]{} \tfrac{1}{2}O_2 + H_2O$$

Man setzt daher häufig eine methanolische Lösung der freien Säure ein, die genügend Natriummethanolat enthält, um etwa 2% der Säure zu neutralisieren. Während der Elektrolyse reagiert das an der Kathode abgeschiedene Metall mit dem Lösungsmittel und bildet neues Alkoholat, das nun seinerseits Carboxylationen freisetzt.

Als Anodenmaterial wird in wäßrigem Medium vorwiegend Platin oder Indium benutzt, da bei Eisen- oder Palladium-Elektroden die Sauerstoff-Entwicklung überwiegt. In organischen Solventien finden auch Gold- und Kohle-Anoden Verwendung.

Die Kolbe-Synthese ist besonders zur Darstellung höherer Alkane geeignet. Bei der Umsetzung kurzkettiger Carbonsäuren tritt häufig die Bildung der Nebenprodukte (Alkohol, Olefine, Aldehyde) in den Vordergrund. Funktionelle Gruppen stören in der Regel nicht, solange sie weit genug vom Reaktionszentrum entfernt sind. In α-Stellung verzweigte Säuren sind ungeeignet.

Durch gleichzeitige Oxidation zweier verschiedener Carboxylationen sind auch unsymmetrische Produkte zugänglich. Die Umsetzung von Dicarbonsäuremonoestern führt zur Bildung langkettiger, geradzahliger Dicarbonsäuren; aus vicinalen Dicarbonsäuren erhält man Olefine.

Neuere Untersuchungen lassen vermuten, daß das intermediär gebildete Alkyl-Radikal, in Abhängigkeit von seiner Struktur, zum entsprechenden Carbeniumion ($R{-}CH_2^{\oplus}$) weiter oxidiert werden kann. Dessen Folgereaktionen (Eliminierung, Umlagerung usw.) würden das Auftreten zahlreicher Nebenprodukte wie z. B. Ether, Ester oder Alkohol erklären:

$$R{-}CH_2^{\oplus} + R^1{-}OH \longrightarrow R{-}CH_2{-}O{-}R^1 + H^{\oplus}$$

$$R{-}CH_2^{\oplus} + R{-}CH_2{-}COO^{\ominus} \longrightarrow R{-}CH_2{-}COOCH_2{-}R$$

$$R{-}CH_2^{\oplus} + H_2O \longrightarrow R{-}CH_2OH + H^{\oplus}$$

A Synthese bicyclischer Verbindungen (2,4-Dicarbomethoxybicyclobutan); Einführung von Doppelbindungen in bicyclische Systeme durch Elektrolyse vicinaler Dicarbonsäuren; Darstellung von Alkanen

L

H. Kolbe, Liebigs Ann. Chem. **69**, 257–294 (1849).
B. C. L. Weedon, Q. Rev., Chem. Soc. **6**, 380–398 (1952).
B. C. L. Weedon, Adv. Org. Chem. **1**, 1–34 (1960).
A. K. Vijh und *B. E. Conway*, Chem. Rev. **67**, 623–664 (1967).
L. Eberson, Electrochemical Reactions of Carboxylic Acids and Related Processes, in *Patai*: The Chemistry of Carboxylic Acids and Esters, S. 53–101, Wiley Interscience, London 1969.
L. Eberson, J. Am. Chem. Soc. **91**, 2402–2403 (1969).
F. Asinger und *H. H. Vogel*, Elektrolyse carbonsaurer Salze, in *Houben-Weyl-Müller*: Methoden der Organischen Chemie, 4. Aufl., Bd. V/1a, S. 395–398, Thieme, Stuttgart 1970.
S. Wawzonek, Synthesis **1971**, 296–298.
F. Merger, Kolbe-Elektrolyse ungesättigter Carbonsäuren, in *Houben-Weyl-Müller*: Methoden der Organischen Chemie, 4. Aufl., Bd. V/1b, S. 352–356, Thieme, Stuttgart 1972.

G. E. Hawkes, J. H. P. Utley und *G. B. Yates*, J. Chem. Soc., Perkin Trans. II **1976**, 1709–1716.
J. H. P. Utley und *G. B. Yates*, J. Chem. Soc., Perkin Trans. II **1978**, 395–400.
W. Seidel und *H. J. Schäfer*, Chem. Ber. **113**, 451–456 (1980).
R. F. Nutt, R. G. Strachan, D. F. Veber und *F. W. Holly*, J. Org. Chem. **45**, 3078–3080 (1980).
U. Jensen und *H.-J. Schäfer*, Chem. Ber. **114**, 292–297 (1981).
N. Rabjohn und *G. W. Flasch, jr*, J. Org. Chem. **46**, 4082–4083 (1981).
U. Jensen-Korte und *H.-J. Schäfer*, Liebigs Ann. Chem. **1982**, 1532–1542.

Kolbe-Schmitt

Salicylsäure-Synthese

Die Kolbe-Schmitt-Reaktion dient vorwiegend zur technischen Darstellung von Salicylsäure. Diese entsteht durch Einwirkung von Kohlendioxid auf trockenes Natriumphenolat unter Druck und bei erhöhter Temperatur. Das Verfahren ist auch auf einige andere aromatische bzw. heterocyclische Hydroxyverbindungen übertragbar.

M

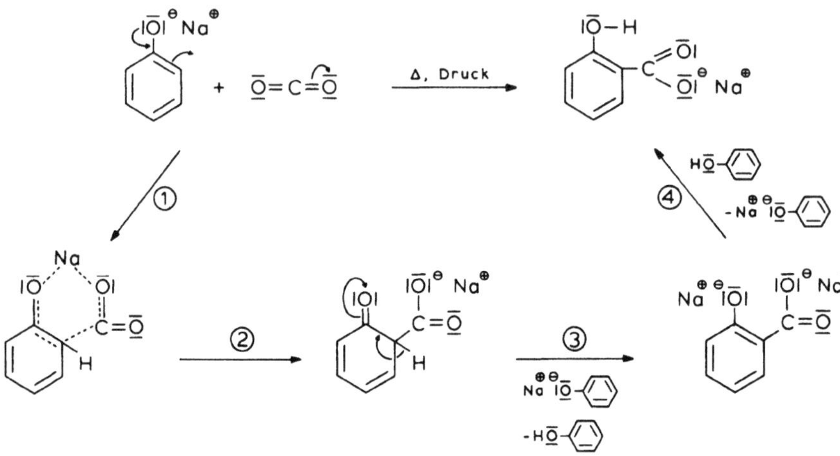

① Aktivierung des Kohlendioxids über einen Chelat-Komplex

②,③ Elektrophile aromatische Substitution

④ Bildung des Mononatriumsalzes (nur unter Druck)

E Kohlendioxid ist ein relativ schwaches Elektrophil. Durch Koordination mit dem positiv geladenen Natriumion im Chelat-Komplex wird jedoch die C=O-Bindung polarisiert und damit der elektrophile Angriff am Aromaten erleichtert.

Die Deprotonierung erfolgt unter Mitwirkung eines zweiten Phenolations, wobei möglicherweise ein weiterer Chelat-Komplex ausgebildet wird. Die entstehenden Dinatriumsalze der Salicylsäure sind die Endprodukte der drucklosen Kolbe-Sythese. Bei Drücken von 5–7 bar bilden sich die entsprechenden Mononatriumsalze, aus denen durch Ansäuern die freie Säure gewonnen werden kann.

Das verwendete Alkalimetall hat einen erheblichen Einfluß auf die Natur der Reaktionsprodukte. So ergibt die Umsetzung von Kaliumphenolat unter vergleichbaren Bedingungen ein

Gemisch aus Salicylsäure und p-Hydroxybenzoesäure. Die Ursache ist offenbar in der geänderten Chelatisierungstendenz zu suchen, die über den Quotienten e^2/r mit dem Ionenradius des Kations korreliert ist und daher in der Reihe Li→Cs abnimmt.

Bei einer Variante des Verfahrens wird das freie Phenol mit einem Überschuß an wasserfreiem Kaliumcarbonat umgesetzt. Unter Druck und bei erhöhter Temperatur entstehen in guten Ausbeuten die Kaliumsalze der aromatischen Hydroxysäuren.

Während Phenole mit einer zweiten OH-Gruppe im Ring bereits in wäßrig-alkalischer Lösung reagieren, muß bei weniger reaktiven Komponenten in wasserfreiem Medium und z. T. unter sehr hohem Druck (> 100 bar) gearbeitet werden. Allgemein wird die Carboxylierung durch elektronenspendende Substituenten erleichtert.

A Technische Synthese von Salicylsäure ⌒ Farb- und Riechstoffe (Salicylsäureester), Aspirin, p-Aminosalicylsäure (Tuberkulose-Mittel)

L
H. Kolbe, Liebigs Ann. Chem. **113**, 125–127 (1860).
R. Schmitt, J. Prakt. Chem. **31**, 397–411 (1885).
D. Cameron, H. Jeskey und *O. Baine*, J. Org. Chem. **15**, 233–236 (1950).
H. Henecka, Herstellung von Carbonsäuren, in *Houben-Weyl-Müller*: Methoden der Organischen Chemie, 4. Aufl., Bd. VIII, S. 372–377, Thieme, Stuttgart 1952.
J. L. Hales, J. I. Jones und *A. S. Lindsey*, J. Chem. Soc. **1954**, 3145–3151.
A. S. Lindsey und *H. Jeskey*, Chem. Rev. **57**, 583–620 (1957).
H. J. Shine, Aromatic Rearrangements, S. 344–348, Elsevier, Amsterdam 1967.
Y. Yasuhara und *T. Nogi*, Chem. Ind. **1969**, 77–78.

Kornblum

Oxidation von Alkylhalogeniden

Primäre Alkylhalogenide und -tosylate können mit Dimethylsulfoxid (DMSO) leicht zu den entsprechenden Aldehyden oxidiert werden. Tosylester primärer Alkohole sowie Epoxide reagieren analog. Bei der Umsetzung sekundärer bzw. tertiärer Ausgangskomponenten dominieren gewöhnlich Eliminierungsreaktionen. Sind diese strukturbedingt verhindert, werden auch solche Verbindungen mit guten Ausbeuten oxidiert.

E Die nucleophilen Eigenschaften des Dimethylsulfoxids lassen sich am besten anhand seiner mesomeren Grenzstrukturen erkennen. Hieraus geht hervor, daß die Bindung zwischen Sauerstoff und Schwefel als Resonanzhybrid einer polarisierten S-O-Bindung und einer (p→d)π-SO-Doppelbindung aufzufassen ist. Es handelt sich somit um eine stark polarisierte Bindung mit dem Sauerstoff als elektronegativerem Partner.

Die nucleophile Substitution folgt in der Regel einem S_N2-Mechanismus. Dies steht in Einklang mit der für die Substituenten gefundenen Reaktivität: $TsO^{\ominus} > I^{\ominus} > Br^{\ominus} > Cl^{\ominus}$. Nur bei wenigen Verbindungen (Diphenylmethylchlorid und -tosylat) verläuft die Reaktion wahrscheinlich monomolekular.

Die Deprotonierung des Alkoxy-dimethylsulfoniumsalzes kann an verschiedenen Stellen erfolgen. Man nimmt an, daß aus Halogeniden mit zusätzlich aktivierten α-H-Atomen (α-Halogenketone und -ester, Benzylhalogenide) Carbanionen gebildet werden, während sonstige Verbindungen zu Yliden weiterreagieren. Die zugesetzte Base wird hierbei in zweifacher Hinsicht wirksam: Einerseits fördert sie die Deprotonierung der Ausgangskomponente und zum anderen bindet sie die freigesetzte Säure. Hierdurch werden die Reduktion des DMSO und die damit verbundenen Konkurrenzreaktionen des gebildeten Dimethylsulfids mit dem Alkylierungsmittel verhindert. Die anschließende Eliminierung führt aus beiden Zwischenstufen heraus zu demselben Endprodukt.

Im Gegensatz zu n-Alkyljodiden und -tosylaten setzen sich die Chloride und Bromide meist nur in schlechten Ausbeuten um. Sie können jedoch in situ in die entsprechenden Tosylverbindungen überführt und anschließend ohne weitere Reinigung direkt oxidiert werden. Auch Alkohole sind in Form ihrer Tosylester verwendbar.

Die Oxidation bleibt in der Regel auf der Stufe der Carbonylverbindung stehen. Nur selten werden auch geringe Mengen der entsprechenden Carbonsäure gefunden. Da andere funktionelle Gruppen im Molekül nicht reagieren, ist dieses Verfahren besonders für polyfunktionelle Substrate geeignet.

M

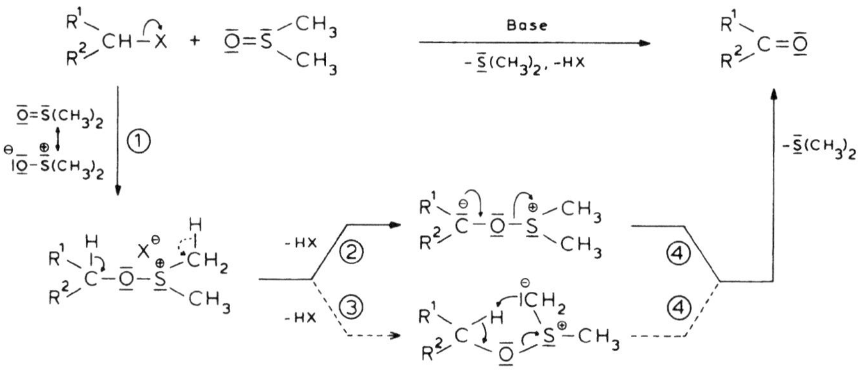

X: TsO; I; Br; Cl

Base: $NaHCO_3$; Na_2CO_3; Collidin

① Nucleophile Substitution (S_N2) ↷ Alkoxy-dimethylsulfoniumsalz

② Deprotonierung ↷ Carbanion

③ Deprotonierung ↷ Ylid

④ Eliminierung von Dimethylsulfid

A Oxidation polyfunktioneller Halogenide zu Aldehyden oder Ketonen; selektive Oxidation von Alkoholen zu Aldehyden

L

N. Kornblum, J. W. Powers, G. J. Anderson, W. J. Jones, H. O. Larson, O. Levand und *W. M. Weaver*, J. Am. Chem. Soc. **79**, 6562 (1957).
N. Kornblum, W. J. Jones und *G. J. Anderson*, J. Am. Chem. Soc. **81**, 4113–4114 (1959).
D. N. Jones und *M. A. Saeed*, J. Chem. Soc. **1963**, 4657–4663.
V. J. Traynelis und *W. L. Hergenrother*, J. Am. Chem. Soc. **86**, 298–299 (1964).
A. P. Johnson und *A. Pelter*, J. Chem. Soc. **1964**, 520–522.
N. Kornblum und *H. W. Frazier*, J. Am. Chem. Soc. **88**, 865–866 (1966).
W. W. Epstein und *F. W. Sweat*, Chem. Rev. **67**, 253–256 (1967).
D. Martin und *H. G. Hanthal*, Dimethylsulfoxid, S. 313–316, Akademie-Verlag, Berlin 1971.
D. D. Tanner, E. V. Blackburn und *G. E. Diaz*, J. Am. Chem. Soc. **103**, 1557–1559 (1981).

Kröhnke

Aldehyd-Synthese aus Nitronen

Halogenide, deren α-Methylenprotonen zusätzlich durch benachbarte, elektronenziehende Gruppen aktiviert sind, reagieren in alkalischem Medium mit p-Nitroso-dimethylanilin unter Bildung von Nitronen. Diese liefern bei der sauren Hydrolyse neben Hydroxylamin-Derivaten die entsprechenden Aldehyde. Rein aliphatische Nitrone sind über dieses Verfahren nicht erhältlich.

M

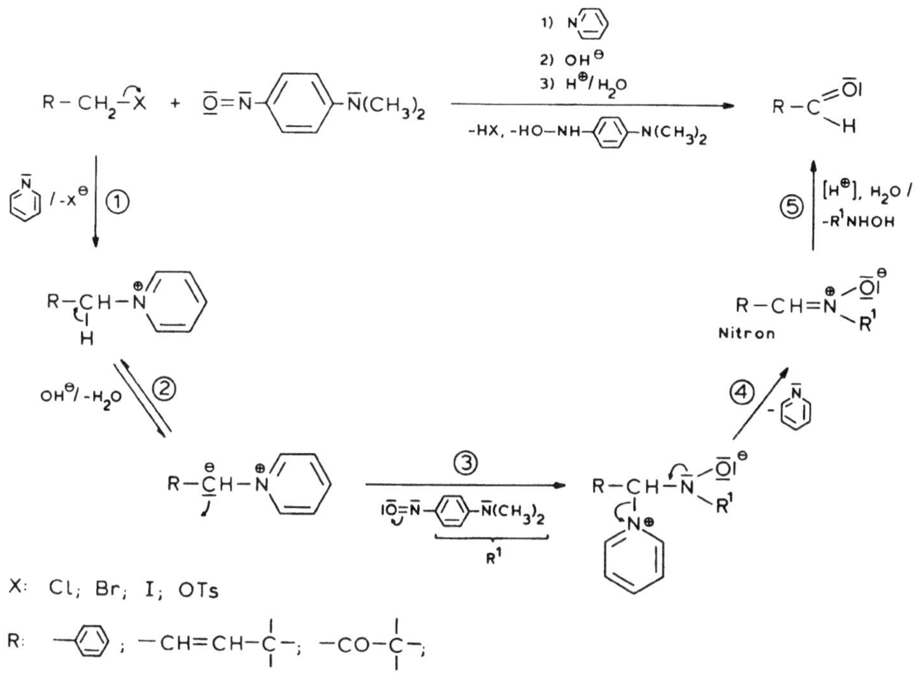

① Pyridiniumsalz-Bildung (Nucleophile Substitution)

② Deprotonierung ⌒ Betain

③ Nucleophile Addition an die Nitrosoverbindung

④ Austritt des Pyridins ⌒ Nitron

⑤ Saure Hydrolyse

E Die bereits stark aciden α-H-Atome der eingesetzten Halogenide werden durch die Pyridiniumsalz-Bildung weiter aktiviert. Dies ermöglicht die Kondensation mit aromatischen Nitrosoverbindungen unter sehr milden Bedingungen (0–50°C) und erlaubt daher auch die Synthese oxidationsempfindlicher Aldehyde.

In einer aldolartigen Reaktion addiert sich das Betain des Pyridiniumsalzes an das elektrophile Zentrum des p-Nitroso-dimethylanilins. Das Additionsprodukt geht durch Abspaltung von Pyridin in meist gut kristallisierende, gelb bis rot gefärbte Nitrone über. Diese werden durch Säuren sehr leicht in Hydroxylamin-Derivate und die entsprechenden Aldehyde gespalten.

Einige sehr reaktive Methyl- bzw. Methylengruppen (2,4-Dinitrotoluol, Benzylcyanid) setzen sich direkt mit Nitroso-dimethylanilin zu Nitronen um. In diesen Fällen ist der Umweg über die Pyridiniumsalze unnötig.

Verwandte Reaktionen sind die Umsetzungen nach Sommelet bzw. Hass und Bender. Sie dienen bevorzugt zur Darstellung aromatischer Aldehyde und werden besonders bei Verbindungen mit +I-Substituenten dem Kröhnke-Verfahren vorgezogen:

Sommelet:

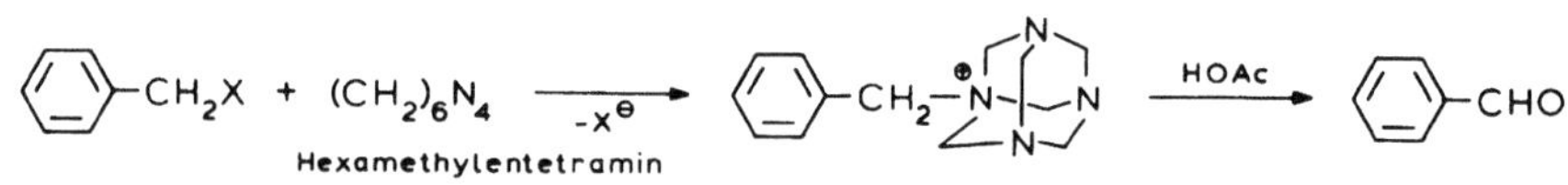

Hass und Bender:

A Synthese oxidationsempfindlicher Aldehyde (α-Ketoaldehyde, Dialdehyde); Darstellung ungesättigter aliphatischer sowie sonst schwer zugänglicher aromatischer (Nitrobenzaldehyd) und heterocyclischer Aldehyde (2-Formylchinazolin)

L

F. Kröhnke und *E. Börner*, Ber. Dtsch. Chem. Ges. **69**, 2006–2016 (1936).
S. J. Angyal, Org. React. **8**, 197–217 (1954).
F. Kröhnke, Angew. Chem. **75**, 319–325 (1963).
J. Hamer und *A. Macaluso*, Chem. Rev. **64**, 473–495 (1964).
W. Rundel, Herstellung von Nitronen, in *Houben-Weyl-Müller*: Methoden der Organischen Chemie, 4. Aufl., Bd. X/4, S. 375–401, Thieme, Stuttgart 1968.
A. Giner-Sorolla, Chem. Ber. **101**, 611–618 (1968).
G. Simchen und *G. Entenmann*, Aldehyde aus Halogenmethyl-Verbindungen, in *F. Korte*: Methodicum Chimicum, Bd. V, S. 290–292, Thieme, Stuttgart 1975.
T. Laird, Aromatic Aldehydes, in *Barton-Ollis*: Comprehensive Organic Chemistry, vol. I, S. 110–111, Pergamon Press, Oxford 1979.

Leuckart-Wallach

Reduktive Alkylierung von Aminen

Die reduktive Alkylierung von Aminen erfolgt bei deren Umsetzung mit Aldehyden und Ketonen in Gegenwart von Ameisensäure als Reduktionsmittel. Gegenüber anderen reduktiven Aminierungsverfahren hat diese Methode den Vorteil, daß auch Verbindungen eingesetzt werden können, die den sonst notwendigen Hydrierungskatalysator vergiften. Darüberhinaus bleiben etwa vorhandene reduktionsempfindliche Gruppen (Nitro-, Nitroso-, Doppelbindungen) erhalten.

M

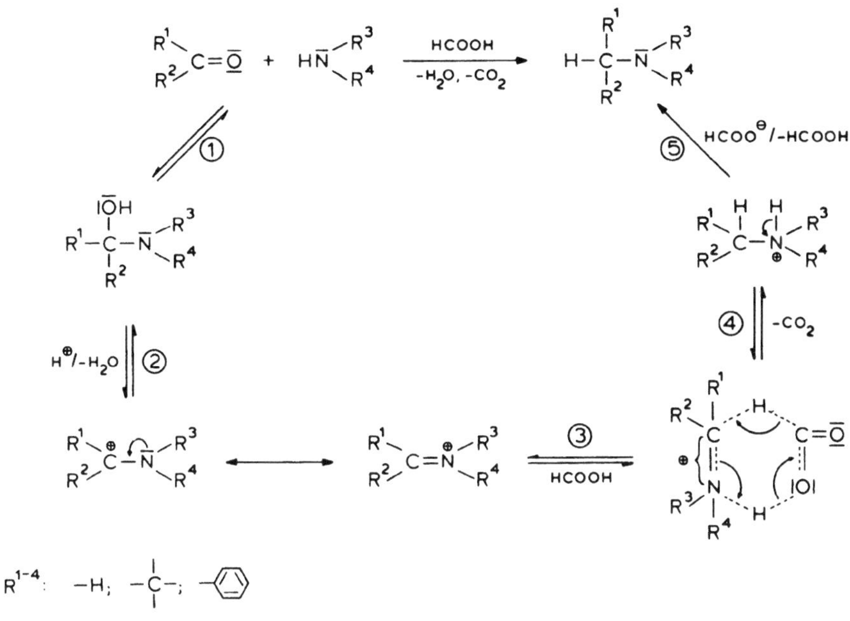

① Nucleophile Addition

② Abspaltung von Wasser

③ Bildung eines cyclischen Übergangskomplexes

④ Decarboxylierung

⑤ Deprotonierung

E Die Alkylierungsreaktion wird durch eine nucleophile Addition der Stickstoffverbindung an die Carbonylkomponente eingeleitet. Als Zwischenprodukte entstehen – je nachdem, ob ein primäres oder sekundäres Amin eingesetzt wird – α-Aminoalkohole oder Schiffsche Basen. Während des folgenden Reduktionsschrittes werden von der Ameisensäure sowohl ein Proton als auch ein Hydridion übertragen. Der hierbei gebildete Komplex ist mit dem der *Meerwein-Ponndorf-Verley-Reaktion* vergleichbar. Die Orientierung des Formiations wird durch dipolare Wechselwirkungen mit dem Immoniumion bestimmt. Für diesen Reduktionsschritt und die sich anschließende Decarboxylierung wird auch ein Radikal-Mechanismus diskutiert.

Besonders geeignet ist die Alkylierung nach Leuckart und Wallach zur Darstellung tertiärer Amine. Die entsprechende Synthese primärer und sekundärer Amine bereitet oft Schwierigkeiten, da meist höher alkylierte Nebenprodukte entstehen. Speziell die Verwendung des reaktiven Formaldehyds führt häufig zu vollständig methylierten Verbindungen.

Bei der Umsetzung höherer Aldehyde und Ketone stört die Anwesenheit von Wasser. Es wird daher durch Anhebung der Reaktionstemperatur auf 160–185°C direkt destillativ aus dem Ansatz entfernt.

A Reduktive Alkylierung von Aminen mit reduktionsempfindlichen Gruppen; vorwiegend zur Synthese tertiärer Amine (Technische Synthese von N,N-Dimethylaminen)

L *R. Leuckart*, Ber. Dtsch. Chem. Ges. **18**, 2341 (1885).
O. Wallach, Liebigs Ann. Chem. **272**, 99–102 (1892); **343**, 54 (1905).
M. L. Moore, Org. React. **5**, 301–330 (1949).
C. B. Pollard und *D. C. Young*, jr., J. Org. Chem. **16**, 661–672 (1951).
D. S. Noyce und *F. W. Bachelor*, J. Am. Chem. Soc. **74**, 4577–4579 (1952).
F. Möller und *R. Schröter*, Amine durch Reduktion, in *Houben-Weyl-Müller*: Methoden der Organischen Chemie, 4. Aufl., Bd. XI/1 S. 648–664, Thieme, Stuttgart 1957.
N. J. Leonard und *R. R. Sauers*, J. Am. Chem. Soc. **79**, 6210–6214 (1957).
A. Lukasiewicz, Tetrahedron **19**, 1789–1799 (1963).
P. F. Coe, B. C. Uff und *J. W. Lewis*, J. Chem. Soc. (C) **1968**, 2265–2268.

Lossen

Abbau von Hydroxamsäuren

Der Lossen-Abbau von Hydroxamsäuren oder deren O-Acyl-Derivaten führt über mehrere Zwischenstufen zur Bildung primärer Amine. Es besteht eine enge mechanistische Verwandtschaft mit den entsprechenden Abbaureaktionen nach *Hofmann* und *Curtius*. Die präparative Bedeutung des Verfahrens ist gering, weil es in vielen Fällen versagt und gewöhnlich die Isolierung mehrerer Zwischenprodukte erfordert.

M

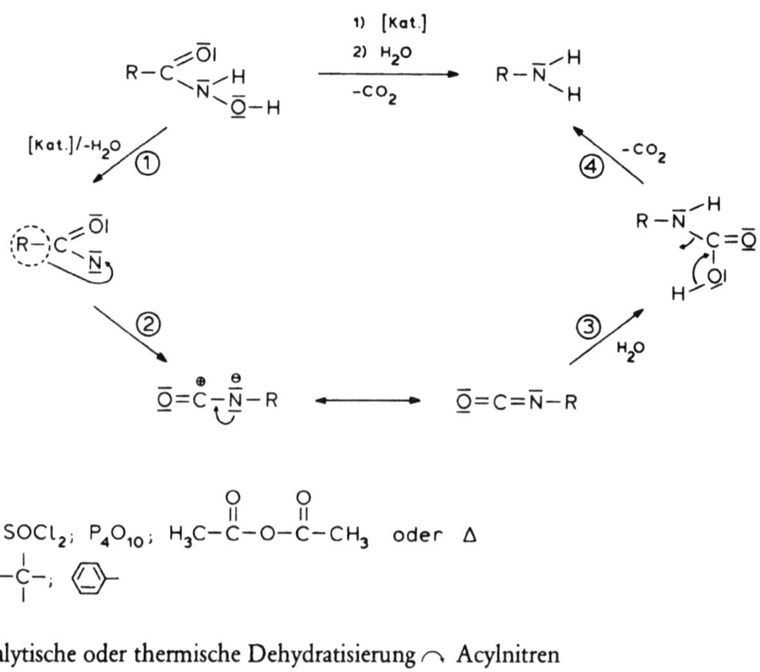

① Katalytische oder thermische Dehydratisierung ⌒ Acylnitren

② Anionotrope Umlagerung

③ Addition von Wasser

④ Decarboxylierung

E Das durch Dehydratisierung der Hydroxamsäure entstandene Acylnitren besitzt am Stickstoffatom ein Elektronen-Sextett, das die anionotrope Wanderung des Restes R induziert. Ist dieser optisch aktiv, wird keine Racemisierung beobachtet. Die entstehenden Isocyanate können isoliert werden, wenn die Umsetzung mit wasserentziehenden Mitteln in indifferenten Lösungsmitteln erfolgt. In wäßrigem Medium werden sie zu Kohlendioxid und dem entsprechenden primären Amin hydrolysiert. Als Ausgangskomponenten können neben den Hydroxamsäuren selbst auch ihre O-Acyl-Derivate bzw. deren Salze eingesetzt werden. Nach Bauer und Exner (1974) gelingt die Umlagerung nur bei Verwendung der acylierten Verbindungen. Die Abbaureaktion wird gewöhnlich durch Erhitzen in wäßriger oder wäßrig-alkalischer Lösung durchgeführt, wobei neben den Aminen auch N-substituierte Harnstoffe entstehen ($2R{-}N{=}C{=}O + H_2O \rightarrow R{-}NH{-}CO{-}NH{-}R + CO_2$).

Eine Variante des Verfahrens (Bachmann und Goldmacher, 1964) gestattet die Überführung einer Carbonsäure in das um ein C-Atom ärmere Amin in einem Reaktionsschritt. Darüberhinaus kann durch Vorgabe saurer bzw. basischer Bedingungen das Substitutionsmuster und damit die Reaktivität der Ausgangskomponenten berücksichtigt werden.

A Darstellung primärer Amine; Synthese von Isocyanaten und deren Folgeprodukten; Ringschlußreaktionen (N-Hydroxyuracil); Darstellung von Polypeptiden (z. B. aus Malono-semihydroxamsäuren)

L

W. Lossen, Liebigs Ann. Chem. **161**, 347–362 (1872).
H. L. Yale, Chem. Rev. **33**, 209–256 (1943).
V. Franzen, Chem.-Ztg. **80**, 8–10 (1956).
D. C. Berndt und *H. Shechter*, J. Org. Chem. **29**, 916–918 (1964).
G. B. Bachmann und *J. E. Goldmacher*, J. Org. Chem. **29**, 2576–2579 (1964).
D. C. Berndt und *W. J. Adams*, J. Org. Chem. **31**, 976–977 (1966).
H. Metzger, Umwandlung von Oximen, in *Houben-Weyl-Müller*: Methoden der Organischen Chemie, 4. Aufl., Bd. X/4, S. 232–234, Thieme, Stuttgart 1968.
D. G. Hoare, A. Olson und *D. E. Koshland*, jr., J. Am. Chem. Soc. **90**, 1638–1642 (1968).
E. H. Burk und *D. D. Carlos*, J. Heterocycl. Chem. **7**, 177–179 (1970).
N. A. Jönsson und *P. Moses*, Acta Chem. Scand. (B) **28**, 441–448 (1974).
L. Bauer und *O. Exner*, Angew. Chem. **86**, 419–428 (1974).
S. Bittner, S. Grinberg und *I. Kartoon*, Tetrahedron Lett. **1974**, 1965–1968.
A. Ashfag, O. Pytela, J. Socha und *M. Večeřa*, Collect. Czech. Chem. Commun. **41**, 3308–3313 (1976).
J. Bergmann, J.-O. Lindström, J. Abrahamsson und *E. Hadler*, Tetrahedron Lett. **1976**, 3615–3616.
T. Sheradsky und *S. Avramovici-Grisaru*, Tetrahedron Lett. **1978**, 2325–2326.

Mannich

Aminomethylierung

Als Mannich-Reaktion bezeichnet man die Kondensation einer C-H-aciden Verbindung mit Formaldehyd und einem meist sekundären Amin. Das Ergebnis ist der Austausch des aktiven Wasserstoffatoms gegen eine Aminomethylgruppe. Die Verwendung von Ammoniak oder primären Aminen führt häufig zu uneinheitlichen Produkten, da die gebildete Mannich-Base unter Ersatz aller am Stickstoff verbliebenen H-Atome weiterreagieren kann.

M

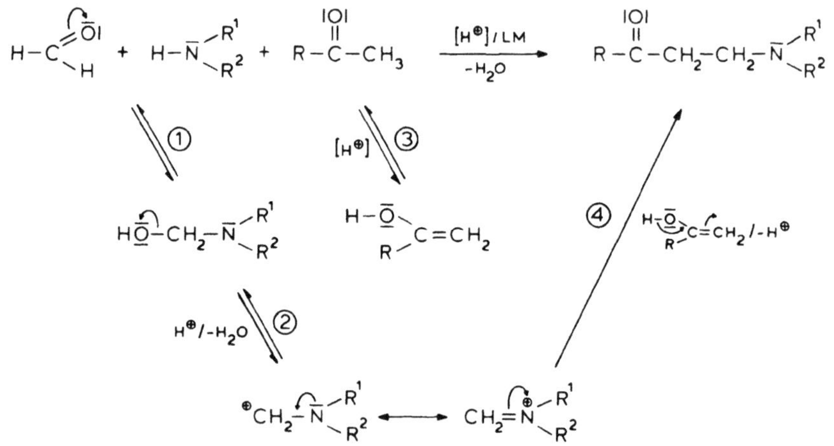

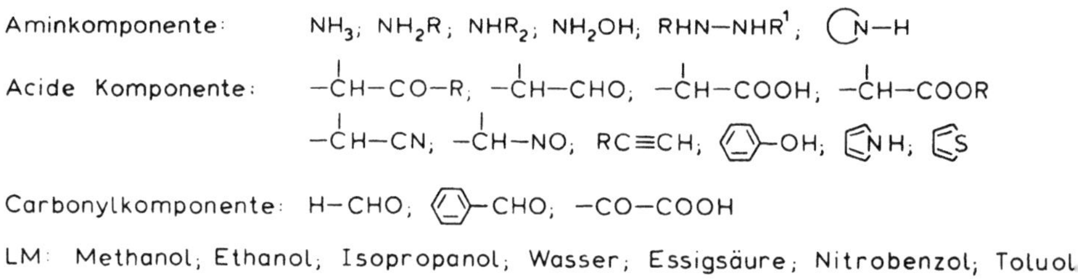

① Nucleophile Addition des Amins an Formaldehyd

② Dehydratisierung ⌒ Carbenium-Immonium-Ion (N-analoger Formaldehyd)

③ Enolisierung der C-H-aciden Komponente

④ Elektrophile Substitution

E Unter den gewöhnlich schwach sauren Reaktionsbedingungen addiert sich das im vorgelagerten Gleichgewicht ($R^1R^2\overset{\oplus}{N}H_2 \rightleftharpoons R^1R^2NH + H^{\oplus}$) vorhandene freie Amin nucleophil an den Formaldehyd. Aus dem Addukt entsteht nach Protonierung und Abspaltung von Wasser ein Carbenium-Immonium-Ion, das elektrophil an der Enolform der C-H-aciden Komponente angreift. Die als Mannich-Basen bezeichneten Produkte können durch eine Reihe von Folgereaktionen in verschiedene Verbindungsklassen (α,β-ungesättigte Carbonylverbindungen, Alkohole, Carbonsäuren) überführt werden und sind daher von hohem präparativem Wert.

Die Umsetzung gelingt nur dann, wenn das Amin stärker nucleophil ist als die C-H-acide Komponente, da diese sonst aldolartig mit dem Formaldehyd reagiert. Sollen andere Aldehyde verwendet werden, müssen sie eine höhere Elektrophilie aufweisen als die Carbonylgruppen ihrer jeweiligen Reaktionspartner, die andernfalls verstärkt zur Selbstkondensation neigen.

Besitzt die acide Verbindung mehrere aktivierte H-Atome, kann eine entsprechend größere Zahl von Aminomethylgruppen eingebaut werden. Bei gleichzeitiger Reaktion an zwei verschiedenen Kohlenstoffatomen entstehen sogenannte Bis-Mannichbasen. Hierbei werden in der Regel Methylengruppen eher angegriffen als Methylgruppen, d. h. es wird bevorzugt das Wasserstoffatom substituiert, welches durch Prototropie das am meisten stabilisierte Enol liefert.

Die Mannich-Reaktion zeigt eine starke Abhängigkeit von der Acidität des Reaktionsmediums. Da die Nucleophilie des Amins und der C-H-aciden Komponente in gegensätzlicher Weise von der $H^{\oplus}$-Ionen-Konzentration beeinflußt wird, resultiert für jede Umsetzung ein optimaler pH-Wert. In den meisten Fällen wird das Amin als Hydrochlorid eingesetzt und das Reaktionsgemisch zusätzlich mit wenigen Tropfen Salzsäure angesäuert.

A Synthese von Alkaloiden (Gramin, Tropinon, Hygrin) und anderen Naturstoffen; Darstellung der physiologisch wirksamen β-Aminoalkohole; Ringschlußreaktionen durch zweifache Mannich-Kondensation mit primären Aminen

L *C. Mannich* und *W. Krösche*, Arch. Pharm. Ber. Dtsch. Pharm. Ges. **250**, 647–667 (1912).
F. F. Blicke, Org. React. **1**, 303–341 (1942).
H. Hellmann, Angew. Chem. **65**, 475–485 (1953).
J. H. Brewster und *E. L. Eliel*, Org. React. **7**, 99–197 (1953).
R. Schröter, Amine durch Kondensation, in *Houben-Weyl-Müller*: Methoden der Organischen Chemie, 4. Aufl., Bd. XI/1, S. 731–795, Thieme, Stuttgart 1957.
H. Hellmann und *G. Opitz*, α-Aminoalkylierung, Verlag Chemie, Weinheim/Bergstrasse 1960.
M. Tramontini, Synthesis **1973**, 703–775.
H. J. Roth, Amine durch Kondensation, in *F. Korte*: Methodicum, Chimicum, Bd. VI, S. 545–561, Thieme, Stuttgart 1974.
Y. Jasor, M Gaudry, M. J. Luche und *A. Marquet*, Tetrahedron **33**, 295–304 (1977).
D. P. Hansell, Liebigs Ann. Chem. **1978**, 54–56.
A. J. Waring, Ketones, in *Barton-Ollis*: Comprehensive Organic Chemistry, vol. I, S. 1041–1042, Pergamon Press, Oxford 1979.
F. Henin und *J. P. Pete*, Synthesis **1980**, 895–897.
K. K. Balasubramanian und *S. Selvaraj*, J. Org. Chem. **45**, 3726–3727 (1980).
J. J. Bourguignon und *C. G. Wermuth*, J. Org. Chem. **46**, 4889–4894 (1981).
S. Miyano, A. Mori, H. Hokari, K. Ohta und *H. Hashimoto*, Bull. Chem. Soc. Jpn. **55**, 1331–1332 (1982).

Markownikoff

Additions-Regel

"Bei der elektrophilen Addition von Protonensäuren an unsymmetrisch substituierte Olefine bindet das Proton an das Kohlenstoffatom, das bereits die meisten Wasserstoffatome trägt". Diese Regel läßt sich sinngemäß auch auf andere Verbindungen anwenden und lautet entsprechend verallgemeinert: Die Addition des Elektrophils erfolgt so, daß das stabilere Carbenium-ion entsteht. Sie gilt nicht, wenn die Addition nucleophil oder nach einem radikalischen Mechanismus erfolgt.

E Die Lokalisierung des am Olefin angreifenden Protons wird durch mehrere, gleichsinnig wirkende Effekte kontrolliert: in unsymmetrisch substituierten Alkenen ist die π-Elektronenwolke der Doppelbindung nicht gleichmäßig zwischen den beteiligten Kohlenstoffatomen verteilt. Sie besitzt – je nach Substitutionsmuster – an einem der beiden Bindungspartner eine höhere, am anderen eine entsprechend geringere Dichte. Alkylgruppen beispielsweise wirken durch ihren + I-Effekt elektronenspendend und erhöhen damit die Elektronendichte an dem entfernteren C-Atom. Folglich wird auch das eintretende Proton auf diese, durch eine höhere Elektronendichte ausgezeichnete Seite der Doppelbindung dirigiert.

Eine zusätzliche Ladungsverschiebung im gleichen Sinne wird durch den sogenannten "Baker-Nathan-Effekt" erreicht, der auch als Hyperkonjugation (Resonanzeffekt zweiter Art) bezeichnet wird. Danach kann jedes der in einer Alkylgruppe vorhandenen Wasserstoffatome als Proton abgelöst werden. Die somit "freigewordenen" Bindungselektronen bauen eine π-Bindung zum benachbarten Kohlenstoff auf, sofern von diesem bereits vorher eine Doppelbindung ausging:

Die Wirksamkeit der Hyperkonjugation wächst mit der Zahl der verfügbaren Wasserstoffatome, also in der Reihenfolge tert.-Butyl- < iso-Propyl- < Ethyl- < Methyl-. Die aus der asymmetrischen Verteilung der Elektronendichte resultierende Präferenz für die Markownikoff-Orientierung wird durch einen dritten Effekt noch verstärkt. Alkylgruppen begünstigen durch ihren elektronenspendenden Charakter die Lokalisierung positiver Ladungen an möglichst hochsubstituierten C-Atomen. Folglich besitzen tertiäre oder sekundäre Carbeniumionen eine größere Stabilität als primäre. Entsprechend dieser Tatsache wird die Bindung des Protons im Sinne der Markownikoff-Regel erfolgen und zur Bildung des höher alkylierten Kations führen. Die Stärke des induktiven Effektes nimmt von der Methyl- zur tert.-Butylgruppe hin zu:

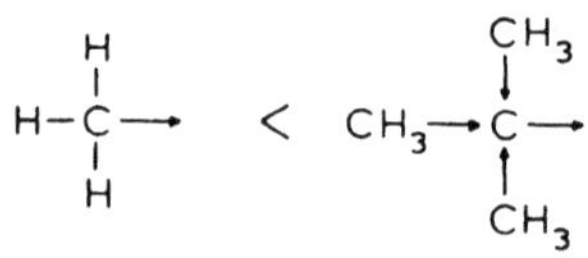

Die angeführten Erklärungen der Markownikoff-Regel über die Stabilität der Zwischenprodukte setzt voraus, daß die elektrophile Addition an Olefine kinetisch kontrolliert ist. Mit Abweichungen ist naturgemäß dann zu rechnen, wenn die Alkylgruppen durch elektronenziehende Substituenten ersetzt sind.

M

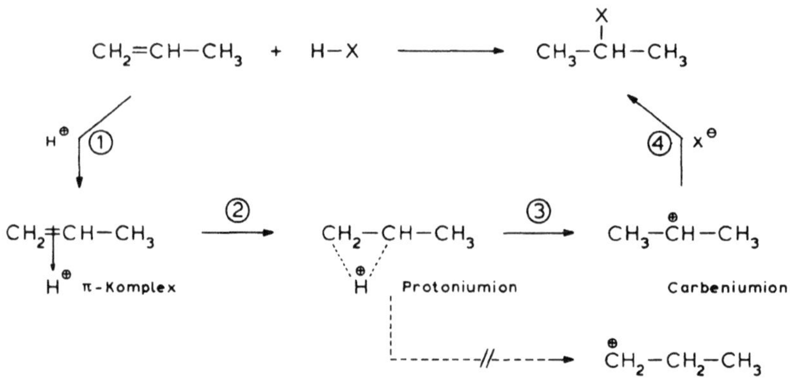

H–X: H–I; H–Br; H–Cl; H–OH; H–OSO_2OH; H–OR

Legende der Reaktionsschritte auf S. 109 oben

① Lockere Bindung des Protons im π-Komplex

② Bildung des Protoniumions (sterisch fixierter Übergangszustand)

③ Bindung des Protons an das wasserstoffreichere C-Atom

④ Addition eines Nucleophils

L *W. Markownikoff*, Liebigs Ann. Chem. **153**, 228–259 (1870).
F. R. Mayo und *C. Walling*, Chem. Rev. **27**, 351–412 (1940).
P. S. Bailey und *S. S. Bath*, J. Am. Chem. Soc. **79**, 3120–3124 (1957).
R. Stroh, Herstellung von Chlorverbindungen, in *Houben-Weyl-Müller*: Methoden der Organischen Chemie, 4. Aufl., Bd. V/3, S. 813–822, Thieme, Stuttgart 1962.
S. Ehrenson, S. Seltzer und *R. Diffenbach*, J. Am. Chem. Soc. **87**, 563–571 (1965).
J. J. Tufariello und *M. M. Hovey*, J. Am. Chem. Soc. **92**, 3221–3222 (1970).
H. Söll, Umwandlung von Olefinen, in *Houben-Weyl-Müller*: Methoden der Organischen Chemie, 4. Aufl., Bd. V/1b, S. 948–951, Thieme, Stuttgart 1972.
W. Ruske, Einführung in die Organische Chemie, 2. Aufl., S. 80–81; 218–219, Verlag Chemie, Weinheim/Bergstrasse 1973.

siehe auch unter *Peroxideffekt*, *Kharasch*.

McFadyen-Stevens

Carbonsäure-Reduktion

Aromatische und heteroaromatische Carbonsäuren lassen sich in Form ihrer Hydrazide mit Arylsulfonsäurechloriden kondensieren. Aus den gebildeten 1,2-disubstituierten Hydrazinen wird bei der basenkatalysierten Spaltung neben Stickstoff und dem entsprechenden Sulfinsäuresalz die zum Aldehyd reduzierte Ausgangskomponente wieder freigesetzt (siehe *Bamford-Stevens*). Unter geeigneten Vorsichtsmaßnahmen ist das Verfahren auch auf aliphatische Carbonsäuren übertragbar.

E Die Carbonsäurehydrazide werden gewöhnlich aus den entsprechenden Estern durch Umsetzung mit Hydrazinhydrat gewonnen. Das endständige Stickstoffatom bindet unter Freisetzung von Salzsäure in einer nucleophilen Substitutionsreaktion an den Schwefel des Arylsulfonsäurechlorids. Die thermische Zersetzung des entstehenden Dihydrazids verläuft wahrscheinlich über eine bimolekulare Eliminierung von Sulfinsäure mit anschließendem Zerfall des intermediär gebildeten Acylimids.

Die eingeschränkte Anwendbarkeit des Verfahrens beruht auf der Tatsache, daß aliphatische oder alicyclische Aldehyde, die über ein α-ständiges H-Atom verfügen, unter basischen Bedingungen nicht stabil sind. Sie gehen *Aldolkondensationen* ein oder setzen sich im Sinne einer *Cannizzaro-Reaktion* um. Dennoch gelingt es in manchen Fällen derart empfindliche Carbonylverbindungen zu synthetisieren. Dies erfordert jedoch eine optimale Abstimmung der Versuchsparameter (Temperatur, Reaktionszeit, Lösungsmittel, Basenkonzentration) sowie eine äußerst vorsichtige Reaktionsführung. Besonders gute Voraussetzungen sind dann gegeben, wenn sich der gebildete Aldehyd direkt destillativ aus dem Reaktionsgemisch entfernen läßt.

Eine von Nair und Shechter (1978) entwickelte Variante des Verfahrens erlaubt ohne Einschränkung auch die Darstellung basenlabiler Aldehyde. Sie erfolgt durch Pyrolyse der Alkalisalze entsprechender 1-Acyl-2-p-tosylhydrazine im Vakuum und ist daher auch ausgezeichnet zur Synthese reiner, flüchtiger Aldehyde geeignet. Diese Methode wird vorwiegend zur Umsetzung kleinerer Substanzmengen angewandt.

Die Carbonsäure-Reduktion wird sehr stark von der Größe vorhandener Oberflächen beeinflußt. Während bei der üblichen Arbeitsweise – hier wird gewöhnlich festes Natriumcarbonat zugesetzt – die Reaktion bereits nach wenigen Minuten beendet ist, findet in homogener Phase keine Produktbildung statt. Nach Zusatz verschiedenster Festkörper (Holzkohle, Glaspulver, Kupfer, Zink, Natriumcarbonat, Bariumhydroxid) setzt jedoch sofort eine heftige N_2-Entwicklung ein und die Umsetzung verläuft in gewohnter Weise.

M

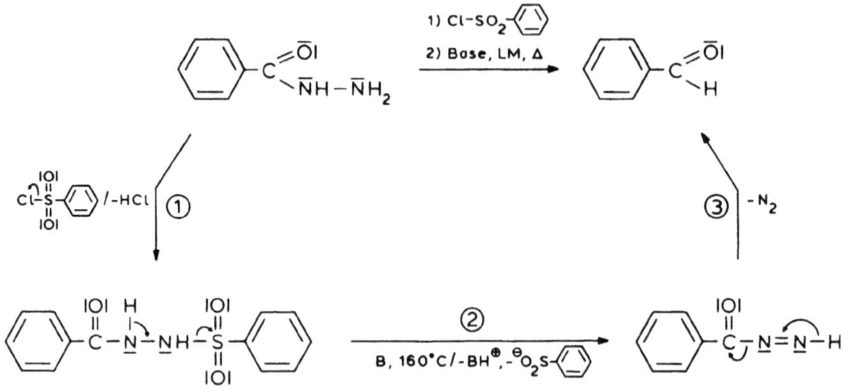

Base: Li_2CO_3; Na_2CO_3; K_2CO_3

LM: Ethylenglycol; Ethylenglycol / Wasser

① Kondensation von Hydrazid und Sulfonsäurechlorid

② basenkatalysierte Abspaltung des Sulfinsäure-Anions

③ Eliminierung von Stickstoff

A Reduktion aromatischer und heteroaromatischer Carbonsäuren zu Aldehyden (⌒ Hydroxy-, Alkoxy-, Alkylbenzaldehyde); Ersatz reaktiver Halogenatome an Benzolringen durch Wasserstoff [$C_6H_2(NO_2)_3Cl \rightarrow C_6H_2(NO_2)_3NHNHSO_2C_6H_5 \rightarrow C_6H_3(NO_2)_3$]

L

J. S. McFadyen und *T. S. Stevens*, J. Chem. Soc. **1936**, 584–587.
L. N. Ferguson, Chem. Rev. **38**, 244–245 (1946).
G. Wittig, M. A. Jesaitis und *M. Glos*, Liebigs Ann. Chem. **577**, 1–10 (1952).
E. Mosettig, Org. React. **8**, 232–240 (1954).
M. S. Newman und *E. G. Calfisch*, J. Am. Chem. Soc. **80**, 862–864 (1958).
M. Sprecher, M. Feldkimel und *M. Wilchek*, J. Org. Chem. **26**, 3664–3666 (1961).
H. Babad, W. Herbert und *A. W. Stiles*, Tetrahedron Lett. **1966**, 2927–2931.
H. Paulsen und *D. Stoye*, The Chemistry of Hydrazides, in *J. Zabicky*: The Chemistry of Amides, S. 569–570, Wiley-Interscience, London 1970.
H. O. House, Modern Synthetic Reactions, 2nd ed., S. 245–246, Benjamin, Menlo Park 1972.
S. B. Martin, J. C. Craig und *R. P. K. Chan*, J. Org. Chem. **39**, 2285–2289 (1974).
M. Nair und *H. Shechter*, J. Chem. Soc., Chem. Commun. **1978**, 793–794.
C. C. Dudman, P. Grice und *C. B. Reese*, Tetrahedron Lett. **1980**, 4645–4648.

Meerwein-Ponndorf-Verley

Reduktion von Carbonylverbindungen

Aldehyde und Ketone lassen sich mit Hilfe von Aluminiumalkoholaten zu Alkoholen reduzieren. Da hierbei ausschließlich Carbonylfunktionen angegriffen werden, eignet sich die Methode besonders für Verbindungen, die noch weitere reduktionsempfindliche Gruppen enthalten. Es handelt sich um eine Gleichgewichtsreaktion, deren umgekehrter Verlauf als *Oppenauer-Oxidation* bekannt ist.

M

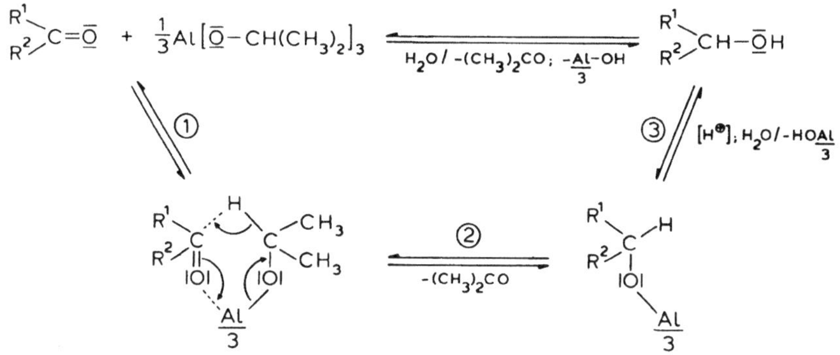

① Koordination von Carbonylkomponente und Alkoholat ⌒ cyclischer Übergangszustand

② Hydrid-Transfer

③ Hydrolyse

E Vor dem eigentlichen Reduktionsschritt verbinden sich die beiden Reaktionspartner zu einem sechsgliedrigen, cyclischen Komplex. Durch diese Koordination werden die später miteinander reagierenden Molekülfragmente in eine entsprechend günstige Position zueinander gebracht und darin bis zur Umsetzung fixiert. Nun kann die polarisierende Wirkung des Reduktionsmittels die benachbarte Carbonylgruppe aktivieren und somit den Hydrid-Transfer erleichtern.

Das Aluminiumalkoholat wirkt als Lewis-Säure und erhöht die Elektrophilie des komplexierten Aldehyds bzw. Ketons. Die dadurch bedingte negative Partialladung des Metallatoms übt einen Elektronenschub auf die angrenzenden Bindungen aus und begünstigt so gleichzeitig die Übertragung des α-Wasserstoffs als Anion auf den positivierten Carbonyl-Kohlenstoff. In den meisten Fällen hat sich Aluminiumisopropanolat als Reduktionsmittel bewährt. Da diese Verbindung vorwiegend kovalenten Charakter besitzt, ist sie im Gegensatz zu Natrium- oder Kaliumalkoholaten in organischen Solventien löslich. Sie zeigt darüberhinaus nur eine geringe Tendenz zur Bildung freier Anionen, deren Basizität zu Nebenreaktionen (*Aldoladdition*) führen könnte. Die Wahl von Isopropanol als Alkohol-Komponente ist deshalb günstig, weil sein Oxidationsprodukt, das bei der Umsetzung entstehende Aceton, einen niedrigen Siedepunkt besitzt, sich infolgedessen leicht destillativ aus dem Reaktionsgemisch entfernen läßt und damit eine Verschiebung des Gleichgewichts auf die Produktseite ermöglicht.

In letzter Zeit gewinnt die Durchführung der Meerwein-Ponndorf-Verley-Reduktion an Festkörper-Kontakten immer mehr an Bedeutung. Diese Grenzflächen-Reaktionen sind maßgeblich von der spezifischen Oberfläche des verwendeten Festkörpers abhängig. Zugesetzte Basen (Diisopropylamin) wirken als Promotoren dieser heterogen geführten Reduktionen. Für die an der Grenzfläche von Aluminiumoxid-Teilchen ablaufende Umsetzung wurde ein Mechanismus vorgeschlagen, der in den Grundzügen der oben formulierten Reaktionsfolge entspricht. Als Koordinationszentren fungieren hier jedoch die Metallatome des Festkörper-Kontaktes.

A Reduktion von Aldehyden und Ketonen mit zusätzlichen reduktionsempfindlichen Gruppen ($-NO_2$, $>C=C<$) im Molekül; Synthese sonst schwer zugänglicher Alkohole (Trichlorethanol, Zimtalkohol)

L *A. Meerwein* und *R. Schmidt*, Liebigs Ann. Chem. **444**, 221–238 (1925).
A. Verley, Bull. Soc. Chim. Fr. **37**, 537; 871 (1925).
W. Ponndorf, Angew. Chem. **39**, 138–143 (1926).
A. L. Wilds, Org. React. **2**, 178–223 (1944).
O. Bayer, Herstellung von Aldehyden durch Oxydoreduktionen, in *Houben-Weyl-Müller*: Methoden der Organischen Chemie, 4. Aufl., Bd. VII/1, S. 186–189, Thieme, Stuttgart 1954.
N. C. Deno, H. J. Peterson und *G. S. Saines*, Chem. Rev. **60**, 7–14 (1960).
V. J. Shiner, jr., *D. Whittaker*, J. Am. Chem. Soc. **91**, 394–398 (1969).
L. H. Klemm und *D. R. Taylor*, J. Org. Chem. **35**, 3216–3219 (1970).
A. Ichihara und *T. Matsumoto*, Bull. Chem. Soc. Jpn. **47**, 1030–1031 (1974).
G. H. Posner und *A. W. Runquist*, Tetrahedron Lett. **1975**, 3601–3604.
L. Horner und *V. B. Kaps*, Liebigs Ann. Chem. **1980**, 192–211.
s. auch unter *Oppenauer, Oxidation von Alkoholen*

Michael

Nucleophile Addition an vinyloge C=C-Doppelbindungen

Verbindungen mit aktiven Methylengruppen können in einer basenkatalysierten Reaktion an vinyloge C=C-Doppelbindungen addiert werden. Es handelt sich hierbei um ein sehr allgemein anwendbares Verfahren zur Knüpfung von C-C-Bindungen, da ein breites Spektrum geeigneter Ausgangskomponenten zur Verfügung steht. Die große präparative Bedeutung der Michael-Addition liegt u. a. in der Möglichkeit, eine Kohlenstoffkette in einem Schritt um mehrere C-Atome zu verlängern.

M

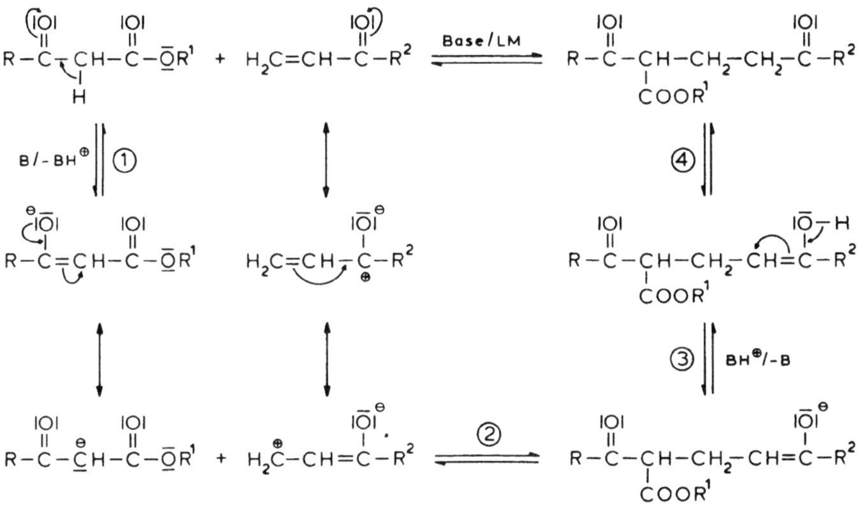

$Z^1-\overset{H}{\overset{|}{C}}H-Z^2$: $Z^{1,2}$ = $-CHO$; $-COR$; $-COOR$; $-CONR_2$; $-CN$; $-NO_2$; $-SO_2R$

R^1: H; $-\overset{|}{\underset{|}{C}}-$; 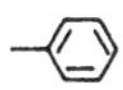

Base: Piperidin; Pyridin; Alkylamine; Natriumamid; Ammoniak; Alkoholate; Alkalimetallhydroxide; basische Ionenaustauscher

LM: Methanol; Ethanol; tert.-Butanol; Ether; Dioxan; Benzol

① Deprotonierung ↷ Carbanion
② Nucleophile Addition
③ Protonierung ↷ Enol
④ Keto-Enol-Tautomerie

E Die Michael-Addition ist eine in allen Teilschritten reversible Reaktion. Unter den experimentellen Bedingungen liegt jedoch das Gleichgewicht gewöhnlich so weit auf der Produktseite, daß nach einer Optimierung der Versuchsparameter die Rückreaktion vernachlässigt werden kann.

Als Methylenkomponenten dienen bevorzugt Malonester, Acetessigester oder Cyanessigester. Die elektronenziehenden Gruppen (symbolisiert durch Z) erhöhen die Acidität der α-H-Atome und erleichtern ihre Abtrennung durch die eingesetzte Base. Diese braucht nur in katalytischen Mengen vorhanden zu sein, da sie im weiteren Verlauf der Reaktion regeneriert wird. Auch monofunktionelle Verbindungen, wie beispielsweise Nitroalkane, finden teilweise Verwendung.

Die Addition des gebildeten Carbanions an die aktivierte Doppelbindung der α,β-ungesättigten Komponente ist für die Gesamtreaktion geschwindigkeitsbestimmend. Der Angriff des Nucleophils erfolgt in der Regel am β-Kohlenstoff, da so eine Delokalisierung der negativen

Ladung im primären Additionsprodukt möglich ist. Die Knüpfung der neuen C-C-Bindung auf Kosten einer π-Bindung liefert die treibende Kraft für diese Umsetzung. Das von dem Enolat aufgenommene Proton kann sowohl von der protonierten Base, als auch vom Lösungsmittel oder anderen Molekülen stammen. In einem tautomeren Gleichgewicht lagert sich das gebildete Enol in die stabilere Keto-Form um.

Die Reaktionsgeschwindigkeit wird sowohl von der Reaktivität der Ausgangskomponenten (C-H-Acidität, Polarität der Doppelbindung) als auch von den gewählten Versuchsbedingungen bestimmt. Sie wächst mit steigender Basenkonzentration und nimmt mit größer werdenden Ionenstärken ab. Basierend auf diesen und ergänzenden Befunden wurde ein Mechanismus vorgeschlagen, der die Annahme einer cyclischen Zwischenstufe enthält (Markisz und Gettler, 1969).

Die Michael-Addition wird sehr häufig von Folgereaktionen begleitet. So sind Methylenkomponenten mit mehreren aciden H-Atomen zur Bildung entsprechend höherer Addukte fähig. Estergruppen können durch Hydrolyse und nachfolgende Decarboxylierung abgebaut werden. Bedingt durch die Verwendung basischer Katalysatoren schließen sich der Addition vielfach *Aldol-Reaktionen* oder *Claisen-Kondensationen* an. Diese lassen sich jedoch weitgehend zurückdrängen, wenn man an Stelle der C-H-aciden Verbindungen deren Enamine einsetzt.

Die Michael-Addition wird aber auch ihrerseits häufig als Folgereaktion beobachtet. Besonders in Anwesenheit überschüssiger Methylenkomponente neigen die bei *Aldoladditionen* und *Knoevenagel-Reaktionen* entstehenden α,β-ungesättigten Carbonylverbindungen zur Addition eines Nucleophils im Sinne der Michael-Reaktion.

A Verlängerung von Kohlenstoffketten um mehrere C-Atome; Synthese ringförmiger Verbindungen (Dimedon); Kombination mit aldolartigen Reaktionen zum Aufbau des Steroid-Gerüstes (Robinson-Annellierung); technische Darstellung von Warfarin

L

A. Michael, J. Prakt. Chem. **35**, 349–358 (1887).
A. Michael und *J. Ross*, J. Am. Chem. Soc. **52**, 4598–4609 (1930).
H. Henecka, Carbonsäureester durch weitere Kohlenstoffverkettungs-Reaktionen, in *Houben-Weyl-Müller*: Methoden der Organischen Chemie, 4. Aufl., Bd. VIII, S. 590–598, Thieme, Stuttgart 1952.
A. Wettstein, K. Heusler, H. Überwasser und *P. Wieland*, Helv. Chim. Acta **40**, 323–341 (1957).
E. D. Bergmann, D. Ginsburg und *R. Rappo*, Org. React. **10**, 179–555 (1959).
F. Kröhnke und *W. Zecher*, Angew. Chem. **74**, 811–817 (1962).
H. A. P. DeJongh und *H. Wynberg*, Rec. Trav. Chim. Pays-Bas **82**, 202–212 (1963).
R. A. Abramovitch und *D. L. Struble*, Tetrahedron **24**, 357–380 (1968).
J. A. Markisz und *J. D. Gettler*, Can. J. Chem. **47**, 1965–1979 (1969).
H. O. House, Modern Synthetic Reactions 2nd ed., S. 595–623, Benjamin, Menlo Park 1972.
G. Aichinger, Michael-Addition, in *F. Korte*: Methodicum Chimicum, Bd. V, S. 391–399, Thieme, Stuttgart 1975.
D. Spitzner, Angew. Chem. **90**, 213–214 (1978).
K. B. White und *W. Reusch*, Tetrahedron **34**, 2439–2443 (1978).
T. Takajo und *S. Kambe*, Synthesis **1980**, 833–836.
K. Matsumoto, Angew. Chem. **92**, 1046–1051 (1980).
J. H. Nelson, P. N. Howells, G. C. DeLullo, G. L. Landen und *R. A. Henry*, J. Org. Chem. **45**, 1246–1249 (1980).
K. Matsumoto, Angew. Chem. **93**, 803–804 (1981).
H. Ernst, E. Ottow, H.-G. Recker und *E. Winterfeld*, Chem. Ber. **114**, 1907–1925 (1981).
H. Meyer, Liebigs Ann. Chem. **1981**, 1534–1544.
S. Danishefsky und *M. Kahn*, Tetrahedron Lett. **1981**, 485–488.
S. J. Blarer, W. B. Schweizer und *D. Seebach*, Helv. Chim. Acta **65**, 1637–1654 (1982).

Nametkin

Retropinakolin-Umlagerung

Die Nametkin-Reaktion gehört zur Gruppe der 1,2-nucleophilen Umlagerungen. Sie hat besonders in der Reihe verbrückter, bicyclischer Monoterpene und verwandter Verbindungen größere Bedeutung erlangt. Da die erhaltenen Endprodukte hinsichtlich ihres Kohlenstoffgerüsts den Ausgangskomponenten der *Pinakol-Umlagerung* entsprechen, wird sie auch als Retropinakolin-Umlagerung bezeichnet.

M

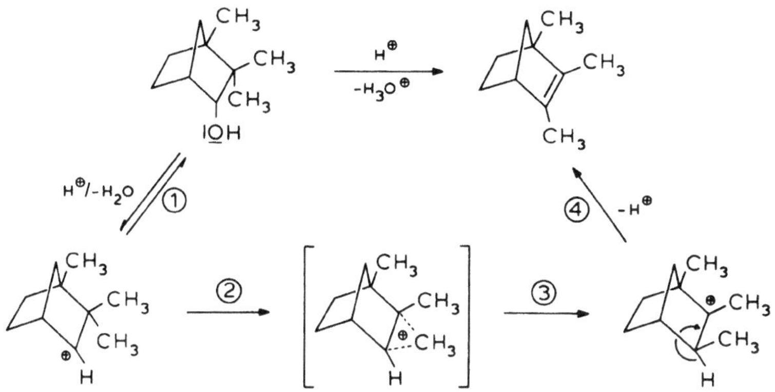

① Säurekatalysierte Abspaltung von Wasser

② Bildung eines cyclischen Übergangszustandes

③ Fixierung der Methylgruppe am niedriger alkylierten C-Atom

④ Deprotonierung ⌒ Ausbildung einer Doppelbindung

E Die Nametkin-Reaktion verläuft vornehmlich dann, wenn in α-Stellung zu einem quartären Kohlenstoffatom eine sekundäre Hydroxylgruppe vorhanden ist. Die säurekatalysierte Abspaltung von Wasser führt zur Bildung eines Carbeniumions, dessen positive Ladung nur durch zwei Alkylreste (+I-Effekt) stabilisiert wird. Durch die Wanderung der benachbarten Methylgruppe unter Mitnahme ihrer Bindungselektronen entsteht ein energetisch günstigeres tertiäres Kation. In dem dabei durchlaufenen Übergangszustand ist die CH_3-Gruppe gleichzeitig partiell an beide Reaktionszentren gebunden. Sie wird daher in keiner Phase der Umlagerung vollständig vom Rest des Moleküls gelöst. Die Wanderungstendenz der beiden Methylreste ist offenbar nicht identisch. In dem strukturell vergleichbaren Camphen wurde eine eindeutige Bevorzugung der exo-(C_9)-Umlagerung festgestellt. Die Stabilisierung des Carbeniumions erfolgt durch Abgabe eines Protons an das als Base fungierende Wasser unter Ausbildung einer Doppelbindung.

Die Nametkin-Reaktion zeigt mechanistisch eine enge Verwandtschaft zur *Pinakol-* bzw. *Wagner-Meerwein-Umlagerung*. Letztere wird in der Terpenchemie häufig als "Überbegriff" für derartige 1,2-Umlagerungen benutzt.

A Umlagerungen in der Terpen-Reihe (Camphenilol → Santen); Teilschritte bei der Racemisierung von Camphen

L *S. S. Nametkin* und *L. Brüssoff*, J. Russ. Phys. Chem. Ges. **55**, 525 (1924).
S. S. Nametkin, A. Kitschkin und *D. Kurssanoff*, J. Prakt. Chem. **124**, 144–158 (1930).
S. S. Nametkin und *A. I. Schawrigin*, Ber. Dtsch. Chem. Ges. **66**, 511–514 (1933).
H. Henecka, Pinakolin- und Retropinakolin-Umlagerung, in *Houben-Weyl-Müller*: Methoden der Organischen Chemie, 4. Aufl., Bd. IV/2, S. 16–17, Thieme, Stuttgart 1955.
H. Hückel, Theoretische Grundlagen der Organischen Chemie, 9. Aufl., Bd. I, S. 392–393; 398; 411; 420; 699, Akademische Verlagsgesellschaft, Leipzig 1961.
T. S. Stevens und *W. E. Watts*, Selected Molecular Rearrangements, S. 19, Van Nostrand Reinhold, London 1973.
P. C. Moews, J. R. Knox und *W. R. Vaughan* J. Am. Chem. Soc. **100**, 260–264 (1978).

Neber

Oxim → α-Aminoketon-Umlagerung

Ketoximtosylate zeigen bei der Behandlung mit starken Basen eine Umlagerungsreaktion, die zur Bildung von α-Aminoketonen führt. Die Ausgangsverbindungen können sich sowohl von aliphatischen als auch von aromatischen und heterocyclischen Ketonen ableiten. Entsprechende Aldoxim-Derivate sind nicht verwendbar. Sie setzen sich unter E2-Eliminierung von p-Toluolsulfonsäure zu Nitrilen oder Isonitrilen um.

E Der Verlauf der Neber-Umlagerung ist noch nicht in allen Einzelheiten geklärt. In der Literatur werden im wesentlichen zwei verschiedene Mechanismen diskutiert. Die unter **M** dargestellte Reaktionsfolge ① → ④ beginnt mit der basenkatalysierten Abstraktion eines zur funktionellen Gruppe α-ständigen Wasserstoffatoms. Das gebildete Anion cyclisiert unter Eliminierung des Tosylations. Möglicherweise verläuft dieser, hier synchron formulierte Teilschritt in zwei Phasen, d. h. über ein Nitren als Zwischenstufe. Die Isolierung des resultierenden Azirins ist in einigen Fällen gelungen und gilt als Hinweis für die Richtigkeit dieses Mechanismus. Das bei der abschließenden 1,2-Addition von Alkohol gebildete Alkoxyaziridin wird durch saure Hydrolyse in das gewünschte α-Aminoketon überführt.

Die Reaktionsfolge ⑤ → ⑧ wird durch die nucleophile Addition eines Alkoholations eingeleitet, der sich die Eliminierung eines Tosylations anschließt. Das dabei gebildete Nitren führt durch Insertion in die C-H-Bindung zur Cyclisierung des Moleküls. Auch hier entsteht ein Alkoxyaziridin das, wie oben beschrieben, zum Produkt hydrolysiert wird.

Im Gegensatz zu der häufig als Konkurrenzreaktion auftretenden *Beckmann-Umlagerung* zeigt die Neber-Reaktion keine Abhängigkeit von der Konfiguration der Ausgangskomponenten. Sind zwei verschiedene Methylengruppen vorhanden, wird die Produktzusammensetzung nicht durch die Stereochemie des Oxims, sondern durch die relativen Aciditäten der α-H-Atome bestimmt, wobei das stärker saure Proton bevorzugt reagiert.

Vergleichbare Umsetzungen sind auch mit N,N-Dichloraminen möglich. Beim Behandeln mit Basen entstehen unter Abspaltung von Salzsäure die entsprechenden Ketoximchloride, die sich wie die Tosylate zu α-Aminoketonen umlagern lassen.

M

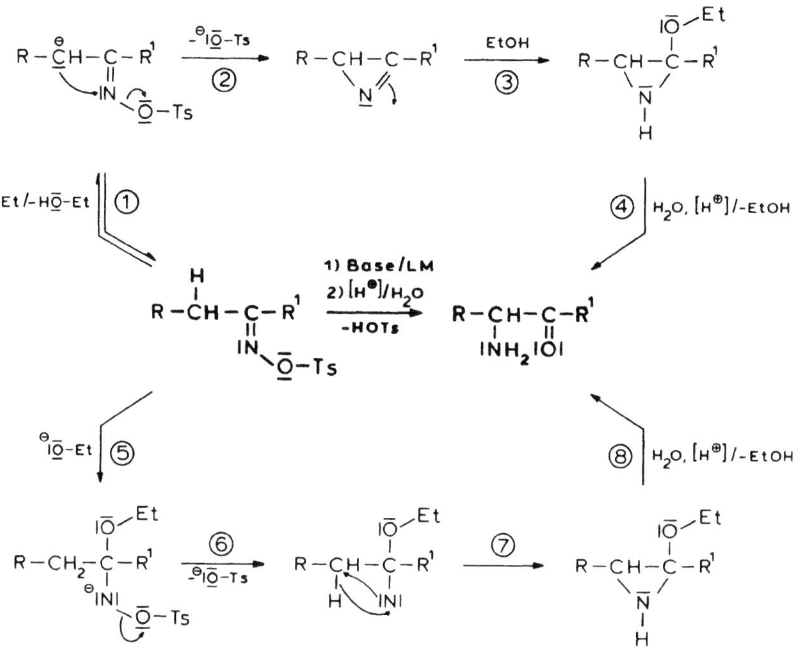

① Deprotonierung
② Ringschluß unter Eliminierung von $TsO^{\ominus}$ ⌒ Azirin
③ Addition von Ethanol ⌒ Ethoxyaziridin
④ Saure Hydrolyse
⑤ Nucleophile Addition eines Ethanolations
⑥ Eliminierung eines Tosylations ⌒ Nitren
⑦ Insertion ⌒ Ethoxyaziridin
⑧ Saure Hydrolyse

A Darstellung von Zwischenverbindungen bei Naturstoffsynthesen (Lysergsäure); stereospezifische Synthesen von cyclischen α-Aminoketonen

L

P. W. Neber und *A. von Friedolsheim*, Liebigs Ann. Chem. **449**, 109–134 (1926).
P. W. Neber, A. Burgard und *W. Thier*, Liebigs Ann. Chem. **526**, 277–294 (1936).
D. J. Cram und *M. J. Hatch*, J. Am. Chem. Soc. **75**, 33–38; 38–44 (1953).
F. Möller, Amine durch Umlagerungsreaktionen, in *Houben-Weyl-Müller*: Methoden der Organischen Chemie, 4. Aufl., Bd. XI/1, S. 903–905, Thieme, Stuttgart 1957.
H. O. House und *W. F. Berkowitz*, J. Org. Chem. **28**, 307–311; 2271–2276 (1963).
C. O'Brien, Chem. Rev. **64**, 81–89 (1964).
B. Camerino und *G. F. Cainelli*, Amine durch Umlagerung, in *F. Korte*: Methodicum Chimicum, Bd. VI, S. 581–582, Thieme, Stuttgart 1974.
G. Kollenz, Liebigs Ann. Chem. **1978**, 1670–1674.
H. G. Corkins, L. Storace und *E. Osgood*, J. Org. Chem. **45**, 3156–3159 (1980).
J. A. Hyatt, J. Org. Chem. **46**, 3953–3955 (1981).
R. F. Parcell und *J. P. Sanchez*, J. Org. Chem. **46**, 5229–5231 (1981).

Nef

Aci-Nitroalkan-Spaltung

Die Salze primärer oder sekundärer Nitroalkane liefern bei der sauren Hydrolyse – neben Distickstoffmonoxid – Aldehyde bzw. Ketone. Tertiäre Nitroverbindungen zeigen keine Reaktion, da sie nicht in die entsprechende Salzform überführt werden können. Mit gutem Erfolg lassen sich dagegen die Ester der korrespondierenden Nitronsäuren verwenden, die sich in analoger Weise zu Carbonylverbindungen umsetzen.

M

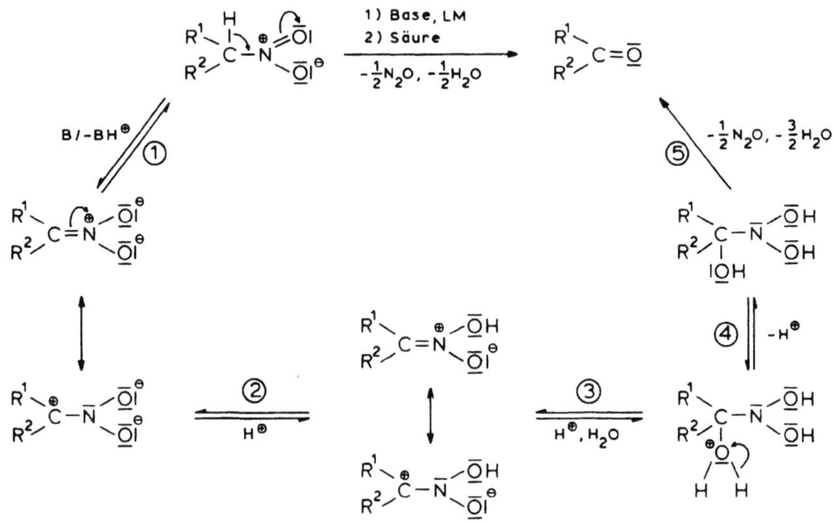

Base: NaOH; KOH; $Ca(OH)_2$; NaOMe; NaOEt

Säure: H_2SO_4; HCl; HNO_3; CH_3COOH

LM: Wasser; Methanol; Ethanol; Dioxan

① Deprotonierung ⌒ Bildung des Nitronsäuresalzes

② Protonierung ⌒ Aci-Form der Nitroverbindung

③ Addition von Wasser

④ Deprotonierung

⑤ s. Erläuterungen

E Die Nitrogruppe ist ein stark elektronenziehender Substituent und verursacht dementsprechend eine deutliche Polarisierung der C-N-Bindung. Die dadurch verringerte Elektronendichte am benachbarten Kohlenstoff erhöht die Acidität der α-H-Atome. Primäre und sekundäre Nitroalkane stehen daher in einem tautomeren Gleichgewicht mit der am Sauerstoff protonierten "Aci-Form", die auch als Nitronsäure bezeichnet wird.

Die einleitende Deprotonierung der Nitrokomponente ist ein langsamer Prozeß, der durch Basen katalysiert wird. Das mesomeriestabilisierte Nitronation wird bei der Zugabe von Säure bevorzugt am Sauerstoff protoniert. Hierbei entsteht die entsprechende Nitronsäure, die aufgrund ihrer geringeren Stabilität zum Teil wieder die tautomere Nitro-Form zurückbildet. Diese Umwandlung verläuft oft so langsam, daß die Konzentration der Aci-Verbindung durch Titration bestimmt werden kann. In einigen Fällen (Phenylnitromethan) ließ sich die freie Säure sogar isolieren. Die Ester der Nitronsäuren besitzen sozusagen eine "eingefrorene" Aci-Form. Hier ist keine Tautomerisierung mehr möglich, so daß ein Teil der experimentellen Schwierigkeiten entfällt.

Der weitere Verlauf der Umsetzung zeigt eine starke Abhängigkeit von der Acidität des Reaktionsmediums. Während mit verdünnten Säuren die erwarteten Aldehyde und Ketone entstehen, führt die Verwendung konzentrierter Säuren zur Bildung von Hydroxamsäuren (Victor Meyer-Reaktion). Beide Synthesewege führen offenbar über eine gemeinsame Zwischenstufe, deren weiteres Schicksal von der Protonenkonzentration des jeweiligen Systems abhängt.

Nach Sun und Folliard (1971) ist die Kinetik der Nef-Reaktion auch vom Wassergehalt des Lösungsmittels abhängig. Sie fanden eine mit steigender Wasserkonzentration abnehmende Geschwindigkeitskonstante. Als Erklärung schlagen sie vor, daß für die letzte der formulierten Zwischenverbindungen mindestens zwei Möglichkeiten zur weiteren Umsetzung bestehen, die ihrerseits in weitere Teilschritte gegliedert sind. Der Mechanismus der Produktbildung wurde deshalb nur stark vereinfacht dargestellt.

A Darstellung cyclischer und bicyclischer Ketone; Kohlenhydrat-Synthesen (Kettenverlängerung, Aldosen ⌒ Ketosen)

L *J. V. Nef*, Liebigs Ann. Chem. **280**, 263–342 (1894).
J. C. Sowden, Adv. Carbohydr. Chem. **6**, 307–310 (1951).
E. E. van Tamelen und *R. J. Thiede*, J. Am. Chem. Soc. **74**, 2615–2618 (1952).
W. E. Noland, Chem. Rev. **55**, 137–155 (1955).
M. F. Hawthorne, J. Am. Chem. Soc. **79**, 2510–2515 (1957).
E. Boberg und *G. R. Schultze*, Chem. Ber. **90**, 1215–1225 (1957).
N. Kornblum und *R. A. Brown*, J. Am. Chem. Soc. **87**, 1742–1747 (1965).
S. F. Sun und *J. T. Folliard*, Tetrahedron **27**, 323–330 (1971).
H. Stetter, Ketone aus Nitro-Verbindungen, in *Houben-Weyl-Müller*: Methoden der Organischen Chemie, 4. Aufl., Bd. VII/2a, S. 843–849, Thieme, Stuttgart 1973.
R. B. Chapas, *R. D. Knudsen*, *R. F. Nystrom* und *H. R. Snyder*, J. Org. Chem. **40**, 3746–3748 (1975).
R. G. Coombes, Nitro and Nitroso Compounds, in *Barton-Ollis*: Comprehensive Organic Chemistry, vol. II, S. 334–337; 351–352, Pergamon Press, Oxford 1979.

Oppenauer

Oxidation von Alkoholen

In Umkehrung der *Meerwein-Ponndorf-Verley-Reduktion* können Alkohole mit Hilfe geeigneter Ketone zu den entsprechenden Carbonylverbindungen oxidiert werden. Das Verfahren ist sehr spezifisch, so daß phenolische OH-Gruppen oder auch Doppelbindungen nicht angegriffen werden. Die Darstellung von Aldehyden ist oft problematisch, weil die basischen Bedingungen bei der Umsetzung häufig zu Kondensationsreaktionen des Produktes mit der Ketokomponente führen.

M

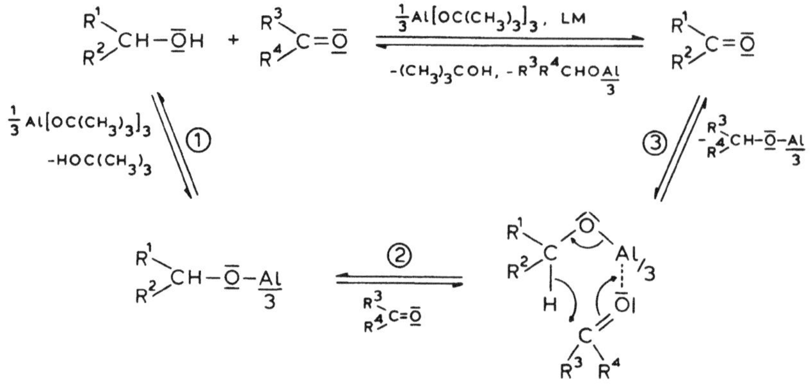

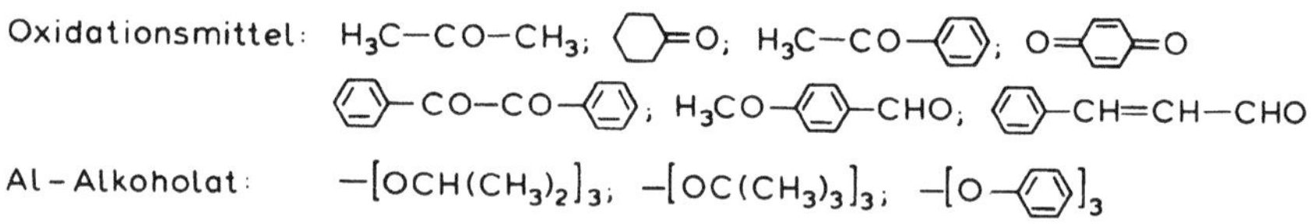

LM: Benzol; Toluol; Xylol

① Überführung in das Alkoholat

② Koordination von Alkoholat und Carbonylkomponente ⌒ cyclischer Übergangszustand

③ Hydrid-Transfer

E Der Mechanismus der Oppenauer-Oxidation entspricht dem der *Meerwein-Ponndorf-Verley-Reduktion* und wurde bereits dort ausführlich besprochen. Beide Reaktionen unterscheiden sich jedoch hinsichtlich der Problematik ihrer experimentellen Durchführung. So kann die Verlagerung des Gleichgewichts auf die Produktseite in diesem Fall nicht durch destillative Entfernung des gebildeten Alkohols erfolgen, weil dessen Siedepunkt stets höher liegt als derjenige der zugehörigen Carbonylverbindung. Man wählt daher die Ausgangskomponenten derart, daß das gewünschte Produkt den niedrigst siedenden Anteil des Reaktionsgemisches darstellt und entsprechend abgetrennt werden kann.

Eine Alternative besteht in der Verwendung überschüssigen Oxidationsmittels, um das Gleichgewicht sozusagen auf die Produktseite zu schieben. Die Wahl eines geeigneten Aldehyds oder Ketons wird dabei sowohl von dessen Oxidationskraft, als auch von finanziellen Erwägungen bestimmt. Das preiswerte Aceton z. B. besitzt zwar ein relativ niedriges Potential, kann aber in großen Mengen eingesetzt werden. Im Zweifelsfall gibt man oft der höhersiedenden Verbindung den Vorzug, da diese kürzere Reaktionszeiten erlaubt und dadurch der Bildung von Nebenprodukten entgegenwirkt.

Die Alkohol-Komponente muß stets als Alkoholat vorliegen. Dieses kann vor der eigentlichen Reaktion synthetisiert oder in einem vorgelagerten Gleichgewicht aus dem Alkoholat eines anderen Alkohols gebildet werden (Metallaustausch). Letzteres braucht theoretisch nur in katalytischen Mengen anwesend zu sein. Um aber Verluste durch vorhandenes oder gebildetes Wasser auszugleichen, wird es oft im Überschuß eingesetzt. In der Regel benutzt man Aluminiumalkoxide, in einigen Fällen auch die entsprechenden Magnesium-, Zinn-, Zirkonium-oder Alkalimetallverbindungen.

Auch die Oppenauer-Oxidation wird immer häufiger als Grenzflächen-Reaktion durchgeführt (vgl. *Meerwein-Ponndorf-Verley-Reduktion*). An Aluminiumoxid werden gesättigte und ungesättigte sekundäre Alkohole mit Chloral (Trichloracetaldehyd) als "Hydridakzeptor" bereits bei 25–50°C in die entsprechenden Carbonylverbindungen überführt. Die schonende Arbeitsweise verhindert, daß empfindliche Produkte durch Folgereaktionen sofort wieder abgebaut werden. Der Mechanismus entspricht vermutlich dem der heterogen geführten *Meerwein-Ponndorf-Verley-Reduktion.*

A Teilschritt der Testosteron-Synthese; Oxidation von Cholesterin zu D^4-Cholesteron-(3); Dehydrierung von ungesättigten Alkoholen, Terpen-Alkoholen, Diarylcarbinolen und Polyhydroxyverbindungen

L *R. von Oppenauer*, Rec. Trav. Chim. Pays-Bas **56**, 137 (1937).
A. L. Wilds, Org. React. **2**, 178–223 (1944).
T. Bersin, Reduktion nach Meerwein-Ponndorf und Oxydation nach Oppenauer, in *Foerst*: Neuere Methoden der Präparativen Organischen Chemie, Bd. I, S. 137–154, Verlag Chemie, Weinheim/Bergstrasse 1949.
A. Lauchenauer und *H. Schinz*, Helv. Chim. Acta **32**, 1265–1274 (1949).
C. Djerassi, Org. React. **6**, 207–272 (1951).
B. J. Yager und *C. K. Hancock*, J. Org. Chem. **30**, 1174–1179 (1965).
D. Kramer, Ketone durch Oppenauer Oxidation, in *Houben-Weyl-Müller*: Methoden der Organischen Chemie, 4. Aufl., Bd. VII/2a, S. 714–718, Thieme, Stuttgart 1973.
L. Horner und *U. B. Kaps*, Liebigs Ann. Chem. **1980**, 192–211.
s. auch unter *Meerwein-Ponndorf-Verley, Reduktion von Carbonylverbindungen.*

Orton

Halogenwanderung

Am Stickstoffatom chlorierte oder bromierte N-Acylaniline können sich durch Halogenwanderung in die entsprechenden kernsubstituierten Verbindungen umlagern. Die Reaktion wird durch Salzsäure bzw. Bromwasserstoffsäure katalysiert. Entsprechende Umsetzungen mit jodhaltigen Ausgangskomponenten werden nur selten durchgeführt. Als Lösungsmittel dienen in der Regel Wasser oder Essigsäure.

E Die Halogenwanderung nach Orton ist eigentlich keine Umlagerung im engeren Sinne. Es handelt sich vielmehr um einen mehrstufigen intermolekularen Prozeß, wie anhand folgender Befunde gezeigt werden konnte:

- Neben Acetanilid entsteht vorübergehend elementares Chlor.
- Das ortho/para-Verhältnis der Produkte entspricht demjenigen der direkten Halogenierung
- N-Chloranilide liefern in Gegenwart von Bromwasserstoff unter anderem p-Bromanilide
- Reaktive Aromaten werden in Gegenwart von N-Chloraniliden und katalytischen Mengen Salzsäure halogeniert.

Die unter **M** angeführten Teilschritte ① und ② werden oft fälschlicherweise als Hydrolyse bezeichnet. Sie entsprechen jedoch eher einer bimolekularen nucleophilen Substitution, die allerdings nicht an einem Kohlenstoff- sondern an einem Chloratom stattfindet. Das Halogenidion der zugesetzten Säure verdrängt demnach das Anilid unter Bildung von elementarem Halogen. Dieses ist zur elektrophilen aromatischen Substitution am Kern befähigt und bildet, wie zu erwarten, die in ortho- oder para-Stellung halogenierten Derivate des Acetylanilids.

Die Geschwindigkeit der Umsetzung wird naturgemäß durch zusätzlich am Ring vorhandene Gruppen beeinflußt. Deren elektronische Eigenschaften ändern sowohl die Polarität der N-X-Bindung als auch die Elektronendichte im Aromaten und wirken daher gleichzeitig auf beide Reaktionszentren. Für die Substituenten -Cl, -Br, -CO_2Et und -COPh fand man einen insgesamt hemmenden Einfluß.

Die Halogenwanderung kann nicht nur durch die beschriebene Säurekatalyse induziert werden. Derartige Isomerisierungen gelingen auch mit Hilfe von Hitze, Licht oder Radikalbildnern wie etwa Dibenzoylperoxid. Man schließt daraus, daß die Umlagerung unter entsprechenden Bedingungen auch nach einem anderen Mechanismus ablaufen kann.

M

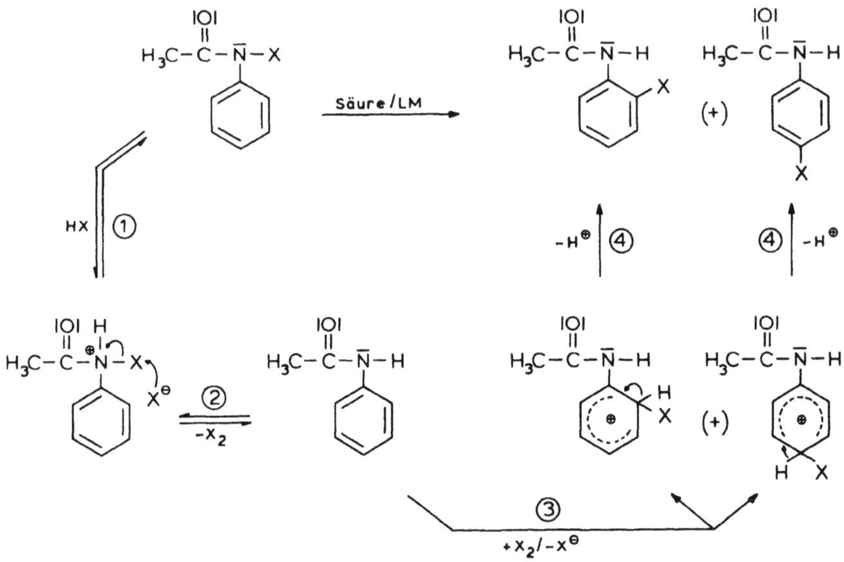

X: Cl; Br

Säure: HCl; HBr; (CF_3–COOH; CCl_3–COOH; CH_2Cl–COOH)

LM: Wasser; Essigsäure; Chlorbenzol; Tetrachlorkohlenstoff; Ether

① Protonierung ⌒ Polarisierung der N-X-Bindung

② Nucleophile Substitution

③,④ Elektrophile aromatische Substitution

A Halogenierung von Aromaten (meist der direkten Halogenierung unterlegen)

L *G. Bender*, Ber. Dtsch. Chem. Ges. **19**, 2272–2274 (1886).
F. D. Chattaway und *K. J. P. Orton*, J. Chem. Soc. **1899**, 75; 1046.
K. J. P. Orton und *A. E. Bradfield*, J. Chem. Soc. **1927**, 986–997.
E. D. Hughes und *C. K. Ingold*, Q. Rev., Chem. Soc. **6**, 34–42 (1952).
M. J. S. Dewar und *J. M. W. Scott*, J. Chem. Soc. **1955**, 1845-1847.
J. M. W. Scott, Can. J. Chem. **38**, 2441–2449 (1960).
J. M. W. Scott und *J. G. Martin*, Can. J. Chem. **44**, 2901–2907 (1966).
H. J. Shine, Aromatic Rearrangements, S. 221–230, Elsevier, Amsterdam 1967.
J. F. Bieron und *F. J. Dinan*, Rearrangement and Elimination of the Amido Group, in *Patai*: The Chemistry of Amides, S. 263–269, Wiley-Interscience, London 1970.
I. M. A. Rahman, W. J. Hickinbottom und *S. Wasif*, J. Chem. Soc. (B), **1970**, 1128–1130.
A. H. ElNadi, W. J. Hickinbottom und *S. Wasif*, J. Chem. Soc. (B) **1970**, 1131-1133.
T. Fujii, Rev. Phys. Chem. Jpn. **44**, 38–55 (1974).
S. Kinastowski und *A. Nowacki*, Tetrahedron Lett. **1982**, 3723–3724.

Perkin

Zimtsäure-Synthese

Die klassische Perkin-Synthese besteht in der Umsetzung von Benzaldehyd mit Essigsäureanhydrid in Gegenwart von Natriumacetat zu Zimtsäure. Zahlreiche Variationen hinsichtlich der Ausgangskomponenten erweitern den Anwendungsbereich dieses Verfahrens und bieten einen allgemeinen Zugang zu α,β-ungesättigten Carbonsäuren. Die Reaktion ist in die übergeordnete Gruppe der *Aldol-Reaktionen* einzureihen.

M

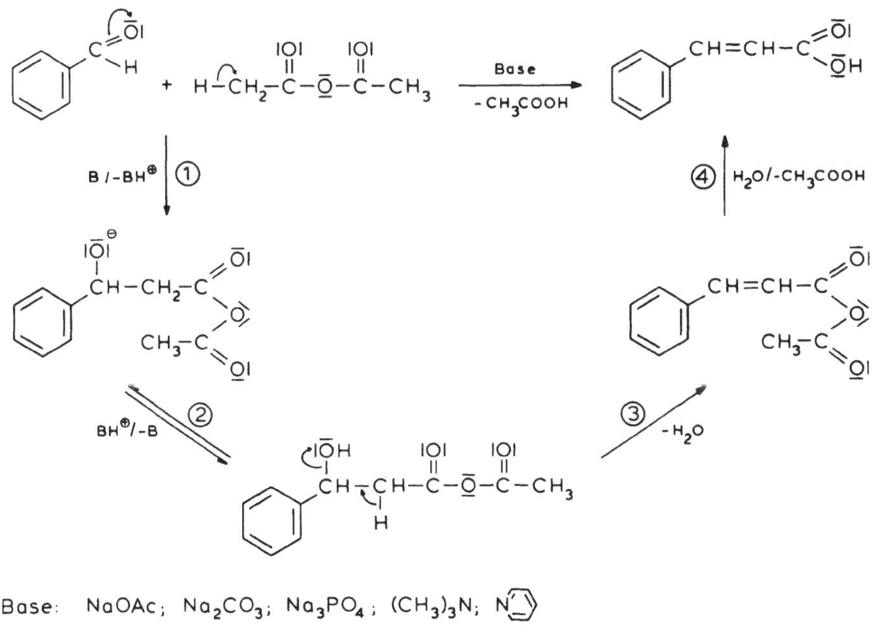

Base: NaOAc; Na_2CO_3; Na_3PO_4; $(CH_3)_3N$;

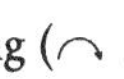

① Nucleophile Addition ② Protonierung (⌒ Aldol)
③ β-Eliminierung von Wasser ④ Hydrolyse

E Die Methylenkomponente wird zunächst in einem vorgelagerten Gleichgewicht deprotoniert. Als Base dient hierbei in der Regel das Natrium- oder Kaliumsalz der zum Anhydrid korrespondierenden Säure. Das gebildete Carbanion addiert sich nucleophil an die Carbonylgruppe des Aldehyds. Dieser Teilschritt wird bei den zumeist aromatischen Carbonylverbindungen durch elektronenziehende Substituenten (-NO_2) am Ring erleichtert. Alkyl- oder Alkoxygruppen verringern die Ausbeute. Bei der anschließenden Protonierung entsteht ein aldolartiges Zwischenprodukt das nur faßbar ist, wenn die Methylenkomponente kein zweites H-Atom mehr am α-Kohlenstoff trägt. Ansonsten läßt sich die Abspaltung von Wasser nicht verhindern. Die Konfiguration des Moleküls an der resultierenden Doppelbindung wurde an verschiedenen α-Arylzimtsäuren eingehend untersucht. Man fand eine vorwiegende trans-Orientierung der Carboxylgruppe bezogen auf den β-ständigen Substituenten. Die abschließende Freisetzung des Endproduktes erfolgt durch hydrolytische Spaltung der Anhydridbindung.

Neben den benzoiden Aldehyden sind auch deren vinyloge Derivate (ArCH=CHCHO) sowie die analogen heterocyclischen Verbindungen (2-Furaldehyd, Thiophen-2-aldehyd) verwendbar. Reaktionen mit aliphatischen Aldehyden gelingen meist nicht. Aufgrund des nur schwach basischen Charakters der Säureanionen erfordern die Umsetzungen allgemein energischere Bedingungen (höhere Temperaturen) als vergleichbare Kondensationen.

Die präparative Bedeutung der Perkin-Reaktion wurde durch die Entwicklung zahlreicher Varianten beträchtlich erweitert. Bei der *Erlenmeyer-Plöchl-Synthese* z. B. werden aromatische Aldehyde mit N-Acyl-Derivaten von Glycin zu Azlactonen umgesetzt, die sich zu α-Ketosäuren bzw. (nach der Reduktion) α-Aminosäuren verseifen lassen. Die Kondensation mit methylenaktiven Heterocyclen wie Hydantoin (2,4-Dioxoimidazolidin) führt zu Primärprodukten, die ebenfalls zu Aminosäuren reduziert werden können. Durch Verwendung von Rhodanin (2-Thio-4-oxo-thiazolidin) als Methylenkomponente werden über ein dreistufiges Verfahren Nitrile zugänglich, deren Kohlenstoffkette um ein C-Atom länger ist als diejenige des eingesetzten Aldehyds.

A Synthese α,β-ungesättigter Carbonsäuren (β-Arylacrylsäuren); Darstellung von Azlactonen und deren Folgeprodukten (α-Aminosäuren); Teilschritt bei einer Vielzahl von Naturstoffsynthesen (Orchinol, Septicin)

L

W. H. Perkin, J. Chem. Soc. **21**, 53; 181. (1868).
J. R. Johnson, Org. React. **1**, 210–265 (1942).
H. Henecka, Herstellung von Carbonsäuren durch Kohlenstoffverkettung, in *Houben-Weyl-Müller*: Methoden der Organischen Chemie, 4. Aufl., Bd. VIII, S. 442–450, Thieme, Stuttgart 1952.
P. H. Leake, Chem. Rev. **56**, 27–34 (1956).
H. E. Zimmerman und *L. Ahramjian*, J. Am. Chem. Soc. **81**, 2086–2091 (1959).
R. Ketcham und *D. Jambotkar*, J. Org. Chem. **28**, 1034–1037 (1963).
H. von Brachel und *U. Bahr*, Dien-carbonsäuren durch Perkin-Reaktion, in *Houben-Weyl-Müller*: Methoden der Organischen Chemie, 4. Aufl., Bd. V/1c, S. 540–554, Thieme, Stuttgart 1970.
H. O. House, Modern Synthetic Reactions, 2nd ed., S. 660–663, Benjamin, Menlo Park 1972.
S. Linke, Carbonsäuren durch die Perkin-Reaktion, in *F. Korte*: Methodicum Chimicum, Bd. V, S. 581–583, Thieme, Stuttgart 1975.
M. Iwata und *S. Emoto*, Bull. Chem. Soc. Jpn. **49**, 1369–1374 (1976).

Reformatskij

Synthese von β-Hydroxycarbonsäureestern

Unter der Reformatskij-Synthese versteht man im engeren Sinn die Reaktion von α-Halogencarbonsäureestern mit Aldehyden oder Ketonen in Gegenwart von metallischem Zink. Die entstehenden β-Hydroxyester sind durch Abspaltung von Wasser leicht in die entsprechenden α,β-ungesättigten Verbindungen überführbar. Das Verfahren stellt eine Variante der *Aldoladdition* dar und zeigt eine enge Verwandschaft mit der *Grignard-Reaktion.*

M

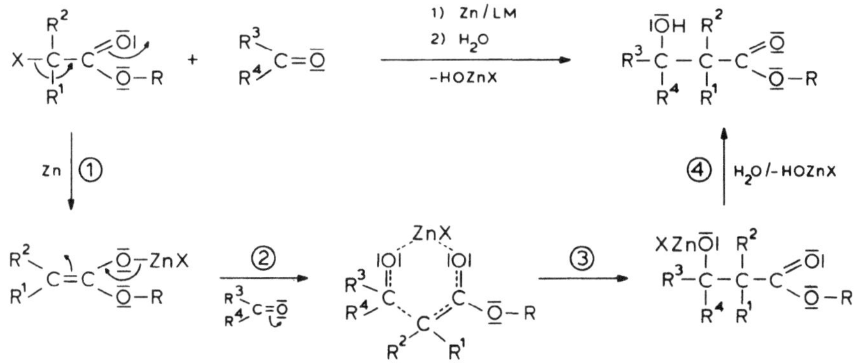

X: Cl; Br; I

LM: Ether; Toluol; Benzol

① Bildung der zinkorganischen Verbindung (s. Text)

②,③ Chelatisierung ⌒ Nucleophile Addition

④ Hydrolyse

E Die Verwendung von Metallen als Katalysatoren für *Aldolkondensationen* (s. *Knoevenagel, Perkin, Claisen, Darzens* usw.) besitzt zwei entscheidende Vorteile. Einerseits wird die Methylenkomponente praktisch vollständig in die aktivierte Form überführt, zum anderen wird das mit der Carbonylverbindung gebildete Addukt durch die Chelatisierung stabilisiert und so eine Rückreaktion erschwert. Ungeklärt ist bisher ob das Zink, wie gezeigt, am Sauerstoff (Enolat) oder aber am Kohlenstoff (Carbanion) gebunden wird. Vermutlich existieren beide Strukturen, offenbar in Abhängigkeit vom verwendeten Lösungsmittel.

Das Auftreten der aus dem Komplex hervorgehenden Zinkalkoxide ist dagegen bewiesen. Eine Reihe dieser Salze konnte isoliert und charakterisiert werden. Sie lassen sich durch Hydrolyse in die entsprechenden β-Hydroxycarbonsäureester überführen.

Die Wahl des zu verwendenden Metalls richtet sich nach dessen Reaktivität. Beim Einsatz von Magnesium wird meist auch die etwas trägere Esterfunktion angegriffen, was zur Selbstkondensation des Halogenids führt. Nur in Ausnahmefällen (tert.-Butylester) sind hier bessere Ergebnisse zu erwarten. Mit wechselndem Erfolg wurden Lithium, Aluminium und Cadmium in einer Reihe von Synthesen eingesetzt.

Fast alle Umsetzungen werden mit Bromiden als Halogenkomponenten durchgeführt. Die entsprechenden Chloride sind zwar preiswerter, sie liefern jedoch in der Regel schlechtere Ausbeuten. Jodcarbonsäureester sind im Gegensatz dazu reaktiver, oft aber nur schwer zugänglich.

Es wurden viele Versuche unternommen, durch Zusatz geeigneter Substanzen die Ausbeuten bei Reformatskij-Reaktionen zu verbessern. Neben Kupfer, Quecksilber, Zinn-, Mangan-, Antimon- und Kobalthalogeniden wird besonders Jod als "Promotor" eingesetzt. Vermutlich aktivieren diese Verbindungen das Zink und beschleunigen die Umsetzung mit dem Ester.

Werden unsymmetrisch substituierte Ausgangskomponenten zur Reaktion gebracht, erhält man ein Gemisch diastereomerer Hydroxyester. Das Isomerenverhältnis (threo/erythro) wird sowohl von sterischen Faktoren als auch vom Lösungsmittel bestimmt. In fixierten Carbonylsystemen (Norbornanon) erfolgt der Angriff gewöhnlich von der weniger gehinderten Seite.

A Darstellung α,β-ungesättigter Carbonsäureester; Teilschritt der Vitamin A-Synthese aus β-Ionon

L *S. Reformatskij*, Ber. Dtsch. Chem. Ges. **20**, 1210–1211 (1887).
R. L. Shriner, Org. React. **1**, 1–37 (1942).
W. J. Gensler, Chem. Rev. **57**, 265 (1957).
D. G. M. Diaper und *A. Kuksis*, Chem. Rev. **59**, 89–94 (1959).
Y. S. Rao, Chem. Rev. **64**, 360–362 (1964).
H. O. House, Modern Synthetic Reactions, 2nd ed., S. 671–682, Benjamin, Menlo Park 1972.
M. Gaudemar, Organometallic Chem. Rev. **8**, 183–233 (1972).
K. Nützel, Reformatskij-Synthese, in *Houben-Weyl-Müller*: Methoden der Organischen Chemie, 4. Aufl., Bd. XIII/2a, S. 809–838, Thieme, Stuttgart 1973.
M. W. Rathke, Org. React. **22**, 423–460 (1975).
S. Brandänge, O. Dahlman und *L. Mörch*, J. Am. Chem. Soc. **103**, 4452–4458 (1981).

Reimer-Tiemann

Synthese von Phenolaldehyden

Bei der Umsetzung von Phenolen mit Chloroform in alkalischer Lösung entstehen o- und p-Hydroxyaldehyde. Die Zusammensetzung des Isomerengemisches ist sowohl von etwa vorhandenen Substituenten als auch vom Lösungsmittel abhängig. Da die Ausbeuten nur selten mehr als 20–30% betragen, wird dieses Verfahren kaum noch angewandt.

E Die Reimer-Tiemann-Reaktion ist das einzige Formylierungsverfahren, das in basischem Medium durchgeführt wird. In einem vorgelagerten Gleichgewicht bildet sich zunächst aus dem Chloroform, durch α-Eliminierung von Salzsäure, das reaktive Dichlorcarben. Da das Proton durch die elektronenziehende Wirkung der drei Halogenatome eine erhöhte Acidität besitzt, erfolgt seine Abtrennung sehr rasch. Die Eliminierung des Chloridions verläuft dagegen langsam und ist für die Gesamtreaktion geschwindigkeitsbestimmend. Durch sein Elektronen-Sextett wirkt das Carben als starkes Elektrophil und addiert sich bereitwillig an das nucleophile Phenolation. Der eintretende Substituent wird vorwiegend in die ortho-Stellung dirigiert. Nur wenn beide ortho-Positionen besetzt sind, entsteht das entsprechende para-Produkt.

Die anschließende Protonenwanderung führt unter Rearomatisierung zur Bildung einer Dichlormethylgruppe, die in dem alkalischen Medium verseift wird. Der gebildete Aldehyd kann nach dem Ansäuern, z. B. durch Wasserdampf-Destillation, isoliert werden. In diesem Fall verbleibt die als Nebenprodukt auftretende para-Verbindung im Rückstand.

Anstelle von Chloroform können auch Bromoform oder Jodoform verwendet werden, wobei lezteres in der Regel schlechtere Ausbeuten bedingt. Für bestimmte Reaktionen ist der Einsatz von Chloral (Trichloracetaldehyd) vorteilhaft, das mit Alkalimetallalkanolaten ebenfalls Dichlorcarben liefert.

Aus den Phenolen mit blockierter para-Position (p-Kresol) entstehen Cyclohexadienon-Derivate. In diesen Verbindungen sind die primär gebildeten Dichlormethylgruppen soweit geschützt, daß sie der Hydrolyse widerstehen (anormale Reimer-Tiemann-Reaktion). Man benutzt diesen Effekt z. B., um angulare Methylgruppen in Decalin-Systeme einzuführen.

Die Bedeutung des Reimer-Tiemann-Verfahrens beruht auf der Tatsache, daß es gelegentlich die einzige Möglichkeit zur direkten ortho-Formylierung von Phenolen darstellt (s. *Gattermann*; Duff). Auch viele Heterocyclen sind dieser Reaktion zugänglich.

M

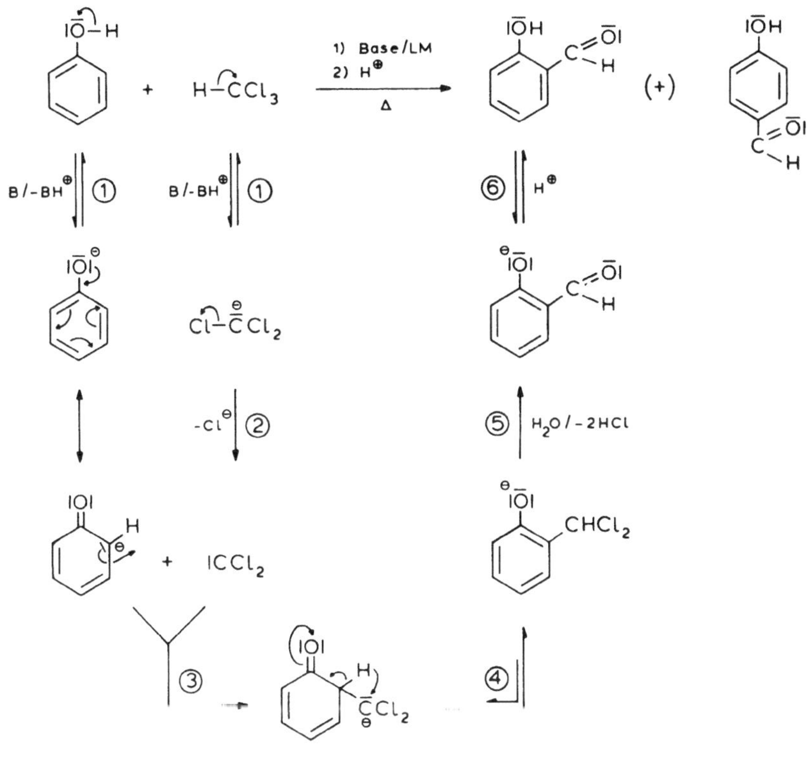

Base: NaOH; $Ba(OH)_2$; 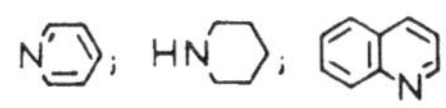

LM: Wasser; Wasser / Dioxan; Ethanol; Pyridin

① Deprotonierung ⌒ Phenolation, Trichlormethyl-Anion
② Eliminierung von Cl⊖ ⌒ Carben
③ Nucleophile Addition an das Carben
④ Tautomerisierung
⑤ Hydrolyse ⌒ Aldehyd
⑥ Protonierung

A Formylierung von Phenolen in ortho-Stellung; Formylierung von Heterocyclen (Pyrrol, Indol, Tropolon, Chinoxalin)

L *K. Reimer*, Ber. Dtsch. Chem. Ges. **9**, 423–424 (1876).
K. Reimer und *F. Tiemann*, Ber. Dtsch. Chem. Ges. **9**, 824–828; 1285–1287 (1876).
L. N. Ferguson, Chem. Rev. **38**, 229–230 (1946).
W. E. Truce, Org. React. **9**, 37–72 (1957).
J. Hine und *J. M. van der Veen*, J. Org. Chem. **26**, 1406–1407 (1960).
E. A. Robinson, J. Chem. Soc. **1961**, 1663–1671.
D. S. Kemp, J. Org. Chem. **36**, 202–204 (1971).
M. A. Al-Rawi, J. P. Bloxsidge, C. O'Brien, D. E. Caddy, J. A. Elvidge, J. R. Jones und *E. A. Evans*, J. Chem. Soc., Perkin-Trans. II **1974**, 1635–1638.
K. Hirao, M. Ikegame und *O. Yonemitsu*, Tetrahedron **30**, 2301–2305 (1974).
T. Laird, Aromatic Aldehydes, in *Barton-Ollis*: Comprehensive Organic Chemistry, vol. I, S. 1119–1120, Pergamon Press, Oxford 1979.

Reppe

Carbonylierung; Oxo-Synthese

Die Synthese von Carbonsäuren durch Umsetzung ungesättigter Verbindungen mit Kohlenmonoxid und Wasser wird als Carbonylierung oder Hydrocarboxylierung bezeichnet. Als Katalysatoren eignen sich die Carbonyle verschiedener Übergangsmetalle. Ersetzt man das Wasser durch andere Nucleophile mit austauschbarem Wasserstoff, erhält man direkt die entsprechenden Säure-Derivate. Das Verfahren wird bevorzugt zur industriellen Darstellung der genannten Verbindungen eingesetzt.

E In der Literatur werden eine ganze Reihe von Mechanismen für die Reppe-Carbonylierung diskutiert. Die drei in dem Formelschema zusammengefaßten Reaktionswege stammen von Heck (1977) und Bird (1962). Sie scheinen den experimentellen Befunden am ehesten zu entsprechen. Aus Gründen der Übersicht wurde in diesem Fall auf den üblichen Kurzkommentar unterhalb des Bildes verzichtet.

In keinem Fall nimmt das eingesetzte $Ni(CO)_4$ selbst an der Umsetzung teil, sondern es wird in einer vorgelagerten Reaktion derivatisiert. Bei der bereitwillig ablaufenden Dissoziation bildet sich das koordinativ ungesättigte $Ni(CO)_3$, das entweder direkt oder nach Addition von Halogenwasserstoffsäure mit dem Acetylen-Derivat reagiert. Dies macht die Hinderung der Carbonylierung durch zu hohe Kohlenmonoxid-Drucke sowie die häufig beobachtete Induktionszeit verständlich. Ungeklärt ist bisher, wieviele Metallatome an der Ausbildung des katalytischen Komplexes beteiligt sind. Ebenfalls unbekannt ist der Zeitpunkt der CO-Insertion, die sowohl vor als auch nach der Addition von Wasserstoff an die Dreifachbindung erfolgen kann. Wahrscheinlich sind verschiedene Reaktionswege möglich, die in Abhängigkeit von den jeweiligen Bedingungen mehr oder weniger stark verwirklicht werden.

Da die katalytische Aktivität der Metalle auch von den jeweils eingesetzten Substraten abhängt, kann keine allgemein gültige Reihenfolge angegeben werden. Während bei Olefinen und Acetylenen meist Nickel am wirksamsten ist, findet bei der Carbonylierung von Alkoholen, Ethern und Epoxiden vorwiegend Kobalt Verwendung. Die zuletzt genannten Verbindungen sind als "potentiell ungesättigte Komponenten" ebenfalls diesem Verfahren zugänglich.

Zur Durchführung der Carbonylierung stehen zwei Varianten zur Wahl. Bei der Synthese unter Normaldruck dienen die Metallcarbonyle als CO-Lieferanten und müssen daher in stöchiometrischen Mengen eingesetzt werden. Ein Zusatz von Säure ist unbedingt erforderlich. Dem Vorteil druckloser Arbeitsweise und niedriger Reaktionstemperaturen (ca. 40° C) steht die aufwendige Rückgewinnung der Metallsalze gegenüber. Die hierbei auftretenden Verluste schränken die Wirtschaftlichkeit dieses Verfahrens erheblich ein.

Ist dagegen Kohlenmonoxid unter Druck vorhanden, wird der Carbonyl-Komplex ständig regeneriert, so daß katalytische Mengen dieser Komponente ausreichen. Die Umsetzungen erfordern allerdings Temperaturen von etwa 100–300° C.

M

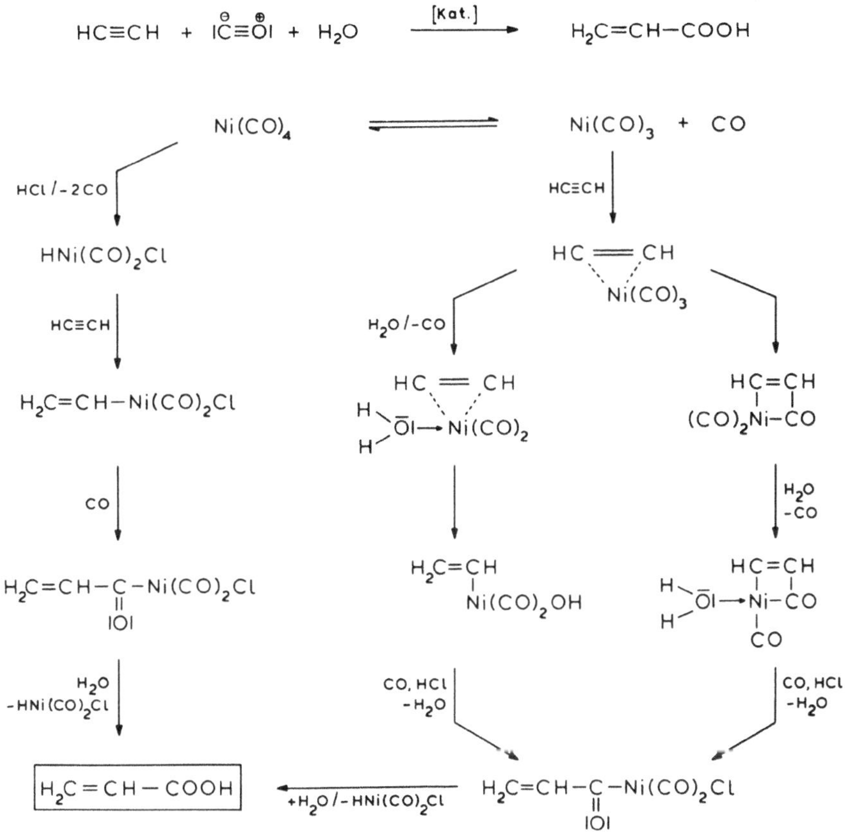

CO-Akzeptor: $-C\equiv C-$; $>C=C<$; R–OH; R–O–R'; $>C\overset{O}{-}C<$; $R-NH_2$

Nucleophil: H_2O; R–OH; NH_3; $R-NH_2$; R–SH; R–COOH

Kat.: $Ni(CO)_4$; $Co_2(CO)_8$

LM: Tetrahydrofuran; Ether; Aceton; Ester; Alkohole; Acetonitril; Pyridin

A Synthese α,β-ungesättigter Carbonsäuren (Acrylsäure); Technische Darstellung höherer Fettsäuren; Synthese von Estern, Dicarbonsäuren (Adipinsäure), primären Alkoholen, Alkylaminen, Hydrochinon-Derivaten

L

W. Reppe, Chem.-Ing.-Tech. **22**, 361–373 (1950).
W. Reppe, H. Kröper, N. von Kutepow, H. J. Pistor, O. Weissbarth und *H. Vetter*, Liebigs Ann. Chem. **582**, 1–161 (1953).
N. von Kutepow und *H. Kindler*, Angew. Chem. **72**, 802–805 (1960).
C. W. Bird, Chem. Rev. **62**, 283–302 (1962).
J. Falbe, Synthesen mit Kohlenmonoxyd, S. 73–119, Springer, Berlin 1967.
W. Rupilius, Direkte Einführung der Carboxyl-Gruppe, in *F. Korte*: Methodicum Chimicum, Bd. V, S. 530–534, Thieme, Stuttgart 1975.
J. Tsuji, Organic Synthesis by Means of Transition Metal Complexes, S. 117–132, Springer, Berlin 1975.
P. Pino und *G. Braca*, Carbon Monoxide Addition to Acetylenic Substrates, in *Wender-Pino*: Organic Syntheses via Metal Carbonyls, vol. II, S. 419–516, Wiley-Interscience, New York 1977.
R. F. Heck, Adv. Cat. **26**, 323–349 (1977).

Reppe

Cyclisierende Polymerisation

Unter dem katalytischen Einfluß von Übergangsmetall-Komplexen können Acetylen sowie substituierte Alkin-Derivate zu Cyclopolyolefinen umgesetzt werden. In der Regel ist hierbei die Anwendung von Druck und erhöhten Temperaturen erforderlich. Die industrielle Nutzung des Verfahrens ist nur in bestimmten Fällen (Cyclooctatetraen) wirtschaftlich vertretbar. Wegen der relativ hohen Acetylenpreise werden häufig alternative Verfahren vorgezogen (Hydroforming-Prozeß ⌒ Benzol).

M

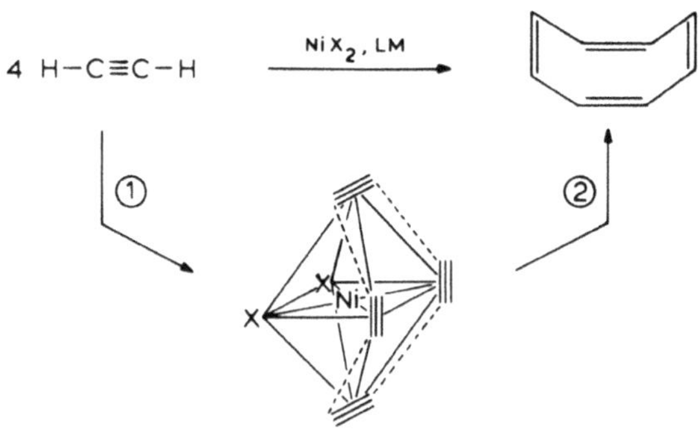

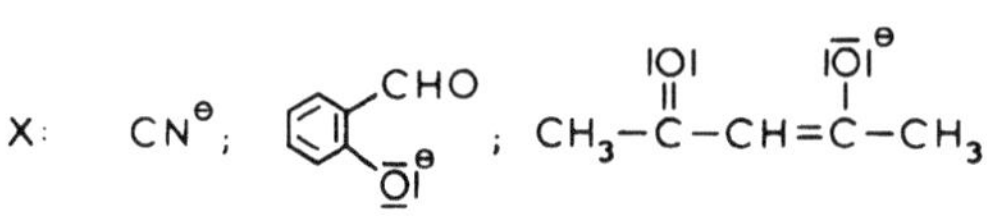

LM: Tetrahydrofuran; Benzol; Aceton; Ether

① Bildung eines octaedrischen Komplexes

② Cyclisierung durch synchrone Bindungsverschiebung

E Der Mechanismus der cyclisierenden Acetylenpolymerisation wurde am Beispiel der Cyclooctatetraen-Synthese eingehend untersucht. Neben der Cyclobutadien-Hypothese (Longuet-Higgins und Orgel, 1956) findet vor allem die von Schrautzer und Eichler (1962) entwickelte Theorie Beachtung. Danach erfolgt die Produktbildung innerhalb von labilen Nickel(II)-Komplexen, in denen das Metallion oktaedrisch von vier Acetylenmolekülen und den zwei Anionen $X^{\ominus}$ umgeben ist. Die Kopplung zum Cyclooctatetraen verläuft synchron, d. h. ohne daß faßbare Zwischenstufen auftreten. Dieser Schritt wird durch die sterisch günstige Anordnung der Acetylenmoleküle begünstigt. Bereits im Komplex ist die für das cyclische Produkt bevorzugte Wannenform vorgebildet.

Die Richtigkeit dieser Theroie wird insbesondere durch die anhand von Inhibitionsversuchen gewonnen Erkenntnisse gestützt. Setzt man ein Donormolekül mit starkem Ligandenfeld (z. B. Triphenylphosphin) in stöchiometrischen Mengen zu, wird eine Koordinationsstelle im Übergangszustand blockiert und die Cyclooctatetraen-Synthese vollständig inhibiert. Da nur noch drei Acetylenmoleküle gebunden werden, entsteht statt dessen in guten Ausbeuten Benzol.

Die Ursache für die besondere Effektivität der Nickelsalze als Katalysatoren ist in den spezifischen Energieunterschieden der beteiligten Metall- und Acetylenzustände zu suchen. Dennoch ist, besonders bei substituierten Alkinen, auch der Einsatz sonstiger Metalle möglich. Hier finden vor allem Chrom-, Molybdän- und Wolframcarbonyle Verwendung.

Durch Cyclisierung von Acetylen in Gegenwart anderer Verbindungen lassen sich die präparativen Möglichkeiten dieses Verfahrens noch erweitern. Als Beispiele seien die Umsetzungen mit Olefinen, Kohlenmonoxid (⌒ Hydrochinone) und Nitrilen (⌒ Pyridine) genannt.

A Synthese von Cyclooctatetraen- und Benzol-Derivaten; Darstellung von Verbindungen der Hydrochinon-Reihe; Synthese von Heterocyclen (Pyridine, Lactone)

L *W. Reppe* und *W. Toepel*, D. R. P. 68579 (1940).

W. Reppe, O. Schlichting, K. Klager, T. Toepel und *H. Meister*, Liebigs Ann. Chem. **560**, 1–116 (1949).

W. Reppe, Chem.-Ing.-Techn. **22**, 361–373 (1950).

H. C. Lonquet-Higgins und *L. E. Orgel*, J. Chem. Soc. **1956**, 1969–1972.

G. N. Schrautzer und *S. Eichler*, Chem. Ber. **95**, 550–561 (1962).

G. N. Schrautzer, P. Glockner und *S. Eichler*, Angew. Chem. **76**, 28–35 (1964).

G. Schröder, Cyclooctatetraen, Verlag Chemie, Weinheim/Bergstrasse 1965.

C. W. Bird, Transition Metal Intermediates in Organic Synthesis, S. 1–29, Logos Press, Academic Press, New York · London 1967.

W. Reppe, N. von Kutepow und *A. Magin*, Angew. Chem. **81**, 717–723 (1969).

H. Röttele, Achtgliedrige Ringsysteme mit Polyenstruktur, in *Houben-Weyl-Müller*: Methoden der Organischen Chemie, 4. Aufl., Bd. V/1d, S. 425–427, Thieme, Stuttgart 1972.

A. J. Chalk, J. Am. Chem. Soc. **94**, 5928–5929 (1972).

Y. Wakatsuki und *H. Yamazaki*, Tetrahedron Lett. **1973**, 3383–3384.

Rosenmund

Reduktion von Säurechloriden

Carbonsäurechloride können in Gegenwart spezieller Palladium-Katalysatoren mit Wasserstoff zu den entsprechenden Aldehyden reduziert werden. Die Reaktion ist für Ausgangskomponenten der aliphatischen, aromatischen und heterocyclischen Reihe geeignet und liefert selbst bei sterisch gehinderten Verbindungen meist gute Ausbeuten. Durch die Selektivität der Hydrierung stören zusätzlich vorhandene, reduktionsempfindliche Gruppen (-CO-, -NO_2) in der Regel nicht.

M

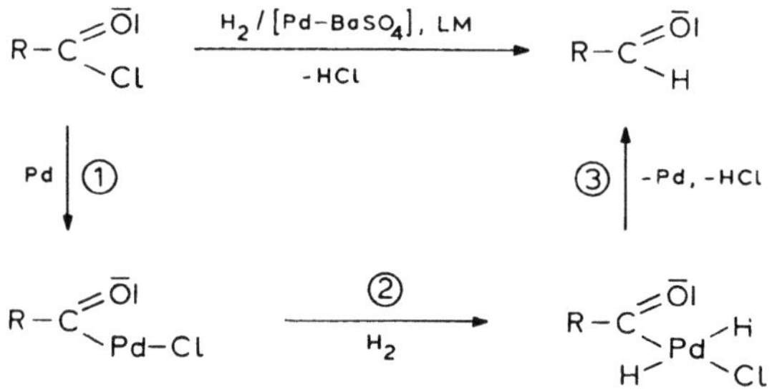

LM: Benzol; Toluol; Xylol; Tetralin; Decalin; Ether

① Bildung eines Acyl-Palladium-Komplexes

②,③ Hydrierende Spaltung

E Der Mechanismus der Rosenmund-Reaktion beinhaltet vermutlich die primäre Bildung einer metallorganischen Verbindung, die anschließend, unter dem Einfluß des Wasserstoffs, hydrierend gespalten wird. Um eine weitergehende Reduktion des entstehenden Aldehyds zu verhindern, muß der verwendete Katalysator partiell inaktiviert werden. Man benutzt gewöhnlich Palladium auf Bariumsulfat als Trägersubstanz, wobei der Metallgehalt bei etwa 5% liegt. Durch Zusatz sogenannter Kontaktgifte (Chinolin, Phenylsenföl, Thioharnstoff), die einen Teil der aktiven Zentren an der Oberfläche blockieren, kann die katalytische Wirkung so moduliert werden, daß das eingesetzte Säurechlorid noch reduziert wird, die gebildete Aldehydfunktion jedoch erhalten bleibt.

Um diese Selektivität nicht zu beeinträchtigen, empfiehlt sich die Einhaltung möglichst niedriger Temperaturen. Meist wird die betreffende Verbindung in Toluol oder Xylol unter Rückfluß erhitzt und der Katalysator in der heißen Lösung suspendiert. Der eingeleitete Wasserstoffstrom entfernt das entstehende HCl-Gas aus dem Reaktionsgemisch. Durch Neutralisation des Chlorwasserstoffs in einer alkalischen Lösung ist es möglich, das Fortschreiten der Reduktion zu verfolgen.

Die häufigsten Nebenprodukte sind Alkohole ($R{-}CHO + H_2 \rightarrow R{-}CH_2OH$), Kohlenwasserstoffe ($R{-}CH_2OH + H_2 \rightarrow R{-}CH_3 + H_2O$) sowie Ester ($R{-}CH_2OH + R{-}COCl \rightarrow R{-}CH_2OCOR + HCl$). Sind Spuren von Wasser vorhanden, bilden sich verstärkt Säureanhydride ($R{-}COCl + R{-}CO_2H \rightarrow (RCO)_2O + HCl$). Viele heterocyclische Verbindungen neigen unter den Bedingungen der Rosenmund-Reaktion zur Decarbonylierung ($R{-}COCl + H_2 \rightarrow R{-}H + CO + HCl$).

A Reduktion sterisch gehinderter Carbonsäurechloride (ortho-substituierte aromatische Carbonsäuren); Reduktion optisch aktiver Aminosäuren zu den entsprechenden Aldehyden; Synthese kompliziert gebauter Aldehyde (Steroid- und Zuckerreihe)

L

M. Saytzeff, J. Prakt. Chem. **6**, 128–135 (1873).
K. W. Rosenmund, Ber. Dtsch. Chem. Ges. **51**, 585–593 (1918).
C. S. Hamilton und *J. F. Morgan*, Org. React. **2**, 415–454 (1944).

E. Mosettig und *R. Mozingo*, Org. React. **4**, 362–377 (1948).
O. Bayer, Aldehyde durch Reduktion von Carbonsäurechloriden, in *Houben-Weyl-Müller*: Methoden der Organischen Chemie, 4. Aufl., Bd. VII/1, S. 285–291, Thieme, Stuttgart 1954.
S. Affrossman und *S. J. Thomson*, J. Chem. Soc. **1962**, 2024–2029.
J. Tsuji, *K. Ohno* und *T. Kajimoto*, Tetrahedron Lett. **1965**, 4565–4568.
J. Tsuji und *K. Ohno*, J. Am. Chem. Soc. **90**, 94–98 (1968).
J. D. Citron, J. Org. Chem. **34**, 1977–1979 (1969).
O. H. Wheeler, Reduction, in *Patai*: The Chemistry of Acyl Halides, S. 232–235, Wiley-Interscience, London 1972.
J. Tsuji, Organic Synthesis by Means of Transition Metal Complexes, S. 3–58, Springer, Berlin 1975.

Sandmeyer

Diazonium-Austausch

Die Sandmeyer-Reaktion ist eine spezielle Methode zur Einführung verschiedener Substituenten in aromatische Verbindungen. Sie beruht auf dem Austausch der Stickstoffunktion von Diazoniumionen vorwiegend gegen Chlor, Brom oder Cyanid unter dem katalytischen Einfluß von Kupfer(I)-Salzen. Die Möglichkeit, über eine Nitro- bzw. Aminogruppe Substituenten einzuführen, die durch direkte Substitution nicht oder nur an einer anderen Stelle des Aromaten gebunden werden können, verleiht diesem Verfahren seine präparative Bedeutung.

M

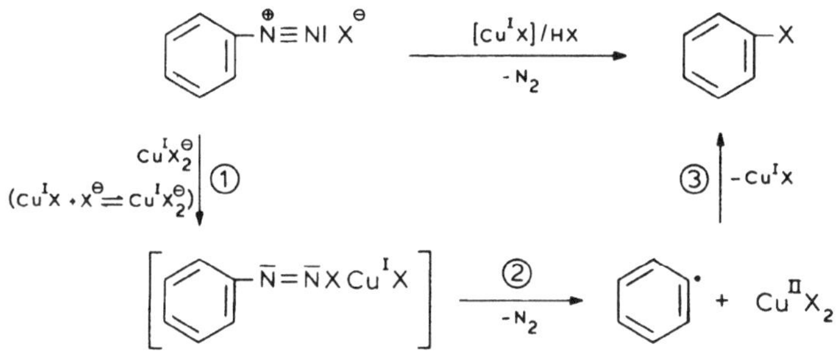

X: Cl; Br; CN; NO_2; SO_3H

① Bildung eines aktivierten Komplexes

② Homolytischer Zerfall, Abspaltung von Stickstoff

③ Redoxreaktion, oxidative Halogenierung

E Der eigentlich wirksame Katalysator der Sandmeyer-Reaktion ist das $Cu^IX_2^{\ominus}$-Ion, das in einem vorgelagerten Gleichgewicht aus dem Kupfer(I)-Salz gebildet wird. Es verbindet sich mit der Diazoniumkomponente zu einem aktivierten Komplex, wobei X als "Brücken-Atom" fungiert. Dieser Teilschritt ist für die Gesamtreaktion geschwindigkeitsbestimmend. Der Elektronentransfer, bei dem ein locker gebundenes Valenzelektron des Metalls auf den Stickstoff übertragen wird, vollzieht sich vermutlich innerhalb des Komplexes, in Analogie zu dem von Taube (1968) vorgeschlagenen "inner sphere-Mechanismus".

Bei dem sich anschließenden homolytischen Zerfall entsteht unter N_2-Abspaltung ein Arylradikal, das sich in einer weiteren Redoxreaktion zum Endprodukt Ar–X umsetzt. Dabei ist noch ungeklärt, ob der in den Aromaten eingeführte Substituent von der koordinierten Kupferverbindung oder aus der Lösung stammt.

Die Geschwindigkeit der Reaktion ist erster Ordnung in bezug auf das Diazoniumion und den Katalysator, aber umgekehrt proportional zur $X^{\ominus}$-Konzentration. Der Grund dafür liegt in der Überführung des Kupfer(I)-Salzes in eine inaktive Form gemäß folgendem Gleichgewicht: $Cu^IX_2^{\ominus} + 2X^{\ominus} \rightleftharpoons Cu^IX_4^{3\ominus}$. Die Wasserstoffionenkonzentration zeigt dagegen in weiten Grenzen keinen Einfluß. Substituenten am Aromaten wirken mit zunehmender Akzeptorfähigkeit beschleunigend auf die Umsetzung (p-OCH_3 < p-CH_3 < H < p-Cl < p-NO_2). Leicht oxidierbare Gruppen ($AsO_2^{\ominus}$, $I^{\ominus}$) können auch ohne Zusatz von Katalysatoren in den Kern eingeführt werden.

Die wichtigsten Nebenprodukte sind Azoverbindungen sowie Diaryl-Derivate, wobei letztere auf den radikalischen Ablauf der Reaktion hindeuten. In beiden Fällen wird eine entsprechende Menge des Katalysators verbraucht. Hohe Temperaturen begünstigen die Bildung von Phenolen.

Nach einer von Gattermann vorgeschlagenen Variante kann auch frisch gefälltes Kupferpulver als Katalysator verwendet werden. Vermutlich wird das Metall ionisiert, wobei intermediär Cu^IX entsteht, das sich nach dem beschriebenen Mechanismus umsetzt.

A Einführung von Substituenten in sonst nicht zugängliche Positionen des aromatischen Systems (m-Nitroanilin → m-Nitrochlorbenzol); Synthese aromatischer Carbonsäuren durch Einführung und anschließende Hydrolyse der Cyanogruppe

L *T. Sandmeyer*, Ber. Dtsch. Chem. Ges. **17**, 1633–1635 (1884).
H. H. Hodgson, Chem. Rev. **40**, 251–277 (1947).
W. A. Crowdrey und *D. S. Davies*, Q. Rev., Chem. Soc. **6**, 358-379 (1952).
E. Pfeil, Angew. Chem. **65**, 155–157 (1953).
A. Roedig, Herstellung von Bromverbindungen, in *Houben-Weyl-Müller*: Methoden der Organischen Chemie, 4. Aufl., Bd. V/4, S. 438–447, Thieme, Stuttgart 1960.
R. Stroh, Herstellung von Chlorverbindungen, in *Houben-Weyl-Müller*: Methoden der Organischen Chemie, 4. Aufl., Bd. V/3, S. 846–855, Thieme, Stuttgart 1962.
S. C. Dickerman, D. J. DeSouza und *N. Jacobson*, J. Org. Chem. **34**, 710–713 (1969).
W. Seidenfaden und *D. Pawellek*, Aromatische Nitro-Verbindungen, in *Houben-Weyl-Müller*: Methoden der Organischen Chemie, 4. Aufl., Bd. X/1, S. 836–842, Thieme, Stuttgart 1971.
D. S. Amenta und *F. B. Mallory*, J. Org. Chem. **45**, 5236–5238 (1980).
C. Galli, Tetrahedron Lett. **1980**, 4515–4516.
C. Galli, J. Chem. Soc., Perkin Trans. II **1981**, 1459–1461.

Schiemann

Fluorierung von Aromaten

Die Schiemann-Reaktion beruht auf der thermischen Zersetzung aromatischer Diazoniumtetrafluoroborate, wobei die Stickstoffunktion durch ein Fluoratom ersetzt wird. Eine direkte kontrollierte Einführung des Halogens in den Kern ist wegen seiner hohen Reaktivität im elementaren Zustand unmöglich. Auch die zur verwandten *Sandmeyer-Reaktion* analoge Fluorierung mißlingt, da das benötigte Kupfer(I)-fluorid disproportioniert (⌒ $Cu + Cu^{II}F_2$). Das Verfahren nach Schiemann stellt somit die bisher beste Methode zur Bindung von Fluor an aromatische Systeme dar.

M

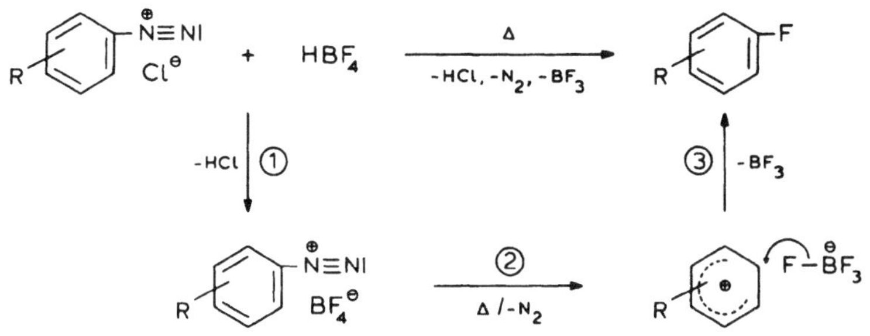

Aromat: 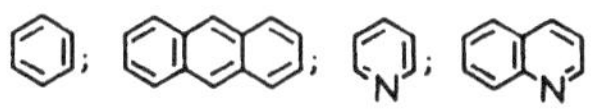

R: $-CH_3$; $-Cl$; $-Br$; $-OH$; $-OCH_3$; $-CO-$; $-COOH$

LM: Petrolether; Dioxan; Toluol; Xylol; n-Heptan

① Umsalzen ⌒ Diazoniumtetrafluoroborat

② Thermische Zersetzung ⌒ Aryl-Kation

③ Elektrophiler Angriff des Aryl-Kations am Fluoroborat

E Die benötigten Tetrafluoroborate werden mit Hilfe von Tetrafluoroborsäure aus den Lösungen der entsprechenden Diazoniumchloride ausgefällt. Sie zeichnen sich durch eine ungewöhnliche Stabilität aus und sind daher leicht zu handhaben. Beim Erwärmen zersetzen sie sich meist langsam und kontrollierbar. Dabei kann das gut getrocknete Salz direkt oder als Suspension in einem geeigneten Lösungsmittel erhitzt werden.

Der Zerfall des Diazoniumions in Stickstoff und ein Aryl-Kation ist für die Gesamtreaktion geschwindigkeitsbestimmend. Als Quelle für das zu bindende Halogen dient das Tetrafluoroborat-Anion selbst. Die elektrophile Kraft des positiv geladenen Kerns ist offenbar groß genug, um noch vor der Dissoziation (⌒ $BF_3 + F^{\ominus}$) ein Fluoridion zu abstrahieren.

Die Reaktion ist besonders für unsubstituierte Aromaten geeignet. Gewöhnlich verringert jede weitere funktionelle Gruppe am Kern die Ausbeute, wobei die Wirkung von der ortho- zur para-Position hin abnimmt. Eine allgemein gültige Regel läßt sich jedoch nicht aufstellen. Besonders schwierig ist die Fluorierung von Nitroverbindungen, die oft sehr heftig verläuft. Durch Verdünnen mit inerten Substanzen (Sand, Talcum) gelingt es meist, die Geschwindigkeit der Umsetzung zu mindern.

In einer Variante des Verfahrens wird die Tetrafluoroborsäure durch Hexafluorophosphorsäure (HPF_6) ersetzt. Die entstehenden Diazoniumsalze sind schwerer löslich und können in besseren Ausbeuten und mit einem höheren Reinheitsgrad synthetisiert werden. Sie liefern in vielen Fällen bessere Ergebnisse als die entsprechenden Borate.

A Synthese von aromatischen und heterocyclischen Fluorverbindungen (Fluorbenzol, 1,2,4,5-Tetrafluorbenzol, 1-Fluornaphthalin, 3-Fluorchinolin); Ersatz aromatischer Aminogruppen durch Fluor

L *G. Balz* und *G. Schiemann*, Ber. Dtsch. Chem. Ges. **60**, 1186–1190 (1927).
G. Schiemann, Chem.-Ztg. **52**, 754 (1928).
A. Roe, Org. React. **5**, 193–228 (1949).
G. Schiemann, Die Organischen Fluorverbindungen in ihrer Bedeutung für die Technik, Steinkopff, Darmstadt 1951.
E. C. Fischer und *M. M. Joullié*, J. Org. Chem. **23**, 1944–1946 (1958).
J. A. Montgomery und *K. Hewson*, J. Am. Chem. Soc. **82**, 463–468 (1960).
E. Forche, Herstellung von Fluorverbindungen, in *Houben-Weyl-Müller*: Methoden der Organischen Chemie, 4. Aufl., Bd. V/3, S. 214–247, Thieme, Stuttgart 1962.
J. Kiburis und *J. H. Lister*, J. Chem. Soc. (C) **1971**, 3942–3947.
C. G. Swain und *R. J. Rogers*, J. Am. Chem. Soc. **97**, 799–800 (1975).

Schmidt

Abbau von Carbonylverbindungen

Als Schmidt-Reaktion bezeichnet man die Umsetzung von Carbonylverbindungen mit Stickstoffwasserstoffsäure in Gegenwart einer starken Mineralsäure. Der Anwendungsbereich konzentriert sich auf Ketone und Carbonsäuren als Ausgangskomponenten, die in Säureamide bzw. primäre Amine überführt werden. Gegenüber den verwandten Verfahren nach *Curtius* oder *Lossen* bietet diese Methode den Vorteil, daß die freie Säure direkt, d. h. ohne vorherige Synthese geeigneter Derivate eingesetzt werden kann.

M

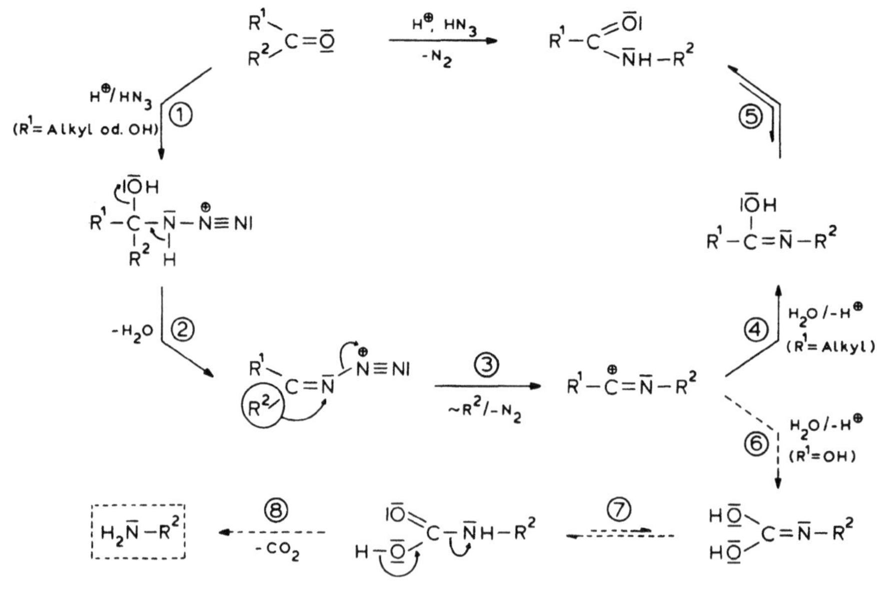

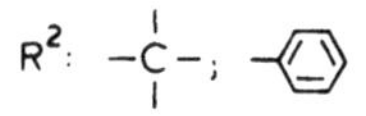

(Legende der Reaktionsschritte nebenstehend)

E Die ersten Teilschritte der Reaktion verlaufen für Ketone und Carbonsäuren prinzipiell nach demselben Mechanismus. Zunächst addiert sich die Stickstoffwasserstoffsäure nucleophil an die durch Protonen aktivierte Carbonylgruppe der Ausgangskomponente. Der sich anschliessenden Dehydratisierung folgen die Abspaltung des bereits vorgebildeten Stickstoffs sowie die anionotrope Wanderung von R^2. Hierbei tritt vermutlich kein freies Nitreniumion auf. Es wird vielmehr ein synchroner Ablauf angenommen, bei dem die Umlagerung und die N_2-Eliminierung gleichzeitig stattfinden. Diese enge Analogie zur *Beckmann-Umlagerung* erklärt auch die bei unsymmetrisch substituierten Ketonen beobachtete bevorzugte Wanderung des zur Stickstoffunktion transständigen und zumeist (sterisch bedingte Orientierung bei der Dehydratisierung) voluminöseren Restes.

Die Hydrolyse des resultierenden Kations führt, je nach Art von R^1, zu verschiedenen Endprodukten. Aus Ketonen (R^1 = Alkyl, Aryl) entstehen über eine tautomere Zwischenform Carbonsäureamide. Aus Carbonsäuren (R^1 = OH) dagegen bilden sich zunächst instabile Carbamidsäuren, die unter Decarboxylierung in das Amin der um ein C-Atom ärmeren Ausgangskomponente übergehen.

Ketone der aliphatischen und alicyclischen Reihe liefern in der Regel die besten Ausbeuten. Die Umsetzung gelingt jedoch auch mit araliphatischen und aromatischen Verbindungen. Unter den Carbonsäuren sind ebenfalls die aliphatischen Komponenten am reaktivsten. Bei aromatischen Resten R^1 bestimmen Art und Zahl der am Kern vorhandenen Substituenten über das Gelingen der Reaktion. Dabei werden für sterisch gehinderte Säuren (Mesitylencarbonsäure) gewöhnlich gute Ergebnisse erzielt.

Die Schmidt-Reaktion ist auch auf Aldehyde, Alkohole und Olefine anwendbar. Aus Aldehyden enstehen, je nach Reaktionsbedingungen, Nitrile oder Formylamine:

$$R-CHO + HN_3 \xrightarrow{H_2SO_4} R-C\equiv N| + H_2O + N_2$$

$$R-CHO + HN_3 \longrightarrow R-NH-CHO + N_2$$

Während Malonsäuren unter Bildung von α-Aminosäuren reagieren, liefern höhere Dicarbonsäuren Diamine. Sind in einem Molekül Carbonyl- und Carboxylgruppe gleichzeitig vorhanden, bleibt letztere wegen der geringeren Reaktivität erhalten.

---

① Nucleophile Addition von HN_3 (säurekatalysiert)

② Dehydratisierung

③ Anionotrope Wanderung, N_2-Eliminierung

④ Hydrolyse

⑤ Imid-Amid-Tautomerie ⌒ Carbonsäureamid

⑥ Hydrolyse

⑦ Imid-Amid-Tautomerie ⌒ Carbamidsäure

⑧ Decarboxylierung ⌒ Amin

Die wichtigsten Nebenprodukte beim Schmidt-Abbau sind Tetrazole und substituierte Harnstoffe. Sie entstehen bei der Verwendung überschüssiger Stickstoffwasserstoffsäure und sind ein Hinweis auf die Bildung des intermediären Kations:

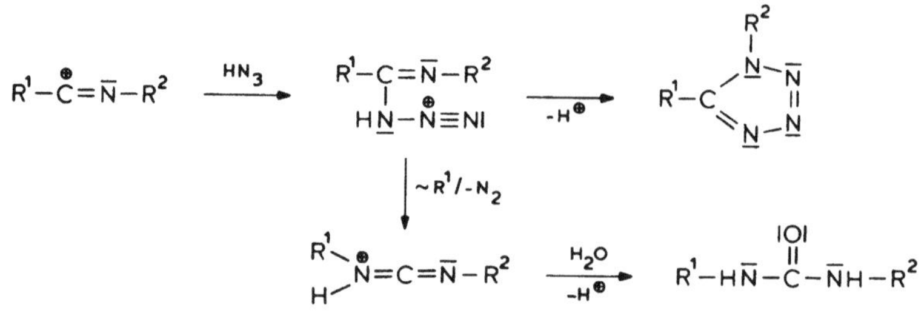

A Synthese von α- und β-Aminosäuren aus Malonsäuren bzw. δ-Ketosäuren; Darstellung von Lactamen aus cyclischen Ketonen; Tetrazol-Synthesen (Cardiazol, Kreislaufstimulans)

L *K. F. Schmidt*, Angew. Chem. **36**, 511 (1923).
K. F. Schmidt, Ber. Dtsch. Chem. Ges. **57**, 704–706 (1924).
H. Wolff, Org. React. **3**, 307–336 (1946).
M. S. Newman und *H. L. Gildenhorn*, J. Am. Chem. Soc. **70**, 317–319 (1948).
P. A. S. Smith, J. Am. Chem. Soc. **70**, 320–323 (1948).
V. Franzen und *H. Krauch*, Chem.-Ztg. **1955**, 738–740.
F. Möller, Amine durch Umlagerungsreaktionen, in *Houben-Weyl-Müller*: Methoden der Organischen Chemie, 4. Aufl., Bd. XI/1, S. 872–890, Thieme, Stuttgart 1957.
P. A. S. Smith, Rearrangements Involving Migration to an Electron-Deficient Nitrogen or Oxygen, in *deMayo*: Molecular Rearrangements, vol. I, S. 507–516, Wiley-Interscience, New York 1963.
P. T. Lansbury und *N. R. Mancuso*, Tetrahedron Lett. **1965**, 2445–2450.
U. T. Bhalerao und *G. Thyagarajan*, Can. J. Chem. **46**, 3367–3374 (1968).
M. Tomita, S. Minami und *S. Uyeo*, J. Chem. Soc. (C) **1969**, 183–188 (1969).
T. Sasaki, S. Eguchi und *T. Toru*, J. Org. Chem. **35**, 4109–4114 (1970).
J. W. ApSimon und *N. R. Hunter*, Tetrahedron Lett. **1972**, 187–188.
H. Singh und *S. Padmanabhan*, J. Chem. Soc., Perkin Trans. I **1972**, 993–994.
T. S. Stevens und *W. E. Watts*, Selected Molecular Rearrangements, S. 59–62, Van Nostrand Reinhold, London 1973.
D. Misiti, Y. Rimatori und *F. Gatta*, J. Hetrocycl. Chem. **10**, 689–696 (1973).
T. M. Koshtaleva, V. A. Ostrovskii, G. I. Koldobskii und *B. V. Gidaspov*, Zh. Org. Khim. **10**, 546–550 (1974).
L. E. Fikes und *H. Schechter*, Tetrahedron Lett. **1976**, 2525–2528.
G. Metha, P. N. Pandey, R. Uscha und *Venkatesan*, Tetrahedron Lett. **1976**, 4209–4212.
V. A. Ostrovskii, G. T. Koldobskii, N. P. Shivokova und *B. V. Gidaspov*, Zh. Org. Khim. **13**, 399–433 (1977).
B. C. & J. S. Challis, Amides and Related Compounds, in *Barton-Ollis*: Comprehensive Organic Chemistry, vol. II, S. 966–971, Pergamon Press, Oxford 1979.
G. Fodor und *S. Nagubandi*, Tetrahedron **36**, 1279–1300 (1980).
C. A. Flemming, S. S. Gandhi, M. S. Gibson und *E. H. Ruediger*, Can. J. Chem. **60**, 624–628 (1982).

Skraup

Chinolin-Synthese

Mit Hilfe der Skraup-Reaktion können Aniline mit freier ortho-Position in Chinolin-Derivate überführt werden. Die Bildung des Heterocyclus erfolgt beim Erhitzen des aromatischen Amins mit Glycerin, Schwefelsäure und einem geeigneten Oxidationsmittel. Das Verfahren ist von breiter Anwendbarkeit und nur für solche Ausgangskomponenten ungeeignet, die zu reaktive Substituenten (-CN, -COOR, -I) tragen.

M

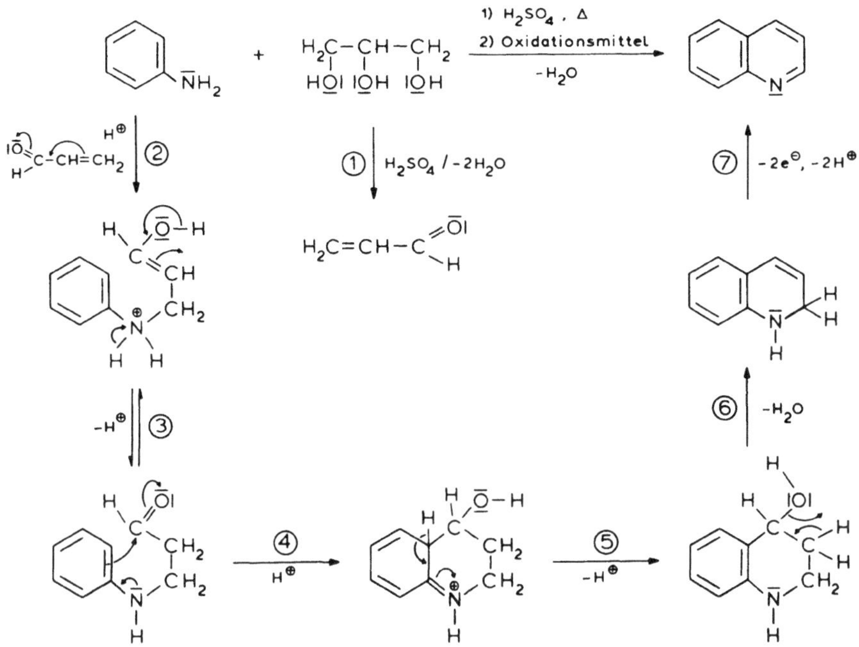

Oxidationsmittel: C_6H_5-NO_2; As_2O_5; I_2; Fe(III)-Salze

① Dehydratisierung ⌒ Acrolein

② *Michael-Addition*

③ Keto-Enol-Tautomerie, Deprotonierung

④,⑤ Ringschluß durch elektrophile aromatische Substitution

⑥ Dehydratisierung

⑦ Oxidation

E Die Skraupsche Synthese kann als Aufeinanderfolge einer Reihe bekannter Reaktionen gedeutet werden. Zunächst addiert sich das Amin im Sinne einer *Michael-Addition* an die aktivierte Doppelbindung des Acroleins. Dieses wird in einer vorgelagerten Reaktion durch säurekatalysierte Dehydratisierung von Glycerin gebildet. Der direkte Einsatz des ungesättigten Aldehyds ist wegen dessen Neigung zur Polymerisation nicht möglich. Die Verwendung des Alkohols als Ausgangskomponente gewährleistet dagegen eine gleichbleibend niedrige Konzentration an Acrolein, das nach seiner Synthese sofort umgesetzt wird.

Das resultierende 3-Anilinopropanal cyclisiert durch eine zur *Friedel-Crafts-Acylierung* analoge elektrophile aromatische Substitution. Der Angriff der Carbonylgruppe erfolgt in ortho-Stellung zur Stickstoffunktion. Die sich anschließende Wasserabspaltung erweitert das konjugierte π-System. Durch die Oxidation des hierbei entstehenden 1,2-Dihydrochinolins wird die Reaktionsfolge abgeschlossen. Als Oxidationsmittel dient in der Regel die zum eingesetzten Amin korrespondierende Nitroverbindung. Zugesetztes Eisen(II)-sulfat wirkt als "Moderator" und verhindert einen zu stürmischen Verlauf der Umsetzung.

Die Verwendung entsprechend modifizierter Ausgangskomponenten erlaubt die Synthese in verschiedenen Positionen substituierter Chinolin-Systeme. Kernständige Gruppen im Anilin mit elektronenziehendem Charakter ($-NO_2$, $-Cl$) hemmen den elektrophilen Ringschluß. Elektronenspendende Substituenten ($-OCH_3$) erleichtern diese Teilreaktion, führen jedoch häufig durch Bildung teerartiger Produkte zu verminderten Ausbeuten.

Ein der Skraupschen Synthese sehr ähnliches Verfahren stammt von *Doebner und von Miller*. Es ermöglicht die Darstellung von 2-Methylchinolin (Chinaldin) durch Umsetzung von Anilin mit zwei Molen Acetaldehyd in Gegenwart konzentrierter Salzsäure. Das zu bindende Kohlenstofffragment wird – ebenfalls in situ – durch eine *Aldolkondensation* der Carbonylverbindung (⌒ Acetaldol ⌒ Crotonaldehyd) synthetisiert. Die Reaktion gelingt ohne Verwendung zusätzlicher Oxidationsmittel.

A Synthese von Chinolin und seinen Derivaten (3-Phenyl-5-chinolincarbonsäureester, Ausgangssubstanz für eine Reihe von Anti-Malariamitteln); Darstellung von Benzochinolinen und Phenanthrolinen

L

Z. H. Skraup, Ber. Dtsch. Chem. Ges. **13**, 2086–2087 (1880).
R. H. F. Manske, Chem. Rev. **30**, 115–120 (1942).
F. W. Bergstrom, Chem. Rev. **35**, 152–156 (1944).
R. H. F. Manske und *M. Kulka*, Org. React. **7**, 59–98 (1953).
I. L. Finar und *R. J. Hurlock*, J. Chem. Soc. **1958**, 3259–3263.
D. H. Hey und *C. W. Rees*, J. Chem. Soc. **1960**, 905–907.
F. H. Case und *A. Idelson*, J. Org. Chem. **27**, 4651–4652 (1962).
Y. Ogata, *A. Kawasaki* und *S. Suyama*, J. Chem. Soc. (B) **1969**, 805–810.
Y. Ogata, *A. Kawasaki* und *S. Suyama*, Tetrahedron **25**, 1361–1366 (1969).
O. Schindler und *W. Michaelis*, Helv. Chim. Acta **53**, 776–779 (1970).
A. Makriyannis, *J. S. Frazee* und *J. W. Wilson*, J. Med. Chem. **16**, 118–122 (1973).
G. Jones, Synthesis of the Quinoline Ring System, in *Weissberger-Taylor*: The Chemistry of Heterocyclic Compounds, vol. 32, Quinolines I, S. 100–117, Wiley-Interscience, London 1977.
P. A. Claret, Quinolines, in *Barton-Ollis*: Comprehensive Organic Chemistry, vol. IV, S. 157–162, Pergamon Press, Oxford 1979.

Stevens

Ylid → Amin-Umlagerung

Quartäre Ammoniumsalze mit einer elektronenziehenden Gruppe an einem der mit dem zentralen Stickstoff direkt verbunden C-Atome können mit Hilfe starker Basen zu tertiären Aminen umgelagert werden. Die Umsetzung gelingt im allgemeinen nur bei solchen Verbindungen, die in β-Stellung keinen Wasserstoff besitzen und daher keine *Hofmann-Eliminierung* eingehen können. Hinsichtlich des Reaktionsablaufs werden verschiedene Varianten diskutiert. Neueren Untersuchungen zufolge ist offenbar ein radikalischer Spaltungs-Rekombinations-Mechanismus bevorzugt (s. auch *Sommelet-Hauser-Umlagerung, Wittig-Umlagerung*).

M

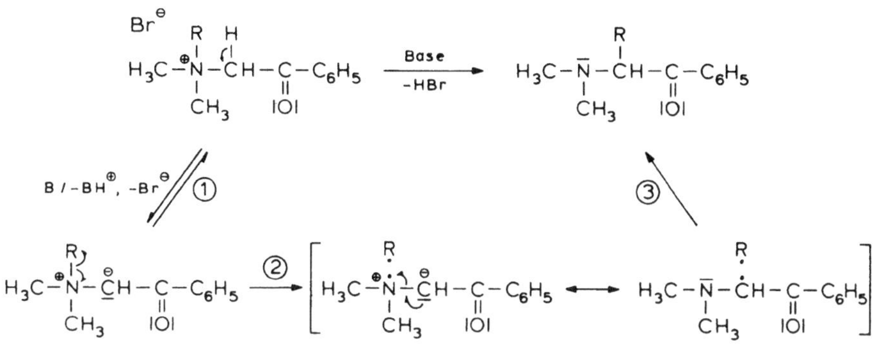

R: $-CH_2-CO-C_6H_5$; $-CH_2-C{\equiv}CH$; $-CH_2-CH{=}CH_2$; $-CH_2-C_6H_5$; $-CH_3$

Base: $NaOH$; $NaOR$; $NaNH_2$; LiC_6H_5

① Deprotonierung ↷ Ylid

② Homolytische Spaltung ↷ Radikalpaar

③ Radikalische Rekombination

E Während stabilere N-Ylide (z. B. Phenacyl-Reihe) bereits in Gegenwart von Natronlauge oder Natriumalkoholat entstehen, ist in den meisten anderen Fällen die Verwendung stärkerer Basen notwendig. In Abwesenheit einer elektronenziehenden Gruppe ist die Acidität des α-Wasserstoffatoms in der Regel zu gering, so daß derartige Verbindungen nur selten in der gewünschten Weise reagieren.

Die Umlagerung selbst erfolgt weitgehend unter Konfigurationserhalt, wobei eine deutliche Abnahme der Stereoselektivität beim Übergang von Lösungsmitteln hoher Viskosität zu solchen mit niedriger Viskosität beobachtet wird. Die Wanderungstendenz der Reste R sinkt in der angegebenen Reihenfolge (siehe Formelschema) von links nach rechts. Elektronenziehende Substituenten (-I- bzw. -M-Effekt) beschleunigen die Umsetzung. Der vorwiegend intramolekulare Verlauf der Umlagerung wurde anhand ^{14}C-markierter Verbindungen bewiesen, jedoch besteht auch hier eine merkliche Abhängigkeit von der Art des Lösungsmittels.

Der formulierte Reaktionsablauf basiert auf zahlreichen Untersuchungen verschiedener Arbeitsgruppen (CIDNP-Messungen, Isolierung charakteristischer Nebenprodukte), er konnte jedoch bisher nicht als alleiniger Mechanismus bestätigt werden. Möglicherweise werden in Abhängigkeit vom Edukt und den jeweiligen Reaktionsbedingungen auch ionische Zwischenstufen gebildet:

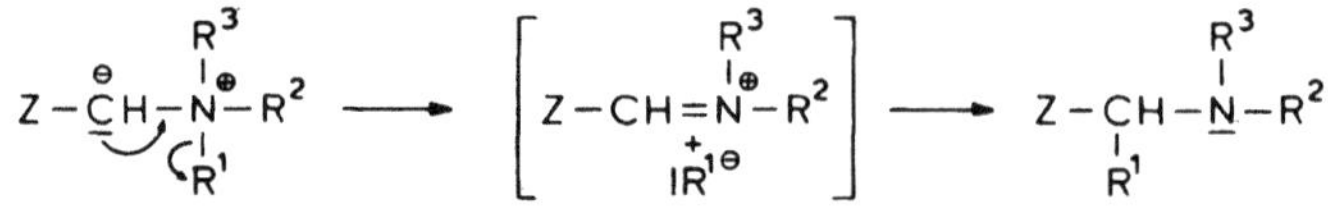

Die entstehenden Ionen werden in einer Art "Lösungsmittel-Käfig" zusammengehalten und trennen sich nicht voneinander.

Ebenso ist ein synchroner Mechanismus denkbar, bei dem die Spaltung und Neuknüpfung der zur wandernden Gruppe führenden Bindung gleichzeitig erfolgen (cyclischer Übergangszustand):

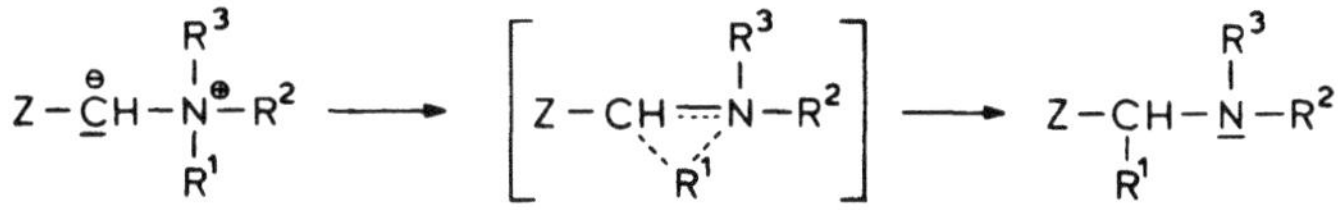

Die Umlagerung gelingt auch mit Arsonium- und Stiboniumsalzen, wobei die entsprechenden Arsine bzw. Stibine entstehen. Bei cyclischen Verbindungen kann eine Verengung oder Erweiterung der jeweiligen Ringsysteme erfolgen. Sulfoniumsalze reagieren analog.

A Kombination mit *Hofmann-Abbau* ⌒ Synthese von Phenanthren und Cyclopolyenen (Dibenzo-cyclooctatetraen); Darstellung von Cyclobutan-Derivaten aus fünfgliedrigen N-Heterocyclen (Δ^3-Pyrrolin) durch Ringkontraktion

L

T. S. Stevens, E. M. Creighton, A. B. Gordon und *M. MacNicol*, J. Chem. Soc. **1928**, 3193–3197.
H. Gilman und *J. W. Morton, jr.*, Org. React. **8**, 271–272 (1954).
E. F. Jenny und *J. Druey*, Angew. Chem. **74**, 152–153 (1962).
H. E. Zimmerman, Base-Catalyzed Rearrangements, in *deMayo*: Molecular Rearrangements, vol. I, S. 378–391, Wiley-Interscience, New York 1963.
E. F. Jenny und *K. Schenker*, Angew. Chem. **77**, 460–461 (1965).
H. J. Shine, Aromatic Rearrangements, S. 316–326, Elsevier, Amsterdam 1967.
U. Schöllkopf, U. Ludwig, G. Ostermann und *M. Patsch*, Tetrahedron Lett. **1969**, 3415–3418.
S. H. Pine, Org. React. **18**, 403–464 (1970).
U. Schöllkopf, Stevens- und Sommelet-Umlagerung, in *Houben-Weyl-Müller*: Methoden der Organischen Chemie, 4. Aufl., Bd. XIII/1, S. 230–233, Thieme, Stuttgart 1970.
W. D. Ollis, M. Rey, I. O. Sutherland und *G. L. Closs*, J. Chem. Soc., Chem. Commun. **1975**, 543–545.
U. H. Dolling, G. L. Closs, A. H. Cohen und *W. D. Ollis*, J. Chem. Soc., Chem. Commun. **1975**, 545–547.
A. G. Giumanini und *C. Trombini*, J. Prakt. Chem. **317**, 897–906 (1975).
W. Dietrich, K. Schulze und *M. Mühlstädt*, J. Prakt. Chem. **318**, 681–692; 1008–1018 (1976).
W. Dietrich, K. Schulze und *M. Mühlstädt*, J. Prakt. Chem. **319**, 799–806 (1977).
E. Vilsmaier, J. Schütz und *W. Mößel*, Chem. Ber. **111**, 400–407 (1978).
E. Vilsmaier, R. Bayer, I. Laengenfelder und *U. Welz*, Chem. Ber. **111**, 1136–1146 (1978).
E. Vilsmaier, R. Bayer, U. Welz und *K.-H. Dittrich*, Chem. Ber. **111**, 1147–1159 (1978).
Y. Sato, Y. Yagi und *M. Koto*, J. Org. Chem. **45**, 613–617 (1980).
R. W. Jemison, T. Laird, W. D. Ollis und *I. O. Sutherland*, J. Chem. Soc., Perkin Trans. I **1980**, 1450–1457.
A. P. Stamegna und *W. E. McEwen*, J. Org. Chem. **46**, 1653–1655 (1981).

Stobbe

Bernsteinsäureester-Kondensation

Die Stobbe-Kondensation stellt einen Spezialfall der allgemeinen Kondensation von Estern mit Aldehyden oder Ketonen in Gegenwart starker Basen dar. Als Methylenkomponenten werden hier ausschließlich Bernsteinsäurediester bzw. ihre Derivate eingesetzt. Diese addieren sich in einer primären *Aldolkondensation* über ihr α-Kohlenstoffatom als nucleophiles Zentrum an die Carbonylgruppe des jeweiligen Reaktionspartners. Das entstehende Addukt cyclisiert zu einem γ-Lacton, woraus nach basenkatalysierter Ringöffnung eine β,γ-ungesättigte Carbonsäure entsteht.

M

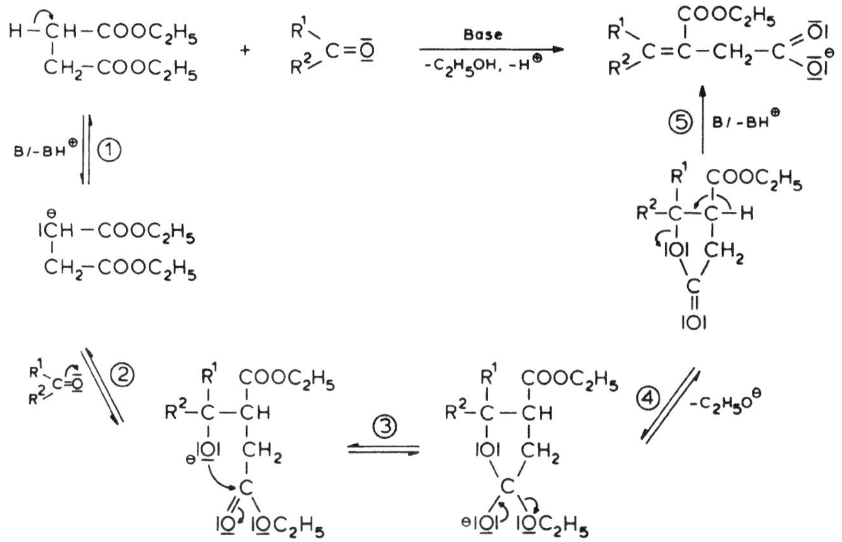

Base: $NaOCH_3$; $NaOC_2H_5$; NaH; $KOC(CH_3)_3$

① Deprotonierung des Esters (Methylenkomponente) ⌒ Carbanion
② Nucleophile Addition an die Carbonylkomponente
③ Nucleophiler Angriff des Sauerstoff-Anions ⌒ Cyclisierung
④ Abspaltung des Ethanolations ⌒ Paraconsäureester
⑤ Basenkatalysierte Ringöffnung (E1- oder E2-Mechanismus)

E Während einbasische Ester unter den Reaktionsbedingungen eher im Sinne einer *Claisen-Kondensation* reagieren, erfolgt mit Bernsteinsäureestern als Methylenkomponenten überwiegend eine *Aldolkondensation.* Der Grund dafür ist die Möglichkeit zur intermediären Bildung eines Paraconsäureesters. Die Cyclisierung erhöht gleichzeitig die Acidität des zur Estergruppe α-ständigen Wasserstoffatoms und erleichtert dadurch die basenkatalysierte Öffnung des Lactonrings. Das entstehende Carboxylation (Alkyliden-bernsteinsäurehalbester) zeichnet sich durch eine hohe Stabilität aus, die das Gleichgewicht bei der Stobbe-Kondensation praktisch vollständig auf die Produktseite verschiebt.

Als Carbonylkomponenten sind sowohl aliphatische, aromatische als auch α,β-ungesättigte Aldehyde und Ketone sowie Diketone, Ketoester und Cyanoketone geeignet. Aldehyde mit α-ständigem Wasserstoff neigen zur Selbstkondensation. Die Ester der Bernsteinsäure können in α-Stellung durch Aryl-, Alkyl- oderAlkylidengruppen substituiert sein.

Bei Verwendung aromatischer Aldehyde kann unter Umständen auch die zweite Methylengruppe des Diesters reagieren. Dies führt zur Bildung symmetrischer Dialkyliden-bernsteinsäuren, die als Fulgensäuren bezeichnet werden. Setzt man in einer doppelten Stobbe-Kondensation nacheinander zwei verschiedene Carbonylverbindungen um, so erhält man asymmetrische Fulgensäuren.

Die besondere Bedeutung der Reaktion für die präparative Chemie beruht auf der Möglichkeit, die Kette eines Kohlenstoffgerüsts in einem Schritt um drei C-Atome zu verlängern (vergleiche *Knoevenagel*: zwei C-Atome). Die Öffnung des Lactonrings (⑤) verläuft nahezu irreversibel. Die Umsetzung gelingt auch mit sterisch gehinderten Ketonen, die bei verwandten *Aldolkondensationen* nicht mehr eingesetzt werden können.

A Ersatz der Carbonylgruppe in aromatischen Ketonen durch den Propionsäurerest; Erweiterung aromatischer Ringsysteme (Kombination mit *Friedel-Crafts-Reaktion*) ⌒ Naphthole, Indone, Tetralone; Synthese von γ-Ketosäuren

L
H. Stobbe, Ber. Dtsch. Chem. Ges. **26**, 2312–2319 (1893).
W. S. Johnson und *G. H. Daub*, Org. React. **6**, 1–73 (1951).
L. S. El-Assal und *S. A. M. El-Wahbab*, J. Chem. Soc. **1960**, 849–852.
H. von Brachel und *U. Bahr*, Stobbe-Kondensation, in *Houben-Weyl-Müller*: Methoden der Organischen Chemie, 4. Aufl., Bd. V/1c, S. 536–540, Thieme, Stuttgart 1970.
A. S. Arora und *I. K. Ugi*, Kondensations-Reaktionen, in *Houben-Weyl-Müller*: Methoden der Organischen Chemie, 4. Aufl., Bd. V/1b, S. 865–868, Thieme, Stuttgart 1972.
H. O. House, Modern Synthetic Reactions, 2nd ed., S. 663–666, Benjamin, Menlo Park 1972.

Stork

α-Alkylierung und -Acylierung von Carbonylen über ihre Enamine

Enamine zeichnen sich durch eine erhöhte Elektronendichte am β-Kohlenstoffatom aus und können somit nucleophil mit Alkyl- und Acylhalogeniden reagieren. Aus den primär entstehenden β-substituierten Derivaten lassen sich durch Hydrolyse leicht die entsprechenden Carbonylverbindungen erhalten. Da man Enamine gewöhnlich aus Aldehyden oder Ketonen synthetisiert, kann die Reaktion insgesamt auch als Alkylierung oder Acylierung der betreffenden Stammverbindung in α-Position angesehen werden. Sie stellt eine wertvolle Alternative zur direkten, basenkatalysierten Alkylierung von Carbonylverbindungen dar.

E Ein Vergleich des Stork-Verfahrens mit der basenkatalysierten Alkylierung von Aldehyden und Ketonen macht die Vorteile der Enamin-Reaktion deutlich:

- Da weder Base noch Katalysator benötigt werden, besteht nur eine geringe Tendenz zur Selbstkondensation der jeweiligen Carbonylkomponente. Daher können selbst Aldehyde in guten Ausbeuten umgesetzt werden.
- Unsymmetrische Ketone liefern anstelle eines Produktgemisches fast ausschließlich die am weniger substituierten α-Kohlenstoff alkylierten Verbindungen.

– Die Umsetzung bleibt auf der Stufe der monoalkylierten Verbindungen stehen.

Die Stork-Reaktion verläuft besonders gut mit den aktiveren Benzyl-, Allyl- und Propargylhalogeniden. Einfache primäre und sekundäre Halogenide liefern vorwiegend N-alkylierte Produkte und müssen daher nach einem modifizierten Verfahren umgesetzt werden. Dieses beruht auf der Verwendung von Enaminsalzen, die man aus den entsprechenden Iminen durch Behandlung mit Ethylmagnesiumbromid erhält und die bereitwillig auch mit den weniger reaktiven Halogenverbindungen reagieren. Tertiäre Halogenide sind für beide Varianten ungeeignet.

Die Alkylierung von Enaminen gelingt ebenfalls mit elektrophilen Olefinen wie α,β-ungesättigten Ketonen, Estern oder Nitrilen (vgl. *Michael-Addition*). Auch sie liefern monoalkylierte Carbonylverbindungen in guten Ausbeuten.

Der Mechanismus der Acylierung ist dem der Alkylierung analog:

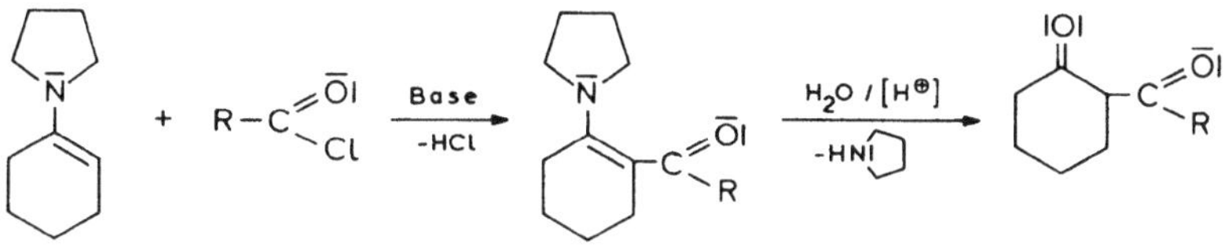

Als Acylierungsmittel dienen neben den Säurechloriden auch -anhydride, Ketene, Isocyanate und Isothiocyanate. Mit Chlorameinsensäureester als Halogenkomponente erhält man β-Ketocarbonsäureester. Die Rolle der Base (z. B. Triethylamin) kann auch von dem Enamin selbst übernommen werden.

M

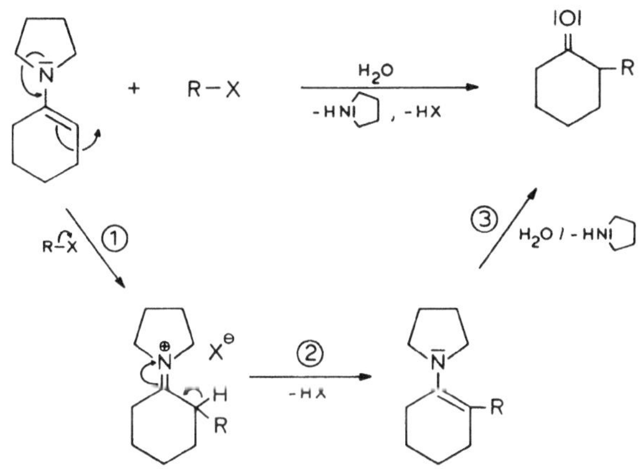

R: $-CH_2-C_6H_5$; $-CH_2-CH=CH_2$; $-CH_2-C\equiv CH$; ($-CH_2-$; $-CH<$)

X: Cl; Br; I

① Nucleophile Substitution ⌒ Immoniumsalz

② Rückbildung der Enaminstruktur ③ Hydrolyse

A Synthese von Alkaloiden (Mesembrin, Hasubanan) mit Hilfe endocyclischer Enamine; Kettenverlängerung von Mono- und Dicarbonsäuren um 5 bzw. 10 C-Atome durch Acylierung von 1-Morpholinocyclopentenen- (1)

L *G. Stork, R. Terrell* und *J. Szmuszkovicz*, J. Am. Chem. Soc. **76**, 2029–2030 (1954).
G. Stork und *H. K. Landesman*, J. Am. Chem. Soc. **78**, 5128–5129 (1956).
S. Hünig und *W. Lendle*, Chem. Ber. **93**, 913–920 (1963).
J. Szmuszkovicz, Adv. Org. Chem. **4**, 1–113 (1963).
K. Blaha und *O. Čvinka*, Adv. Heterocycl. Chem. **6**, 147–227 (1966).
M. E. Kuehne, Synthesis **1970**, 510–537.
U. K. Pandit, H. R. Reus und *K. De Jonge*, Rec. Trav. Chim. Pays-Bas **89**, 956–960 (1970).
H. Henecka, Ketone durch Enamin-Acylierung, in *Houben-Weyl-Müller*: Methoden der Organischen Chemie, 4. Aufl., Bd. VII/2a, S. 473–477, Thieme, Stuttgart 1973.
H. Carruthers, Some Modern Methods of Organic Synthesis, 2nd ed., S. 29–37, Cambridge University Press, Cambridge 1978.

Strecker

α-Aminosäure-Synthese

Bei der Umsetzung von Aldehyden mit Blausäure in Gegenwart von Ammoniak enstehen α-Aminonitrile, die sich leicht zu den entsprechenden Aminosäuren verseifen lassen. Ketone liefern in α-Stellung substituierte Produkte. Die Reaktion gelingt auch, wenn man die Carbonylverbindung mit einem Gemisch von Natriumcyanid und Ammoniumchlorid behandelt. Diese Variante erspart die gefährliche Handhabung von Blausäure, sie erfordert jedoch die oft schwierige Trennung der Aminosäure von den anfallenden anorganischen Salzen.

E Für die Umsetzung der Carbonylkomponente mit den beiden Reaktionspartnern sind prinzipiell zwei Mechanismen zu diskutieren. Vermutlich bildet sich zunächst ein Addukt aus Aldehyd und Ammoniak, das nach der Dehydratisierung zum entsprechenden Aldimin mit Cyanwasserstoff reagiert. Je nach Art des Ausgangsmaterials und der jeweiligen Versuchsführung können jedoch auch Cyanhydrine als primäre Additionsverbindungen entstehen (unterbrochene Pfeile). Beide Reaktionsfolgen liefern α-Aminonitrile als gemeinsame Zwischenprodukte, die man zumeist durch saure Hydrolyse in die korrespondierenden Aminosäuren überführt.

Werden anstelle von Ammoniak primäre oder sekundäre Amine verwendet, erhält man α-Alkylamino- bzw. α-Dialkylaminonitrile. Diese Verbindungen sind auch über die Bisulfit-Addukte der Carbonylkomponenten durch Umsetzung mit einem Amin und Alkalicyanid zugänglich. N-substituierte Aminonitrile entstehen ebenfalls bei der Behandlung von Aldiminen, Hydrazonen oder Oximen mit Cyanwasserstoff. Bei einer Variante der Streckerschen Reaktion nach *Bucherer-Bergs* werden Cyanhydrine mit Ammoniumcarbonat umgesetzt. Man erhält gut kristallisierende Hydantoin-Derivate, die vorzugsweise mit Alkali zu den entsprechenden α-Aminosäuren hydrolysiert werden:

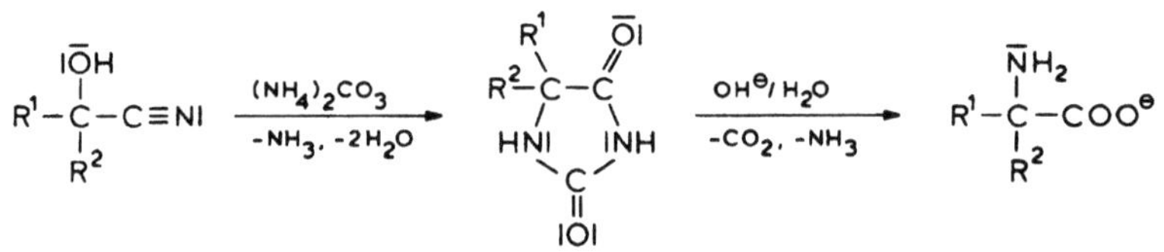

Die Bedeutung der Strecker-Synthese liegt vor allem in der großen Variabilität der zugänglichen Aminosäuren. Von Nachteil sind dagegen die hohe Toxizität der Blausäure sowie die oft schwierige Zugänglichkeit vieler Aldehyde.

Nebenprodukte entstehen beispielsweise durch Reaktion intermediär auftretender Cyanhydrine mit bereits gebildetem α-Aminonitril. Die hieraus resultierenden Iminodinitrile liefern bei der Verseifung Iminodicarbonsäuren, die wegen ihres Komplexbildungsvermögens mit Metallionen eine gewisse Bedeutung für die analytische und technische Chemie besitzen.

M

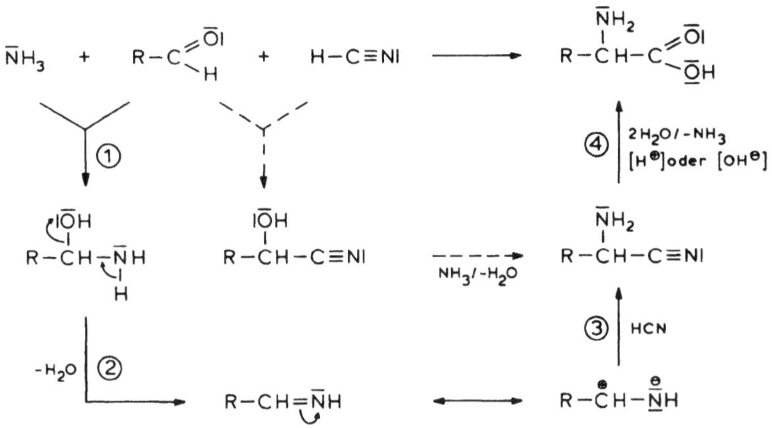

Carbonylkomponente: R–CHO; R^1–CO–R^2; R^1–CH=N–R^2;
R–CH=N–OH; R–CH=N–NH_2

Aminkomponente: NH_3; NH_2R; NHR_2; H_2N–NH_2; NH_2OH

① Nucleophile Addition

② Eliminierung von Wasser ⌒ Aldimin

③ Addition von Cyanwasserstoff ⌒ α-Aminonitril

④ Saure oder alkalische Hydrolyse

A Synthese von α-Aminosäuren mit ^{14}C-Markierungen in den Positionen 1 und 2

L

A. Strecker, Liebigs Ann. Chem. **75**, 27–45 (1850).
H. Bergs, Chem. Zentralbl. **27**, 1001–1018 (1933).
H. T. Bucherer, W. Brandt und *H. Barsch*, J. Prakt. Chem. **140**, 129–171 (1934).
H. T. Bucherer und *W. Steiner*, J. Prakt. Chem. **140**, 291–316 (1934).
E. Ware, Chem. Rev. **46**, 422 (1950).
T. Wieland, L. Birhofer, A. Schöberl, A. Wagner und *H. Söll*, Strecker-Reaktion, in *Houben-Weyl-Müller*: Methoden der Organischen Chemie, 4. Aufl., Bd. XI/2, S. 305–306; 371–372, Thieme, Stuttgart 1958.
H. Geipel, J. Gloede, K. P. Hilgetag und *H. Gross*, Chem. Ber. **98**, 1677–1680 (1965).
C. O'Connor, Q. Rev., Chem. Soc. **24**, 553–564 (1970).
F. Becke und *P. Päßler*, Liebigs Ann. Chem. **735**, 27–34 (1970).

Y. Ogata und *A. Kawasaki*, J. Chem. Soc. (B) **1971**, 325–329.
K. Weinges, G. Graab, D. Nagel und *B. Stemmle*, Chem. Ber. **104**, 3594–3606 (1971).
W. L. Matier, D. A. Owens, W. T. Comer, D. Deitchman, H. C. Ferguson, R. J. Seidehamel und *J. R. Young*, J. Med. Chem. **16**, 901–908 (1973).
M. Béjaud, L. Mion, J. Taillades und *A. Commeyras*, Tetrahedron **31**, 403–410 (1975).
E. L. Compere jr. und *D. A. Weinstein*, Synthesis **1977**, 852–853.
J. H. Jones, Amino Acids, in *Barton-Ollis*: Comprehensive Organic Chemistry, vol. II, S. 819–823, Pergamon Press, Oxford 1979.

Thorpe-Ziegler

Nitril-Cyclisierung

Die Thorpe-Ziegler-Reaktion beinhaltet die intramolekulare Cyclisierung von α,ω-Dinitrilen zu Enaminonitrilen. Diese sind meist nur als Zwischenprodukte interessant und werden durch Hydrolyse bzw. Decarboxylierung, über die α-Cyanoketone, in die entsprechenden Ketone überführt. Das Verfahren eignet sich vor allem zur Synthese von 5- bis 8-gliedrigen Ringsystemen. Besonders wichtig ist ein zweites Ausbeute-Maximum bei der Cyclisierung von Dinitrilen mit Kettenlängen im Bereich von $C_{14} - C_{33}$. Ringe mit 9–13 Kohlenstoffatomen sind nach dieser Methode nur schwer zugänglich (vgl. *Dieckmann-Kondensation; Acyloin-Kondensation*).

E Die Deprotonierung der Dinitrile führt zu einem doppelten Gleichgewicht, in dem neben der Ausgangskomponente die ein- und zweifach metallierten Derivate vorliegen. Von diesen reagiert nur die Monometallverbindung unter Ringschluß zum entsprechenden Enaminonitril. Bei unsymmetrisch gebauten Substraten wird die Richtung der Cyclisierung durch die relative Acidität der beiden α-Methylengruppen sowie die elektrophile Kraft der Nitrilfunktionen bestimmt.

Der vorwiegend intramolekulare Verlauf der Reaktion – und somit die Ringbildung – wird durch die Anwendung des Verdünnungsprinzips erreicht. Um die jeweils benötigten Lösungsmittelvolumina einzuschränken, wird das meist in Ether gelöste Kondensationsmittel (die Base) vorgelegt und sehr langsam, unter starkem Rühren, mit dem Dinitril versetzt. Auf diese Weise kann die Bildung von Dimeren und Polymeren zurückgedrängt werden, ohne die monomolekulare Cyclisierung zu beeinträchtigen, deren Geschwindigkeit naturgemäß nicht von der Konzentration abhängig ist.

Das Primärprodukt der Thorpe-Ziegler-Reaktion kann als α-Iminonitril oder, in seiner tautomeren Form, als Enaminonitril formuliert werden. Eine Serie physikalischer Untersuchungen (IR, UV, NMR) hat jedoch gezeigt, daß zumindest in den meisten Fällen das Gleichgewicht deutlich zugunsten der Enaminonitrile verschoben ist. Deren saure Hydrolyse eröffnet den Zugang zu einer Vielzahl cyclischer Ketone, wobei insbesondere die Darstellung bi- und polycyclischer Carbonylverbindungen von präparativer Bedeutung ist.

Die meisten der gebräuchlichen Kondensationsmittel wie etwa die Lithium- oder Natriumsalze der N-Alkylaniline sind luftempfindlich und müssen daher stets unter Stickstoffatmosphäre umgesetzt werden. Eine in letzter Zeit immer häufiger benutzte Base ist Natrium-bis(trimethylsilyl)amid. Sie hat sich als sehr effektives Cyclisierungsreagenz erwiesen und ist darüberhinaus auch ohne Schutzgas beständig.

M

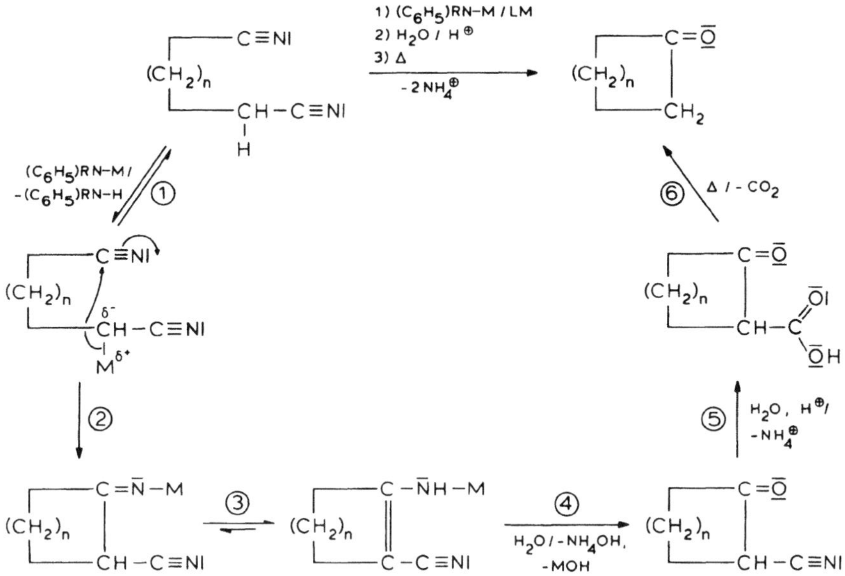

R: $-CH_3$; $-C_2H_5$

M: Li; Na; K

LM: Ether; Dioxan; Tetrahydrofuran; Ethanol; Benzol

① Deprotonierung
② Intramolekulare Cyclisierung ⌒ Iminonitril
③ Tautomerisierung ⌒ Enaminonitril
④ Hydrolyse ⌒ β-Ketonitril
⑤ Saure Nitril-Verseifung
⑥ Decarboxylierung

A Teilschritt bei der Synthese von Catenanen und Cyclophanen; Darstellung heterocyclischer (N,P,As,O,S) Ringsysteme; Synthese kondensierter Pyrimidine (Chinazolin-Derivate)

L

H. Baron, F. G. P. Remfry und *J. F. Thorpe*, J. Chem. Soc. **85**, 1726 (1904).
K. Ziegler, H. Eberle und *H. Ohlinger*, Liebigs Ann. Chem. **504**, 94–130 (1933).
K. Ziegler und *A. Lüttringhaus*, Liebigs Ann. Chem. **511**, 1–12 (1934).
K. Ziegler, Ber. Dtsch. Chem. Ges. **67**, 139–149 (1934).
K. Ziegler und *W. Hechelhammer*, Liebigs Ann. Chem. **528**, 114–142 (1937).
K. Ziegler und *H. Holl*, Liebigs Ann. Chem. **528**, 143–154 (1937).
H. J. Nitzschke, Angew. Chem. **63**, 491 (1951).
H. J. Nitzschke und *H. Budka*, Chem. Ber. **88**, 264–268 (1955).
K. Ziegler, Große Ringsysteme, in *Houben-Weyl-Müller*: Methoden der Organischen Chemie, 4. Aufl., Bd. IV/2, S. 758–764, Thieme, Stuttgart 1955.
B. H. Smith, Bridged Aromatic Compounds, S. 96–100, Academic Press, New York 1964.
J. P. Schaefer und *J. J. Bloomfield*, Org. React. **15**, 28–30 (1967).
E. C. Taylor und *A. McKillop*, Adv. Org. Chem. **7**, 1–78 (1970).
R. N. Hurd und *D. H. Shah*, J. Org. Chem. **38**, 390–394 (1973).

Tiffeneau-Demjonov

Ringerweiterung

β-Aminoalkohole unterliegen nach der Desaminierung mit salpetriger Säure einer Umlagerung zu Aldehyden bzw. Ketonen. Diese besteht in der 1,2-Verschiebung einer Alkyl- oder Arylgruppe zur Stabilisierung des primär gebildeten Carbeniumions (vgl. *Pinakol→ Pinakolon-Umlagerung*). Bei cyclischen Substraten ist die Gerüstumbildung mit einer Ringerweiterung verbunden (Tiffeneau). In völlig analoger Weise lassen sich Aminomethyl-cycloalkane unter Expansion, zum Teil auch unter Kontraktion des Ringsystems, zu Alkoholen umsetzen (Demjonov).

M

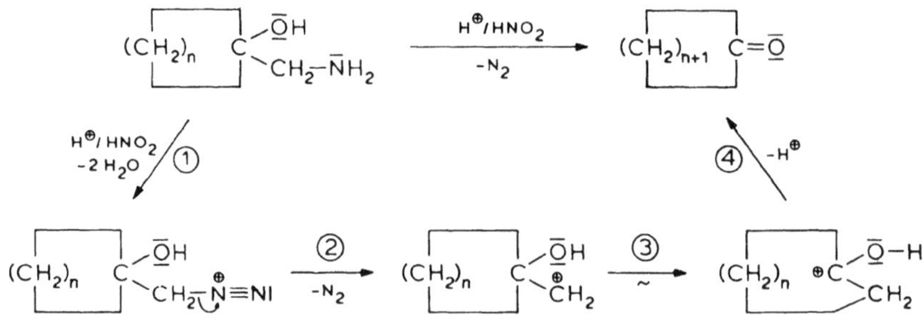

① Diazotierung

② N_2-Eliminierung ⌒ Carbeniumion

③ Anionotrope 1,2-Verschiebung ⌒ Ringerweiterung

④ Deprotonierung ⌒ cyclisches Keton

E Ausgehend von Ketonen erhält man β-Aminoalkohole (Semipinakole) beispielsweise durch Synthese der Cyanhydrine und nachfolgende Reduktion der Nitrilfunktion. Die Entfernung der Aminogruppe durch Diazotierung und Eliminierung von Stickstoff führt zur Bildung einer kationischen Zwischenstufe. Deren Tendenz zur Stabilisierung liefert die treibende Kraft für die nachfolgende Umlagerung. Durch die anionotrope 1,2-Verschiebung des Alkylrestes entsteht ein mesomeriestabilisiertes und daher energieärmeres Carbeniumion, das unter Abgabe eines Protons in ein Keton übergeht. Unsymmetrisch substituierte Ringsysteme können in zweifacher Weise expandieren. Welche Bindung letztlich gelöst wird, läßt sich in der Regel aufgrund sterischer Betrachtungen vorhersagen. Da die Alkylwanderung aus der zur Aminofunktion trans-periplanaren Position heraus erfolgt, kann anhand der Molekülgeometrie auf die Zusammensetzung des zu erwartenden Isomerengemisches geschlossen werden.

Ringerweiterungen nach Demjonov verlaufen im allgemeinen nur mit mäßigem Erfolg. Die treibende Kraft für die Umlagerung der aus Aminomethylcycloalkanen gebildeten Carbeniumionen ist nur gering, da die Möglichkeit zur Mesomeriestabilisierung fehlt. Entsprechend höher ist der Anteil an Nebenprodukten wie Olefine und nicht umgelagerte Alkohole. Durch die 1,2-Verschiebung des β-ständigen H-Atoms wird die Reaktion zusätzlich kompliziert. Methyl- oder gar Phenylgruppen in dieser Position zeigen eine noch größere Wanderungstendenz und können die Ringerweiterung völlig verhindern.

In wenigen Fällen stabilisiert sich das primär gebildete Carbeniumion durch Ringkontraktion (2-Phenylcyclohexylamin). Die Anwendbarkeit beider Syntheseverfahren ist auf 3- bis 12-gliedrige Ringsysteme beschränkt. Substrate mit 5 – 7 Kohlenstoffatomen im Ring liefern die besten Ausbeuten.

A Homologisierung cyclischer Ketone (Cyclohexanon → Cycloheptanon); Erweiterung des fünfgliedrigen D-Rings in Steroiden; stufenweiser Aufbau höherer cyclischer Ketone (Keton → Cyanhydrin → β-Aminoalkohol → Keton → → →)

L *N. J. Demjonov*, J. Russ. Phys. Chem. Ges. **35**, 375 (1903).
M. Tiffeneau, P. Weill und *B. Tchoubar*, C. R. hebd. Séances Acad. Sci. **205**, 54 (1937).
K. Ziegler, Ringerweiterungen (nach N. J. Demjonov – M. Tiffeneau), in *Houben-Weyl-Müller*: Methoden der Organischen Chemie, 4. Aufl., Bd. IV/2, S. 793–796, Thieme, Stuttgart 1955.
K. Alder und *R. Reubke*, Chem. Ber. **91**, 1525–1535 (1958).
P. A. S. Smith und *D. R. Baer*, Org. React. **11**, 157–188 (1960).
J. A. Berson und *A. Remanick*, J. Am. Chem. Soc. **86**, 1749-1755 (1964).
R. Kotani, J. Org. Chem. **30**, 350–354 (1965).
D. V. Banthorpe, Semipinacols, in *Patai*: The Chemistry of the Amino Group, S. 591–600, Wiley-Interscience, London 1968.
J. B. Jones und *P. Price*, J. Chem. Soc., Chem. Commun. **1969**, 1478–1479.
J. B. Jones und *P. Price*, Tetrahedron **29**, 1941–1947 (1973).
D. Dieterich, Ketone durch Umlagerungsreaktionen, in *Houben-Weyl-Müller*: Methoden der Organischen Chemie, 4. Aufl., Bd. VII/29, S. 988–995, Thieme, Stuttgart 1973.
M. A. McKinney und *P. P. Patel*, J. Org. Chem. **38**, 4059–4064 (1973).
J. M. Z. Gladych und *D. Hartley*, Polyfunctional Amines, in *Barton-Ollis*: Comprehensive Organic Chemistry, vol. II, S. 102–103, Pergamon Press, Oxford 1979.

Tschitschibabin

Pyridin-Aminierung

Die Tschitschibabin-Reaktion stellt einen Spezialfall der nucleophilen Substitution an aktivierten Aromaten dar. Durch Umsetzung von Natriumamid mit Pyridin in einem geeigneten Lösungsmittel gelingt die direkte Einführung einer Aminogruppe in das heterocyclische System. Der Substituent wird dabei bevorzugt in die 2- bzw. 6-Stellung dirigiert. Nur wenn beide ortho-Positionen besetzt sind, entsteht das entsprechende para-Amino-Derivat.

E Pyridin zählt zu den π-elektronenarmen Heteroaromaten und ist daher für nucleophile Substitutionsreaktionen weitaus besser geeignet als etwa Benzol. Bedingt durch die relativ hohe Elektronegativität des Stickstoffs erhöht sich die Elektronendichte am Heteroatom, während sie innerhalb des Ringsystems – und hier besonders in den Positionen 2 und 6 – deutlich abnimmt. Die betreffenden Kohlenstoffatome stellen daher geeignete Reaktionszentren für den Angriff eines Amidions dar. Zudem kann die hierbei auf den Heterocyclus übertragene negative Ladung auf dem Ringstickstoff delokalisiert werden. Das gebildete Natriumhydrid reagiert sofort mit einem Proton der Aminogruppe, wobei das entsprechende Salz des Pyridin-Derivats entsteht. Hieraus kann durch Hydrolyse die freie Base gewonnen werden.

Die nucleophile Substitution des Wasserstoffs erfordert die Freisetzung eines Hydridions und gelingt daher nur mit sehr starken Basen. Neben Natriumamid selbst wurden auch verschiedene Alkyl- und Arylamide mit Erfolg eingesetzt. Hydrazidionen des Typs $R_2N{-}NH^{\ominus}$ zeigen analoge Reaktionen. Die Umsetzungen gelingen auch mit anderen Heterocyclen wie beispielsweise Chinolin oder Phenanthridin.

Neben der unter **M** formulierten Reaktionsfolge wird ein alternativer Mechanismus diskutiert, der die intermediäre Bildung von 2,3-Dehydropyridin (Pyridyn) beinhaltet:

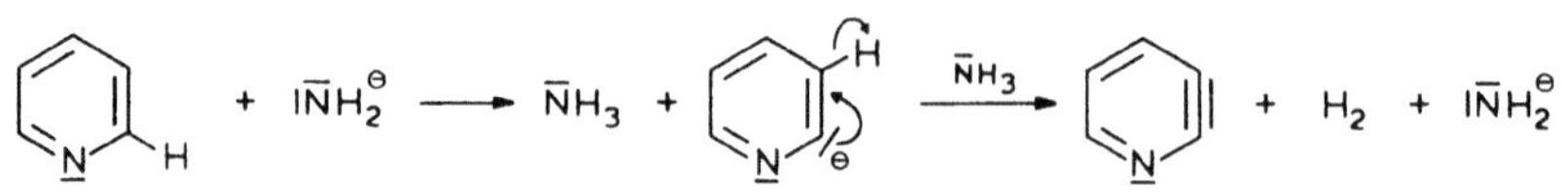

Es handelt sich hierbei um einen Eliminierungs-Additions-Mechanismus, der jedoch offenbar nur in wenigen Fällen verwirklicht wird.

M

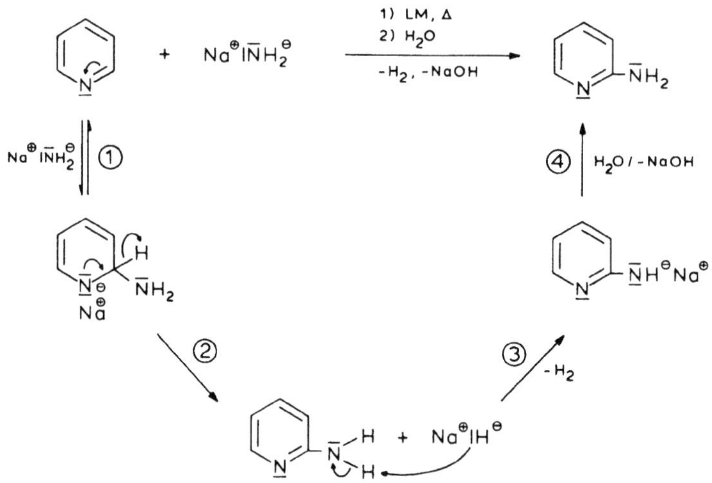

LM: Dimethylanilin; Toluol; Benzol; Ammoniak

① Nucleophile Addition eines Amidions

② Rearomatisierung durch Eliminierung eines Hydridions

③ Abstraktion eines Protons ⌒ $H_2\uparrow$

④ Hydrolyse

A Synthese schwer zugänglicher heteroaromatischer Amine; Verbrückung aromatischer Ringsysteme (Chinoxalin → Fluorubin)

L *A. E. Tschitschibabin* und *O. A. Seide*, J. Russ. Phys. Chem. Ges. **40**, 1216 (1914).
K. Ziegler und *H. Zeiser*, Ber. Dtsch. Chem. Ges. **63**, 1847–1851 (1930).
M. T. Leffler, Org. React. **1**, 91–104 (1942).
R. Levine und *W. C. Fernelius*, Chem. Rev. **54**, 537–539 (1954).
R. A. Abramovitch, F. Helmer und *J. G. Saha*, Can. J. Chem. **43**, 725–731 (1965).
R. A. Abramovitch und *J. G. Saha*, Adv. Heterocycl. Chem. **6**, 292–296 (1966).
C. S. Giam, Aminopyridines, in *Weissberger-Taylor*: The Chemistry of Heterocyclic Compounds, vol. 14, Suppl. III, S. 45–47, Wiley-Interscience, New York 1974.
D. M. Smith, Pyridines, in *Barton-Ollis*: Comprehensive Organic Chemistry, vol. IV, S. 23–24, Pergamon Press, Oxford 1979.

Tschugaeff

Xanthogenat-Spaltung

Als Xanthogenate bezeichnet man die O,S-Diester der hypothetischen Dithiokohlensäure (Thiolthionkohlensäure). Diese Verbindungen können bereits unter sehr milden Bedingungen pyrolisiert werden, wobei insbesondere die entstehenden Olefine von präparativem Interesse sind. Weiterhin werden je ein Molekül Mercaptan sowie Kohlenoxysulfid gebildet. Der Mechanismus entspricht einer intramolekularen cis-Eliminierung, wie sie analog bei der thermischen Zersetzung von Carbonsäureestern, Urethanen oder auch Aminoxiden (s. *Cope-Umlagerung*) beobachtet wird.

M

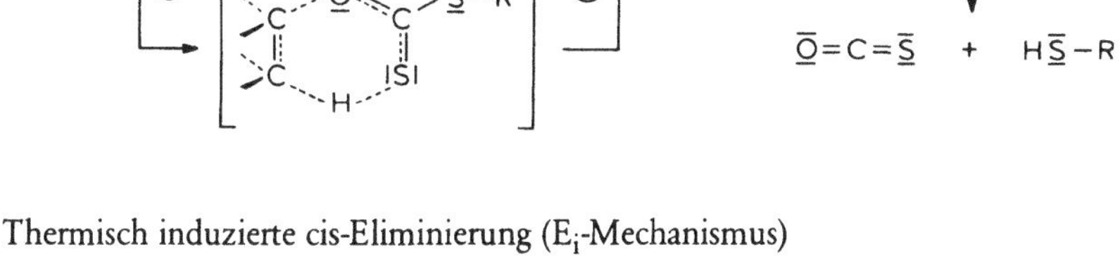

①,② Thermisch induzierte cis-Eliminierung (E_i-Mechanismus)

E Gegenüber verwandten Pyrolysereaktionen gelingt die thermisch induzierte Spaltung von Xanthogenaten bereits bei relativ niedrigen Temperaturen. Zum Vergleich sind nachfolgend einige Verbindungen in der Reihenfolge abnehmender Reaktivität aufgelistet:

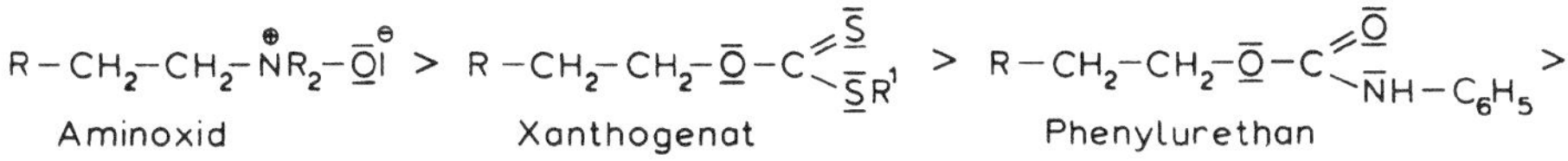

Aminoxid Xanthogenat Phenylurethan

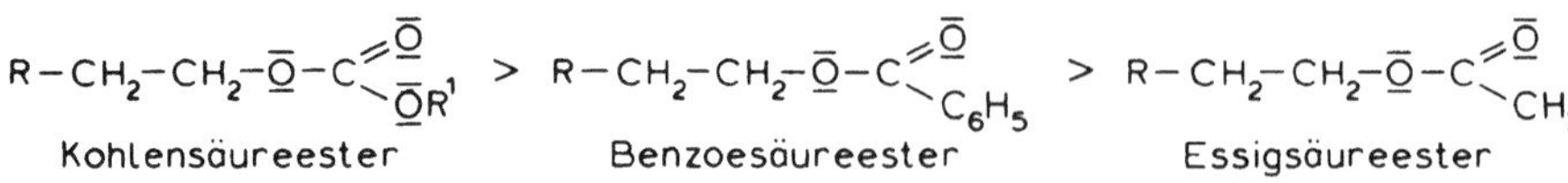

Die Zersetzungstemperaturen steigen von etwa 100°C bei den Aminoxiden auf 400–500°C bei den Estern der Essigsäure. Ursache für den bereitwilligen Zerfall der Xanthogenate ist einerseits die höhere Basizität des auf den β-Wasserstoff einwirkenden Schwefelatoms. Andererseits ergibt sich bei der Summierung der jeweiligen Bindungsenergien für den Übergang O—C=S → O=C—S ein zusätzlicher Energiegewinn, der bei analogen Sauerstoffverbindungen nicht möglich ist (O—C=O → O=C—O).

Die Ausbildung des cyclischen Übergangszustandes zwingt die beteiligten Molekülfragmente in eine definierte Orientierung (negative Aktivierungsentropie) und bedingt somit gleichzeitig die hohe Stereospezifität der Reaktion. Mit Hilfe deuterierter Verbindungen, wie beispielsweise erythro- und threo-3-Deuterobutyl-2-acetat, konnte der zugrunde liegende E_i-Mechanismus bewiesen werden. In bestimmten Fällen sind jedoch offenbar auch radikalische oder ionische Mechanismen möglich. Letztere werden bevorzugt dann beobachtet, wenn ein transständiges β-Wasserstoffatom vorhanden ist, das durch eine elektronenziehende Gruppe acidifiziert wird. Untersuchungen an verschiedenen von Menthol bzw. Borneol abgeleiteten Xanthogenaten lassen auf die Beteiligung von Radikalen als Intermediärprodukte schließen. Dies gilt vermutlich auch allgemein für solche Verbindungen, die über keinen cis-β-Wasserstoff verfügen und daher bei höheren Temperaturen pyrolisiert werden müssen. Hiermit verbunden ist eine vermehrte Bildung von Polymerisaten als Nebenprodukte.

Die Xanthogenat-Spaltung ist eine der besten Methoden zur Synthese von Olefinen aus Alkoholen. Im Gegensatz zu alternativen Dehydratisierungsreaktionen (z. B. mit Säuren) spielen konkurrierende Umlagerungen des Kohlenstoffgerüstes hier nur eine untergeordnete Rolle. Von Nachteil sind dagegen die präparativen Schwierigkeiten bei der Darstellung und Reinigung vieler Xanthogenate:

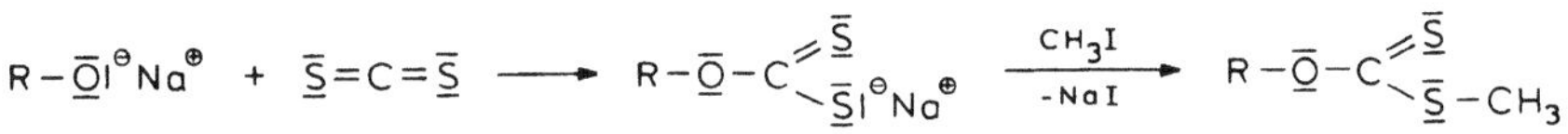

A Gewinnung von Olefinen, die durch säurekatalysierte Wasserabspaltung nicht zugänglich sind; Dehydratisierung von Alkoholen, die bei Anwendung alternativer Verfahren zu Umlagerungsreaktionen neigen (z. B. verschiedene Terpenalkohole); stereospezifische Synthese von cis-Olefinen

L *L. Tschugaeff*, Ber. Dtsch. Chem. Ges. **32**, 3332–3335 (1899).
F. C. Whitmore und *C. T. Simpson*, J. Am. Chem. Soc. **55**, 3809–3812 (1933).
D. J. Cram, J. Am. Chem. Soc. **71**, 3883–3889 (1949).
E. R. Alexander und *A. Mudrak*, J. Am. Chem. Soc. **73**, 59–62 (1951).
C. H. DePuy und *R. W. King*, Chem. Rev. **60**, 444–448 (1960).
R. F. W. Bader und *A. N. Bourns*, Can. J. Chem. **39**, 348–358 (1961).
H. R. Nace, Org. React. **12**, 57–100 (1962).
A. Maccoll, Olefin-forming Eliminations in the Gasphase, in *Patai*: The Chemistry of Alkenes, vol. I, S. 221–222; 235, Wiley Interscience, London 1964.
M. Hanack und *W. Kraus*, Pyrolyse von Xanthogensäure-estern, in *Houben-Weyl-Müller*: Methoden der Organischen Chemie, 4. Aufl., Bd. V/1b, S. 123–134, Thieme, Stuttgart 1972.
W. H. Saunders, jr. und *A. F. Cockerill*, Mechanisms of Elimination Reactions, S. 422–445, Wiley, New York 1973.

Vilsmeier

Aryl-Formylierung

Ursprünglich bezeichnete man als Vilsmeier-Synthese die Formylierung reaktiver Aromaten bzw. Heteroaromaten mit Hilfe substituierter Formamide und Phosphoroxychlorid. Inzwischen konnte das Reaktionsprinzip auf eine Vielzahl ähnlicher Verbindungen übertragen werden, so daß heute ein sehr viel breiteres Spektrum von Produkten zugänglich ist. Der Mechanismus beinhaltet die Bildung eines aktiven Komplexes aus Säurechlorid und Amid, der elektrophil das π-System des aromatischen Kerns angreift (s. *Friedel-Crafts-Acylierung; Gattermann; Gattermann-Koch*).

M

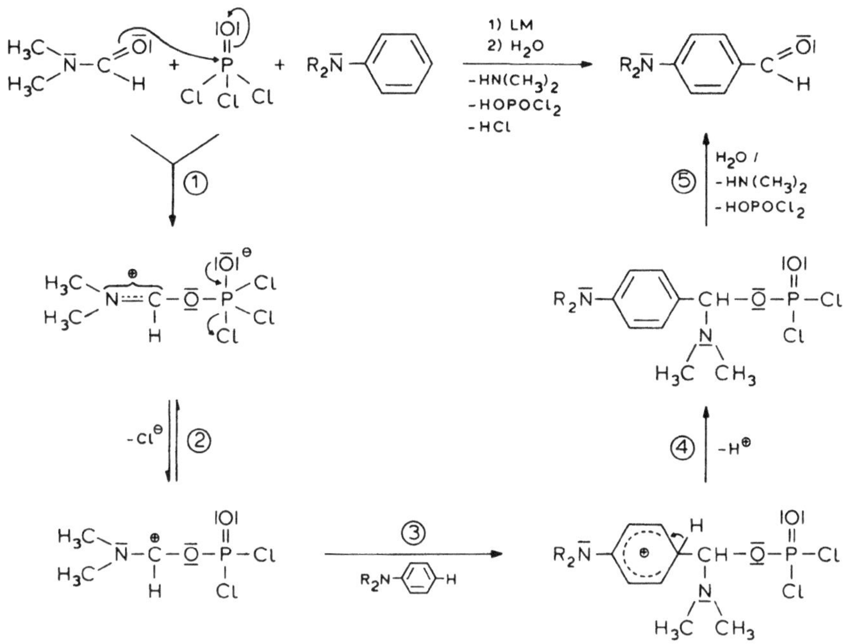

Aromat:	Phenole; Phenolether; Amine; Polycyclen (Azulen, Anthracen, 1.2-Benzanthracen, 3.4-Benzpyren); Heterocyclen (Pyrrol, Thiophen, Indol)
Säureamid:	N,N-Dimethylformamid; N-Methylformamid; N-Methyl=formanilid; N-Formylmorpholin; N-Formylpiperidin
Säurechlorid:	$POCl_3$; $COCl_2$; $SOCl_2$; $(COCl)_2$
LM:	Chloroform; 1.2-Dichlorethan; Benzol; 1.2-Dichlor=benzol; N,N-Dimethylformamid (Überschuss)

①,② Bildung des aktiven "Vilsmeier-Komplexes"

③,④ Elektrophile aromatische Substitution ⑤ Hydrolyse

E Die Polarität der Carbonylgruppe im Formamid wird durch die Komplexierung mit Phosphoroxychlorid wesentlich erhöht. Es ist jedoch noch nicht eindeutig geklärt, ob das primär gebildete Addukt selbst am Aromaten angreift. Verschiedene Untersuchungen deuten darauf hin, daß erst ein Folgeprodukt des Vilsmeier-Komplexes als Elektrophil fungiert:

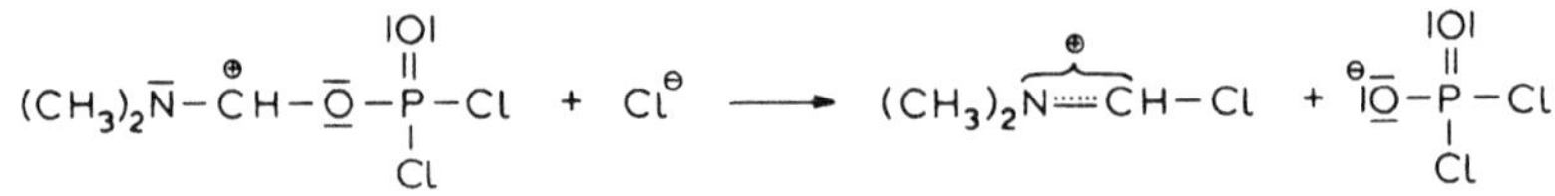

Die Argumente für einen derartigen Reaktionsablauf werden insbesondere durch das Fehlen von Spin-Spin-Kopplungen zwischen Phosphor und Wasserstoff in entsprechenden ^{1}H-bzw. ^{31}P-Kernresonanzspektren gestützt.

Umsetzungen mit anderen Säurehalogeniden verlaufen völlig analog. Für Arbeiten im technischen Maßstab wird bevorzugt Phosgen eingesetzt, das unter sofortiger Abspaltung von Kohlendioxid abreagiert. Thionylchlorid führt häufig zur Bildung von Nebenprodukten (Sulfide) und ist daher weniger geeignet. Addukte aus Dimethylformamid und Carbonsäurechloriden zeigen allgemein eine geringe Reaktionsfähigkeit.

Der Anwendungsbereich der Vilsmeier-Synthese ist auf Aromaten beschränkt, deren Reaktivität zumindest derjenigen des Benzols gleichkommt. Im Gegensatz zur *Gattermann-* bzw. *Gattermann-Koch-Reaktion* sind auch sekundäre und tertiäre Amine als Substrate geeignet. Einen Spezialfall des Verfahrens stellt die Verwendung vinyloger Säureamide dar, mit deren Hilfe auch ungesättigte Aldehyde zugänglich sind.

Der Vilsmeier-Synthese analoge Umsetzungen sind auch an aliphatischen Verbindungen möglich. So lassen sich z. B. Olefine mit N,N-disubstituierten Formamiden und Phosphoroxychlorid formylieren. Auf gleiche Weise kann die Formylgruppe in die α-Position von Acetalen oder Ketalen eingeführt werden, wobei Ketoaldehyde oder Dialdehyde als Endprodukt entstehen.

A Formylierung von Phenolen, Phenolethern und aromatischen Aminen; Einführung der Formylgruppe in nicht benzoide und heterocyclische Aromaten, die auf andere Weise nur schwer formylierbar sind (Azulen, Pyrrol, Indol); Synthese ungesättigter aromatischer Aldehyde; Formylierung aktivierter Olefine (technische Synthese von 1,3,3-Trimethyl-2-formylmethylen-indolin)

L

A. Vilsmeier und *A. Haack*, Ber. Dtsch. Chem. Ges. **60**, 119–122 (1927).
A. Vilsmeier, Chem.-Ztg. **75**, 133–135 (1951).
O. Bayer, Einführung der Aldehydgruppe in Aromaten, in *Houben-Weyl-Müller*: Methoden der Organischen Chemie, 4. Aufl., Bd. VII/1, S. 29–36, Thieme, Stuttgart 1954.
C. Jutz, Ber. Dtsch. Chem. Ges. **91**, 850–861 (1958).
W. Ziegenbein und *K. H. Hornung*, Chem. Ber. **95**, 2976–2983 (1962).
G. A. Olah und *S. J. Kuhn*, Vilsmeier Reaction, in *G. A. Olah*: Friedel-Crafts and Related Reactions, vol. III/2, S. 1211–1240, Wiley-Interscience, New York 1964.
K. Ikawa, F. Takami, Y. Fukui und *K. Tokuyama*, Tetrahedron Lett. **1969**, 3279–3281.
H. Fritz und *R. Oehl*, Liebigs Ann. Chem. **749**, 159–167 (1971).
D. Burn, Chem. Ind. London **1973**, 870–873.
G. Simchen und *G. Entenmann*, Formylierung mit N,N-disubstituierten Formamiden, in *F. Korte*: Methodicum Chimicum, Bd. V, S. 221–223, Thieme, Stuttgart 1975.
M. L. Martin, G. Ricolleau, S. Poignant und *G. J. Martin*, J. Chem. Soc., Perkin Trans. II **1976**, 182–186.
J. White und *G. McGillivray*, J. Org. Chem. **42**, 4248–4251 (1977).
J. White und *G. McGillivray*, J. Chem. Soc., Perkin Trans. II **1979**, 943–946.
H. Heaney, Arenes and their Reactions, in *Barton-Ollis*: Comprehensive Organic Chemistry, vol. I, S. 281-283, Pergamon Press, Oxford 1979.
M. P. Reddy und *G. S. K. Rao*, J. Org. Chem. **46**, 5371–5373 (1981).
J.-P. Dulcere und *J. Rodriquez*, Tetrahedron Lett. **1982**, 1887–1888.
C. E. Loader, G. H. Barnett und *H. J. Anderson*, Can. J. Chem. **60**, 383–389 (1982).

Wagner-Meerwein

Alkylcarbenium-Umlagerung

Die Bezeichnung Wagner-Meerwein-Umlagerung wird häufig als Sammelbegriff für eine Reihe mechanistisch eng verwandter Reaktionen benutzt (s. *Nametkin; Pinakol→ Pinakolon*). Im engeren Sinne versteht man darunter die bevorzugte Bildung umgelagerter Olefine bei der sauren Dehydratisierung sekundärer und tertiärer Alkohole. Die Umbildung des Kohlenstoffgerüstes vollzieht sich an den intermediär entstehenden Carbeniumionen, die sich durch anionotrope Wanderung eines Alkyl- oder Arylrestes stabilisieren.

M

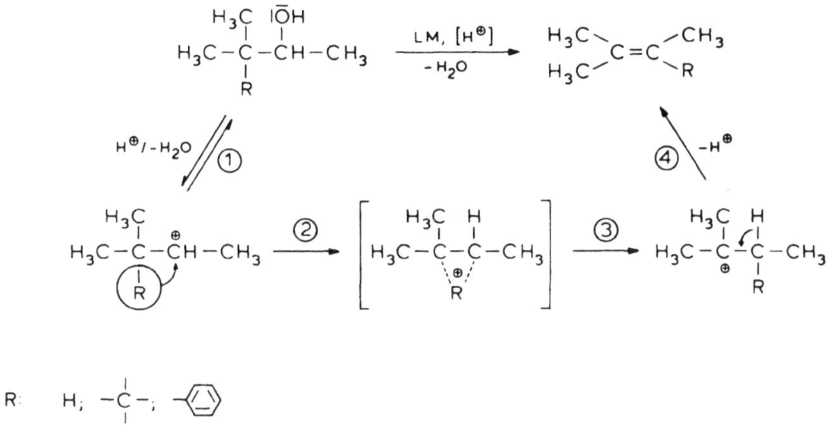

LM: Acetonitril; Tetrahydrofuran; Ethanol / Wasser; Ameisensäure

① Aktivierung der Austrittsgruppe ⌒ Abspaltung von Wasser

②,③ Stabilisierung des Kations durch anionotrope Umlagerung

④ Deprotonierung ⌒ Olefin

E Die treibende Kraft für die Umlagerung resultiert aus der größeren Stabilität des tertiären Carbeniumions. Das neu gebildete Kation erlaubt einen weitergehenden Ausgleich des bestehenden Ladungsdefizits durch den insgesamt größeren induktiven Effekt sowie die Hyperkonjugation der drei Alkylgruppen. Allgemein erfolgt die 1,2-Verschiebung der Reste R umso leichter, je bereitwilliger sie mit dem benachbarten elektrophilen Kohlenstoff reagieren:

$p\text{-}CH_3OC_6H_4 > p\text{-}CH_3C_6H_4 > p\text{-}PhC_6H_4 > C_6H_5 > p\text{-}ClC_6H_4$

tert.-Butyl > Isopropyl > Ethyl > Methyl > H

Während der Umlagerung wird die wandernde Gruppe nie vollständig vom Rest des Moleküls gelöst. Sie nähert sich dem neuen Bindungspartner von der Seite, die sich entgegengesetzt zur Bewegungsrichtung der Austrittsgruppe befindet. Dies entspricht formal einer S_N2-Reaktion und führt somit zur Konfigurationsumkehr am Sextett-Kohlenstoff. Wagner-Meerwein-Umlagerungen verlaufen daher stets stereospezifisch.

Prinzipiell kann die OH-Gruppe des Alkohols durch jeden anderen Substituenten ersetzt werden, der beim Austritt ein entsprechendes Carbeniumion hinterläßt (Halogen, $N_2^{\oplus}$). Auch in olefinischen Systemen lassen sich, z. B. durch Protonierung der Doppelbindung, analoge Umlagerungen induzieren. Allgemein werden aber Skelettumwandlungen nur dann beobachtet, wenn sie energetisch begünstigt sind. Dies kann – abgesehen von den oben genannten Gründen – etwa im Abbau von Ringspannungen in cyclischen Verbindungen begründet sein. In allen anderen Fällen dominieren Konkurrenzreaktionen wie die einfache Substitution der Austrittsgruppe oder Eliminierungen ohne 1,2-Verschiebung. Die Abgabe eines Protons aus dem umgelagerten Kation erfolgt entsprechend der Saytzew-Regel, d. h. es entsteht das an der Doppelbindung höher substituierte Olefin.

Die Wagner-Meerwein-Umlagerung ist eine Reaktion 1. Ordnung, deren Geschwindigkeit dem Ionisierungsvermögen des betreffenden Lösungsmittels proportional ist. Dieses sollte daher so gewählt werden, daß es den Carbeniumion-Mechanismus begünstigt, d. h. die entstehenden Ionen möglichst gut solvatisiert. In entsprechender Weise können Lewis-Säuren als Katalysatoren zur Abtrennung und Stabilisierung von Anionen beitragen. Dies entspricht den Bedingungen, wie sie für S_N1-Reaktionen charakteristisch sind.

Wagner-Meerwein-Umlagerungen wurden zuerst an bicyclischen Terpenen beobachtet und besitzen auch heute noch ihre größte Bedeutung innerhalb dieser Stoffklasse. Sie bieten die Möglichkeit zu umfassenden Skelettumwandlungen, wobei zum Teil zwei oder mehr Umlagerungen aufeinander folgen.

A Synthese von Campher aus α-Pinen (dreifache Wagner-Meerwein-Umlagerung); Umlagerungen unter Ringerweiterung (Cyclobutan- → Cyclopenten-Derivate) bzw. -verengung (Norbornan → α- bzw. β-Pinen); Anthrasteroid-Umlagerungen: angulare Anordnung (analog Phenanthren) der Ringe A-B-C in Steroiden → lineare Anordnung (analog Anthracen)

L *G. Wagner*, J. Russ. Phys. Chem. Ges. **31**, 680 (1859).
H. Meerwein und *K. van Emster*, Ber. Dtsch. Chem. Ges. **55**, 2500–2528 (1922).
A. Streitwieser, jr., Chem. Rev. **56**, 698–713 (1956).
D. J. Cram, H. L. Nyquist und *F. A. A. Elhafez*, J. Am. Chem. Soc. **79**, 2876–2888 (1957).
P. D. Bartlett, E. R. Webster, C. E. Dills und *H. G. Richey*, jr., Liebigs Ann. Chem. **623**, 217–248 (1959).
J. A. Berson, C. J. Olsen und *J. S. Walia*, J. Am. Chem. Soc. **84**, 3337–3348 (1962).
Y. Pocker, Wagner-Meerwein Rearrangements, in *de Mayo*: Molecular Rearrangements, vol. I, S. 6–15, Wiley-Interscience, New York 1963.
W. Hückel und *D. Volkmann*, Liebigs Ann. Chem. **664**, 31–75 (1963).
M. Hartmann, Liebigs Ann. Chem. **729**, 8–20 (1969).
W. Kirmse und *K.-H. Wahl*, Chem. Ber. **107**, 2768–2787 (1974).
T. S. Sorensen, Acc. Chem. Res. **9**, 257–265 (1976).
H. Plieninger und *H. P. Kraemer*, Angew. Chem. **88**, 230–231 (1976).
M. Schlosser und *Y. Bessiere*, Helv. Chim. Acta **60**, 590–597 (1977).
S. R. Bly, R. K. Bly, B. J. Hamilton, J. N. C. Hsu und *P. K. Lillis*, J. Am. Chem. Soc. **99**, 216–223 (1977).
H. P. Kraemer und *H. Plieninger*, Tetrahedron **34**, 891–896 (1978).
S. J. Cristol, D. P. Stull und *R. D. Daussin*, J. Am. Chem. Soc. **100**, 6674–6678 (1978).
M. Saunders, J. Chandrasekhar und *P. von Ragué Schleyer*, Rearrangements of Carbocations, in *de Mayo*: Rearrangements in Ground and Excited States, vol. I, S. 9; 30–32, Academic Press, New York 1980.
D. Berner, H. Danh und *P. Vogel*, Helv. Chim. Acta **63**, 2538–2553 (1980).
A. Bazbouz, H. Christol, J. Coste und *F. Plenat*, Tetrahedron **36**, 2745–2755 (1980).
D. Berner, D. P. Cox und *H. Dahn*, J. Am. Chem. Soc. **104**, 2631–2632 (1982).

Williamson

Ether-Synthese

Die Ether-Synthese nach Williamson besteht in der O-Alkylierung von Alkoholaten oder Phenolaten mit Hilfe von Alkylhalogeniden, Dialkylsulfaten oder Toluolsulfonsäureestern. Je nach Wahl der Reaktionspartner sind sowohl symmetrische als auch gemischte Ether zugänglich. Tertiäre Halogenide liefern unter den basischen Bedingungen vorwiegend Olefine und sind daher als Alkylierungsmittel ungeeignet. Ansonsten ist das Verfahren von breiter Anwendbarkeit und unterliegt nur geringen Einschränkungen.

M

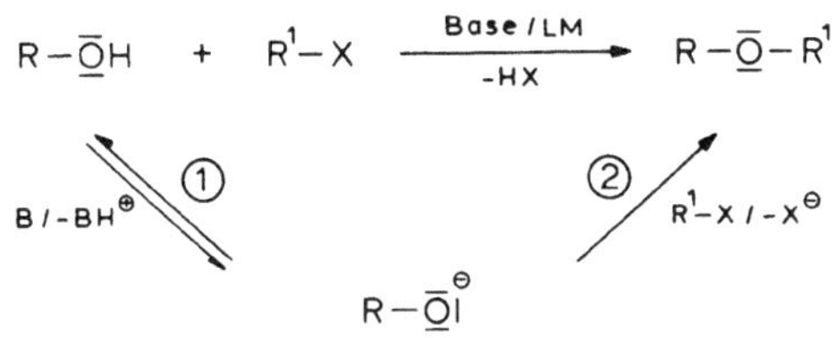

R: $-\overset{|}{\underset{|}{C}}-$; 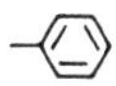

R¹: $-CH_3$; $-CH_2-$; $-CH<$; $-CH=CH_2$; $-CH_2-CH=CH_2$; $-CH_2-$

X: I; Br; Cl bzw. R¹–X: $H_3CO-SO_2-OCH_3$; CF_3SO_2-OR; $R_3O^{\oplus}BF_4^{\ominus}$; H_3COTs

Base: Na; K; NaOH; KOH; NaH; $NaNH_2$

LM: Alkohol; Diethylether; THF; Benzol; Toluol; DMSO; DMF; $NH_{3\,fl.}$

① Deprotonierung ⌒ Alkoholat bzw. Phenolat

② Nucleophile Substitution (S_N2)

E Zur Darstellung der Alkalialkanolate können die entsprechenden Alkohole direkt mit metallischem Natrium umgesetzt werden. Alternative Möglichkeiten bestehen in der Verwendung wasserfreier Alkalimetallhydroxide, -hydride oder -amide, wobei im letzten Fall die Ether-Synthese in flüssigem Ammoniak vorgenommen werden kann. Bei Phenolen gelingt die Salzbildung – bedingt durch den stärker sauren Charakter aromatischer Hydroxyverbindungen – bereits mit wäßriger Natronlauge. Besonders bewährt haben sich Umsetzungen mit Kaliumcarbonat in Aceton.

Von den gängigen Alkylierungsmitteln dienen Toluolsulfonate und Dialkylsulfate bevorzugt zur Synthese von Methyl- und Ethylethern. Speziell das reaktive und zugleich preiswerte Dimethylsulfat wird häufig für Methylierungsreaktionen eingesetzt. Die Darstellung höherer Ether erfolgt meist mit Alkylhalogeniden, wobei sich vor allem die Alkyljodide durch eine hohe Reaktivtät auszeichnen. Die weniger reaktionsfähigen Brom- und Chlorverbindungen können durch Zusatz geringer Mengen von Natriumjodid in situ in die entsprechenden Jodide überführt werden. Schwach nucleophile und sterisch gehinderte Alkohole lassen sich in neutralem Medium mit Hilfe der noch reaktiveren Triflatester oder Trialkyloxoniumtetrafluoroborate verethern. Die in vielen Fällen als Nebenreaktion auftretende Olefinbildung kann häufig vermieden oder zurückgedrängt werden, wenn man anstelle der Alkalialkoholate die entsprechenden Magnesiumverbindungen einsetzt. Eine von Kalinowski (1981) entwickelte Variante des Verfahrens basiert auf der Verwendung von Thallium(I)-alkoholaten als Edukte. Sie eignet sich insbesondere zur (selektiven) Veretherung bestimmter Diole und Polyhydroxyverbindungen.

Der S_N2-Mechanismus der Williamson-Synthese bedingt eine merkliche Abhängigkeit der Reaktionsgeschwindigkeit vom jeweiligen Lösungsmittel. Ebenso wie die Basizität, wird auch die Nucleophilie der Alkoxide beim Übergang von polaren protischen zu dipolaren aprotischen Solventien (DMSO, DMF) beträchlich erhöht. Durch die in dieser Richtung abnehmende Solvatation der Alkoholationen kommt deren nucleophile Kraft gegenüber dem Substrat wesentlich stärker zur Geltung. Verbunden mit der gleichzeitig zunehmenden Solvatation des geladenen, leicht polarisierbaren Übergangszustandes resultiert hieraus eine deutliche Senkung der Aktivierungsenergie und damit eine Beschleunigung der Umsetzung.

A Synthese von Orthoestern, speziell Orthoameisensäureester; intramolekulare Williamson-Reaktion: baseninduzierte Cyclisierung von Halogenalkoholen → Oxirane, höhere cyclische Ether

L *A. W. Williamson*, Liebigs Ann. Chem. **77**, 37–49 (1851).
O. C. Dermer, Chem. Rev. **14**, 407–412 (1934).
R. H. Baker und *W. B. Martin*, J. Org. Chem. **25**, 1496–1498 (1960).
H. Meerwein, Herstellung aliphatischer und alicyclischer Ether durch Alkylierung von Alkoholen bzw. Alkoholaten, in *Houben-Weyl-Müller*: Methoden der Organischen Chemie, 4. Aufl., Bd. VI/3, S. 24–32, Thieme, Stuttgart 1965.
R. G. Smith, A. Vanterpool und *H. J. Kulak*, Can. J. Chem. **47**, 2015–2019 (1969).
H. Offermanns, Acyclische Ether, in *F. Korte*: Methodicum Chimicum, Bd. V, S. 135–136, Thieme, Stuttgart 1975.
J. L. Norula, Chem. Era **11**, 20–22 (1975).
S. G. Wilkinson, Alcohols, in *Barton-Ollis*: Comprehensive Organic Chemistry, vol. I, S. 620–622, Pergamon Press, Oxford 1979.
A. D. Cort, G. Illuminati, L. Mandolini und *B. Masci*, J. Chem. Soc., Perkin Trans. II **1980**, 1774–1777.
H.-O. Kalinowski, G. Crass und *D. Seebach*, Chem. Ber. **114**, 477–487 (1981).

Wittig

Ether → Carbinol-Umlagerung

Als Wittig-Umlagerung bezeichnet man die Isomerisierung von in α-Stellung metallierten Ethern zu Alkoholaten. Bei den Substraten handelt es sich nicht um kovalente Organometallverbindungen, sondern um anionische Molekülrümpfe, in denen das Metall über eine Ionenbindung mit dem Kohlenstoffgerüst verknüpft ist. Kation und Anion sind jedoch nicht in nennenswertem Ausmaß dissoziiert. Sie stehen vielmehr ständig in engem Kontakt, der durch den Einschluß des Ionenpaares in eine Art Lösungsmittelkäfig stabilisiert wird (vgl. *Stevens-Umlagerung*).

M

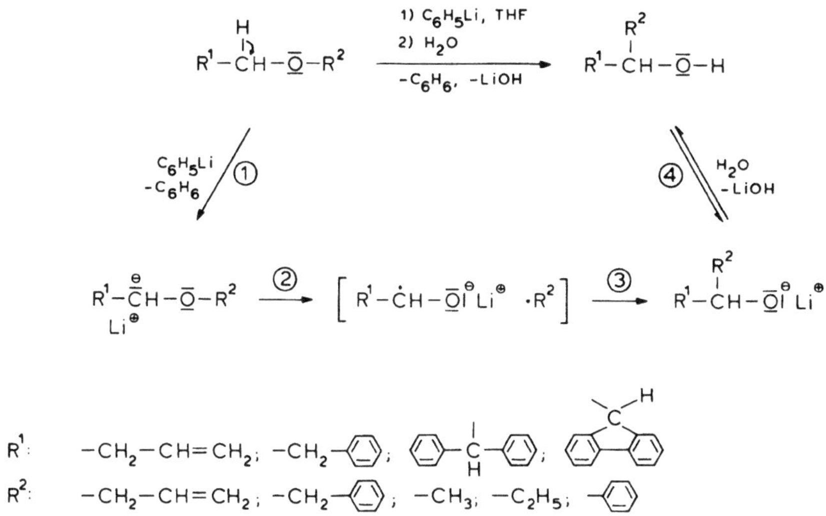

Base: C_6H_5Li; C_4H_9Li; $NaNH_2$

① Deprotonierung ⌒ α-metallierter Ether

②,③ Radikalische 1,2-Verschiebung (Spaltungs-Rekombinations-Mechanismus)

④ Protonierung des Alkoholats

E Carbanionen neigen – ebenso wie Carbeniumionen (s. *Wagner-Meerwein-Umlagerung*) – zur Ausbildung möglichst stabiler Strukturen, selbst wenn dies mit intramolekularen Umgruppierungen verbunden ist. Dabei sind 1,2-Verschiebungen des hier besprochenen Typs besonders günstig, weil die negative Ladung des Kohlenstoffs auf ein elektronegativeres Atom, nämlich Sauerstoff, übertragen wird. Als Ausgangsverbindungen eignen sich vor allem solche Ether, in denen die Gruppe R^1 das bei der Deprotonierung zurückbleibende freie Elektronenpaar wirksam delokalisieren kann. Die Wanderungstendenz der Reste R^2 nimmt allgemein in der unter dem Formelschema angegebenen Reihenfolge von links nach rechts ab.

Der genaue Ablauf der Umlagerung ist noch nicht eindeutig geklärt. Es werden verschiedene Varianten diskutiert, von denen der hier formulierte radikalische Spaltungs-Rekombinations-Mechanismus offenbar die größte Bedeutung besitzt. Nach Schöllkopf (1970) kann das intermediäre Auftreten von Radikalpaaren insbesondere aus stereochemischen Befunden (Racemisierung mit partieller Retention), aus Kernresonanzmessungen (CIDNP) sowie aus kinetischen Untersuchungen zur Umlagerungsgeschwindigkeit verschiedener Alkylgruppen abgeleitet werden.

Auch die Isolierung sogenannter "crossover"-Produkte ist kein schlüssiger Beweis für die Bildung radikalischer Zwischenstufen, sondern deutet nur allgemein auf einen mehrstufigen Umlagerungsprozeß hin. Als Alternative sei hier der ionische Mechanismus erwähnt, bei dem sich der wandernde Rest als Anion vom Sauerstoff löst und zum α-Kohlenstoff verschiebt. Ein derartiger Reaktionsablauf wird durch das mehrfach beschriebene Auftreten von Aldehyden als Nebenprodukte gestützt.

Die häufig anzutreffende Interpretation der Wittig-Umlagerung als intramolekulare S_N2-Reaktion erscheint sehr unwahrscheinlich, da eine lineare Anordnung von Nucleophil (α-Kohlenstoff), Reaktionszentrum (R^2) und Austrittsgruppe (Sauerstoff), wie sie für den Übergangszustand benötigt wird, aus sterischen Gründen unmöglich ist. Darüberhinaus wäre für die wandernde Gruppe anstelle der beobachteten Racemisierung oder gar Retention der Konfiguration eine vollständige Inversion zu erwarten. Wahrscheinlich sind mehrere Mechanismen möglich, die in Abhängigkeit vom jeweiligen Substrat, verschieden stark ausgeprägt sind.

Ist R^2 ein Allylrest, so verläuft die Umlagerung unter Verschiebung der Doppelbindung (Allyl-Inversion), und zwar vermutlich über einen cyclischen Übergangszustand (S_Ni-Mechanismus):

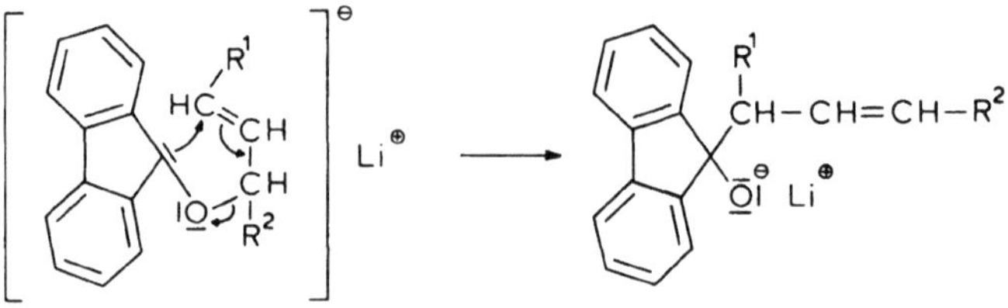

Über den Mechanismus der Aryl-Wanderung liegen noch keine gesicherten Ergebnisse vor. Der präparative Wert der Wittig-Umlagerung ist gering.

A Synthese von Phenanthren

L *G. Wittig* und *L. Löhmann*, Liebigs Ann. Chem. **550**, 260–268 (1942).
G. Wittig, P. Davis und *G. Koenig*, Chem. Ber. **84**, 627–632 (1951).
G. Wittig, Experientia **14**, 389–395 (1958).
U. Schöllkopf und *H. Schäfer*, Liebigs Ann. Chem. **663**, 22–30 (1963).
D. L. Dalrymple, T. L. Kruger und *W. N. White*, Rearrangements of the Ethers, in *Patai*: The Chemistry of the Ether Linkage, S. 617–628, Wiley-Interscience, London 1967.
U. Schöllkopf, Angew. Chem. **82**, 795–805 (1970).
G. Wittig, Bull. Soc. Chim. Fr. **1971**, 1921–1924.
C. van der Stelt, W. J. Heus und *A. Haasjes*, Rec. Trav. Chim. Pays-Bas **92**, 493–512 (1973).
V Rautenstrauch, G. Büchi und *H. Wüest*, J. Am. Chem. Soc. **96**, 2576–2580 (1974).
M. T. Reetz und *D. Schinzer*, Tetrahedron Lett. **1975**, 3485–3486.
J. F. Garst und *C. D. Smith*, J. Am. Chem. Soc. **98**, 1526–1537 (1976).
C. F. Garbers und *F. Scott*, Tetrahedron Lett. **1976**, 507–510.
A. Maercker und *W. Demuth*, Liebigs Ann. Chem. **1977**, 1909–1937.
K. Goda, R. Okazaki, K. Akiba und *N. Inamoto*, Bull. Chem. Soc. Jpn. **51**, 260–264 (1978).
H. Iwamura und *H. Tukada*, Tetrahedron Lett. **1978**, 3451–3454.
Y. Yamamoto, J. Oda und *Y. Inouye*, Tetrahedron Lett. **1979**, 2411–2414.
N. Baggett, Ethers, in *Barton-Ollis*: Comprehensive Organic Chemistry, vol. I, S. 835–837, Pergamon Press, Oxford 1979.
T. Nakai, K. Mikami und *S. Taya*, J. Am. Chem. Soc. **103**, 6492–6494 (1981).
T. Nakai, K. Mikami, S. Taya, Y. Kimura und *T. Mimura*, Tetrahedron Lett. **1981**, 69–72.
H. d'Orchymont, M. P. Goeldner und *J.-F. Biellmann*, Tetrahedron Lett. **1982**, 1727–1730.

Wittig

Olefin-Synthese

Die Umsetzung von Phosphinalkylenen (Phosphor-Yliden) mit Aldehyden oder Ketonen gehört zu den wichtigsten Methoden zur Synthese von Olefinen, Dienen und Polyenen. Die in den weitaus meisten Fällen benutzten Triphenylphosphinmethylene verfügen über eine hohe nucleophile Kraft, die sie zur Addition an die Carbonylfunktion des Reaktionspartners befähigt. Das resultierende Betain liefert über einen cyclischen Übergangszustand, neben Triphenylphosphinoxid, das entsprechende Alken. Formal entspricht die Reaktion dem Ersatz des Sauerstoffatoms der Carbonylverbindung durch eine CR_2-Gruppe, womit gleichzeitig die Lage der neu entstehenden C=C-Doppelbindung eindeutig festgelegt ist.

M

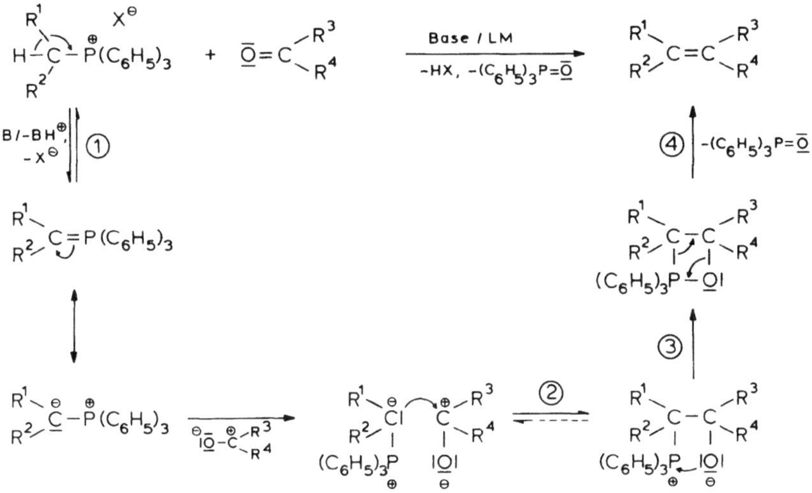

R^1, R^2: –H; –C–; –COR; –C≡N; –COOR; –CHO

R^3, R^4: –H; –C–; 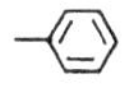

① Deprotonierung ⌒ Triphenylphosphinmethylen (Ylen ↔ Ylid)

② Nucleophile Addition ⌒ "Betain"

③ Ringschluß ⌒ cyclischer Übergangszustand

④ Eliminierung von Phosphinoxid ⌒ Olefin-Bildung

E Die Nucleophilie der Phosphinalkylene beruht auf der ausgeprägten Polarität der P-C-Bindung, die besonders in der Ylid-Grenzstruktur deutlich zum Ausdruck kommt. Das α-Kohlenstoffatom trägt hierin eine negative Ladung, die nur in geringem Maße durch eine p-d-π-Bindung zum Phosphor kompensiert wird. Dagegen kann das Elektronenpaar bei geeigneter Wahl der Reste R^1 und R^2 durch Resonanz über einen größeren Molekülbereich delokalisiert werden. Damit verbunden ist eine deutliche Abnahme der Reaktionsfähigkeit, die im Extremfall (Triphenylphosphincyclopentadienyliden) zur völligen Passivität gegenüber Aldehyden und Ketonen führen kann. Unsubstituiertes Triphenylphosphinmethylen sowie einfache Alkyl-Derivate sind demgegenüber extrem reaktiv und hoch nucleophil. Sie können nur unter Schutzgasatmosphäre und völligem Ausschluß von Feuchtigkeit umgesetzt werden.

Bei der Verwendung von Yliden mit elektronenziehenden Gruppen am α-Kohlenstoff wird der im Formalschema mit ② bezeichnete Teilschritt geschwindigkeitsbestimmend. Die in diesen Fällen reversible Addition der Reaktionspartner ermöglicht die bevorzugte Bildung des thermodynamisch stabileren threo-Betains, aus dem schließlich das entsprechende trans-Olefin hervorgeht:

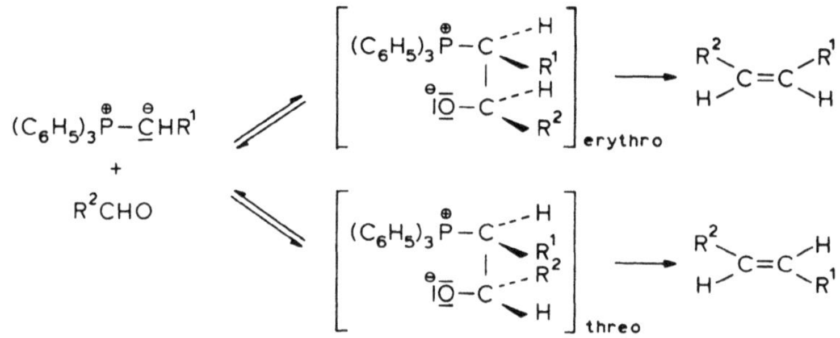

Nicht stabilisierte Ylide liefern gewöhnlich einen höheren Anteil an cis-Produkt, da hier die Betain-Bildung irreversibel verläuft und die kinetisch bevorzugte erythro-Form dominiert. In der Regel ist über diese Gesetzmäßigkeiten hinaus, durch Vorgabe geeigneter Versuchsbedingungen (Lösungsmittel, Art der Base, Zusatz von Li-Salzen), eine oft sehr weitgehende stereochemische Kontrolle über die Reaktion möglich.

Das Auftreten von Betainen als primäre Additionsprodukte konnte durch deren Isolierung in einigen Fällen bewiesen werden. Die treibende Kraft für die nachfolgende Cyclisierung resultiert aus der Bildung der sehr stabilen P-O-Bindung. Hierbei ist noch ungeklärt, ob das viergliedrige Ringsystem tatsächlich einen Übergangszustand oder aber eine echte Zwischenverbindung darstellt.

Die Anwendbarkeit der meist im Eintopfverfahren durchgeführten Wittig-Reaktion kann auch auf Carbonyl-analoge Verbindungen ausgedehnt werden (>C=N; >C=S; >C=C=O usw.). Doppel- und Dreifachbindungen in den verschiedenen Resten R werden nicht angegriffen. Auch die meisten funktionellen Gruppen (z. B. -OH; -OR; $-NR_2$; $-CH(OR)_2$; -COOR) bleiben erhalten. Als störende Nebenreaktion ist die *Aldolkondensation* zu nennen.

A Naturstoff-Synthesen: Vitamine A, D_2, D_3, β-Carotin; Ringschlußreaktionen ⌒ 1,2,5,6-Dibenzocyclooctatetraen, einfach ungesättigte Ringsysteme mit 5–16 C-Atomen; Überführung cyclischer Ketone in Olefine mit exocyclischer Doppelbindung (Cyclohexanon → Methylencyclohexan); Darstellung von Carbodiimiden aus Isocyanaten

L *G. Wittig* und *M. Rieber*, Liebigs Ann. Chem. **562**, 177–192 (1949).
G. Wittig und *G. Geissler*, Liebigs Ann. Chem. **580**, 44–57 (1953).
U. Schöllkpf, Angew. Chem. **71**, 260–270 (1959).
S. Trippett, Q. Rev., Chem. Soc. **17**, 406–440 (1963).
A. Maercker, Org. React. **14**, 270–490 (1965).
R. L. Reeves, The Wittig Reaction, in *Patai*: The Chemistry of the Carbonyl Group, S. 570–580, Wiley-Interscience, London 1966.
J. R. Shutt und *S. Trippett*, J. Chem. Soc. (C) **1969**, 2038–2043.

H. von Brachel und *U. Bahr*, Carbonylolefinierung, in *Houben-Weyl-Müller*: Methoden der Organischen Chemie, 4. Aufl., Bd. V/1c, S. 575–620, Thieme, Stuttgart 1970.
H.-J. Bestmann und *O. Klein*, Carbonylolefinierung nach Wittig, in *Houben-Weyl-Müller*: Methoden der Organischen Chemie, 4. Aufl., Bd. V/1b, S. 383–418, Thieme, Stuttgart 1972.
H. O. House, Modern Synthetic Reactions, 2nd ed., S. 682–709, Benjamin, Menlo Park 1972.
Y. A. Zhdanov, Y. E. Alexeev und *V. G. Alexeeva*, Adv. Carbohydr. Chem. Biochem. **27**, 227–299 (1972).
J. Boutagy und *R. Thomas*, Chem. Rev. **74**, 87–99 (1974).
D. W. Allen, B. G. Hutley und *K. Polasik*, J. Chem. Soc., Perkin Trans. I **1975**, 619–622.
C. Broquet, Tetrahedron **31**, 1331–1334 (1975).
D. W. Allen, P. Heatley, B. G. Hutley und *M. T. J. Mellor*, J. Chem. Soc., Perkin Trans. I **1976**, 2529–2533.
H. Pommer, Angew. Chem. **89**, 437–443 (1977).
H. Schmidbauer, G. Blaschke und *F. H. Koehler*, Z. Naturforsch. **B 32**, 757–761 (1977).
W. Carruthers, Some Modern Methods of Organic Synthesis, 2nd ed., S. 106–116, Cambridge University Press, Cambridge 1978.
K. Lesiak und *W. J. Stec*, Z. Naturforsch. **B 33**, 782–785 (1978).
B. Zwanenburg, C. G. Venier, P. A. T. W. Porskamp und *M. van der Leij*, Tetrahedron Lett. **1978**, 807–810.
E. Vedejs, J. M. Dolphin und *W. T. Stolle*, J. Am. Chem. Soc. **101**, 249–251 (1979).
G. H. Whitham, Olefinic and Acetylenic Hydrocarbons, in *Barton-Ollis*: Comprehensive Organic Chemistry, vol. I, S. 136–139, Pergamon Press, Oxford 1979.
D. J. H. Smith, Phosphazenes and Phosphorus Ylides, in *Barton-Ollis*: Comprehensive Organic Chemistry, vol. II, S. 1316–1325, Pergamon Press, Oxford 1979.
H.-J. Bestmann, G. Schade und *G. Schmid*, Angew. Chem. **92**, 856–858 (1980).
R. W. Lang und *H.-J. Hansen*, Helv. Chim. Acta **63**, 438–455 (1980).
K. B. Becker, Tetrahedron **36**, 1717–1745 (1980).
S. D. Clarke, C. R. Harrison und *P. Hodge*, Tetrahedron Lett. **1980**, 1375–1378.
G. Koßmehl und *R. Nuck*, Chem. Ber. **114**, 2914–2920 (1981).
E. Vedejs, G. P. Meier und *K. A. J. Snoble*, J. Am. Chem. Soc. **103**, 2823–2831 (1981).
J. V. Cooney und *W. E. McEwen*, J. Org. Chem. **46**, 2570–2573 (1981).
B. J. Bestmann und *G. Schade*, Tetrahedron Lett. **1982**, 3543–3546.

Wittig-Horner

PO-aktivierte Olefinierung

Diese, von Horner und Mitarbeitern entwickelte Variante der *Wittig-Reaktion*, ist trotz weitgehender Analogien im Mechanismus als eigenständiges Verfahren zur Olefinierung von Carbonylverbindungen anzusehen. Der formelle Unterschied besteht in dem Ersatz der dort als Reagenzien benutzten Phosphinalkylene durch Phosphinoxide (oder Phosphonsäureester) mit α-ständiger, acider CH-Gruppe. Die Unabhängigkeit der Methode beruht auf dem besonderen – und daher ursprünglich unerwarteten – Verhalten der als Zwischenprodukte auftretenden β-Hydroxylate. Sie zerfallen bereits bei Raumtemperatur im Sinne einer inneren Disproportionierung, während andere tertiäre Phosphinoxide unter vergleichbaren Bedingungen völlig inert sind.

E Die Deprotonierung im ersten Teilschritt verläuft mit den acideren Phosphoniumsalzen der *Wittig-Reaktion* wesentlich bereitwilliger als mit den Olefinierungs-Reagenzien der Horner-Variante. Im Gegensatz dazu sind die Carbanionen der Phosphinoxide und Phosphonsäureester entsprechenden Phosphor-Yliden bei der Addition an die Carbonylkomponente deutlich überlegen. Die negative Ladung am α-Kohlenstoff wird in diesen Verbindungen durch die Oktett-Aufweitung am Phosphoratom weniger stark kompensiert, so daß ihre Nucleophilie gegenüber Aldehyden und Ketonen in höherem Maße zur Geltung kommt.

Das entstehende Oxyanion (Schritt ②) kann in Form seiner Lithium-Verbindung abgefangen und isoliert werden. Bei Verwendung Natrium- oder Kalium-haltiger Basen tritt dagegen spontane Zersetzung ein. Die Spaltung der β-Hydroxylate entspricht einer irreversiblen cis-Eliminierung. Hierbei kommt es zu einem Sauerstoff-Transfer, der durch die dem Phosphor eigene hohe Affinität zu organisch gebundenem Sauerstoff begünstigt wird. Auch diese Reaktionsphase verläuft in PO-aktivierten Systemen leichter als bei den zwitterionischen Phosphoniumalkoholaten.

Während der stereochemische Verlauf der *Wittig-Reaktion* sehr stark vom Substitutionsmuster der Reaktanten sowie von den jeweiligen Versuchsbedingungen abhängt, ist dies bei der Horner-Variante kaum der Fall. Die meisten Umsetzungen liefern trans-Olefine als einzige oder zumindest stark bevorzugte Produkte. In einem Überblick lassen sich die Vorzüge der PO-aktivierten Olefinierung gegenüber dem klassischen Verfahren wie folgt zusammenfassen:

- Die stärkere Nucleophilie der Carbanionen erweitert den Anwendungsbereich der Reaktion und erlaubt auch die Umsetzung weniger reaktiver Aldehyde und Ketone unter milden Bedingungen.
- Die entstehenden Säureanionen sind wasserlöslich und daher leicht vom olefinischen Produkt abtrennbar.
- Phosphonsäureester sind leicht über die *Arbuzov-Reaktion* zugänglich und zudem billiger als Phosphoniumsalze.
- Die erhöhte Reaktivität der Carbanionen ermöglicht Alkylierungsreaktionen am α-Kohlenstoff.

M

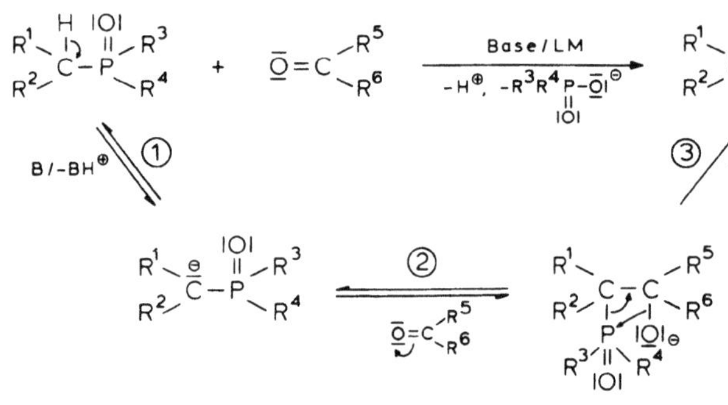

R^1, R^2: $-H$; $-COOC_2H_5$; $-OCH_3$; $-C_6H_5$; $-CN$

R^3, R^4: $-OC_2H_5$; $-C_6H_5$;

R^5, R^6: $-H$; $-\overset{|}{\underset{|}{C}}-$; –⌬

Base: C_6H_5Li; C_4H_9Li; NaOR; $NaNH_2$; NaH; $KOC(CH_3)_3$

LM: Benzol; Dimethylformamid; Tetrahydrofuran

① Deprotonierung der PO-aktivierten Verbindung

② Nucleophile Addition an die Carbonylgruppe

③ Intramolekulare Disproportionierung

A Stereoselektive Synthese von trans-Olefinen (z. B. Terpene: Lanceol, Humbertiol, α-Farnesen); Darstellung von Prostaglandinen (E- und F-Prostaglandine); Synthese α,β-ungesättigter Ester als Alternative zur *Reformatskij-Reaktion*; Olefinierung von Steroid-Aldehyden und -Ketonen

L *L. Horner, H. Hoffmann* und *H. G. Wippel*, Chem. Ber. **91**, 61–67 (1958).
L. Horner, H. Hoffmann, H. G. Wippel und *G. Klahre*, Chem. Ber. **92**, 2499–2505 (1959).
H. Pommer, Angew. Chem. **72**, 811–819; 911–915 (1960).
L. Horner, H. Hoffmann, W. Klink, H. Ertel und *V. G. Toscano*, Chem. Ber. **95**, 581–601 (1962).
S. Trippett, Q. Rev., Chem. Soc. **17**, 431–434 (1963).
L. Horner, W. Klink und *H. Hoffmann*, Chem. Ber. **96**, 3133–3140 (1963).
G. Pattenden und *B. C. L. Weedon*, J. Chem. Soc. (C) **1968**, 1997–2006.
G. Pattenden und *B. C. L. Weedon*, J. Chem. Soc. (C) **1970**, 235–241.
E. J. Corey, J. A. Katzenellenbogen, S. A. Roman und *N. W. Gilman*, Tetrahedron Lett. **1971**, 1821–1824.
H.-J. Bestmann und *O. Klein*, Carbonylolefinierung, in *Houben-Weyl-Müller*: Methoden der Organischen Chemie, 4. Aufl., Bd. V/1b, S. 395–402, Thieme, Stuttgart 1972.
J. Boutagy und *R. Thomas*, Chem. Rev. **74**, 87–99 (1974).
H.-J. Siemann, G. Langbein und *M. Richter*, Z. Chem. **19**, 451–452 (1979).
N. L. J. M. Broekhof, F. L. Jonkers und *A. van der Gen*, Tetrahedron Lett. **1980**, 2671–2674.
J. Rachon und *U. Schöllkopf*, Liebigs Ann. Chem. **1981**, 99–102.
M. P. Cooke, jr. und *K.-P. Biciunas*, Synthesis **1981**, 283–285.
G. P. Schiemenz und *M. Finzenhagen*, Liebigs Ann. Chem. **1981**, 1476–1484.
J. M. Clough und *G. Pattenden*, Tetrahedron **37**, 3911–3920 (1981).
J. C. Gilbert und *U. Weerasooriya*, J. Org. Chem. **47**, 1837–1845 (1982).
M. A. Christie, R. L. Webb und *A. M. Tickner*, J. Org. Chem. **47**, 2802–2804 (1982).

Wohl

Zuckernitril-Abbau

Die Wohl-Reaktion kann allgemein zur Synthese von Aldehyden aus α-Hydroxynitrilen (Cyanhydrine) herangezogen werden. Ihre besondere Bedeutung liegt jedoch im Bereich der Kohlenhydrat-Chemie, wo sie zur Kettenverkürzung von Aldosen um ein Kohlenstoffatom benutzt wird. Dieser Zucker-Abbau entspricht formal einer exakten Umkehrung der Cyanhydrin-Synthese nach Kiliani-Fischer.

E Durch Einwirkung von Hydroxylamin wird die Aldose zunächst in das entsprechende Oxim überführt. Dieses liefert beim Erhitzen mit Acetanhydrid und Natriumacetat das vollständig acylierte Aldonsäurenitril. Der eigentliche Schritt zur Kettenverkürzung vollzieht sich bei der Abspaltung der Cyanogruppe mit ammoniakalischer Silberoxid-Lösung.

Über den Mechanismus der Diacetamidbildung besteht noch keine völlige Klarheit. Das bei der Ammonolyse der Esterfunktionen entstehende Acetamid reagiert selbst nicht mit freien bzw. acylierten Aldosen. Man nimmt daher an, daß eine intramolekulare Wanderung von Acetylgruppen stattfindet, die wie folgt ablaufen könnte:

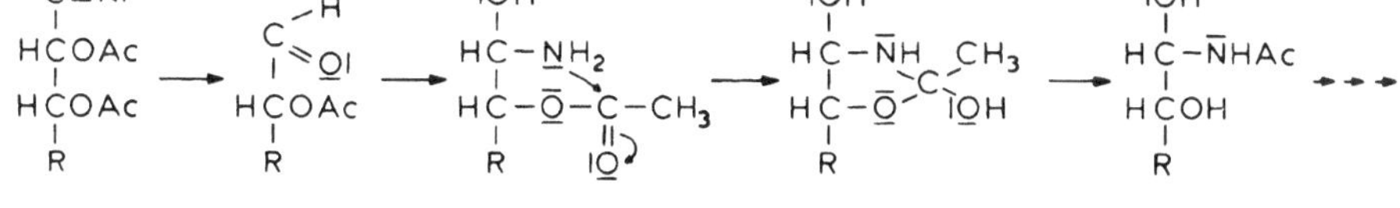

Ein derartiger Mechanismus wird durch verschiedene Untersuchungen an radioaktiv markierten Verbindungen gestützt. Darüberhinaus konnte gezeigt werden, daß sich nur die Acetylgruppen an den Kohlenstoffatomen 2 und 3 des Zuckers an der Wanderung beteiligen. Die abschließende Verseifung der schwer löslichen Diacetamide gelingt mit verdünnter Salz- oder Schwefelsäure.

M

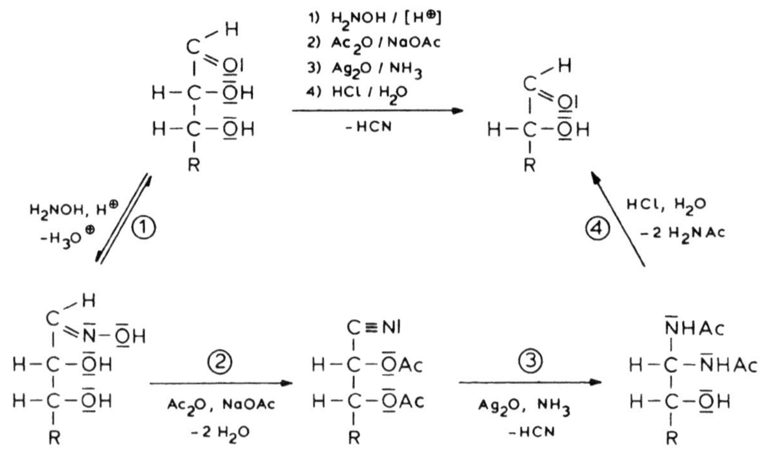

R: Molekülrest der betreffenden Aldose

① Aldoximbildung

② Dehydratisierung ⌒ peracyliertes Aldonsäurenitril

③ Ammonolyse ⌒ Diacetamid

④ Hydrolyse

A Synthese seltener Zucker (Tetrosen, Pentosen) aus leichter zugänglichen Monosacchariden; Konstitutions- und Konfigurationsermittlung (z. B. bei Disacchariden zur Ermittlung der Verknüpfungsstelle: Abbau von Cellobiose → Glucoarabinose → Glucoerythrose)

L

A. Wohl, Ber. Dtsch. Chem. Ges. **26**, 730–744 (1893).

G. Zemplén, Ber. Dtsch. Chem. Ges. **59**, 1254–1266; 2402–2413 (1926).

R. C. Hockett und *L. B. Chandler*, J. Am. Chem. Soc. **66**, 957–960 (1944).

V. Deúlofeú, Adv. Carbohydr. Chem. **4**, 119–151 (1949).

F. Weygand und *R. Löwenfeld*, Chem. Ber. **83**, 559–563 (1950).

J. C. Sowden, Naturally Occurring Monosaccharides, in *Pigman*: The Carbohydrates, S. 119–120, Academic Press, New York 1957.

J. Staněk, M. Černý, J. Kocoúvek und *J. Pacák*, The Monosaccharides, S. 123–125, Academic Press, New York 1963.

E. G. Gros und *V. Deúlofeú*, J. Org. Chem. **29**, 3647–3654 (1964).

L. Hough und *A. C. Richardson*, Synthesis of Monosaccharides, in *Pigman-Horton*: The Carbohydrates Chemistry and Biochemistry, 2nd ed., vol. IA, S. 128–130; 378, Academic Press, New York 1972.

Wohl-Ziegler

Allyl-Bromierung

Zur selektiven Bromierung von Olefinen in Allylposition hat sich unter einer Reihe von Reagenzien besonders N-Bromsuccinimid (NBS) bewährt. In einer radikalischen Substitutionsreaktion wird das Halogenatom dieser Verbindung auf das Substrat übertragen, ohne dessen Doppelbindung anzugreifen. Zum Start der Umsetzung ist die Gegenwart von Radikalbildnern oder die Bestrahlung mit UV-Licht notwendig.

M

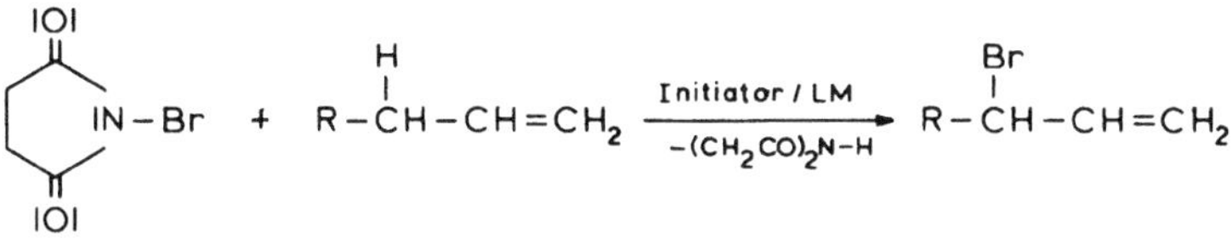

①
$$(CH_2CO)_2\bar{N}-Br \xrightarrow{\text{Initiator}} (CH_2CO)_2\bar{N}\cdot + Br\cdot$$
$$Br-Br \xrightarrow{\text{Initiator}} 2\,Br\cdot$$

②
$$R-CH_2-CH=CH_2 + Br\cdot \longrightarrow R-\dot{C}H-CH=CH_2 + HBr$$
$$(CH_2CO)_2\bar{N}-Br + HBr \longrightarrow (CH_2CO)_2\bar{N}-H + Br_2$$
$$R-\dot{C}H-CH=CH_2 + Br_2 \longrightarrow R-CHBr-CH=CH_2 + Br\cdot$$

③
$$R-\dot{C}H-CH=CH_2 + Br\cdot \longrightarrow R-CHBr-CH=CH_2$$
$$2\,Br\cdot \longrightarrow Br-Br$$

Initiator: O_2; $C_6H_5C(=O)-O-O-C(=O)C_6H_5$; $(CH_3)_2C(CN)-N=N-C(CN)(CH_3)_2$; $h\cdot\nu$

LM: Tetrachlorkohlenstoff; Benzol; Chloroform; Chlorbenzol

① Ketten-Initiation

② Ketten-Propagation

③ Rekombination freier Radikale

E Im Gegensatz zu früheren Vorstellungen beruht der hier formulierte Mechanismus (Goldfinger, 1953) auf der Annahme, daß nicht NBS, sondern Bromatome als Kettenträger fungieren. Die Rolle des Imids besteht danach lediglich in der Bereitstellung einer konstanten, aber sehr geringen Konzentration an molekularem Brom. Dies geschieht durch sofortige Bindung und Umsetzung des während der Ketten-Propagation freigesetzten Bromwasserstoffs. Tatsächlich konnte gezeigt werden, daß die Allyl-Bromierung auch ohne Zusatz von NBS, durch sehr langsames Einleiten des Halogens im Stickstoffstrom nachvollziehbar ist.

Die im Initiationsschritt gebildeten Bromradikale können nicht nur unter Abstraktion eines allylständigen Wasserstoffatoms reagieren, sondern sind auch zur Addition an der Doppelbindung des Olefins befähigt. Die Substitution verläuft irreversibel (Folgereaktion des entstehenden Bromwasserstoffs!) und ist bei niedrigem Bromangebot deutlich bevorzugt. Im Gegensatz dazu ist die Addition umkehrbar. Sie wird bereits bei einer geringen Anreicherung des Halogens zunehmend begünstigt und bedingt somit die starke Konzentrationsabhängigkeit der Reaktion. Die Allyl-Bromierung findet offenbar an der Oberfläche von NBS-Kristallen statt. Dies erfordert die Wahl eines möglichst unpolaren Reaktionsmediums (Tetrachlorkohlenstoff, Benzol), in dem sich das Reagens nicht oder zumindest nur in geringem Umfang löst. Mit zunehmender Polarität des Solvens steigt die Tendenz des Halogenierungsmittels zur heterolytischen Spaltung der N-Br-Bindung, d. h. zur Abgabe von $Br^{\oplus}$-Ionen. Die Verwendung von Pyridin, Acetonitril oder Nitromethan als Lösungsmittel führt daher ausschließlich zur Bildung von Additonsprodukten. Nach Horner und Winkelmann (1959) beruht die Sonderstellung von NBS unter vergleichbaren Bromierungsmitteln (N-Bromhydantoine, N-Bromcaprolactam, N-Brom-tert.-butylamin) auf vier Grundeigenschaften:

- Nahezu unpolare N-Br-Bindung $\curvearrowright$ homolytische Spaltung begünstigt
- Gute Übereinstimmung zwischen dem Bindungsabstand BrN—CO im NBS und dem C=C-Abstand in Olefinen und Aromaten
- Ähnliche Valenzwinkel CO—N$^{\diagup Br}$ und C=C$^{\diagup CH_3}$
- Planarer Bau des NBS-Moleküls (Voraussetzung für radikalische Oberflächenreaktion)

Für die Anwendbarkeit des N-Bromsuccinimids auf verschiedene Stoffklassen konnten folgende Regeln abgeleitet werden:

- Geradkettige oder verzweigte Olefine können an einer Allyl-Stellung nur einmal bromiert werden.
- Eine olefinische Doppelbindung vermag bis zu vier Allyl-Stellungen zu aktivieren.
- Bei mono- und bicyclischen Olefinen wird das zweite Bromatom in die andere, noch freie Allyl-Position im selben Ringsystem eingeführt.
- Bei methylierten Aromaten können an einer Methylgruppe nur maximal zwei Wasserstoffatome durch Brom ersetzt werden.

Abweichungen treten auf, wenn die Allyl-Stellung durch voluminöse Gruppen blockiert oder durch polarisierende Gruppen (NO_2, CN, SO_2) desaktiviert ist.

L *A. Wohl*, Ber. Dtsch. Chem. Ges. **52**, 51–53 (1919).
K. Ziegler, A. Späth, E. Schaaf, W. Schumann und *E. H. Winkelmann*, Liebigs Ann. Chem. **551**, 80–119 (1942).
C. Djerassi, Chem. Rev. **43**, 271–317 (1948).
J. Adam, P. A. Gosselain und *P. Goldfinger*, Nature **171**, 704–705 (1953).
L. Horner und *E. H. Winkelmann*, Angew. Chem. **71**, 349–365 (1959).
A. Roedig, Herstellung von Bromverbindungen, in *Houben-Weyl-Müller*: Methoden der Organischen Chemie, 4. Aufl., Bd. V/4, S. 221–233, Thieme, Stuttgart 1960.
R. Filler, Chem. Rev. **63**, 21–43 (1963).
W. A. Thaler, Free-Radical Brominations, in *Huyser*: Methods in Free-Radical Chemistry, vol. II, S. 198- 212, Dekker, New York 1969.
J. H. Incremona und *J. C. Martin*, J. Am. Chem. Soc. **92**, 627–634 (1970).
K. Sakai, N. Koga und *J.-P. Anselme*, Tetrahedron Lett. **1970**, 4543–4563.
E. S. Huyser, Free-Radical Chain Reactions, S. 21; 124–126, Wiley-Interscience, New York 1970.
S. Wolfe und *D. V. C. Awang*, Can. J. Chem. **49**, 1384–1400 (1971).
J. Gelas und *S. Michaud*, Bull. Soc. Chim. Fr. **1972**, 2445–2459.
R. L. Huang und *S. H. Ong*, The Chemistry of Free-Radicals, S. 139–142, Arnold, London 1974.

Wolff-Kishner

Carbonyl-Reduktion

Die Wolff-Kishner-Reduktion ist eine zweistufige Reaktion zur Überführung der Carbonylfunktion vieler Aldehyde und Ketone in eine Methyl- bzw. Methylengruppe. Das Verfahren beinhaltet die primäre Derivatisierung der Substrate zu den entsprechenden Hydrazonen, die nachfolgend unter Stickstoff-Abspaltung zersetzt werden. Der letzte Teilschritt erfordert stark basische Bedingungen und eröffnet somit eine wertvolle Alternative zur *Clemmensen-Reduktion*, die bei säureempfindlichen Substanzen (z. B. Pyrrole, Furane) versagt.

M

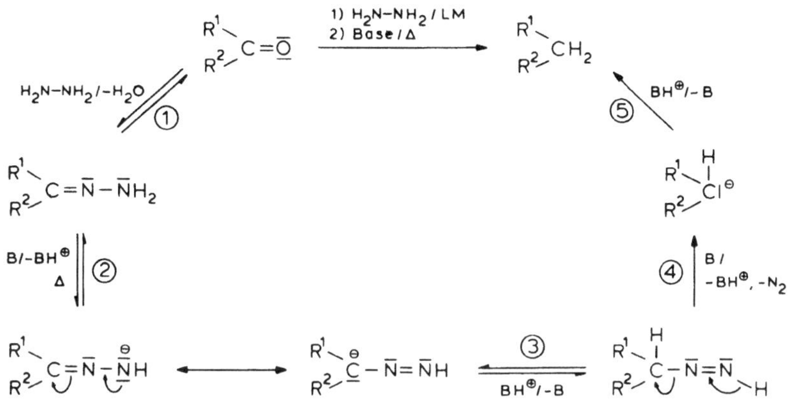

Base: NaOH; KOH; NaOMe; NaOEt; $KOC(CH_3)_3$

LM: Di- oder Triethylenglycol; Ethanol; Dimethylsulfoxid

① Hydrazonbildung

②,③ Isomerisierung ↷ Azo-Form

④ Deprotonierung, Eliminierung von Stickstoff

⑤ Protonierung des sehr instabilen Alkyl-Anions

E Unter dem Einfluß der Base tautomerisieren die Hydrazone beim Erhitzen zur instabileren Azo-Form (Monoalkyldiimid), die unter Abspaltung von Stickstoff zerfällt. Das resultierende Alkyl-Anion stellt eine sehr starke Base dar und reagiert daher sofort unter Aufnahme eines Protons. Anionen dieser Art treten wegen der geringen Acidität der korrespondierenden Kohlenwasserstoffe nur selten in Erscheinung. Im vorliegenden Fall liefert die gleichzeitige Entstehung des extrem stabilen Stickstoffmoleküls die für ihre Bildung notwendige treibende Kraft.

Entsprechend der ursprünglichen Arbeitsvorschrift erfolgt die alkalische Zersetzung der Hydrazone bei Temperaturen von etwa 200°C im Autoklaven, in Gegenwart von Natriumalkoholat oder anderen starken Basen. Bei einem heute weitaus gebräuchlicheren Verfahren *(Huang-Minlon)* wird die Carbonylkomponente mit überschüssigem Hydrazinhydrat und Natrium- bzw. Kaliumhydroxid einige Stunden in Diethylenglycol unter Rückfluß erhitzt. Man umgeht so die Isolierung der in situ gebildeten Hydrazone und kann zudem unter Normaldruck arbeiten.

Eine weitere Variante schreibt die Verwendung vom Kalium-tert.-butylat als Base und Dimethylsulfoxid als Lösungsmittel vor. Die meisten Umsetzungen gelingen unter derartigen Bedingungen bereits bei Raumtemperatur.

Carbonylverbindungen lassen sich auch in Form ihrer Semicarbazone zu Alkanen bzw. Cycloalkanen reduzieren. Hierbei wird das Ausgangsmaterial gewöhnlich in Gegenwart von Natriumethanolat im Einschlußrohr auf 180°C erhitzt. Aus dem Semicarbazon entsteht im ersten Teilschritt das analoge Hydrazon, das bei nicht zu hohen Temperaturen isoliert werden kann.

Eine wichtige Nebenreaktion der Wolff-Kishner-Reduktion ist die Bildung von Azinen durch Umsetzung des Hydrazons mit einem zweiten Molekül der Carbonylverbindung. Die Verwendung von überschüssigem Hydrazin (*Huang-Minlon-Variante!*) wirkt ihrer Bildung entgegen:

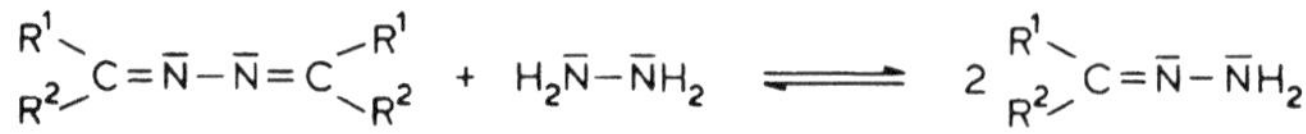

Weitere Störungen sind durch das Auftreten von Alkoholen als Nebenprodukte zu erwarten.

A Reduktion säureempfindlicher Carbonylverbindungen; Synthese von cyclischen Alkenen, insbesondere von Spiroverbindungen; Reduktion makrocyclischer Polyoxoverbindungen

L
N. Kishner, J. Russ. Phys. Chem. Ges. **43**, 582 (1911).
L. Wolff, Liebigs Ann. Chem. **394**, 86–108 (1912).
Huang-Minlon, J. Am. Chem. Soc. **68**, 2487–2488 (1946).
D. Todd, Org. React. **4**, 378–422 (1948).
O. Schindler und *T. Reichstein*, Helv. Chim. Acta **39**, 1876–1891 (1956).
H. H. Szmant, Angew. Chem. **80**, 141–149 (1968).
F. Asinger und *H. H. Vogel*, Wolff-Kishner-Reduktion, in *Houben-Weyl-Müller*: Methoden der Organischen Chemie, 4. Aufl., Bd. V/1a, S. 251–267; 456–465, Thieme, Stuttgart 1970.
N. Bellinger, D. Cagniant und *P. Cagniant*, Tetrahedron Lett. **1971**, 49–52.
H. Kauffmann, P. Wieland und *J. Kalvoda*, Helv. Chim. Acta **55**, 381–387 (1972).
H. H. Szmant und *C. E. Alciaturi*, J. Org. Chem. **42**, 1081–1082 (1977).
H. H. Szmant, A. Birke und *M. P. Lau*, J. Am. Chem. Soc. **99**, 1863–1871 (1977).
T. Momose und *O. Muraoka*, Tetrahedron Lett. **1978**, 1125–1128.
T. Clark und *M. A. McKervey*, Saturated Hydrocarbons, in *Barton-Ollis*: Comprehensive Organic Chemistry, vol. I, S. 92–93; 96, Pergamon Press, Oxford 1979.

Wolfrom-Karabinos

Carbonyl-Reduktion

Mit Hilfe der Wolfrom-Reaktion läßt sich die Carbonylfunktion von Aldehyden und Ketonen unter sehr schonenden Bedingungen in eine Methyl- bzw. Methylengruppe überführen. Durch Umsetzung des Substrats mit Ethandithiol oder auch einfachen Mercaptanen entsteht zunächst ein Thioacetal (Thioketal), das anschließend mit Raney-Nickel reduktiv gespalten wird. Die Bedeutung des Verfahrens liegt in seiner Anwendbarkeit auf besonders empfindliche Substanzen, die sowohl in stark saurem als auch in stark basischem Medium zur Isomerisierung bzw. Zersetzung neigen und daher weder der *Clemmensen*- noch der *Wolff-Kishner-Reduktion* zugänglich sind.

M

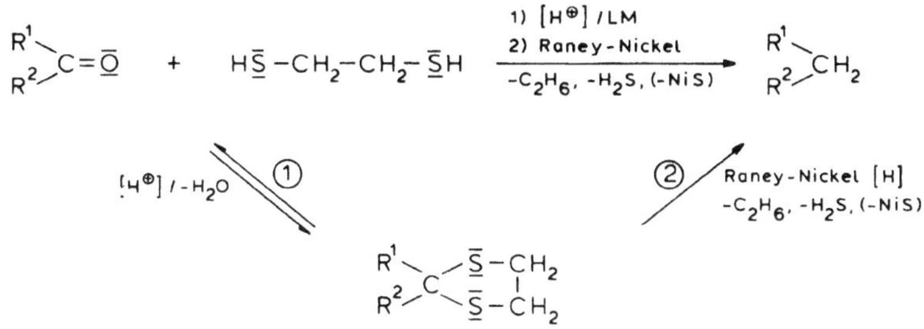

LM: Ethanol; Dimethylformamid; Dioxan

① Bildung des Ethylenthioketals (über Thiohalbketal)

② Reduktive Spaltung

E Mercaptane sind stärker nucleophil als vergleichbare Alkohole und reagieren daher sehr leicht mit Aldehyden und Ketonen. Besonders bewährt hat sich die Verwendung von Ethylendithiol, das sich schon bei Raumtemperatur sehr rasch und mit hohen Ausbeuten umsetzt. Als Katalysator dient in den meisten Fällen Bortrifluoridetherat in Eisessig. Zur reduktiven Spaltung der Schwefelverbindung wird diese mit einem Überschuß an Raney-Nickel in siedendem Lösungsmittel erhitzt. Das Metall überträgt hierbei den bei seiner Vorbehandlung mit heißem wäßrigem Alkali adsorbierten Wasserstoff auf das Substrat. Eine Umsetzung entsprechend den üblichen katalytischen Hydrierungen ist nicht möglich, da die schwefelhaltigen Komponenten als starke Katalysatorgifte wirken.

Über die Art der Bindung des Thioketals an der Oberfläche des Metalls besteht noch keine völlige Klarheit. Man nimmt allgemein an, daß der bivalente Schwefel zunächst über seine freien 3p-Elektronen am Katalysator fixiert wird. Während der Reaktion wird Nickel unter Bildung von Nickelsulfid verbraucht. Detaillierte Aussagen, etwa im Sinne eines exakten Abbaumechanismus, sind jedoch noch nicht möglich.

Ein wesentlicher Nachteil der Wolfrom-Reaktion ist die durch den notwendigen Überschuß an Raney-Nickel erschwerte Isolierung der Endprodukte. Darüberhinaus muß mit einigen Nebenreaktionen gerechnet werden, die in hohem Maße von der Menge und Vorbehandlung des Katalysators, sowie von der Wahl des Lösungsmittels abhängig sind. Von größerer Bedeutung ist hierbei neben der Reduktion anderer ungesättigter Zentren des Substrats die Bildung von Olefinen, wobei vermutlich ein radikalischer Mechanismus wirksam wird.

Die Verwendung von Raney-Nickel läßt sich umgehen, wenn man die reduktive Spaltung der Thioketale mit Lithium in Ethylamin durchführt.

A Trennung von Carbonylverbindungen in ihre optischen Antipoden durch Umsetzung mit optisch aktiven vic.-Dithiolen (D,L-Campher mit D-(−)-2,3-Butandithiol); stufenweise Reduktion von Polyoxoverbindungen

L *M. L. Wolfrom* und *J. V. Karabinos*, J. Am. Chem. Soc. **66**, 909–911 (1944).
S. Bernstein und *L. Dorfman*, J. Am. Chem. Soc. **68**, 1152–1153 (1946).
H. G. Fletcher, jr. und *N. K. Richtmyer*, Adv. Carbohydr. Chem. **5**, 5–28 (1950).
E. Mosettig, Org. React. **8**, 229–232 (1954).
F. Sondheimer und *S. Wolfe*, Can. J. Chem. **37**, 1870–1880 (1959).
B. Lindberg und *L. Nordén*, Acta Chem. Scand. **15**, 958 (1961).
G. R. Pettit und *E. E. van Tamelen*, Org. React. **12**, 378–385 (1962).
H. Hauptmann und *W. F. Walter*, Chem. Rev. **62**, 347–404 (1962).
C. Djerassi und *D. H. Williams*, J. Chem. Soc. **1963**, 4046–4051.
F. Asinger und *H. H. Vogel*, Desulfierende Hydrierung von Thioketalen, in *Houben-Weyl-Müller*: Methoden der Organischen Chemie, 4. Aufl., Bd. V/1a, S. 327–331, Thieme, Stuttgart 1970.

Wurtz

Alkylhalogenid-Kondensation

Alkylhalogenide koppeln bei der Behandlung mit bestimmten Metallen, vorwiegend Natrium, unter Knüpfung einer C-C-Bindung zu symmetrisch gebauten Kohlenwasserstoffen doppelter Kohlenstoffzahl. Diese Synthesemethode dient vor allem zur Darstellung höherer Alkane (z. B.: $C_{100}H_{202}$), sowie zur intramolekularen Cyclisierung von Dihalogeniden. Allgemein werden primäre Alkyljodide als Substrate bevorzugt, da sie leichter reagieren als die entsprechenden Bromide bzw. Chloride und in der Regel bessere Ergebnisse liefern als die sekundären oder tertiären Halogenverbindungen.

M

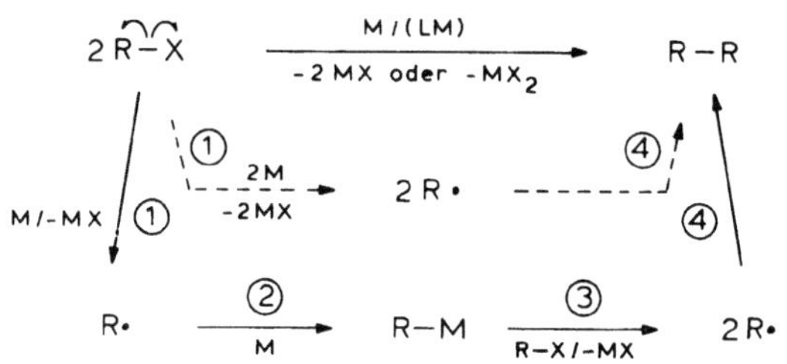

X: I; Br; Cl

M: Na; Ag; Cu; Al; Zn; Sn; Mg

LM: Ether; Tetrahydrofuran; 1,2-Dimethoxyethan; Xylol

① Homolytische Spaltung ⌒ Alkyl-Radikal
② Bildung einer metallorganischen Zwischenstufe
③ Homolytische Spaltung ⌒ Alkyl-Radikale
④ Rekombination der Alkyl-Radikale

E Die in der Literatur veröffentlichten Untersuchungen zum Mechanismus der Wurtz-Synthese machen deutlich, daß deren molekularer Verlauf nicht durch eine einheitliche Reaktionsfolge zu beschreiben ist. Offenbar können verschiedenartige Zwischenstufen durchlaufen werden, deren Natur und Reaktionsweise von den jeweiligen Versuchsbedingungen, dem verwendeten Metall sowie der eingesetzten Halogenverbindung bestimmt werden. Von den diskutierten Möglichkeiten sind zwei Beispiele im obigen Formelbild zusammengefaßt.

In beiden Fällen werden aus den Halogeniden zunächst die entsprechenden Alkyl-Radikale freigesetzt, die im Folgeschritt entweder sofort zum Endprodukt rekombinieren (unterbrochene Pfeile) oder sich mit überschüssigem Metall zu metallorganischen Verbindungen umsetzen. Diese "Abfangreaktion" (②) kann durch Verwendung edler Metalle oder von Tetraphenylethan-dinatrium weitgehend zurückgedrängt werden. Den gleichen Effekt beobachtet man beim Einsatz von Alkyl- oder Benzylhalogeniden, die mesomeriestabilisierte Radikale liefern. Unedle Metalle fördern dagegen die Bildung metallorganischer Zwischenstufen, die zum Teil bei niedrigen Temperaturen isolierbar sind. Wie unter anderem Kernresonanzstudien (CIDNP) an Alkyllithiumverbindungen gezeigt haben, erfolgt deren weitere Umsetzung mit der Ausgangskomponente (③) nach einem radikalischen Mechanismus. Daneben gibt es jedoch auch Hinweise auf einen ionischen Ablauf dieses Teilschritts, der durch das folgende Schema veranschaulicht wird:

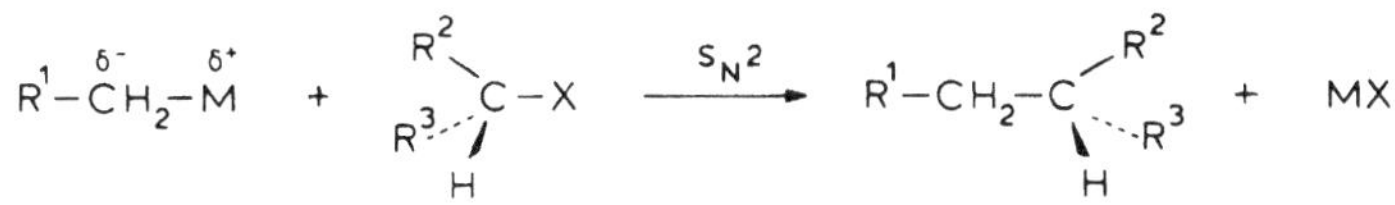

An einigen Beispielen konnte nachgewiesen werden, daß die Umsetzung optisch aktiver Halogenide unter vollständiger Konfigurationsumkehr erfolgt, wie sie für einen S_N2-Mechanismus charakteristisch ist. Als nucleophiles Zentrum fungiert hierbei das Kohlenstoffatom der C-Metall-Bindung, das eine hohe Elektronendichte aufweist.

Die Wurtz-Synthese wird sehr häufig von Eliminierungen und Umlagerungen als Nebenreaktionen begleitet, die den präparativen Wert dieses Verfahrens einschränken. Weiterhin besitzt die Kopplung zweier verschiedener Alkylhalogenide keine praktische Bedeutung, da ein Produktgemisch entsteht, dessen Komponenten zudem häufig nur schwer trennbar sind. Die gemischte Umsetzung mit einem aromatischen Halogenid ist als *Wurtz-Fittig-Reaktion* bekannt und besitzt allgemein einen höheren präparativen Wert bei der Darstellung unsymmetrischer Kohlenwasserstoffe. Kopplungen zwischen zwei Arylhalogeniden gelingen kaum mit befriedigenden Ausbeuten.

A Ringschlußreaktionen, vorwiegend zur Synthese kleiner Ringsysteme (Bicyclobutan, Cyclopropan); Kopplung von Olefinen, z. B. durch Einsatz von Halogen-allyl-Verbindungen (⌒ 1,5-Hexadien-Derivate); Darstellung von Cyclophanen

L *A. Wurtz*, Liebigs Ann. Chem. **96**, 364–375 (1855).

R. L. Letsinger, J. Am. Chem. Soc. **70**, 406–409 (1948).

M. Tuot, Bull. Soc. Chim. Fr. **1948**, 291–301.

E. Müller und *G. Röscheisen*, Chem. Ber. **90**, 543–553 (1957).

E. Müller und *W. Kiedaisch*, Liebigs Ann. Chem. **632**, 28–37 (1960).

C. C. Chappelow, jr., *R. L. Elliott* und *J. T. Goodwin jr.*, J. Org. Chem. **27**, 1409–1414 (1962).

J. F. Garst und *R. H. Cox*, J. Am. Chem. Soc. **92**, 6389–6391 (1970).

O. Klein, Olefine durch Wurtz-Synthese und ihre Varianten, in *Houben-Weyl-Müller*: Methoden der Organischen Chemie, 4. Aufl., Bd. V/1b, S. 451–465, Thieme, Stuttgart 1972.

J. F. Garst und *P. W. Hart*, J. Chem. Soc., Chem. Commun. **1975**, 215–216.

I. P. Beletshaya, G. A. Artamkino und *O. A. Reutov*, Usp. Khim. **45**, 661–694 (1976).

Wurtz-Fittig

Aryl-Alkylhalogenid-Kopplung

Nach Fittig ist, im Gegensatz zur analogen Verknüpfung zweier verschiedener Alkylhalogenide (s. *Wurtz-Synthese*), die gemischte Kopplung von Alkyl- und Arylhalogeniden mit metallischem Natrium durchaus realisierbar und von präparativem Interesse. Die praktische Nutzung dieser Reaktion ist möglich, weil die drei zu erwartenden Produkte genügend verschieden sind, um eine einfache Trennung zu ermöglichen. Zur gegenseitigen Kondensation von Arylhalogeniden ist das Verfahren wegen der geringen Reaktivität der Substrate gegenüber nucleophilen Substitutionen nicht geeignet.

M

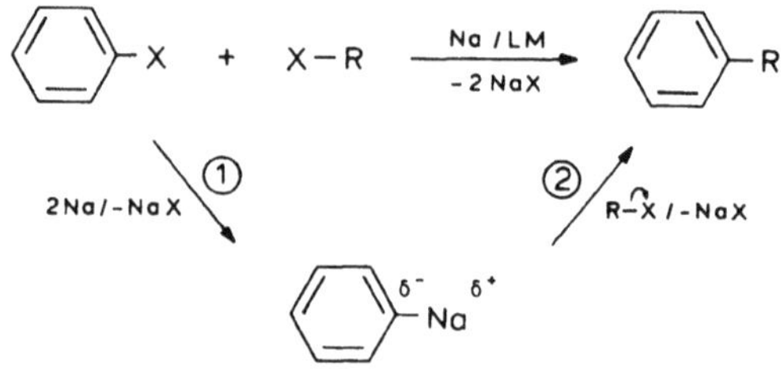

X: I; Br; Cl

R: $-\overset{|}{\underset{|}{C}}-$

LM: Ether; Benzol; Toluol

① Bildung einer metallorganischen Zwischenstufe

② Nucleophile Substitution (S_N2)

E In dem jeweils vorliegenden Gemisch von Aryl- und Alkylhalogenid reagiert das zugesetzte Natrium zunächst mit der aromatischen Komponente unter Bildung von Arylnatrium. Dieses setzt sich vermutlich nach einem S_N2-Mechanismus (vgl. *Wurtz-Synthese*) mit dem Reaktionspartner um. Ein radikalischer Ablauf, wie er bei der Kopplung von Alkylhalogeniden möglich ist, kann hier offenbar ausgeschlossen werden.

Als Substrate sind nicht nur direkt am Kern halogenierte Aromaten, sondern auch Phenylhalogen-alkene mit dem Halogen in der Allylstellung, geeignet. Weiter vom Ringsystem entferntes Halogen ist weniger reaktiv. Die Ausbeuten steigen in der Regel mit der Kettenlänge des Alkylhalogenids. Jodide liefern im allgemeinen bessere Ergebnisse als die entsprechenden Bromide und Chloride.

Eine Variante der Wurtz-Fittig-Reaktion gestattet auch die Einführung von Silylresten in den aromatischen Kern:

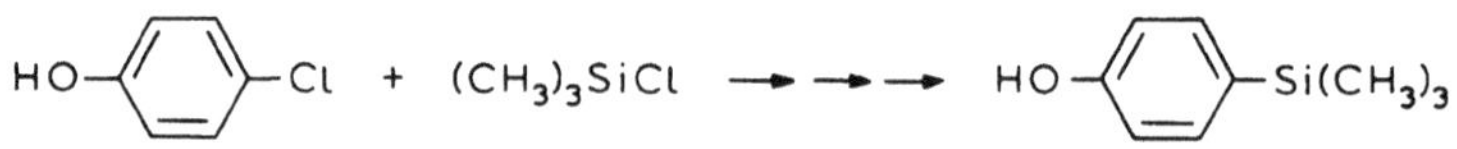

A Synthese hochmolekularer Phenyl-alkane (1,4-Dihexadecylbenzol, $C_{38}H_{70}$); Darstellung von Arylsilanen

L *B. Tollens* und *R. Fittig*, Liebigs Ann. Chem. **131**, 303–323 (1864).
F. C. Whitmore und *H. D. Zook*, J. Am. Chem. Soc. **64**, 1783–1785 (1942).
A. A. Morton, *J. B. Davidson* und *H. A. Newey*, J. Am. Chem. Soc. **64**, 2240–2242 (1942).
J. W. Connolly und *G. Urry*, J. Org. Chem. **29**, 619–623 (1964).
T. L. Kwa, *C. Boelhouwer*, Tetrahedron **25**, 5771–5776 (1969).
F. Asinger und *H. H. Vogel*, Wurtz-Fittig-Reaktion in *Houben-Weyl-Müller*: Methoden der Organischen Chemie, 4. Aufl., Bd. V/1a, S. 480–484, Thieme, Stuttgart 1970.
siehe auch unter *Wurtz*.

Ziegler–Hafner

Azulen-Synthese

Azulen gehört zur Gruppe der nichtbenzoiden Aromaten und ist der am längsten bekannte kondensierte Kohlenwasserstoff dieser Art. Es handelt sich um eine leuchtend blau gefärbte Verbindung mit einem charakteristischen, an das isomere Naphthalin erinnernden Geruch. Das bicyclische Molekül enthält Teilstrukturen mit gekreuzt konjugierten Doppelbindungen, wie sie völlig analog auch in Fulvenen gefunden werden. Diese Erkenntnis bildete die Grundlage für die von Ziegler und Hafner entwickelte Synthesemethode.

M

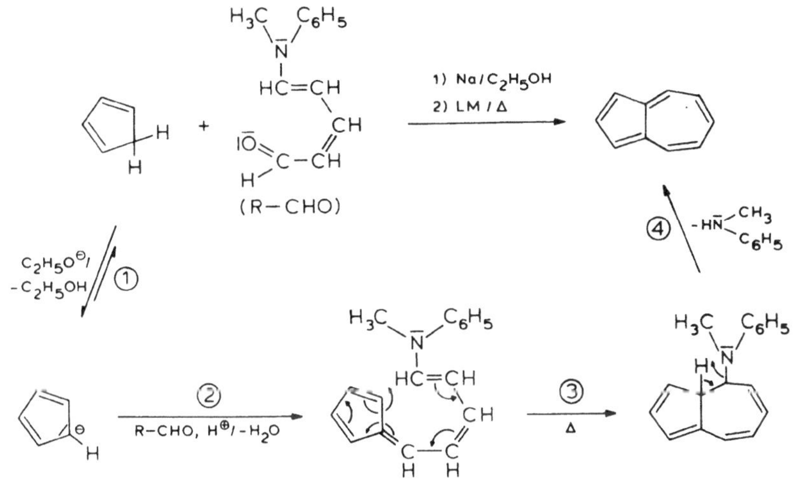

LM: Benzidin; 4,4'-Diaminodiphenylmethan; Naphthalin; Phenanthren; Anthracen; Pyren; Tetrahydrofuran

① Deprotonierung ⌒ Cyclopentadienyl-Anion (aromatisches System)
② Kondensation mit der Carbonylgruppe des *Zincke-Aldehyds* ⌒ Fulven
③ Thermisch induzierte Cyclisierung
④ Eliminierung des sek. Amins ⌒ Ausbildung des 10-π-Elektronensystems

E Cyclopentadien besitzt eine für Kohlenwasserstoffe ungewöhnlich hohe Acidität ($pK_\alpha = 15$) und reagiert daher bereitwillig mit der zugesetzten Base. Die Abtrennung des Wasserstoffatoms wird durch die Mesomeriestabilisierung des resultierenden Anions (aromatisches π-Elektronen-Sextett, isoelektronisch mit Pyrrol) wesentlich erleichtert. Bei der nachfolgenden Kondensation mit dem sogenannten *Zincke-Aldehyd* (1-N-Methylanilino-1,3-pentadien-5-al) entsteht ein Fulven, das bereits den zum Aufbau des Azulensystems notwendigen, zweifach ungesättigten 5-Ring sowie die zur Angliederung des dreifach ungesättigten 7-Rings erforderliche Kohlenstoffkette besitzt. Durch einfaches Erhitzen dieser Zwischenverbindung auf Temperaturen um 150°C glingt, unter intramolekularer Abspaltung von N-Methylanilin, der Ringschluß zum bicyclischen Endprodukt. Die Ausbeuten lassen sich auf Werte über 70% steigern, wenn man die abschließende Kondensation in einem hochsiedenden organischen Lösungsmittel durchführt. Besonders bewährt haben sich hierbei basische "Solventien" wie etwa Benzidin oder 4,4'-Diaminodiphenylmethan.

Der bei diesem Verfahren verwendete Aldehyd ist ein Derivat des Glutacondialdehyds (HO–CH=CH–CH=CH–CHO), der selbst nicht zur Kondensation mit Cyclopentadien geeignet ist. Er wird durch Aufspaltung von 2,4-Dinitrophenylpyridiniumchlorid mit N-Methylanilin und anschließende Hydrolyse des quartären Salzes der gebildeten Schiffschen Base dargestellt (s. *Zincke-König*). Nach W. König (1904) ist die Verbindung auch durch Öffnung des Pyridinrings mit Bromcyan in Gegenwart von N-Methylanilin in guten Ausbeuten erhältlich.

Ausgehend von substituierten Edukten sind auch einige Azulen-Derivate in analoger Weise zugänglich. So liefern beispielsweise monosubstituierte Cyclopentadiene bei der Kondensation mit *Zincke-Aldehyd* stets in 1-Stellung substituierte Produkte. Die Einführung von Substituenten in den 7-Ring des Azulens kann durch Verwendung entsprechend modifizierter Carbonylkomponenten erreicht werden. Daneben existieren zahlreiche alternative Synthesemethoden, die jedoch im Rahmen dieses Buches nicht vorgestellt werden können (s. Literatur).

Azulen selbst ist als Grundkörper einer Verbindungsklasse interessant, die sich durch eine Reihe von Besonderheiten hinsichtlich der elektronischen Eigenschaften und dem daraus resultierenden Reaktionsverhalten auszeichnet. Chemischen und physikalischen Untersuchungen zufolge ist das Molekül als ein nicht alternierendes System aufzufassen, in dem der 7-Ring durch ein π-Elektronen-Sextett stabilisiert wird und das in der 1- bzw. 3-Stellung des 5-Rings negative Ladungen trägt:

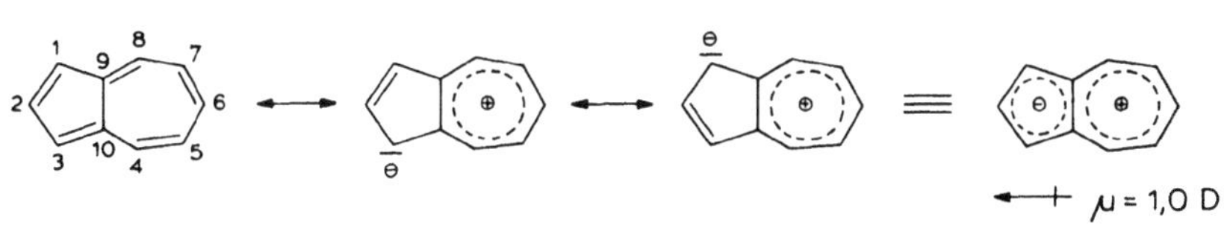

Formal kann man sich somit Azulen durch Kondensation eines Cyclopentadienyl-Anions mit einem Cycloheptatrienyl-Kation entstanden denken. Die bestehende Ladungsverteilung verleiht dem Molekül ein Dipolmoment von 1,0 D.

L *K. Ziegler*, Angew. Chem. **67**, 301 (1955).
K. Hafner, Angew. Chem. **67**, 301 (1955).
K. Hafner, Liebigs Ann. Chem. **606**, 79–89 (1957).
K. Hafner und *H. Kaiser*, Liebigs Ann. Chem. **618**, 140–152 (1958).
K. Hafner, Angew. Chem. **70**, 419–430 (1958).
K. Dimroth, Aromatische Verbindungen aus Pyryliumsalzen, in *Foerst*: Neuere Methoden der Präparativen Organischen Chemie, Bd. III, S. 250–252, Verlag Chemie, Weinheim/Bergstrasse 1961.
K. Hafner und *M.-L. Moritz*, Liebigs Ann. Chem. **656**, 40–53 (1962).
K. Hafner, K. H. Häfner, C. König, M. Kreuder, G. Ploss, G. Schulz, E. Sturm und *K. H. Vöpel*, Angew. Chem. **75**, 35–46 (1963).
F. Kröhnke, Angew. Chem. **75**, 318–319 (1963).
K. Hafner und *K.-D. Asmus*, Liebigs Ann. Chem. **671**, 31–40 (1964).
C. W. Muth, M. L. DeMatte, A. R. Urbanik und *W. G. Isner*, J. Org. Chem. **31**, 3013–3015 (1966).
W. Treibs, Chem.-Ztg. **90**, 691–696 (1966).
R. Hagen, E. Heilbronner, W. Meier und *P. Seiler*, Helv. Chim. Acta **50**, 1523–1533 (1967).
P. Seiler und *D. Werthemann*, Helv. Chim. Acta **54**, 2757–2763 (1971).
R. W. Alder und *G. Whittaker*, J. Chem. Soc., Perkin Trans. II **1975**, 714–723.
R. W. Alder und *C. Wilshire*, J. Chem. Soc., Perkin Trans. II **1975**, 1464–1468.
T. Amemiya, M. Yasunami und *K. Takase*, Chem. Lett. **1977**, 587–590.
L. T. Scott, M. A. Minton und *M. A. Kirms*, J. Am. Chem. Soc. **102**, 6311–6314 (1980).
L. T. Scott und *M. A. Kirms*, J. Am. Chem. Soc. **103**, 5875–5879 (1981).

Zincke-König

Pyridin-Ringspaltung

Die Öffnung des Pyridinrings läßt sich mit einer ganzen Reihe verschiedenartiger Methoden erreichen, so z. B. durch Reduktion mit Natrium in Ethanol oder durch Bestrahlung mit UV-Licht in Gegenwart von Sauerstoff. Die bei weitem wichtigste Spaltungsreaktion besteht jedoch in der Umsetzung von Pyridiniumsalzen mit nucleophilen Reagenzien, wobei ein breites Spektrum geeigneter Ausgangskomponenten zur Verfügung steht. Zincke und König gelang unabhängig voneinander die Überführung von N-(2,4-Dinitrophenyl)pyridiniumchlorid bzw. N-Cyanopyridiniumbromid in Derivate des Glutacondialdehyds, die u. a. im Rahmen der *Azulen-Synthesen* von großer Bedeutung sind (s. *Ziegler-Hafner*).

E Der unter **M** gezeigte Spaltungsmechanismus ist nicht auf Pyridiniumsalze beschränkt, die einen der unter dem Formelschema angeführte Reste "Z" am Stickstoffatom tragen. Prinzipiell können sämtliche Gruppen den nucleophilen Angriff des Reaktionspartners erleichtern, die eine Abnahme der Elektronendichte im Ring bewirken und durch Konjugation mit dem π-System zur Stabilisierung des jeweiligen Spaltproduktes beitragen. Im vorliegenden Beispiel sind die π-Elektronen der olefinischen Doppelbindungen über das gesamte Molekül delokalisiert. Wie zu erwarten, sind derartige Verbindungen intensiv gefärbt.

Das von Zincke benutzte Pyridiniumsalz zerfällt in wäßriger Lösung beim Erhitzen auf 150° C in Pyridinhydrochlorid und 2,4-Dinitrophenol. Mit Alkalien reagiert es bereits in der Kälte unter Ringöffnung. Hierbei entsteht ein tiefroter Aldehyd, der durch Säuren in Glutacondialdehyd und 2,4-Dinitroanilin zerlegt werden kann. Benutzt man N-Methylanilin als nucleophiles Reagens, entsteht nach der Spaltung des Heterocyclus primär das sogenannte Königsche Salz, das durch vorsichtige Hydrolyse in eine ungeladene Verbindung, den Zincke-Aldehyd, überführt werden kann. Dasselbe Produkt entsteht bei der Umsetzung von N-Cyanpyridiniumbromid mit dem Amin.

Analog zu der am Stickstoff gebundenen Gruppe "Z" erleichtern kernständige Elektronen-Akzeptoren allgemein die Spaltungsreaktion, jedoch sind die Salze derartig substituierter Pyridine oft nur schwer zugänglich. Elektronenspendende Gruppen, wie etwa im 3-Methyl- oder 3-Methoxypyridin, bewirken den gegenteiligen Effekt. Die Ausbeuten an Spaltprodukten sind in diesen Fällen wesentlich niedriger als bei der Umsetzung des Grundkörpers selbst. Hydroxy- und Dimethylaminogruppen können die Ringöffnung vollständig verhindern.

M

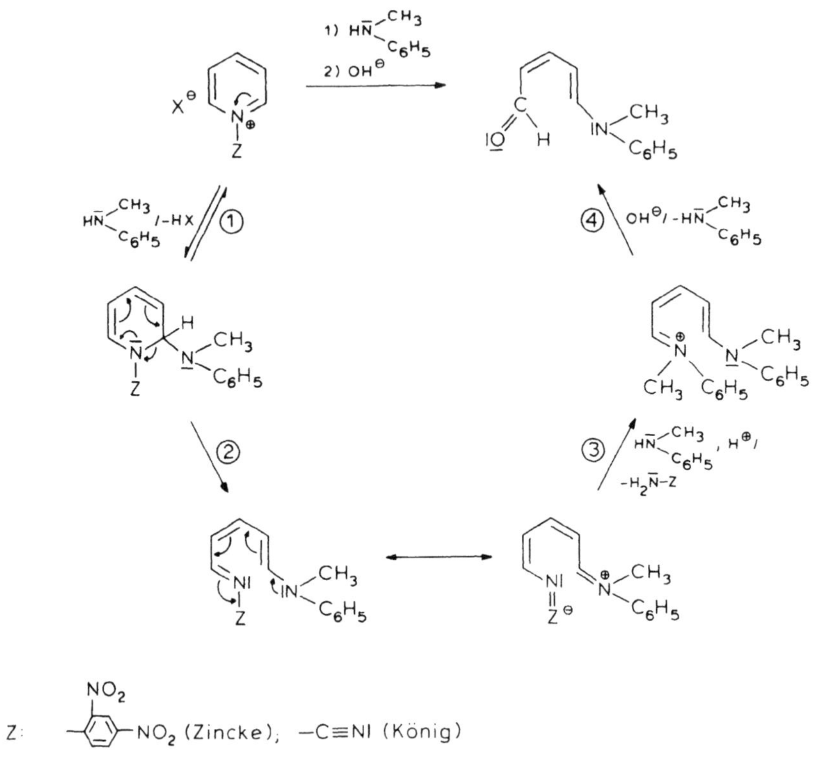

① Nucleophiler Angriff durch das Amin

② Ringöffnung ⌒ konjugiertes π-Elektronensystem

③ Nucleophile Substitution ⌒ Königsches Salz (rot)

④ Alkalische Hydrolyse ⌒ Zincke-Aldehyd (gelb)

A Synthese von Glutacondialdehyd, der – meist in situ – als Pentamethinkette in andere Verbindungen eingebaut werden kann; Einführung einer Aminogruppe über das entsprechende Pyridiniumsalz als Zwischenprodukt (Anthrachinon-1-pyridiniumchlorid → 1-Aminoanthrachinon)

L *T. Zincke*, Liebigs Ann. Chem. **330**, 361–374 (1904).
T. Zincke, G. Heuser und *W. Möller*, Liebigs Ann. Chem. **333**, 296–345 (1904).
W. König, J. Prakt. Chem. **69**, 105–137 (1904).
W. König, J. Prakt. Chem. **70**, 19–56 (1904).
K. Hafner und *H. Kaiser*, Liebigs Ann. Chem. **618**, 140–152 (1958).
R. Grewe und *W. von Bonin*, Chem. Ber. **94**, 234–241 (1961).
G. Köbrich, Liebigs Ann. Chem. **648**, 114–123 (1961).
F. Kröhnke, Angew. Chem. **75**, 317–329 (1963).
A. N. Kost, S. P. Gromov und *R. S. Sagitullin*, Tetrahedron **37**, 3423–3431 (1981).
s. auch unter *Ziegler-Hafner*.

Acetylen → Allen-Umlagerung

Für die Isomerisierung von Acetylen-Derivaten zu Allenen wird allgemein ein einfacher Carbanion-Mechanismus angenommen, wie er in analoger Weise auch für andere prototrope Umlagerungen gültig ist. Die Reaktion ist reversibel. Sie wird durch geringe Mengen einer starken Base katalysiert und erfordert im allgemeinen recht drastische Bedingungen. In der Regel entsteht ein Gemisch aus isomeren Produkten, dessen Zusammensetzung von der Konstitution des Substrats und den gewählten Versuchsbedingungen abhängig ist.

M

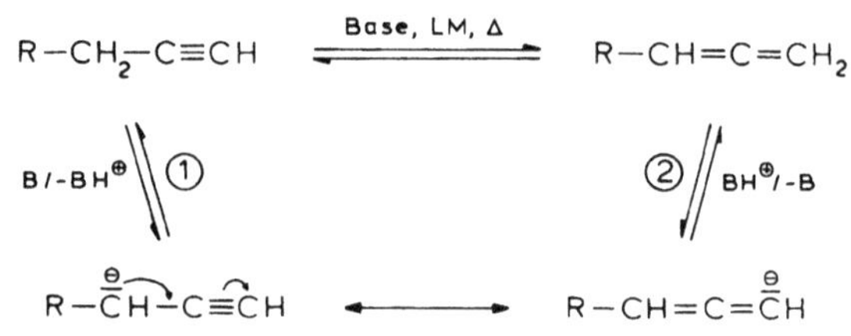

Base: NaOH; $NaNH_2$; KOH; $KOC(CH_3)_3$; Al_2O_3

LM: Wasser; Methanol; Ethanol; Butanol; Dimethylsulfoxid

①,② Prototrope Umlagerung

E Der mit der Umlagerung verbundene Protonentransfer kann sowohl intra- als auch intermolekular erfolgen. In protonenreichen Solventien stammt das im zweiten Teilschritt auf das Substrat übertragene $H^{\oplus}$-Ion vorwiegend aus dem Lösungsmittel. Unter geeigneten Umständen bleibt dagegen das abgelöste Proton in ständigem Kontakt mit dem resultierenden Carbanion und wird daher lediglich innerhalb desselben Moleküls auf ein anderes Kohlenstoffatom verschoben ("conducted tour"-Mechanismus). So zeigt etwa die Isomerisierung von 1,3,3'-Triphenylpropin-(1) in DMSO/CH_3OH, mit Triethylendiamin als Base, einen zu 88% intramolekularen Verlauf.

Die entstehenden Allene können sich nun ihrerseits wieder unter Protonenwanderung in verschiedener Weise umlagern. Wählt man beispielsweise 1-Pentin als Substrat, können prinzipiell fünf isomere Produkte entstehen, deren Stabilität gemäß nachstehender Reihenfolge zunimmt:

1-Pentin < Penta-1,2-dien < Penta-2,3-dien < 2-Pentin <
< Penta-1,4-dien < Penta-1,3-dien

Diese Unterschiede beruhen unter anderem darauf, daß die relativ elektronenarmen Acetylen- und Allengruppierungen in terminaler Position durch lediglich einen, im "Inneren" des Moleküls jedoch durch zwei Alkylreste (+I-Effekt!) substituiert sind. Ein Rückschluß auf die Zusammensetzung des zu erwartenden Isomerengemisches ist auf dieser Grundlage allerdings nicht immer möglich, da diese Reaktionen häufig von kinetischen Faktoren kontrolliert werden. Dementsprechend liefert die Umsetzung von 1-Pentin in 4N alkoholischer Kaliumhydroxid-Lösung ausschließlich 2-Pentin und Penta-1,2-dien, während das stabilere Penta-1,3-dien nicht entsteht. Umlagerungen von Alkinen in konjugierte Diene erfordern allgemein sehr extreme Bedingungen hinsichtlich Basenstärke und Temperatur. Funktionelle Gruppen im

Molekül können die Reaktion wesentlich erleichtern und darüberhinaus auf die bevorzugte Entstehung eines bestimmten Produktes hinwirken. Die anteilmäßige Bildung der möglichen Isomeren wird in der erwarteten Weise durch das Substitutionsmuster des Substrats beeinflußt. Dreifachbindungen in Nachbarschaft zu einer elektronenspendenden Gruppe zeigen eine erhöhte Stabilität und sind daher bevorzugt. Ebenso werden Acetylenfunktionen, die mit einem weiteren ungesättigten Zentrum in Konjugation stehen, im allgemeinen gegenüber isolierten Dreifachbindungen dominieren. Bei Substraten des Typs $HC{\equiv}C{-}CH_2X$ mit $X = CO_2Et$, COR, OR, SR, NR_2 oder Ar, stoppt die Umlagerung auf der Stufe des Allens oder aber der Folgeschritt zum isomeren 1-Alkin verläuft nur sehr langsam:

$$HC{\equiv}C{-}CH_2X \xrightarrow{\text{schnell}} H_2C{=}C{=}CHX \xrightarrow{\text{langsam}} H_3C{-}C{\equiv}CX$$

Eine Variante der Reaktion gestattet die vollständige Überführung von α-Acetylenalkoholen in Allene unter sehr milden Bedingungen (Raumtemperatur). Phosphormonochloride der allgemeinen Form R^1R^2PCl ($R^1R^2 = Ar$) reagieren mit dem Substrat in Gegenwart einer organischen Base (Pyridin, Triethylamin) zu Allenphosphinoxiden:

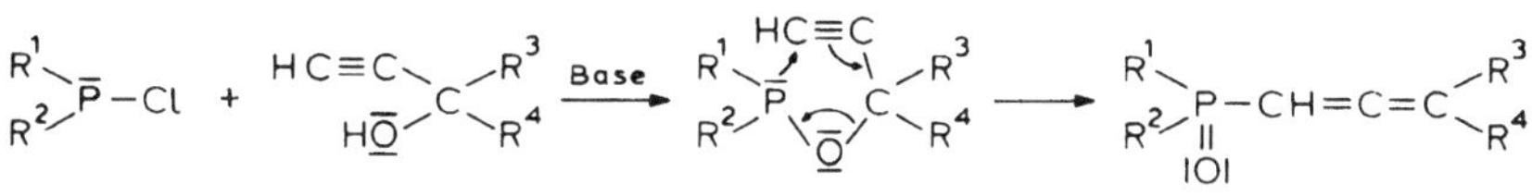

Die Produkte sind frei von störenden Isomeren.

A Teilschritt bei der Synthese von Pseudoionon und Citral aus den entsprechenden Propargylalkoholen

L *A. Favorskii* und *T. Favorskaya*, C. R. hebd. Séances Acad. Sci. **200**, 839 (1935).
T. L. Jacobs, Org. React. **5**, 13–17 (1949).
T. L. Jacobs und *W. F. Brill*, J. Am. Chem. Soc. **75**, 1314–1317 (1953).
P. D. Landor und *S. R. Landor*, J. Chem. Soc. **1956**, 1015–1019.
Y. R. Bhatia, P. D. Landor und *S. R. Landor*, J. Chem. Soc. **1959**, 24–29 (1959).
H. D. Hartzler, J. Am. Chem. Soc. **83**, 4990–4996; 4997–4999 (1961).
A. P. Boisselle und *N. A. Meinhardt*, J. Org. Chem. **27**, 1828–1833 (1962).
H. Fischer, Cumulenes, in *Patai*: The Chemistry of Alkenes, vol. I, S. 1025–1055, Wiley-Interscience, London 1964.
A. J. Hubert und *H. Reimlinger*, J. Chem. Soc. (C) **1968**, 606–608 (1968).
S. Hoff, L. Brandsma und *J. F. Arens*, Rec. Trav. Chim. Pays-Bas **87**, 916–924 (1968).
T. F. Rutledge, Acetylenes and Allenes, S. 35–57, Reinhold, New York 1969.
R. J. Bashby, Q. Rev., Chem. Soc. **24**, 585–600 (1970).
W. D. Huntsman, Intra-Sci., Chem. Rep. **6**, 151–159 (1972).
M. J. Berlan, M.-L. Capmau und *W. Chodkiewicz*, Bull. Soc. Chim. Fr. **1975**, 2259–2265.
F. Théron, M. Verny und *R. Vessièrve*, Rearrangements involving acetylenes, in *Patai*: The Chemistry of the Carbon-Carbon Triple Bond, vol. I, S. 389–390, Wiley-Interscience, Chichester 1978.
Y. Osamura, H. F. Schaefer III, S. K. Gray und *W. H. Miller*, J. Am. Chem. Soc. **103**, 1904–1907 (1981).

Acylierung

Einhorn; Schotten-Baumann

Säurehalogenide und -anhydride stellen wegen ihrer hohen Carbonylaktivität wertvolle Acylierungsreagenzien dar. Als Reaktionspartner sind neben primären, sekundären und tertiären Alkoholen auch Enole, Phenole sowie Ammoniak und Amine geeignet. Die Umsetzung von Säurechloriden mit Alkoholen gilt als die beste allgemein anwendbare Methode zur Gewinnung von Carbonsäureestern. Zur Bindung des hierbei entstehenden Chlorwasserstoffs wurden verschiedene Varianten entwickelt, die als Einhorn- bzw. Schotten-Baumann-Verfahren bekannt sind.

Einhorn-Verfahren

Die bei der Alkoholyse freigesetzte Salzsäure stört den Reaktionsablauf und muß deshalb entfernt werden. Nach Einhorn arbeitet man daher in Gegenwart von Pyridin oder auch anderen tertiären Aminen.

M

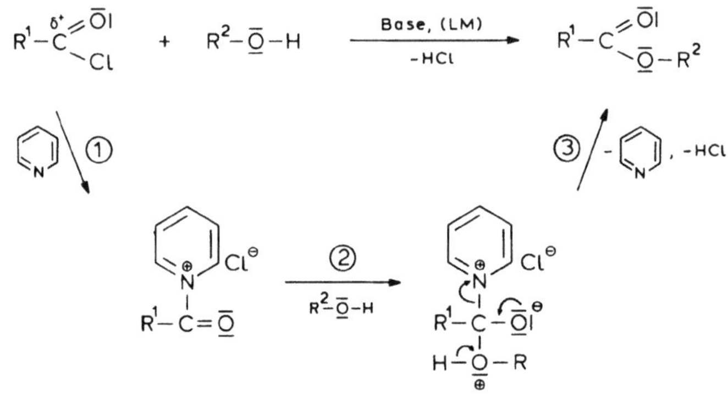

Base: 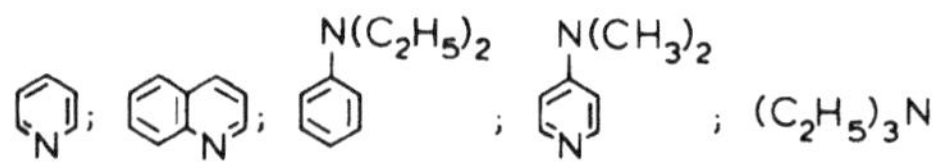

R^2: 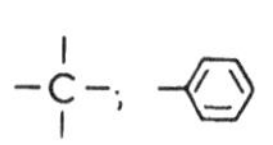

LM: Petrolether; Eisessig

① Bildung eines reaktiven Zwischenproduktes (Acylpyridiniumsalz)

② Nucleophiler Angriff des Alkohols (Phenols)

③ Deprotonierung, Eliminierung der Base

E Die Stickstoffbasen übernehmen – neben ihrer Funkion als "Säurefänger" – eine aktive Rolle im Acylierungsprozeß. Durch Bildung reaktiver Zwischenprodukte mit der Carbonylkomponente, in denen die Halogenverbindung eine stark erhöhte Polarität besitzt oder bereits völlig gespalten ist, wird der Angriff einer alkoholischen Hydroxylgruppe wesentlich erleichtert.

Besonders empfindliche Alkohole werden mit einem nur geringen Uberschuß an Pyridin acyliert. Darüberhinaus werden Lösungsmittel eingesetzt, in denen das gebildete Pyridin-hydrochlorid unlöslich ist und sofort ausfällt.

Das benötigte Säurechlorid kann auch in situ aus der entsprechenden Carbonsäure synthetisiert werden. Dies geschieht durch Einleiten der berechneten Menge Phosgen in die Lösung eines Alkohols oder Phenols in Pyridin in Gegenwart der gewünschten Säure.

A Partielle oder vollständige Veresterung mehrwertiger und empfindlicher Hydroxyverbindungen (Schutzgruppe) ⌒ z. B. Zucker- und Celluloseester; Acylierung tertiärer Alkohole und Phenole

Schotten-Baumann-Verfahren

Ist das verwendete Säurechlorid in Wasser schwer löslich, läßt sich die Alkoholyse auch in wäßrig-alkalischem Medium durchführen. Die als Konkurrenzreaktion zu erwartende Hydrolyse des Halogenids findet lediglich an der Phasengrenze statt und geht daher nur langsam vor sich.

M

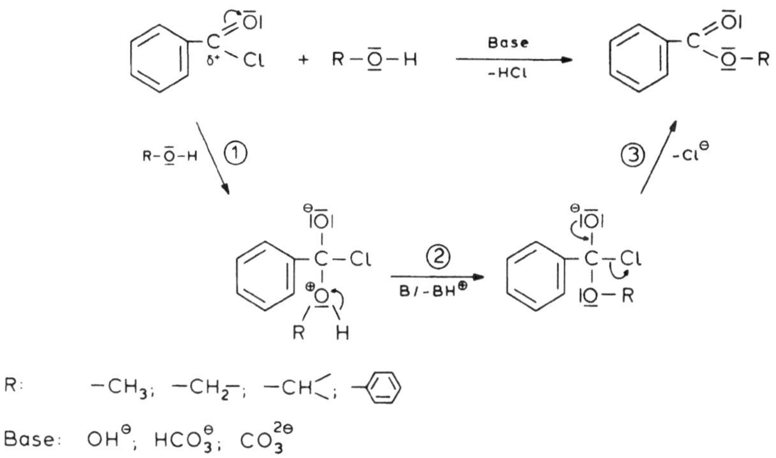

① Nucleophile Addition des Alkohols (Phenols)

② Deprotonierung, H⊕ durch säurebindende Mittel abgefangen

③ Eliminierung des Chloridions

E Durch Schütteln wird der in verdünnter Lauge gelöste Alkohol aus der wäßrigen Phase extrahiert und reagiert mit dem Acylierungsmittel in homogener Phase. Um einen möglichst quantitativen Umsatz zu erreichen, ist es notwendig, mit einem Überschuß an Base und Säurechlorid zu arbeiten. Bei stark alkaliempfindlichen Substanzen empfiehlt sich der Einsatz von Carbonat oder Hydrogencarbonat als säurebindende Mittel. Für tertiäre Alkohole ist die Reaktion nicht geeignet, da diese unter dem Einfluß der Acylhalogenide zur intramolekularen Dehydratisierung neigen.

Das Schotten-Baumann-Verfahren besitzt heute nur noch geringe Bedeutung.

A Charakterisierung von Hydroxyverbindungen in Form ihrer gut kristallisierenden Acyl-Derivate (Benzoate); Veresterung von Kohlenhydraten

L *C. Schotten*, Ber. Dtsch. Chem. Ges. **17**, 2544–2547 (1884).
E. Baumann, Ber. Dtsch. Chem. Ges. **19**, 3218–3222 (1886).
A. Einhorn und *F. Hollandt*, Liebigs Ann. Chem. **301**, 95–115 (1898).
H. Henecka, Carbonsäureester aus Säurechloriden und Alkoholen bzw. Phenolen, in *Houben-Weyl-Müller*: Methoden der Organischen Chemie, 4. Aufl., Bd. VIII, S. 543–547, Thieme, Stuttgart 1952.
H. Roth, Allgemeine Nachweisreaktionen für Hydroxylgruppen, in *Houben-Weyl-Müller*: Methoden der Organischen Chemie, 4. Aufl., Bd. II, S. 330–334, Thieme, Stuttgart 1953.
O. N. V. Sonntag, Chem. Rev. **52**, 312–324 (1953).
C. R. Hauser, F. W. Swamer und *J. T. Adams*, Org. React. **8**, 59–196 (1954).
R. E. Ireland und *M. Chayhovsky*, Org. Synth. **41**, 5–8 (1961).
B. Fell, Carbonsäureester durch Acylierung von Alkoholen oder Phenolen, in *F. Korte*: Methodicum Chimicum, Bd. V, S. 647, Thieme, Stuttgart 1975.

Acyloin-Kondensation

Acyloine, symmetrisch substituierte α-Hydroxyketone, können als die aliphatischen Analoga der Benzoine (siehe *Benzoin-Kondensation*) angesehen werden. Sie entstehen bei der reduktiven Dimerisierung alkoholfreier Carbonsäureester mit metallischem Natrium in siedenden organischen, aprotischen Lösungsmitteln. Der radikalische Charakter der Reaktion bedingt den Ausschluß von Sauerstoff (Diradikal!), der bereits in geringen Konzentrationen zu beträchtlichen Ausbeuteverlusten führt. Eine präparativ sehr wichtige Variante der Acyloin-Kondensation ist die intramolekulare Cyclisierung von Dicarbonsäureestern zu mittleren und großen Ringsystemen (s. *Hansley-Prelog-Stoll*).

E Die Acyloin-Kondensation ist eine heterogene Reaktion, die an der Oberfläche des Metalls stattfindet. Sie wird durch einen Elektronentransfer vom Natrium auf die Esterfunktion des Substrates initiiert. Das resultierende Radikal dimerisiert zu einem Dianion, das sich unter Abgabe der Alkoxidionen zu einem (faßbaren) 1,2-Diketon stabilisiert. Dieses liefert nach der erneuten Reduktion ein Endiol, aus dem durch Ansäuern das entsprechende α-Hydroxyketon freigesetzt werden kann.

Die während der Umsetzung entstehenden Alkoholationen sind das klassische Kondensationsmittel der Esterkondensation (s. *Claisen*). Dennoch kommt es nicht zu einer Konkurrenz mit der Acyloinbildung, da die Radikalreaktion wesentlich schneller abläuft als die ionogene Dimerisierung der Ester. Den Zutritt von Luft verhindert man durch Verwendung von siedendem Ether als Lösungsmittel oder durch den Einsatz von Stickstoff als Schutzgas. In Gegenwart von Sauerstoff entsteht aus dem primär auftretenden Esterradikal – neben Alkoholat – das entsprechende Diacylperoxid, welches unter Aufnahme von Elektronen aus dem Metall in zwei Carbonsäure-Anionen zerfällt.

Der hier formulierte und bisher allgemein akzeptierte Mechanismus wird von Bloomfield und Mitarbeitern (1975) in Frage gestellt. Sie schlagen einen alternativen Reaktionsablauf vor, bei dem keinerlei Ketone als Zwischenstufen auftreten. Die primär gebildeten Esterradikale koppeln über das Sauerstoffatom mit noch nicht umgesetzten Substratmolekülen. Das resultierende Dimere cyclisiert durch Verknüpfung der zur O-Brücke α-ständigen C-Atome zu einer epoxidartigen Struktur, die nach Öffnung des Dreirings unter Aufnahme von Elektronen und Abtrennung des Alkoxidions in das Acyloin überführt wird:

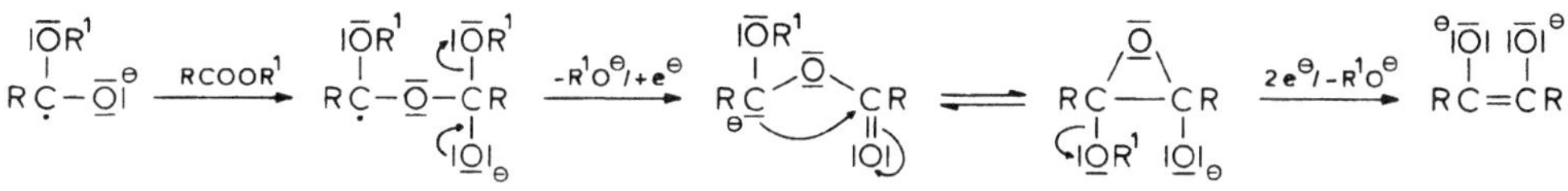

Der Anwendungsbereich der Acyloin-Kondensation läßt sich erweitern, wenn man die Synthesen in Gegenwart von Trimethylchlorsilan (TMS) durchführt. Hierbei entstehen Bis-siloxyalkene, die einerseits lange Zeit unverändert haltbar sind und sich andererseits – als "potentielle Acyloine" – für zahlreiche Folgereaktionen eignen. Durch saure Hydrolyse können sie in die freien α-Hydroxyketone umgewandelt werden. Der Zusatz von TMS bewirkt zudem eine Erhöhung der Ausbeute, da auch die basischen Alkoholationen als inerte Silylether abgefangen werden und somit Nebenreaktionen wie β-Eliminierung, *Claisen-* oder *Dieckmann-Kondensationen* nicht mehr zur Geltung kommen.

M

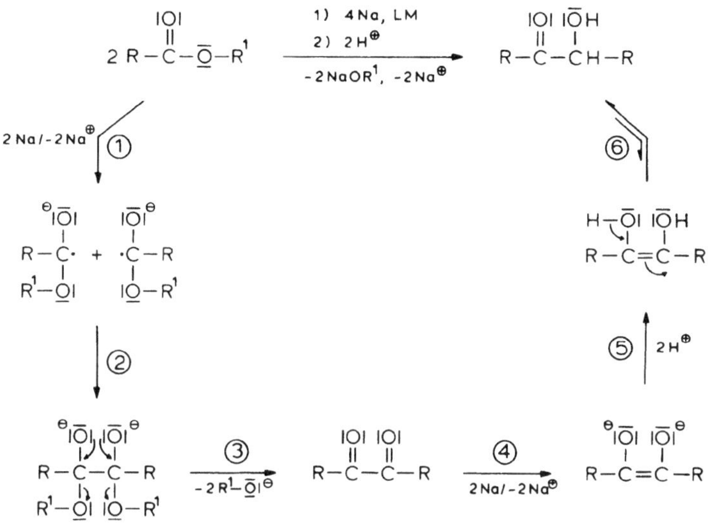

R: –C– (mit drei Bindungen)

R¹: $-CH_3$; $-C_2H_5$

LM: Xylol; Toluol; Benzol; Ether

① Elektronentransfer ⌒ Radikal-Anion

② Dimerisierung

③ Eliminierung der Alkoxygruppen ⌒ α,β-Diketon

④ Elektronentransfer ⌒ Dianion

⑤ Protonierung ⌒ Endiol

⑥ Keto-Enol-Tautomerie ⌒ Acyloin

A Synthese von Heterocyclen (Acyloin + Formamid → 4,5-disubstituierte Imidazole; acyliertes Acyloin + Ammoniumacetat → Oxazol-Derivate)

siehe auch unter *Hansley-Prelog-Stoll (Acyloin-Ringverschluß)*

L

J. W. Brühl, Ber. Dtsch. Chem. Ges. **12**, 315–320 (1879).
L. Bouveault und *G. Blanc*, Bull. Soc. Chim. Fr. **29**, 787 (1903).
S. M. McElvain, Org. React. **4**, 256–268 (1948).
H. Henecka, Reduktion von Carbonsäureestern, in *Houben-Weyl-Müller*: Methoden der Organischen Chemie, 4. Aufl., Bd. VIII, S. 641–643, Thieme, Stuttgart 1952.
K. Rühlman und *S. Poredda*, J. Prakt. Chem. **12**, 18–26 (1960).
K. T. Finley, Chem. Rev. **64**, 573–589 (1964).
K. Rühlmann, Synthesis **1971**, 236–253.
H. Herlinger, Die direkte Einführung von R-CO-Gruppen durch Acyloin Kondensation, in *Houben-Weyl-Müller*: Methoden der Organischen Chemie, 4. Aufl., Bd. VII/2a, S. 642–653, Thieme, Stuttgart 1973.
J. J. Bloomfield, *D. C. Owsley*, *C. Ainsworth* und *R. E. Robertson*, J. Org. Chem. **40**, 393–402 (1975).
J. J. Bloomfield, *D. C. Owsley* und *J. M. Nelke*, Org. React. **23**, 259–403 (1976).
I. Fleming, Organic Silicon Chemistry, in *Barton-Ollis*: Comprehensive Organic Chemistry, vol. III, S. 583–584, Pergamon Press, Oxford 1979.
H. Stetter und *R. Y. Rämsch*, Synthesis **1981**, 477–478.

Aldol-Reaktion

(Aldoladdition und -kondensation)

Aldehyde und Ketone mit α-ständigem Wasserstoffatom können unter dem katalytischen Einfluß von Säuren oder Basen zu sogenannten Aldolen (Aldehydalkohol) dimerisieren. Einer derartigen Aldoladdition kann je nach Art der Ausgangskomponenten und Wahl der Reaktionsbedingungen ein Eliminierungsschritt folgen, wobei durch Abspaltung von Wasser die entsprechenden α,β-ungesättigten Carbonylverbindungen entstehen (Aldolkondensation). In beiden Fällen sind die Umsetzungen reversibel (Retro-Aldol-Reaktion siehe auch *Knoevenagel-* und *Perkin-Reaktion*).

M

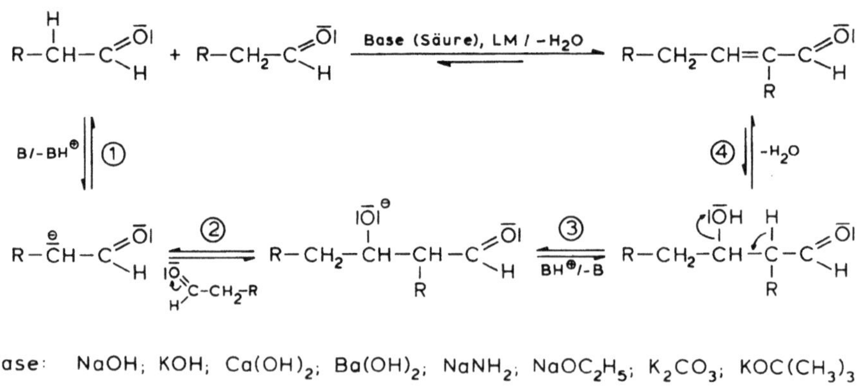

Base: NaOH; KOH; $Ca(OH)_2$; $Ba(OH)_2$; $NaNH_2$; $NaOC_2H_5$; K_2CO_3; $KOC(CH_3)_3$

Säure: HCl; HBr; HI; H_2SO_4; CH_3COOH; $C_6H_5SO_3H$; $POCl_3$

LM: Ethanol; Ethanol / Wasser; Wasser; Ether; Benzol

(Legende der Reaktionsschritte nebenstehend)

E Im Primärschritt der basenkatalysierten Aldol-Reaktion wird das aktivierte α-H-Atom der Methylenkomponente als Proton abgelöst. Das resultierende, mesomeriestabilisierte Anion addiert sich nucleophil an die CO-Gruppe der Carbonylkomponente zu einem Aldol-Anion. Die hieraus durch Protonierung entstehenden Aldole können bei niedrigen Temperaturen im allgemeinen ohne Schwierigkeiten isoliert werden. In bestimmten Fällen läßt sich jedoch eine spontane Dehydratisierung dieser Produkte kaum verhindern, so z. B. bei der Verwendung aromatischer Aldehyde als Carbonylkomponenten. Hier erfolgt die Wasserabspaltung besonders leicht, weil die entstehende Doppelbindung mit einem ausgedehnten π-Elektronensystem in Konjugation treten kann.

Bei der säurekatalysierten Aldol-Reaktion addiert sich das Enol der Methylenkomponente nucleophil an die durch Protonierung aktivierte CO-Gruppe der Carbonylkomponente:

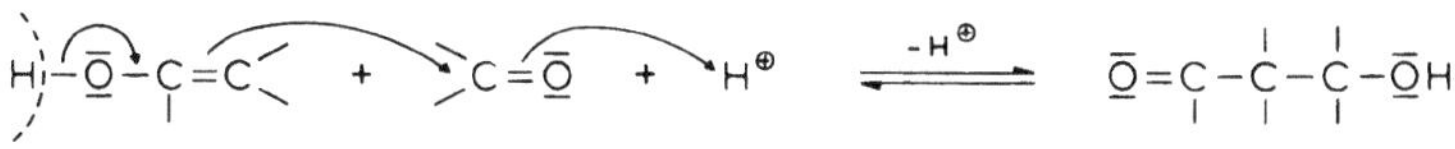

Die primär gebildeten Aldole werden unter den sauren Reaktionsbedingungen sofort dehydratisiert, so daß stets α,β-ungesättigte Carbonylverbindungen als Endprodukt entstehen. Diese Form der Aldol-Reaktion ist jedoch nur von geringer Bedeutung.

Im allgemeinen trägt die beim abschließenden Eliminierungsschritt gebildete Doppelbindung die Carbonylgruppe in trans-Stellung zum voluminöseren Substituenten am α-C-Atom. Als Ursache für diese Stereoselektivität nimmt man an, daß die zum cis-Produkt führende Konformation des Enolat-Anions, wegen der direkten Nachbarschaft zweier raumfüllender Gruppen, thermodynamisch weniger stabil und daher schwächer populiert ist.

Die hier als Selbstkondensation eines Aldehyds formulierte Reaktion kann prinzipiell auf alle denkbaren Kombinationen von Aldehyden und Ketonen übertragen werden. Dimerisierungen von je zwei verschiedenen Aldehyden oder Ketonen untereinander sind jedoch in der Regel nur dann sinnvoll, wenn eine der beiden Komponenten kein α-H-Atom besitzt. Bei der Isolierung des gewünschten Aldols ist somit nur noch ein Nebenprodukt (statt 3!) abzutrennen. Unterscheiden sich die Reaktanten zudem in ihrer Carbonylaktivität (z. B. $HCHO > CH_3CHO$), wird unter Umständen nur ein einziges Produkt gebildet. Bei gemischten Aldol-Reaktionen zwischen Aldehyden und Ketonen fungieren – wegen der geringen Reaktivität ihrer Carbonylgruppe – stets die Ketone als Methylenkomponenten (vgl. unten). Die zu erwartende Selbstkondensation des Aldehyds kann durch entsprechende präparative Maßnahmen (tropfenweise Zugabe zu einem Gemisch aus Keton und Base) eingeschränkt werden. Aldehyde ohne Wasserstoffatom in α-Position liefern mit Ketonen nur ein Hauptprodukt (s. *Claisen-Schmidt*).

Bei vinylogen Carbonylverbindungen kann neben dem α-H-Atom auch der γ-ständige Wasserstoff als Proton abstrahiert werden, so daß zwei potentielle nucleophile Zentren im Molekül

---

◁ ① Deprotonierung der Methylenkomponente

② Nucleophile Addition an die Carbonylkomponente

③ Protonierung ⌒ Aldol

④ Dehydratisierung ⌒ α,β-ungesättigte Carbonylverbindung

existieren (α- und γ-Kohlenstoff). In analoger Weise können sich Ketone des Typs $H_3C—CO—CH_2R$ (R = Alkyl, Aryl) über beide α-C-Atome an Aldehyde addieren. Während in basisch katalysierten Aldol-Reaktionen die Kondensation vorwiegend an der Methylgruppe erfolgt, wird bei Verwendung saurer Katalysatoren bevorzugt die Methylengruppe angegriffen.

Die nach der klassischen Methode nicht erreichbare nucleophile Addition eines Aldehyds an ein Keton (vorwiegend Selbstkondensation des Aldehyds!) läßt sich über eine Variante der Reaktion verwirklichen. Bei der *"gezielten Aldolkondensation"* wird der Aldehyd in eine Schiffsche Base überführt und in α-Stellung zur Azomethingruppe metalliert. Als Reagenzien dienen hierbei bevorzugt Lithium-diisopropylamid oder Lithium-piperidid sowie Natrium- und Kaliumamid in flüssigem Ammoniak. Die anionischen Schiff-Basen nehmen hinsichtlich ihrer "Carbonylaktivität" eine Mittelstellung ein zwischen den α-deprotonierten Carbonylverbindungen einerseits und den Allyl-Anionen (die keine Selbstkondensation zeigen!) andererseits. Daneben sind die metallierten Azomethine aber hinreichend nucleophil, um die reaktionsträge Carbonylfunktion der Ketone anzugreifen. Nach erfolgter Umsetzung läßt sich die Schutzgruppe leicht wieder hydrolytisch entfernen.

A Synthese von Pentaerythrit (⌒ Sprengstoffe): 1) dreifache Aldoladdition von Acetaldehyd an Formaldehyd, 2) *Cannizzaro-Reaktion* mit Formaldehyd; Teilschritte bei der Darstellung von Naturstoffen (β-Sinensal, Citral; Pseudoionon); Ringschluß-Reaktionen durch intramolekulare Aldolkondensation (⌒ alicyclische Aldehyde und Ketone)

L *L. Chiozza*, Liebigs Ann. Chem. **97**, 350–352 (1856).

A. Wurtz, C. R. hebd. Séances Acad. Sci. **74**, 1361 (1872).

W. H. Perkin jr., Ber. Dtsch. Chem. Ges. **15**, 2802–2811 (1882).

O. Bayer, Höhere Aldehyde durch Aldolkondensationen, in *Houben-Weyl-Müller*: Methoden der Organischen Chemie, 4. Aufl., Bd. VII/1, S. 76–95, Thieme, Stuttgart 1954.

V. Franzen, Chem.-Ztg. **80**, 446–449 (1956).

R. P. Bell und *P. T. McTique*, J. Chem. Soc. **1960**, 2983–2994.

H. Hellmann und *D. Dietrich*, Liebigs Ann. Chem. **656**, 89–96 (1962).

B. D. Wilson, J. Org. Chem. **28**, 314–320 (1963).

F. W. Lichtenthaler, Angew. Chem. **76**, 84–96 (1964).

T. I. Crowell, Alkene-forming condensation reactions, in *Patai*: The Chemistry of Alkenes, S. 242–261, Wiley-Interscience, London 1964.

G. Wittig und *H.-D. Frommeld*, Chem. Ber. **97**, 3548–3559 (1964).

R. L. Reeves, Condensations leading to double bonds, in *Patai*: The Chemistry of the Carbonyl Group, S. 580–600, Wiley-Interscience, London 1966.

A. T. Nielsen und *W. J. Houlihan*, Org. React. **16**, 1–438 (1968).

G. Wittig und *H. Reiff*, Angew. Chem. **80**, 8–15 (1968).

H. Reiff, Die gezielte Aldolkondensation, in *Foerst*: Neuere Methoden der Präparativen Organischen Chemie Bd. VI, S. 42–60, Verlag Chemie, Weinheim/Bergstrasse 1970.

A. S. Arora und *I. K. Ugi*, Kondensations-Reaktionen, in *Houben-Weyl-Müller*: Methoden der Organischen Chemie, 4. Aufl., Bd. V/1b, S. 862–871, Thieme, Stuttgart 1972.

H. O. House, Modern Synthetic Reactions, 2nd ed., S. 629–682, Benjamin, Menlo Park 1972.

L. R. Fedor, B. S. R. Murty und *N. C. De*, J. Am. Chem. Soc. **97**, 4308–4312 (1975).

M. Iwata und *S. Emoto*, Bull. Chem. Soc. Jpn. **49**, 1369–1374 (1976).

K. Banno, Bull. Chem. Soc. Jpn. **49**, 2284–2291 (1976).

S. Danishefsky und *A. Zimmer*, J. Org. Chem. **41**, 4059–4064 (1976).

W. A. Kleschick, C. T. Buse und *C. H. Heathcock*, J. Am. Chem. Soc. **99**, 247–248 (1977).

K. Maruoka, S. Hashimoto, Y. Kitagawa, H. Yamamoto und *H. Nozaki*, J. Am. Chem. Soc. **99**, 7705–7707 (1977).

P. Fellmann und *J.-E. Dubois*, Tetrahedron **34**, 1349–1357 (1978).

H. Eichenauer, E. Friedrich, W. Lutz und *D. Enders*, Angew. Chem. **90**, 219–220 (1978).

A. J. Waring, Ketones, in *Barton-Ollis*: Comprehensive Organic Chemistry, vol. I, S. 1039–1041, Pergamon Press, Oxford 1979.
T. Laird, Aromatic Aldehydes, in *Barton-Ollis*: Comprehensive Organic Chemistry, vol. I, S. 1130–1133, Pergamon Press, Oxford 1979.
J. A. Aimetti und *M. S. Kellogg*, Tetrahedron Lett. **1979**, 3805–3808.
C. H. Heathcock, C. T. Buse, W. A. Kleschick, M. C. Pirrung, J. E. Sohn und *J. Lampe*, J. Org. Chem. **45**, 1066–1080 (1980).
A. Schulze und *H. Oediger*, Liebigs Ann. Chem. **1981**, 1725–1727.
D. Fleury und *M. B. Fleury*, Tetrahedron **37**, 493–501 (1981).
C. H. Heathcock, C. T. White, J. J. Morrison und *D. van Derveen*, J. Org. Chem. **46**, 1296–1309 (1981).
Y. Yamamoto und *K. Maruyama*, J. Am. Chem. Soc. **104**, 2323–2325 (1982).

Allyl-Umlagerung

Allylverbindungen gehen sehr leicht nucleophile Substitutionsreaktionen ein und zeichnen sich daneben durch eine ausgeprägte Umlagerungstendenz aus. Darüberhinaus sind Allylgruppierungen als Strukturelemente von Alkaloiden, Steroiden und besonders Terpenen sehr verbreitet und spielen daher bei der Konzipierung vieler Naturstoff-Synthesen eine entscheidende Rolle. Die bei der Umsetzung von Allylhalogeniden und ähnlichen Verbindungen mit Nucleophilen häufig zu beobachtende Verschiebung der Doppelbindung beruht auf der intermediären Bildung eines mesomeriestabilisierten Carbeniumions, das über zwei potentielle Bindestellen für den eintretenden Substituenten verfügt und somit neben dem "normalen" Substitutionsprodukt eine isomere Verbindung liefern kann.

M

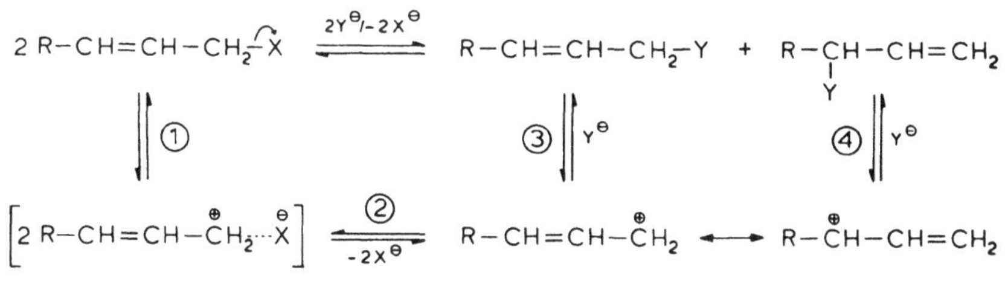

$Y^{\ominus}$: $OH^{\ominus}$; $OR^{\ominus}$; $Cl^{\ominus}$; $Br^{\ominus}$; $I^{\ominus}$

①,② Abspaltung von X; Zwischenstufe: "enges Ionenpaar"
③ Addition des Nucleophils ⌒ "normales" Produkt
④ Addition des Nucleophils ⌒ umgelagertes Produkt

E Die Doppelbindung des Allylsystems aktiviert die funktionelle Gruppe und erleichtert deren Abtrennung als Anion. Unter S_N1-Bedingungen führt der Austritt von $X^{\ominus}$ zur Bildung eines mesomeriestabilisierten Allyl-Kations. Dessen Atome sind in einer Ebene angeordnet, so daß das leere p-Orbital des Carbeniumions mit den π-Orbitalen der Doppelbindung überlappen kann. Die positive Ladung ist folglich nicht am α-C-Atom lokalisiert, sondern über eine Kohlenstoff-Triade verteilt. An den Atomen C_1 und C_3 ist das Elektronendefizit am größten, d. h. es existieren zwei elektrophile Zentren im Molekül, die für einen Angriff des nucleophilen

Partners geeignet sind. Allylverbindungen (R+H) liefern daher im allgemeinen Gemische aus "normalen" und umgelagerten Substitutionsprodukten.

Da die Folgereaktion einer Zwischenstufe von der Art ihrer Entstehung unabhängig sein muß, sollten Substrate, die zumindest formal über das gleiche Carbeniumion reagieren (z. B. $CH_3{-}CH{=}CH{-}CH_2Cl$ und $CH_3{-}CHCl{-}CH{=}CH_2$), auch gleiche Produktpaare in übereinstimmenden Mengenverhältnissen bilden. Zahlreiche Experimente haben jedoch gezeigt, daß die anteilmäßige Verteilung der beiden Isomeren in derartigen Fällen nicht identisch ist, sondern daß jeweils das "normale" Substitutionsprodukt überwiegt ("Produktbreite"). Man nimmt an, daß vor der Bildung freier Carbeniumionen eine Zwischenstufe ("enges Ionenpaar") durchlaufen wird, in der die Bindung zwischen dem austretenden Nucleophil und dem benachbarten Kohlenstoff soweit gelockert ist, daß zwar noch keine vollständige Dissoziation erreicht ist, die Elektronenverteilung aber bereits weitgehend derjenigen der getrennten Ionen entspricht. Offenbar bindet nun das eintretende Anion bevorzugt an dem noch mit $X^{\ominus}$ assoziierten Kohlenstoff, während Angriffe in der Allylstellung seltener erfolgen (Ionenpaar-Hypothese). Die resultierende Produktbreite läßt sich verringern, wenn man durch Zusatz einer Lewis-Säure,wie beispielsweise $Ag^{\oplus}$, die Ionisationsfähigkeit des Mediums erhöht.

Anhand radioaktiv markierter Verbindungen konnte gezeigt werden, daß die Umlagerung auch durch Wanderung der Austrittsgruppe X in die Allylstellung desselben Moleküls vollzogen werden kann (innere Rückkehr). Wird beispielsweise α,α-Dimethylallylchlorid in Essigsäure solvatisiert, entsteht zum Teil das isomere γ,γ-Dimethylallylchlorid, ohne daß es zum Einbau externer Chloridionen kommt. Das primär gebildete Ionenpaar könnte hierbei eine Konformation einnehmen, in dem der Substituent X von den Atomen C_1 und C_3 etwa gleich weit entfernt ist:

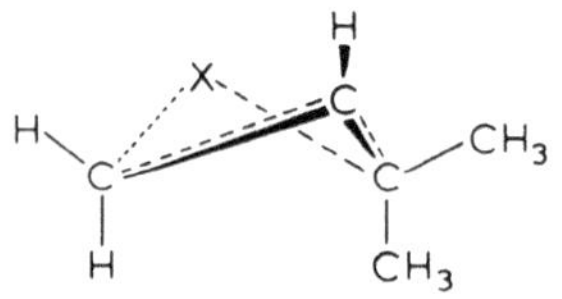

Die heterolytische Spaltung der Allylverbindung ist für die Gesamtreaktion geschwindigkeitsbestimmend. Der Ionisierungsschritt kann durch die Einwirkung von Lösungsmittel-Molekülen oder Metallionen erleichtert werden. Elektronenspendende Gruppen am α- oder γ-Kohlenstoff beschleunigen die Substitution.

Allyl-Umlagerungen können auch unter S_N2-Bedingungen erfolgen, wenn das Nucleophil am γ-C-Atom angreift (S_N2'-Mechanismus):

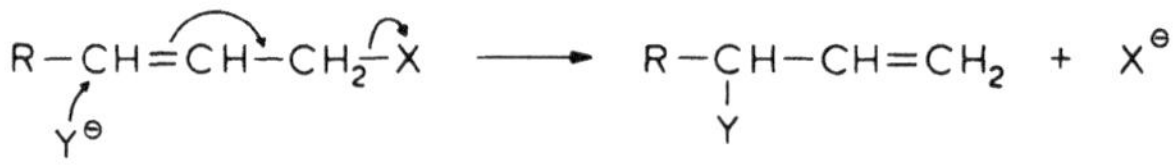

A Teilschritt der Vitamin A-Synthese; Naturstoff-Chemie: Darstellung von Alkaloiden, Steroiden und Terpenen; Synthese von Olefinen durch Allyl-Umlagerung von Oxiranen

L *L. Claisen*, Ber. Dtsch. Chem. Ges. **45**, 3157–3166 (1912).
J. Meisenheimer und *J. Link*, Liebigs Ann. Chem. **479**, 211–277 (1930).
J. R. DeWolfe und *W. G. Young*, Chem. Rev. **56**, 753–901 (1956).
W. G. Young und *W. P. Norris*, J. Am. Chem. Soc. **81**, 490–492 (1959).
W. G. Young, S. H. Sharman und *S. Winstein*, J. Am. Chem. Soc. **82**, 1376–1382 (1960).

H. L. Goering und *R.-R. Josephson*, J. Am. Chem. Soc. **84**, 2779–2785 (1962).
P. B. D. de la Mare, Rearrangements in the Chemistry of Allylic Compounds, in *deMayo*: Molecular Rearrangements, vol. I, S. 27–110, Wiley-Interscience, New York 1963.
D. J. Cram und *R. T. Uyeda*, J. Am. Chem. Soc. **86**, 5466–5477 (1964).
D. H. Hunter und *D. J. Cram*, J. Am. Chem. Soc. **86**, 5478–5490 (1964).
E. S. Gould, Mechanismus und Struktur in der Organischen Chemie, 2. Aufl., S. 339–345, Verlag Chemie, Weinheim/Bergstrasse 1969.
L. P. Hammett, Physikalische Organische Chemie, 158–160, 163–164, Verlag Chemie, Weinheim/Bergstrasse 1970.
D. J. Faulkner, Synthesis **1971**, 175–189.
A. S. Arora und *I. K. Ugi*, Allyl-Umlagerungen, in *Houben-Weyl-Müller*: Methoden der Organischen Chemie, 4. Aufl., Bd. V/1b, S. 905–913, Thieme, Stuttgart 1972.
A. H. Andrist, *L. E. Slivon* und *J. E. Graas*, J. Org. Chem. **43**, 634–637 (1978).
S. G. Wilkinson, Alcohols, in *Barton-Ollis*: Comprehensive Organic Chemistry, vol. I, S. 659–660, Pergamon Press, Oxford 1979.

Azo-Kupplung

Aromatische Diazoniumionen sind aufgrund des Elektronendefizits an ihrem terminalen Stickstoffatom zu elektrophilen aromatischen Substitutionsreaktionen befähigt. Die Reaktivität der Kationen ist jedoch wegen der weitgehenden Ladungsdelokalisierung nur gering, so daß ausschließlich stark basische Aromaten (Amine, Phenole bzw. Phenolate, hochalkyl-substituierte Aromaten, einige Heterocyclen) als nucleophile Partner in Frage kommen. Diese als "Kupplung" bezeichnete Reaktion bietet einen bequemen Zugang zu den charakteristisch gefärbten Azoverbindungen, die im Rahmen der Farbstoff-Chemie eine außerordentliche Bedeutung besitzen.

M

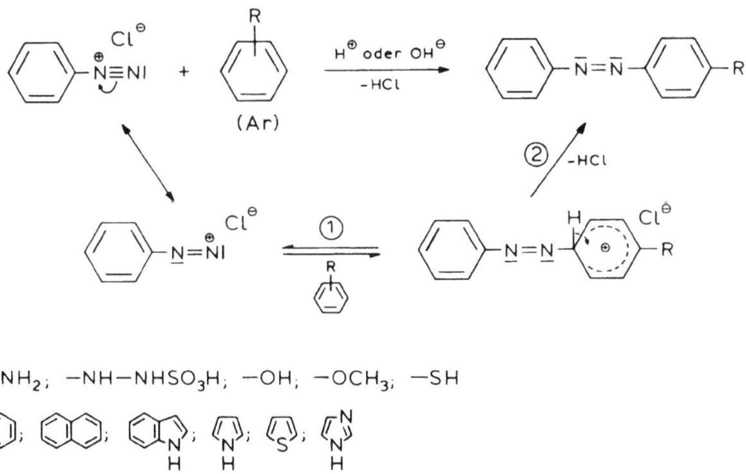

①,② Elektrophile aromatische Substitution

E Mit Amino- bzw. Hydroxygruppen substituierte Aromaten gehören zu den wichtigsten Edukten für die Synthese von Azokörpern. Anhand dieser Verbindungsklassen wird besonders deutlich, daß das Gelingen der Azo-Kupplung in hohem Maße vom pH-Wert des Reaktionsmediums abhängt. Im stark sauren Bereich wird die Reaktivität von Aminen durch Salzbildung vermindert. Ebenso wird bei Phenolen die Dissoziation und damit die Bildung der stärker basischen Phenolationen durch die hohe Protonenkonzentration zurückgedrängt. Die Wahl stark alkalischer Bedingungen führt dagegen zur Inaktivierung der Diazoniumionen. Diese werden durch primäre Addition eines $OH^{\ominus}$-Ions in die entsprechenden Diazohydroxide überführt, die sich sofort unter Abgabe eines Protons stabilisieren. Die resultierenden Anionen können naturgemäß keine elektrophilen Substitutionen mehr eingehen. Somit existiert für jede Substratkombination ein optimaler pH-Bereich, der gewöhnlich zwischen den Grenzwerten 4 und 10 liegt. Für einen maximalen Umsatz empfiehlt sich im allgemeinen bei Aminen ein schwach saures, bei Phenolen dagegen ein schwach alkalisches Medium.

Primäre und teilweise auch sekundäre Amine kuppeln mit Diazoniumionen bevorzugt zu 1,3-disubstituierten Triazenen. In diesen Fällen wirkt das Stickstoffatom der Aminogruppe, die Stelle höchster Elektronegativität, als nucleophiles Zentrum. Da es sich hierbei um eine reversible Reaktion handelt, können die entstehenden Diazoaminoverbindungen durch Behandlung mit Mineralsäuren in die entsprechenden Aminoazoverbindungen umgelagert werden.

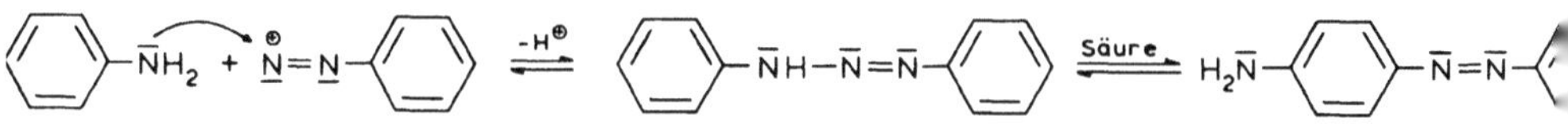

Wegen ihrer geringen Reaktivität sind Diazoniumionen sehr selektiv. Substitutionen erfolgen daher fast ausschließlich in para-Stellung zur aktivierenden Gruppe. Ist diese Position blockiert, erhält man die ortho-Produkte. Die elektrophile Kraft des Diazoniumions kann erwartungsgemäß durch elektronenziehende Substituenten im Ring gesteigert werden (p-Nitrobenzoldiazoniumion).

Aufgrund von Kernresonanz-Untersuchungen mit ^{15}N-markierten Verbindungen wurde ein radikalischer Mechanismus für die Azo-Kupplung vorgeschlagen. Danach wird im ersten von zwei Teilschritten ein Elektron z. B. von einem Phenolation auf das Diazonium übertragen (Ein-Elektronen-Transfer). Die anschließende Rekombination der gebildeten Radikale liefert wiederum eine Azoverbindung als Endprodukt.

A Technische Darstellung von Azo-Farbstoffen (Kongorot, Methylorange usw.); Einführung primärer Aminogruppen durch Azo-Kupplung und nachfolgende reduktive Spaltung der Azoverbindung ⌒ p-(o-) Diamine, p-(o-) Aminophenole; Ringschluß-Reaktionen durch intramolekulare Azo-Kupplung (o-Diaminobenzol → Benzotriazol)

L

A. Kekulé und *C. Hidegh*, Ber. Dtsch. Chem. Ges. **3**, 233–235 (1870).
V. Meyer und *G. Ambühl*, Ber. Dtsch. Chem. Ges. **8**, 751–752 (1875).
R. Pütter, Angew. Chem. **63**, 188–192 (1951).
H. Zollinger, Chem. Rev. **51**, 347–361 (1952).
H. Zollinger, Chemie der Azofarbstoffe, Birkhäuser, Basel 1958.
S. M. Parmerter, Org. React. **10**, 1–142 (1959).
K. H. Schündehütte, Herstellung von Diacylazoverbindungen durch Kupplung aromatischer Diazoniumverbindungen, in *Houben-Weyl-Müller*: Methoden der Organischen Chemie, 4. Aufl., Bd. X/3, S. 226–315, Thieme, Stuttgart 1965.
E. Enders, Methoden zur Herstellung und Umwandlung von aromatisch-aliphatischen Azo- und Azoxyverbindungen, Herstellung von Arylhydrazonen durch Kupplungsreaktion, in *Houben-Weyl-Müller*: Methoden der Organischen Chemie, 4. Aufl., Bd. X/3, S. 471–544, Thieme, Stuttgart 1965.

R. Pütter, Formazane durch Kupplung von Diazoniumsalzen, in *Houben-Weyl-Müller*: Methoden der Organischen Chemie, 4. Aufl., Bd. X/3, S. 633–667, Thieme, Stuttgart 1965.
C. Jermini, S. Koller und *H. Zollinger*, Helv. Chim. Acta **53**, 72–78 (1970).
F. Snyckers und *H. Zollinger*, Helv. Chim. Acta **53**, 1294-1305 (1970).
A. P. Jaecklin, P. Skrabal und *H. Zollinger*, Helv. Chim. Acta **54**, 2870–2888 (1971).
N. N. Bubnov, K. A. Bilevitch, L. A. Poljakova und *O. Y. Okhlobystin*, J. Chem. Soc., Chem. Commun. **1972**, 1058.
H. Zollinger, Acc. Chem. Res. **6**, 335–341 (1973).
P. Burri und *H. Zollinger*, Helv. Chim. Acta **56**, 2204–2216 (1973).
K. Schank, Reaktionen unter Erhalt des Diazoniumstickstoffs; Kupplungsreaktionen mit Nucleophilen, in *F. Korte*: Methodicum Chimicum, Bd. VI, S. 198–209, Thieme, Stuttgart 1974.
A. B. Sakla, N. K. Masonud, Z. Sawiris und *W. S. Ebaid*, Helv. Chim. Acta **57**, 481–487 (1974).
B. C. Challis und *H. S. Rzepa*, J. Chem. Soc., Perkin Trans. II **1975**, 1209–1217.
S. T. Gore, R. K. Mackiec und *J. M. Tedder*, J. Chem. Soc., Perkin Trans. I **1976**, 1639–1642.
J. R. Bourne, E. Crivelli und *P. Rys*, Helv. Chim. Acta **60**, 2944–2957 (1977).
P. N. Juri und *R. A. Bartsch*, J. Org. Chem. **44**, 143–145 (1979).
R. Huisgen, W. Bihlmaier und *H.-U. Reißig*, Angew. Chem. **91**, 347–348 (1979).

Benzidin-Umlagerung

Die Umlagerung von Hydrazobenzol zu Benzidin wird in der Regel durch die Einwirkung starker Mineralsäuren ausgelöst. Sie kann darüberhinaus auch thermisch oder photochemisch induziert werden und ist in analoger Weise auf eine Vielzahl weiterer N,N-Diarylhydrazine übertragbar. Trotz zahlreicher Untersuchungen existieren sehr verschiedene Vorstellungen über den molekularen Verlauf der Reaktion. Von den fünf in der Literatur diskutierten Varianten soll hier nur die von Banthorpe, Hughes und Ingold stammende "polar-transition-state theory" eingehender behandelt werden.

E Durch das Ausbleiben "gekreuzter" Produkte bei der gleichzeitigen Umsetzung von zwei verschiedenen Substraten, konnte der intramolekulare Verlauf der Benzidin-Umlagerung bewiesen werden. Weiterhin ist bekannt, daß die Reaktion sowohl erster als auch zweiter Ordnung bezüglich der $H^{\oplus}$-Ionen-Konzentration sein kann. Beide Tatsachen können, ebenso wie die Bildung der charakteristischen Nebenprodukte (siehe unten), durch den unter **M** formulierten Mechanismus erklärt werden.

Bereits das einfach protonierte Hydrazobenzol kann in der gezeigten Weise reagieren. Man nimmt an, daß das zweite Proton die Umsetzung dadurch fördert, daß die abstoßende Wirkung der beiden positiven Ladungen den Bruch der N-N-Bindung erleichtert. Deren polarer Charakter im Übergangszustand ermöglicht, zusammen mit den starken elektrostatischen Wechselwirkungen zwischen den potentiellen Bindestellen, eine energetisch günstige Änderung der Molekülgeometrie, womit die sterischen Voraussetzungen für die Umlagerung geschaffen werden. In dem hier dargestellten Beispiel entsteht durch den elektrophilen Angriff des positivierten C_4-Atoms am benachbarten Ringsystem Benzidin als Endprodukt (4,4′-Verknüpfung). Auf analoge Weise kann man sich die Bildung von Diphenylin, ortho-Benzidin sowie ortho-und para-Semidin (2,4′; 2,2′; 2,N′; N,4′-Verknüpfung) vorstellen, wobei jedoch eine befriedigende Erklärung hinsichtlich der zum Teil sehr hohen Anforderungen an die Konformation der betreffenden Übergangszustände noch aussteht.

Nach der von Dewar entwickelten π-Komplex-Theorie findet die Umlagerung ausschließlich an einfach protoniertem Hydrazobenzol statt. Das durch die Spaltung entstehende positiv geladene Fragment wirkt als starkes Elektrophil und bleibt in Form eines π-Komplexes mit dem benachbarten Anilin verbunden. Die beiden Ringsysteme sind zentrosymmetrisch zueinander angeordnet ("sandwich"-Struktur) und besitzen somit eine für die 4,4'-Verknüpfung günstige Orientierung. Der Bildung von ortho-Semidin, Diphenylin und para-Semidin geht eine gegenseitige Verdrehung der Ringe um 60°, 120° bzw. 180° voraus. Das jeweilige Endprodukt entsteht beim "Auseinanderfalten" des Komplexes, das durch die Addition eines zweiten Protons ausgelöst wird.

Von den alternativen Theorien lassen sich die zentralen Aspekte der beiden wichtigsten Varianten wie folgt umreißen:

"Caged-radical theory":

Das zweifach protonierte Hydrazobenzol dissoziiert in zwei Radikal-Kationen, die innerhalb eines Lösungsmittelkäfigs assoziiert bleiben. Die Molekülfragmente rekombinieren in verschiedenen Positionen.

"C-protonated intermediate theory":

Die zweite Protonierungsstelle befindet sich an einem der Kohlenstoffatome. Die resultierende Molekülgeometrie erlaubt eine stärkere Annäherung der beiden para-Positionen. Darüberhinaus bedingt das im Ring entstandene sp^3-Zentrum eine höhere Flexibilität, die auch die Bildung von p-Semidin erleichtert.

Umlagerungen zu Benzidin gelingen zum Teil auch, wenn die para-Stellungen der Ausgangsverbindung besetzt sind. Substituenten wie etwa SO_3H, COOH oder Cl werden verdrängt. Bei Anwesenheit von Alkyl-, Aryl- oder Aminogruppen in diesen Positionen sind 4,4'-Kopplungen dagegen nicht mehr möglich.

M

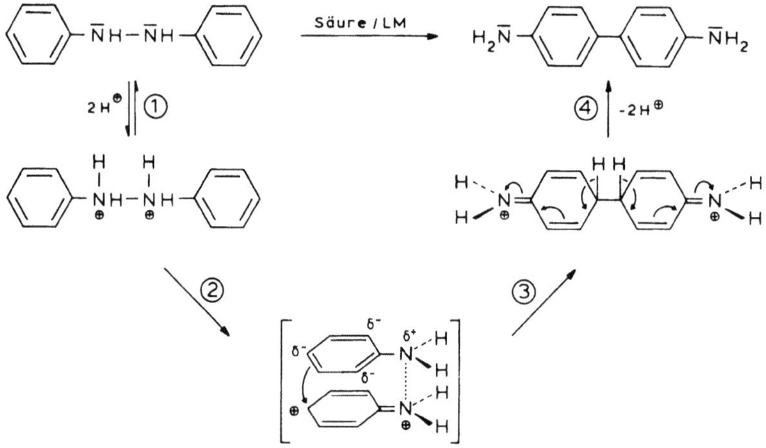

Säure: HCl; H_2SO_4; HOAc

LM: Ethanol; Ether; Dioxan; Benzol

① Protonierung

②,③ Intramolekularer elektrophiler Angriff ⌒ p-chinoide Zwischenverbindung

④ Deprotonierung, Rückbildung des aromatischen Systems

A Technische Darstellung wichtiger Farbstoff-Zwischenprodukte (Benzidin, o-Tolidin, o-Dianisidin, Benzidin-2,2'-disulfonsäure-, Benzidin-3,3'-dicarbonsäure

L *N. Zinn*, J. Prakt. Chem. **36**, 93–107 (1845).
P. Jacobsen, Liebigs Ann. Chem. **428**, 76–121 (1922).
D. H. Smith, J. R. Schwartz und *G. W. Wheland*, J. Am. Chem. Soc. **74**, 2282–2286 (1952).
E. D. Hughes und *C. K. Ingold*, Q. Rev., Chem. Soc. **6**, 34–62 (1952).
F. Möller, Benzidin- und Semidin-Umlagerung, in *Houben-Weyl-Müller*: Methoden der Organischen Chemie, 4. Aufl., Bd. XI/1, S. 839–848, Thieme, Stuttgart 1957.
G. Wittig und *J. E. Grolig*, Chem. Ber. **94**, 2148–2156 (1961).
H. J. Shine, Aromatic Rearrangements, S. 126–179, Elsevier, Amsterdam 1967.
D. V. Banthorpe, Chem. Rev. **70**, 315–317 (1970).
P. Welzel, Chem. Ber. **103**, 1318–1333 (1970).
J. R. Cox, jr. und *M. F. Dunn*, J. Org. Chem. **37**, 4415–4421 (1972).
G. A. Olah, K. Dunne, D. P. Kelly und *Y. K. Mo*, J. Am. Chem. Soc. **94**, 7438–7447 (1972).
T. S. Stevens und *W. E. Watts*, Selected Molecular Rearrangements, S. 199–205, Van Nostrand Reinhold, London 1973.
D. V. Banthorpe und *M. O. Sullivan*, J. Chem. Soc., Perkin Trans. II **1973**, 551–561.
J. D. Cheng und *H. J. Shine*, J. Org. Chem. **39**, 336–340 (1974).
R. A. Cox und *E. Buncel*, Rearrangements of the hydrazo, azoxy and azo compounds, in *Patai*: The Chemistry of the Hydrazo, Azo and Azoxy Groups, vol. II, S. 777–805, Wiley-Interscience, London 1975.
G. Koga, N. Koga und *J.-P. Anselme*, Radical reactions of azo, hydrazo and azoxy compounds, in *Patai*: The Chemistry of the Hydrazo, Azo and Azoxy Groups, vol. II, S. 914–922, Wiley-Interscience, London 1975.
P. Welzel, C. Dietz und *G. Eckhardt*, Chem. Ber. **108**, 3550–3565 (1975).
C. A. Bunton und *R. J. Rubin*, J. Am. Chem. Soc. **98**, 4236–4246 (1976).
T. Sheradsky und *E. Nov*, J. Chem. Soc., Perkin Trans. I **1977**, 1296–1299.
H. J. Shine, G. N. Henderson, A. Cu und *P. Schmid*, J. Am. Chem. Soc. **99**, 3719–3722 (1977).
A. Heesing und *U. Schinke*, Chem. Ber. **110**, 3319–3323 (1977).
C. A. Bunton, L. S. Romsted und *H. J. Smith*, J. Org. Chem. **43**, 4299–4303 (1978).
F. Vögtle und *K. Böckmann*, Chem. Ber. **112**, 1400–1409 (1979).
D.-H. Bae und *H. J. Shine*, J. Org. Chem. **45**, 4448–4455 (1980).
H. J. Shine, H. Zmuda, K. H. Park, H. Kwart, A. G. Horgan, C. Collins und *B. E. Maxwell*, J. Am. Chem. Soc. **103**, 955–956 (1981).
H. J. Shine, H. Zmuda, K.-H. Park, H. Kwart, A. G. Horgan und *M. Brechbiel*, J. Am. Chem. Soc. **104**, 2501–2509 (1982).

Benzilsäure-Umlagerung

1,2-Diketone unterliegen bei der Behandlung mit Alkalilaugen einer Umlagerung zu α-Hydroxysäuresalzen. Das bekannteste Beispiel einer derartigen Reaktion ist die Überführung von Benzil in Benzilsäure (2-Hydroxy-2.2-diphenylethansäure). Obwohl zur Durchführung derartiger Umlagerungen meist aromatische Substrate gewählt werden, sind ebenso aliphatische und alicyclische Verbindungen als Ausgangskomponenten geeignet. Ausgenommen sind jedoch Diketone mit α-ständigem Wasserstoff, da diese unter den stark basischen Bedingungen bevorzugt zu *Aldolkondensationen* (siehe *Aldol-Reaktion*) neigen.

M

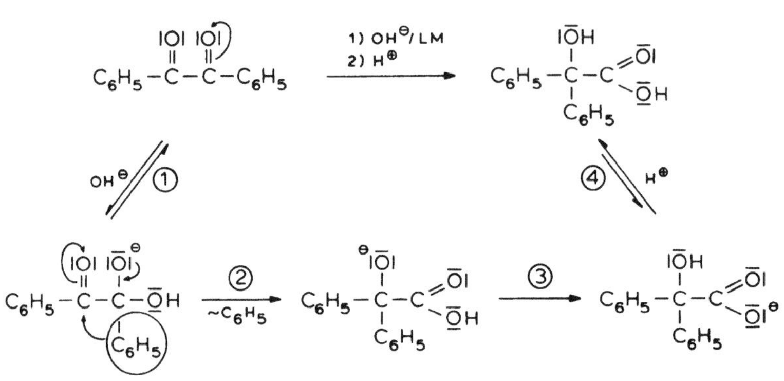

Base: NaOH; KOH; $Mg(OH)_2$; $Ca(OH)_2$; TlOH; ($NaOCH_3$; $NaNH_2$; NaC≡CH; $KOC(CH_3)_3$)

LM: Methanol; Ethanol; Propanol; Alkohol/Wasser-Gemische

① Nucleophile Addition von $OH^\ominus$

② Anionotrope Wanderung des Phenylrestes

③ Protonentransfer

④ Protonierung ⌒ freie Benzilsäure

E Die Umlagerung wird durch die reversible Addition eines $OH^\ominus$-Ions an eine der beiden Carbonylgruppen eingeleitet. Vermutlich wird die Polarität der C=O-Doppelbindung durch die vorgelagerte Bildung eines Primärkomplexes mit dem Metallhydroxid erhöht (vgl. *Cannizzaro-Reaktion*) und somit der nucleophile Angriff der Base erleichtert. Ein Addukt der Zusammensetzung $C_6H_5COCOC_6H_5 \bullet KOH$ konnte isoliert und in das Kaliumsalz der Benzilsäure überführt werden. In dem anionischen Zwischenprodukt sind die induktiven Effekte der Sauerstoffatome so gerichtet, daß die Arylgruppe unter Mitnahme des Elektronenpaares auf den benachbarten, positiv polarisierten Kohlenstoff übertragen werden kann. Dieser Teilschritt ist irreversibel und für die Gesamtreaktion geschwindigkeitsbestimmend. Von entscheidender Bedeutung ist hierbei die sofortige Deprotonierung der entstehenden Carboxylgruppe, wodurch ein permanenter Entzug des Umlagerungsproduktes, nämlich der α-Hydroxysäure, aus dem Gleichgewichtsgemisch erreicht wird.

Bei der Umsetzung unsymmetrisch substituierter Benzil-Derivate ist am Endprodukt nicht zu erkennen, welcher der beiden Reste der 1,2-Verschiebung unterworfen wurde. Dennoch können die betreffenden Wanderungstendenzen durch ^{14}C-Markierung jeweils einer der Carbonylgruppen ermittelt werden (Umlagerung mit nachfolgender Decarboxylierung). Im allgemeinen wird die Umlagerung durch elektronenziehende Substituenten begünstigt. Elektronenspendende Gruppen oder voluminöse Reste in den ortho-Positionen der Aromaten behindern den nucleophilen Angriff des Hydroxylions und beeinträchtigen über das im ersten Teilschritt formulierte Gleichgewicht die gesamte Reaktion.

Werden anstelle der Metallhydroxide andere Basen eingesetzt, muß in vielen Fällen mit der Bildung komplizierter Produktgemische gerechnet werden. So können beispielweise Alkoxide – je nach Oxidationsempfindlichkeit – direkt zu den entsprechenden Benzilsäureestern reagieren (Benzil → Benzilsäureester-Umlagerung) oder aber das Benzil zu Benzoin reduzieren. Umgekehrt lassen sich Benzoine direkt in die entsprechenden Benzilsäure-Derivate überführen, wenn man, durch gleichzeitiges Einwirken von Natriumbromat und Alkali, Oxidation (zu α-Diketonen) und Umlagerung in einem Reaktionschritt kombiniert.

A Ringkontraktionen (Cyclobutan-1,2-dion → 1-Hydroxy-cyclopropan-1-carbonsäure; Phenanthrene → Fluorene; Steroide); Synthese von Citronensäure aus Ketipinsäure ($HOOCCH_2COCOCH_2COOH$)

L *J. von Liebig*, Liebigs Ann. Chem. **25**, 27 (1838).
N. Zinin, Liebigs Ann. Chem. **31**, 329–332 (1839).
J. Hine und *H. W. Haworth*, J. Am. Chem. Soc. **80**, 2274–2275 (1958).
V. Franzen, Chem.-Ztg. **82**, 105–107 (1958).
S. Selman und *J. F. Eastham*, Q. Rev., Chem. Soc. **14**, 221–235 (1960).
R. Kuhn und *H. Trischmann*, Chem. Ber. **94**, 2258–2263 (1961).
C. J. Collins und *J. F. Eastham*, The Benzilic Acid and Related Rearrangements, in *Patai*: The Chemistry of the Carbonyl Group, S. 783–787, Wiley-Interscience, London 1966.
H. Dahn und *S. Karoui*, Helv. Chim. Acta **52**, 2491–2500 (1969).
H. Dahn, H. Gowal und *H.-P. Schlunke*, Helv. Chim. Acta **53**, 1598–1604 (1970).
R. D. Chambers, M. Clark und *D. J. Sping*, J. Chem. Soc., Perkin Trans. I **1972**, 2464–2469.
R. D. Chambers und *M. Clark*, J. Chem. Soc., Perkin Trans. I **1972**, 2469–2474.
T. S. Stevens und *W. E. Watts*, Selected Molecular Rearrangements, S. 126–129, Van Nostrand Reinhold, London 1973.
S. Linke, Carbonsäuren durch die Benzilsäure-Umlagerung, in *F. Korte*: Methodicum Chimicum, Bd. V, S. 599–603, Thieme, Stuttgart 1975.
J. H. van der Westhuizen, D. Ferreira und *D. G. Roux*, J. Chem. Soc., Perkin Trans. I **1977**, 1517–1522.

Benzoin-Kondensation

Bei der Kondensation von aromatischen bzw. heteroaromatischen Aldehyden in Gegenwart von Alkalicyaniden entstehen α-Hydroxyketone, die man auch als Benzoine bezeichnet. Es sind sowohl symmetrisch als auch asymmetrisch substituierte Produkte zugänglich, wobei jedoch gewisse Einschränkungen durch das Substitutionsmuster der jeweiligen Ausgangskomponente bestehen. Die Reaktion ist vollständig reversibel. Acyloine lassen sich auf diesem Wege nicht synthetisieren, da aliphatische Aldehyde unter dem Einfluß basischer Katalysatoren eher zu *Aldol-Reaktionen* neigen.

E Die katalytische Wirksamkeit der Alkalicyanide beruht im wesentlichen auf den spezifischen Eigenschaften der C≡N-Gruppe. Deren nucleophile Kraft ermöglicht im einleitenden Teilschritt eine rasche Addition an den positiv polarisierten Carbonyl-Kohlenstoff des Aldehyds. In dem entstehenden Anion trägt die Nitrilfunktion durch ihre elektronenziehende Wirkung zur Aktivierung des α-ständigen Wasserstoffatoms bei und erleichtert somit dessen Transfer zum benachbarten Sauerstoff. Darüberhinaus stabilisiert sie – gemeinsam mit dem Arylrest – das resultierende Carbanion durch die Delokalisierung der negativen Ladung. Bei diesem Schritt (②) findet praktisch eine Umpolung des ursprünglich positiv polarisierten Carbonyl-Kohlenstoffs statt. Überraschenderweise sind Cyanidionen für sich allein (aus HCN) nicht katalytisch aktiv. Auch komplexe Metallcyanide sind ungeeignet.

Der nachfolgende Dimerisationsschritt kann durch Substituenten am Ring soweit erschwert werden, daß nur noch unsymmetrische Kondensationen mit anderen Aldehyden als Reaktionspartner möglich sind. So verhindern beispielsweise para-ständige Nitro- oder Dialkylaminogruppen durch ihre starken mesomeren Effekte die Umsetzung zu symmetrischen Benzoinen. Beim Einsatz verschiedener Aldehyde mit vergleichbarer Polarisierbarkeit der Carbonylfunktionen entsteht ein Gemisch aus vier Produkten. Unter den Reaktionsbedingungen stellt sich zwischen den unsymmetrischen Isomeren ein Gleichgewicht ein, in dem die thermodynamisch stabilere Form überwiegt. Dies ist nach den bisherigen Ergebnissen diejenige Komponente, deren Carbonylgruppe dem Phenylrest mit den stärker elektronenspendenden Substituenten benachbart ist.

Aufgrund der Reversibilität sämtlicher Syntheseschritte unterliegen die gebildeten Benzoine einer Rückreaktion zu den ursprünglichen Ausgangsverbindungen. Demzufolge besteht die Möglichkeit, aus einem gegebenen Benzoin, durch Umsetzung mit einem anderen Aldehyd, ein neues Benzoin zu gewinnen.

Neben Cyanidionen sind offenbar auch verschiedene Thiazol-Derivate als Katalysatoren für die Benzoin-Kondensation geeignet. Aus der Biochemie ist bekannt, daß beispielsweise Thiaminpyrophosphat als Coenzym eine Reihe völlig analoger C-C-Verknüpfungen katalysiert. Das bei der Reaktion von Thiazoliumsalzen mit einer Base entstehende Zwitterion addiert sich nucleophil an die Carbonylfunktion des Aldehyds. Wie die Nitrilgruppe stabilisiert der Heterocyclus die entstehende Zwischenverbindung und vermittelt die Kondensation mit einem zweiten Molekül der Ausgangskomponente. Der Einsatz von Thiazol-Derivaten als Katalysatoren erlaubt auch die Umsetzung aliphatischer Carbonylverbindungen und erweitert somit den Anwendungsbereich dieser Reaktion.

M

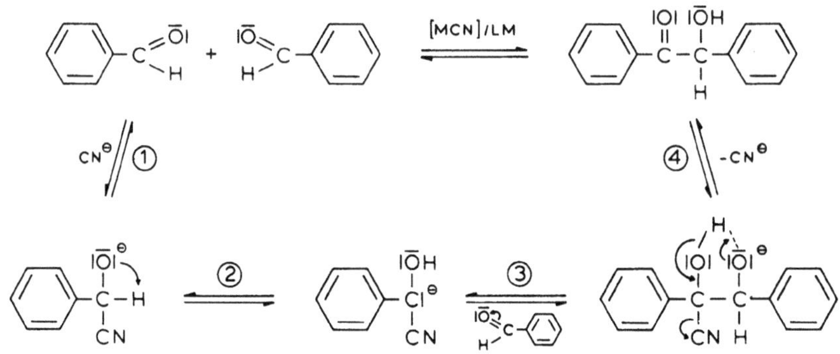

M: Na; K

LM: Ethanol/Wasser; Ethanol; Dimethylsulfoxid / Dimethylformamid

① Nucleophile Addition des Cyanidions

② Protonenwanderung zum Sauerstoff ⌒ Carbanion (Umpolung)

③ Nucleophile Addition ⌒ C-C-Verknüpfung

④ Protonentransfer, Eliminierung des Cyanidions

A Umsetzung von Aldehyden oder Benzoinen (beide Ausgangskomponenten werden intermediär in das Carbanion R–$\bar{C}^{\ominus}$(OH)CN überführt) mit α,β-ungesättigten Verbindungen im Sinne einer *Michael-Addition*

L

A. Lapworth, J. Chem. Soc. **83**, 195 (1903).
G. Bredig und *E. Stern*, Elektrochem. **10**, 582–587 (1904).
W. S. Ide und *J. S. Buck*, Org. React. **4**, 269–304 (1948).
H. Henecka, Benzoin-Kondensation, in *Houben-Weyl-Müller*: Methoden der Organischen Chemie, 4. Aufl., Bd. IV/2, S. 22–24, Thieme, Stuttgart 1952.
H. R. Hensel, Angew. Chem. **65**, 491 (1953).
J. Solodar, Tetrahedron Lett. **1971**, 287–288.
J. P. Kuebrich, R. L. Schowen, M. Wang und *M. E. Lupes*, J. Am. Chem. Soc. **93**, 1214–1220 (1971).
J. P. Kuebrich und *R. L. Schowen*, J. Am. Chem. Soc. **93**, 1220–1223 (1971).
H. Herlinger, Ketone durch Benzoin-Kondensation, in *Houben-Weyl-Müller*: Methoden der Organischen Chemie, 4. Aufl., Bd. VII/2a, S. 653–671, Thieme, Stuttgart 1973.
W. Tagaki und *H. Hara*, J. Chem. Soc., Chem. Commun. **1973**, 891–892.
H. Stetter und *G. Dämbkes*, Synthesis **1977**, 403–404.
T. Laird, Aromatic Aldehydes, in *Barton-Ollis*: Comprehensive Organic Chemistry, vol. I, S. 1142–1147, Pergamon Press, Oxford 1979.
H. Stetter und *R. Y. Rämsch*, Synthesis **1981**, 477–478.

Cyanhydrin-Synthese

Ultee; Urech

Die hier vorgestellten Methoden zur Darstellung von Cyanhydrinen beruhen beide auf der nucleophilen Addition von Cyanwasserstoff an die Carbonylgruppe von Aldehyden oder Ketonen. Das von Ultee entwickelte Verfahren schreibt die Verwendung wasserfreier Blausäure vor, die sich in Gegenwart katalytischer Mengen einer geeigneten Base unter heftiger Wärmeentwicklung mit dem Reaktionspartner umsetzt. Nach Urech behandelt man die Carbonylverbindung mit einer wäßrigen Lösung von Natrium- bzw. Kaliumcyanid, worauf durch Zugabe von Mineralsäure das Cyanhydrin freigesetzt wird. Die Handhabung der giftigen und leicht flüchtigen Blausäure kann auf diese Weise umgangen werden.

M

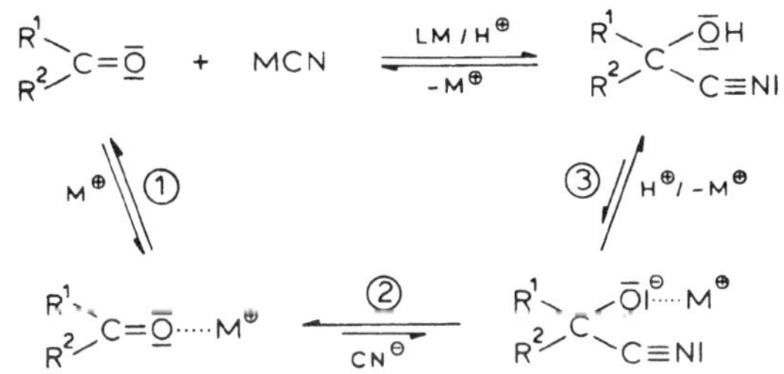

M: Alkali- und Erdalkalimetalle

Säure: HCl; H_2SO_4; CH_3COOH

LM: Wasser; Wasser / Dioxan; Chloroform / Wasser; Methanol

① Komplexierung ⌒ Aktivierung der Carbonylfunktion

② Nucleophiler Angriff des Cyanidions

③ Protonierung ⌒ Verschiebung des Gleichgewichts zugunsten des Cyanhydrins

E Durch die Ausbildung eines Primärkomplexes mit dem Kation des Alkali- oder Erdalkalicyanids wird die Carbonylaktivität des Substrats erhöht. In Gegenwart von Wasser oder Alkoholen erfolgt die Polarisierung der C═O-Doppelbindung vorwiegend durch Assoziation des Sauerstoffs mit den OH-Gruppen des Lösungsmittels. Die Verwendung stark polarer Solventien bewirkt allgemein eine Zunahme der Reaktionsgeschwindigkeit.

Der langsamte Teilschritt der Reaktion ist die nucleophile Addition eines Cyanidions an das positivierte C-Atom der Carbonylfunktion. Das Gleichgewicht für die Bildung des Cyanhydrin-Anions liegt weit auf der Seite der Edukte. Es läßt sich jedoch zugunsten der Cyanhydrin-Synthese verschieben, wenn das Anion durch Anlagerung eines Protons ständig aus dem Reaktionsgemisch entfernt wird. $H^{\oplus}$-Ionen sind daher zur Umsetzung notwendig, die Cyanide allein sind nicht im gewünschten Sinne wirksam.

Bei der Reaktion wasserfreier Blausäure mit Aldehyden und Ketonen wird die Addition des Cyanidions an die Carbonylgruppe durch die Anwesenheit geringer Mengen Base katalysiert. Auch hier kann das Gleichgewicht der Cyanhydrin-Bildung durch abschließende Zugabe von Säure (etwas mehr als zur Neutralisation des Katalysators notwendig ist) auf die Produkt-Seite verschoben werden:

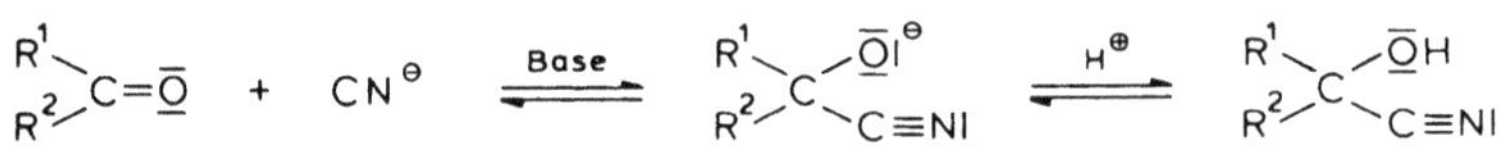

(Base: KCN; $Ca(CN)_2$; K_2CO_3; NH_3; Amine; Ionenaustauscher)

Da Cyanhydrine thermisch unbeständig sind, empfiehlt sich die Einhaltung niedriger Temperaturen. Allgemein liefern Aldehyde die stabilsten Produkte, gefolgt von aliphatischen und araliphatischen Ketonen. An rein aromatische Ketone gelingt die Addition von Blausäure nicht.

In der folgenden Übersicht werden stichwortartig einige weitere Varianten der Cyanhydrin-Synthese vorgestellt:

a) Umsetzung der Bisulfit-Addukte von Aldehyden und Ketonen mit wäßriger Alkalimetallcyanid-Lösung:

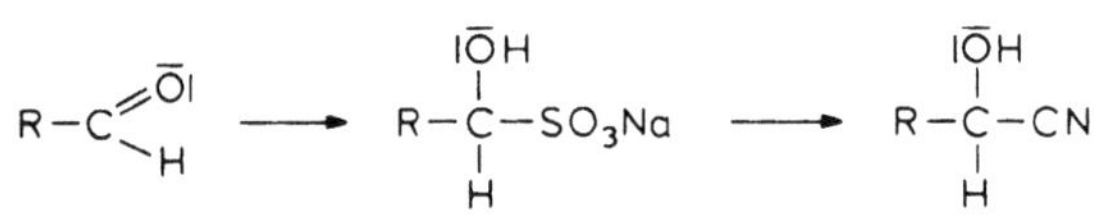

b) Umsetzung der Trimethylsilyl-enol-Derivate, besonders bei reaktionsträgen Ketonen:

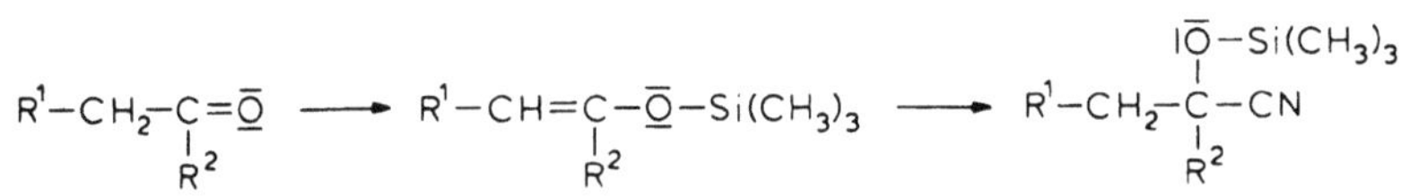

c) Cyanwasserstoff-Austausch:

A Darstellung von ungesättigten Nitrilen und α-Hydroxysäuren über die entsprechenden Cyanhydrine (Acetoncyanhydrin → α-Methacrylnitril bzw. α-Hydroxy-isobuttersäure); technische Synthese des Methacrylsäuremethylesters (⌒ Plexiglas); Derivatisierung von Steroiden (s^4-Androsten-3,17-dion → Testosteron)

L *F. Urech*, Liebigs Ann. Chem. **164**, 255–279 (1872).
A. J. Ultee, Ber. Dtsch. Chem. Ges. **39**, 1856–1858 (1906).
D. T. Mowry, Chem. Rev. **42**, 231–244 (1948).
P. Kurtz, Anlagerung von Cyanowasserstoff an Kohlenstoff-Sauerstoff Doppelbindungen (α-Oxynitrile), in *Houben-Weyl-Müller*: Methoden der Organischen Chemie, 4. Aufl., Bd. VIII, S. 274–278, Thieme, Stuttgart 1952.
H. H. Hustedt und *E. Pfeil*, Liebigs Ann. Chem. **640**, 15–27 (1961).
W. E. Parham und *C. S. Roosvelt*, Tetrahedron Lett. **1971**, 923–926.
J. S. Walia, S. N. Bannore, A. S. Walia und *L. Guillot*, Chem. Lett. **1974**, 1005–1008.
A. Zobáčová, Cyanhydrin-Synthese (α-Hydroxynitrile), in *F. Korte*: Methodicum Chimicum, Bd. VI, S.661–662, Thieme, Stuttgart 1974.
V. Okano, L. do Amaral und *E. H. Cordes*, J. Am. Chem. Soc. **98**, 4201–4203 (1976).
J. M. McIntosh, Can. J. Chem. **55**, 4200–4205 (1977).
P. G. Gassmann und *J. J. Talley*, Tetrahedron Lett. **1978**, 3773–3776.
W.-M. Ching und *R. G. Kallen*, J. Am. Chem. Soc. **100**, 6119–6124 (1978).
P. R. Young und *E. McMahon*, J. Am. Chem. Soc. **101**, 4678–4681 (1979).
A. S. Serianni, H. A. Neunez und *R. Barker*, J. Org. Chem. **45**, 3329–3341 (1980).

Cyanoethylierung

Die Kohlenstoffkette CH-acider Verbindungen kann durch Umsetzung mit Acrylnitril in Gegenwart eines basischen Katalysators um eine C_2H_4CN-Gruppe erweitert werden. Das Anion der Methylenkomponente addiert sich hierbei nucleophil an die aktivierte Doppelbindung des α,β-ungesättigten Reaktionspartners. Die Cyanoethylierung ist reversibel und verläuft völlig analog zur *Michael-Addition*. Sie ist auch auf Substrate anwendbar, die über das Heteroatom ihrer funktionellen Gruppen (s. unten) mit Acrylnitril koppeln.

E Die Addition des Nucleophils an Acrylnitril erfolgt fast ausschließlich in β-Stellung zur CN-Gruppe, da nur so eine optimale Delokalisierung der negativen Ladung im resultierenden Addukt möglich ist. Zur vorausgehenden Deprotonierung der aciden Komponenten bedarf es der Katalyse durch eine starke Base (Ausnahme: Amine), die in Mengen von etwa 5 Mol% dem Reaktionsgemisch zugesetzt wird. Quartäre Ammoniumhydroxide wie etwa Triton B (Benzyltrimethylammoniumhydroxid) sind wegen ihrer guten Löslichkeit in organischen Solventien besonders geeignet. Cyanoethylierungen verlaufen häufig stark exotherm und erfordern daher eine wirksame Kühlung, um der Polymerisation des Acrylnitrils vorzubeugen.

Der langsamste Teilschritt der Reaktion ist die Umsetzung des betreffenden Anions mit dem elektrophilen Partner. In Gegenwart eines genügend basischen Katalysators verläuft die Addition streng pseudomonomolekular in bezug auf Acrylnitril. Sie ist somit unabhängig von der Konzentration des Wasserstoff-Donors.
Die Cyanoethylierung ist die vielleicht wichtigste Methode zur Verlängerung eines Kohlenstoffgerüstes um drei C-Atome (vgl. *Stobbe-Kondensation*). Sie gelingt am besten mit Acrylnitril als Substrat. Derivate des Grundkörpers reagieren im allgemeinen schwer oder gar nicht und sind daher präparativ weniger bedeutsam. Aufgrund des Vinylogie-Prinzips können auch Ver-

bindungen mit der Gruppierung C═C—C═C—C≡N zur Angliederung längerer Kettenfragmente eingesetzt werden.

Neben den unter dem Formelschema aufgelisteten Verbindungsklassen sind noch weitere Substanzen zur nucleophilen Addition an die aktivierte Doppelbindung des Nitrils befähigt:

Hydrazine, Hydroxylamine, Oxime, Cyanwasserstoffsäure, Halogenwasserstoffsäuren, Schwefelwasserstoff, Haloforme, Cyclopentadione usw.

Cyanoethylierungen lassen sich gewöhnlich so lange fortsetzen, bis sämtliche aktiven Wasserstoffatome umgesetzt sind.

M

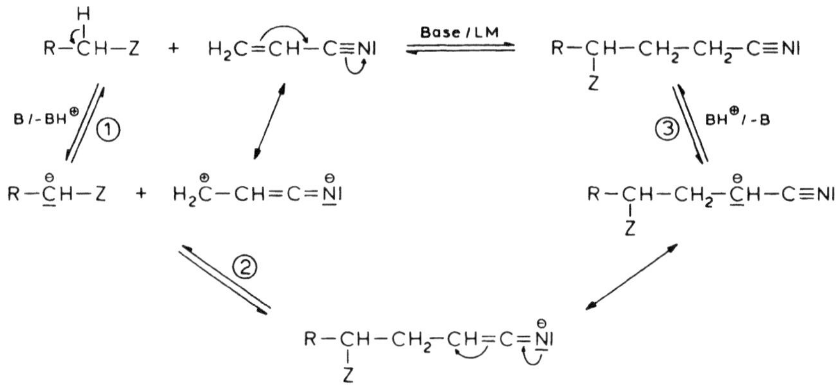

R: —H; —C—; 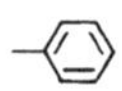

Z: —CHO; —COR; —COOR; —CN; $-NO_2$; $-SO_2Ar$ oder

—OH; —SH; $-NH_2$; —NHR; —AsH

Base: Na; NaOH; KOH; $NaOCH_3$; $NaOC_2H_5$; Triton B; Ionenaustauscher

LM: Toluol; Pyridin; Acetonitril; Dioxan; tert.-Butanol

① Deprotonierung ⌒ Carbanion

② Nucleophile Addition

③ Protonierung

A Teilschritt bei der Cholesterin-Synthese nach Woodward (1952); Analytik: Quantitative Bestimmung CH-acider Verbindungen (Anlagern von Mercaptan, Rücktitrieren des überschüssigen Thiols mit Jod)

L

H. A. Bruson, J. Am. Chem. Soc. **64**, 2457–2461 (1942).
H. A. Bruson, Org. React. **5**, 79–135 (1949).
R. B. Woodward, J. Am. Chem. Soc. **74**, 4223–4251(1952).
E. D. Bergmann, D. Ginsburg und *R. Pappo*, Org. React. **10**, 229–233 (1959).
P. Kurtz, Anlagerungsreaktionen an ungesättigten Nitrilen, in *Houben-Weyl-Müller*: Methoden der Organischen Chemie, 4. Aufl., Bd. VIII, S. 340–344, Thieme, Stuttgart 1959.

U. Schmidt und *H. Kubitzek*, Chem. Ber. **93**, 866–872 (1960).
P. F. Butskus, Russ. Chem. Rev. **30**, 583 (1961).
S. Wakamatsu, J. Org. Chem. **27**, 1285–1288 (1962).
J. A. Adamcik und *E. J. Miklasiewicz*, J. Org. Chem. **28**, 336–339 (1963).
B. A. Feit und *A. Zilkha*, J. Org. Chem. **28**, 406–410 (1963).
H. Dressler und *R. J. Kurland*, J. Org. Chem. **29**, 175–178 (1964).
J. A. Adamcik und *R. J. Flores*, J. Org. Chem. **29**, 572–574 (1964).
A. Chatterjee und *B. G. Hazra*, Tetrahedron Lett. **1969**, 73–76.
H. G. Heine und *R. Rudolph*, Liebigs Ann. Chem. **754**, 28–34 (1971).
siehe auch unter *Michael-Addition*.

Diazoessigester-Addition

Buchner

Die Reaktionen des Diazoessigesters lassen sich in allgemeiner Form wie folgt klassifizieren: (1) Insertion des durch Stickstoff-Abspaltung entstehenden Carbens in kovalente Bindungen, (2) Cycloaddition des Carbens oder des diazotierten Esters selbst an olefinische Doppelbindungen oder andere ungesättigte Zentren. Umsetzungen der zuletztgenannten Art zählen zu den häufig gebrauchten Synthesemethoden zum Aufbau carbocyclischer, insbesondere aber heterocyclischer Ringsysteme. Die nachfolgenden Erläuterungen befassen sich ausschließlich mit dieser Reaktionsklasse.

M

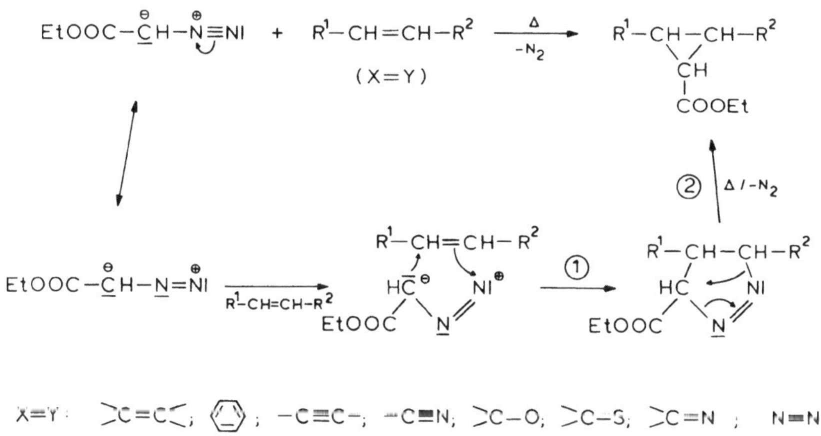

① 1,3-dipolare Cycloaddition ⌒ Pyrazolin-Ringsystem

② N_2-Abspaltung ⌒ Cyclopropan-Derivat

E Diazoessigester ist durch Diazotierung von Glycinethylester erhältlich. Die Verbindung ist aufgrund ihres ausgedehnten konjugierten Elektronensystems relativ beständig. Hinsichtlich seiner Reaktivität ist der Ester etwa zwischen Diazomethan und Diazoketonen einzuordnen.

Der Dipolcharakter des Moleküls ermöglicht die 1,3-Cycloaddition an Mehrfachbindungen verschiedenster Art. Besonders geeignet sind durch Konjugation mit elektronenziehenden Gruppen (-$COOC_6H_5$; -C≡N|; -$COCH_3$; -C_6H_5) aktivierte C=C-Doppelbindungen oder auch ungesättigte Bindungen in gespannten Ringsystemen. Aromaten sind nur bedingt als Substrate geeignet. Die aus Olefinen gebildeten Pyrazoline gehen unter Abspaltung von Stickstoff in Cyclopropan-Derivate über. Die Zersetzung erfolgt teilweise spontan, häufig jedoch erst nach Zusatz von Säuren bzw. beim Erwärmen.

In vielen Fällen verliert der diazotierte Ester noch vor der Cyclisierung das bereits vorgebildete Stickstoff-Molekül. Das resultierende Carben kann nun seinerseits in zweifacher Weise als Additionspartner wirksam werden. Als starkes Elektrophil (Elektronen-Sextett) reagiert es sehr glatt mit Olefinen zu den entsprechend substituierten Cyclopropanen (cis-1,1-Cycloaddition). Von besonderer Bedeutung ist hierbei der sterisch einheitliche Verlauf dieser Reaktion. Daneben kann sich das Carben als 1,3-Dipol zu fünfgliedrigen Sauerstoff-Heterocyclen umsetzen. Man erhält auf diese Weise Zugang zu den Ringsystemen des Furans und – bei Verwendung von Nitrilen als Ausgangskomponenten – des Oxazols.

Cyclische Substrate können mit Diazoessigester unter Ringerweiterung reagieren. So liefert beispielsweise Benzol, über die Stufe des Norcaradien-carbonsäureesters, den Cycloheptatrien-1-carbonsäureester.

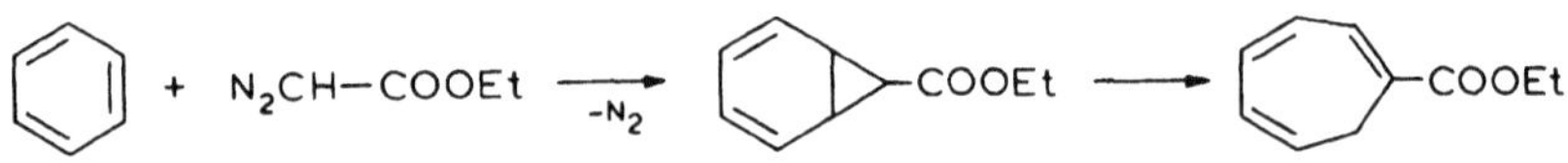

Aus Cyclopentanon entsteht unter dem katalytischen Einfluß von Bortrifluorid-Etherat der 2-Oxocyclohexan-carbonsäureester.

A Synthese fünfgliedriger Heterocyclen (Ringsysteme des Pyrazols, Tetrazins und Furans); Darstellung von Cyclopropan-Derivaten; Ringerweiterungs-Reaktionen (Benzol → Tropyliumsalze); pH-Wert-Bestimmung durch Messung der Zerfallsgeschwindigkeit des Diazoessigesters ($H^{\oplus}$-katalysiert)

L *E. Buchner* und *T. Curtius*, Ber. Dtsch. Chem. Ges. **18**, 2377–2379 (1885).
E. Buchner und *P. Schulze*, Liebigs Ann. Chem. **377**, 259–284 (1910).
B. Eistert, Synthesen mit Diazomethan, in *Foerst*: Neuere Methoden der Präparativen Organischen Chemie, Bd. I, S. 388–392, Verlag Chemie, Berlin 1943.
R. Huisgen und *G. Juppe*, Chem. Ber. **94**, 2332–2349 (1961).
R. Huisgen, Angew. Chem. **75**, 614–616 (1963).
B. Eistert, M. Regitz, G. Heck und *H. Schwall*, Umsetzung aliphatischer Diazoverbindungen mit C=C-Doppelbindungen, in *Houben-Weyl-Müller*: Methoden der Organischen Chemie, 4. Aufl., Bd. X/4, S. 804–840, Thieme, Stuttgart 1968.
J. Hooz und *R. B. Layton*, Can. J. Chem. **50**, 1105–1107 (1972).
T. Aratani, Y. Yoneyoshi und *T. Nagare*, Tetrahedron Lett. **1975**, 1707–1710.
R. A. Izydore und *S. McLean*, J. Am. Chem. Soc. **97**, 5611–5612 (1975).
A. J. Hubert, A. F. Noels, A. J. Anciaux und *P. Teyssié*, Synthesis **1976**, 600–602.
O. M. Nefedov, V. M. Schostakovsky und *A. E. Vasilvizky*, Angew. Chem. **89**, 674–675 (1977).
E. Wenkert, M. E. Alonso, H. E. Gottlieb und *E. L. Sanchez*, J. Org. Chem. **42**, 3945–3949 (1977).
I. O. Sutherland, Other Carboxylic Acids, with Substituents Containing Nitrogen Atoms, in *Barton-Ollis*: Comprehensive Organic Chemistry, vol. II, S. 846–853, Pergamon Press, Oxford 1979.
R. Huisgen und *H.-U. Reissing*, Angew. Chem. **91**, 346–347 (1979).
R. Huisgen, H.-U. Reissing, H. Huber und *S. Voss*, Tetrahedron Lett. **1979**, 2987–2990.

Diazotierung

Als Diazotierung bezeichnet man die Überführung primärer Amine in Diazoniumsalze durch Umsetzung mit Natriumnitrit in Gegenwart von Mineralsäuren. Aromatische bzw. heteroaromatische Substrate liefern relativ beständige Diazoniumionen, die in vielfältiger Weise zu Folgeprodukten verarbeitet werden können. Die analogen aliphatischen Verbindungen zerfallen bereits bei Temperaturen weit unterhalb 0°C unter Abspaltung von Stickstoff. Das jeweils resultierende Carbeniumion stabilisiert sich durch Deprotonierung (⌒ Olefin) oder Addition eines Nucleophils (z. B. H_2O ⌒ Alkohol). Sekundäre und tertiäre Amine sind dieser Reaktion nicht zugänglich.

M

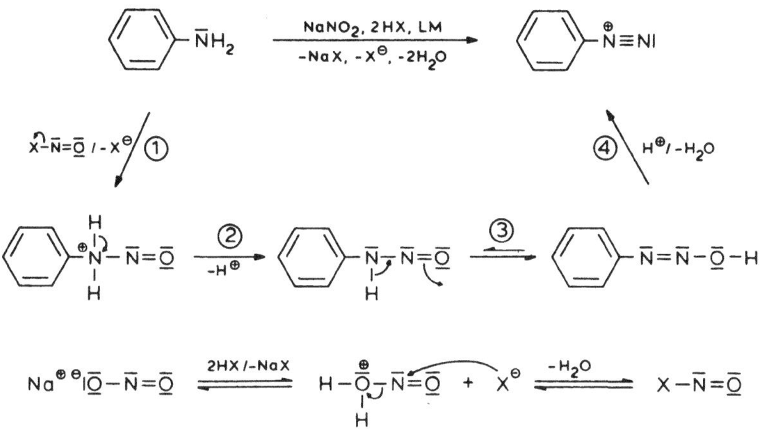

X: $H_2O^{\oplus}$; SCN; Br; Cl; N_2O

LM: Wasser; Alkohole; Dioxan; Formamid; Eisessig

①,② Elektrophile Substitution

③ Tautomerisierung, Nitroso-Isonitroso-Gleichgewicht

④ Protonierung ⌒ Dehydratisierung

E Die zunächst aus dem Natriumnitrit freigesetzte salpetrige Säure wirkt selbst nicht nitrosierend, da die OH-Gruppe eine geringe Austrittstendenz besitzt und zudem durch ihren +M-Effekt den elektropositiven Charakter des Stickstoffs weitgehend kompensiert. Infolge der Protonierung erhöht sich die Bereitschaft zur elektrophilen Substitution so weit, daß auch ein Angriff an den schwach basischen aromatischen Aminen möglich ist. Je nach Wahl des pH-Wertes und der zugesetzten Mineralsäure kann das Nitrosoacidiumion ($H_2O^{\oplus}NO$) selbst oder eines seiner Folgeprodukte (XNO) als Überträger der $NO^{\oplus}$-Funktion fungieren, deren Reaktivität in der unter dem Formelschema angegebenen Reihenfolge von links nach rechts sinkt. Nur in speziellen Fällen wird das Nitrosoniumion ($NO^{\oplus}$) direkt als Elektrophil wirksam.

Die Anlagerung des nitrosierenden Agens am freien Elektronenpaar des Amins ist der langsamste und daher geschwindigkeitsbestimmende Teilschritt. Die hierbei gebildeten Nitrosamine lagern sich in die tautomeren Isonitroso-Verbindungen um, aus denen schließlich unter

Aufnahme eines Protons und Abspaltung von Wasser die entsprechenden Diazoniumionen hervorgehen. In diesen ist die Struktur des molekularen Stickstoffs bereits vorgebildet, so daß eine sehr starke Tendenz zur N_2-Eliminierung besteht. Eine erhöhte Stabilität ist lediglich dann zu erwarten, wenn die ($-N^{\oplus}\equiv\overline{N}$)-Funktion in ein mesomeres Elektronensystem integriert werden kann. Daher sind aromatische Diazoniumionen im allgemeinen bis zu Temperaturen von etwa 5°C beständig. Für die analogen aliphatischen Verbindungen gilt dies nur, wenn deren Alkylrest über ein Heteroatom oder den Kohlenstoff einer olefinischen Doppelbindung mit der funktionellen Gruppe verknüpft ist.

Da Diazotierungen in saurer Lösung stattfinden, kann nur das im Protonierungsgleichgewicht noch vorhandene freie Amin als Additionspartner des $NO^{\oplus}$-Überträgers fungieren. Die optimale Säuremenge – in der Regel 2,5 – 3 Mol pro Mol Amin – richtet sich somit nach der Basizität des Substrats. Diese kann durch elektronenziehende Substituenten so weit erniedrigt werden (2,4-Dinitroanilin), daß die Reaktion nur noch in Eisessig oder konzentrierter Schwefelsäure gelingt. Bei gleichzeitiger Anwesenheit aromatischer und aliphatischer Aminogruppen ist bei niedrigen pH-Werten (etwa < 3) eine selektive Diazotierung der aromatischen Komponente möglich, da das stärker basische Alkylamin praktisch vollständig durch Salzbildung blockiert ist.

Die erhaltenen Diazoniumverbindungen werden gewöhnlich nicht isoliert, sondern direkt in Lösung weiterverarbeitet. Sie sind in Wasser vollständig dissoziiert und reagieren neutral. Um sie in trockenem Zustand zu erhalten, löst oder suspendiert man das Hydrochlorid des betreffenden Amins in Alkohol und diazotiert mit Salpetrigsäureestern, wie etwa i-Amyl- oder Ethylnitrit, bei nur geringem Säureüberschuß. Durch Zugabe von Ether werden die Salze ausgefällt (Variante nach Knoevenagel). Die kristallinen Substanzen sind in der Regel hoch explosiv (Ausnahmen: Salze mit komplexen Anionen wie $BF_4^{\ominus}$, $SbF_6^{\ominus}$ usw.).

Aliphatische Amine mit einer COOR-, CN-, CHO- oder COR-Gruppe in α-Position liefern keine Diazoniumsalze. Durch Abspaltung des aciden α-H-Atoms entstehen stabile Diazoverbindungen mit einem ausgedehnten konjugierten Elektronensystem:

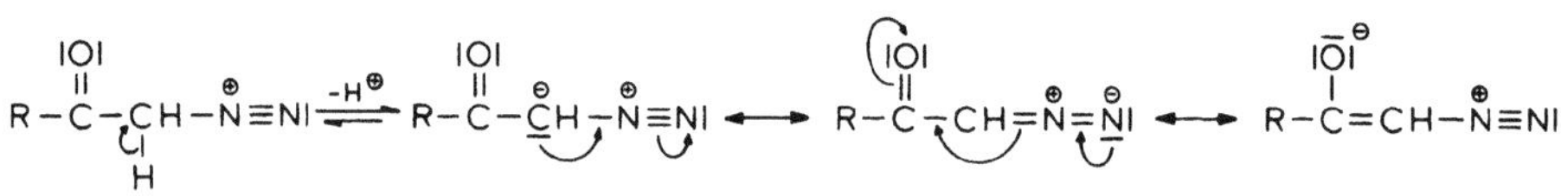

Die Reaktion mit sekundären Aminen bleibt wegen des fehlenden Wasserstoffs auf der Stufe der Nitrosamine stehen. Diese fallen als gelbe, in verdünnten Säuren unlösliche Verbindungen aus. Primäre Säureamide werden infolge der Diazotierung desaminiert.

A Technische Darstellung von Farbstoffen (*Azo-Kupplung*); Ringschluß-Reaktionen durch internucleare Cyclisierung mehrkerniger Diazoniumsalze (Phenyl-(2-amino-phenyl)-methan → Fluoren); Einführung funktioneller Gruppen in den aromatischen Kern durch Austausch der Diazoniumgruppe (Anilin → Phenol); schonende "Verseifung" von Säureamiden; quantitative Bestimmung primärer Amine nach van Slyke; *Sandmeyer-Reaktion*; Herstellung von Hydrazinen durch Reduktion

L *P. Griefss*, Liebigs Ann. Chem. **106**. 123–125 (1858).
E. Knoevenagel, Ber. Dtsch. Chem. Ges. **23**, 2994–2998 (1890).
O. N. Witt, Ber. Dtsch. Chem. Ges. **42**, 2953–2961 (1909).
N. Kornblum, Org. React. **2**, 262–340 (1944).
H. Zollinger, Azo and Diazo Chemistry, Aliphatic and Aromatic Compounds, S. 24–37, Wiley-Interscience, New York 1961.

J. H. Ridd, Q. Rev., Chem. Soc. **15**, 418–441 (1961).
Z. A. Schelly, J. Phys. Chem. **74**, 4062–4067 (1970).
K. Schank, Aromatische Diazoniumsalze, in *F. Korte*: Methodicum Chimicum, Bd. VI, S. 166–180, Thieme, Stuttgart 1974.
R. N. Butler, Chem. Rev. **75**, 241–257 (1975).
D. L. H. Williams, J. Chem. Soc., Perkin Trans. II **1977**, 502–504.
R. J. Lindsay, Aromatic Amines, in *Barton-Ollis*: Comprehensive Organic Chemistry, vol. II, S. 154–159, Pergamon Press, Oxford 1979.
A. Oku und *A. Matsui*, J. Org. Chem. **44**, 3342–3344 (1979).

Esterspaltung

Keton- und Säurespaltung

Das Kohlenstoffgerüst von β-Ketocarbonsäureestern verfügt über zwei potentielle Spaltstellen, so daß – je nach Wahl der Reaktionsbedingungen – verschiedene Abbaumöglichkeiten gegeben sind. Unter dem Einfluß verdünnter Säuren oder Alkalilaugen erfolgt der Bindungsbruch zwischen der Esterfunktion und dem α-C-Atom. Als Produkte entstehen Kohlendioxid, ein Alkohol sowie ein Keton ("Ketonspaltung"). In stark alkalischem Medium zerfallen die β-Ketoester in zwei Carbonsäure-Moleküle ("Säurespaltung") und den aus der COOR-Gruppe freigesetzten Alkohol. In diesem Fall ist die Spaltstelle zwischen dem α-Kohlenstoff und dem C-Atom der β-Carbonylgruppe lokalisiert.

M

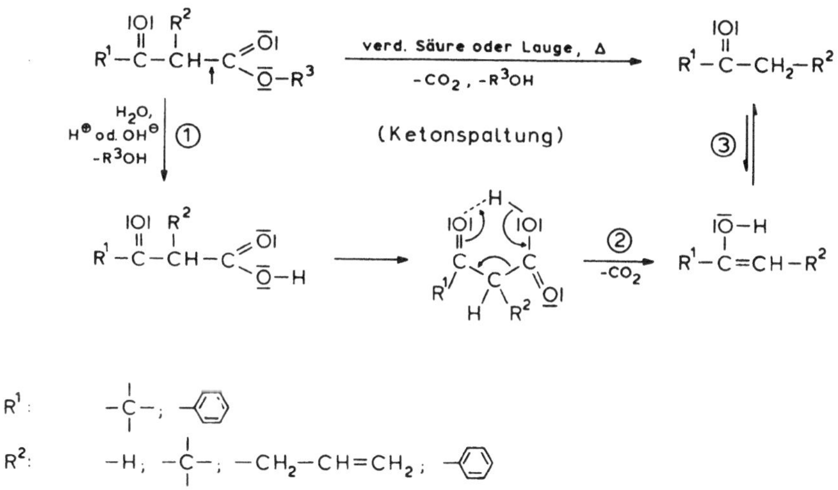

Säure: HOAc; HOAc / H_2SO_4; HOAc / HX; H_3PO_4

Lauge: NaOH; KOH; $Ba(OH)_2$; Na_2CO_3; K_2CO_3

① Esterverseifung
② Decarboxylierung
③ Keto-Enol-Tautomerie

E Die im ersten Teilschritt aus den Estern hervorgehenden β-Ketocarbonsäuren sind im freien Zustand nicht beständig und zersetzen sich sofort unter Abspaltung von Kohlendioxid. Verbindungen dieser Art decarboxylieren aufgrund ihrer besonderen molekularen Struktur sehr leicht. Wesentlich für dieses Verhalten ist vor allem die Möglichkeit zur Delokalisierung des am α-C-Atom freiwerdenden Elektronenpaares unter Einbeziehung der β-Carbonylgruppe. Darüberhinaus erlaubt die intramolekulare Wasserstoffbrücke eine synchrone Protonenübertragung von der Carboxylgruppe zum Keto-Sauerstoff. Die damit verbundene Aufrichtung der C=O-Doppelbindung führt zu einer Positivierung des β-Kohlenstoffs und erleichtert somit zusätzlich die CO_2-Abspaltung. Formal kann die Reaktion als Sonderfall einer elektrophilen Substitution betrachtet werden, bei der die Carboxyl- bzw. Esterfunktion durch ein Proton ersetzt wird.

Die Ketonspaltung gelingt auch mit α-mono- und α,α-disubstituierten β-Ketoestern. Sie ist folglich unabhängig von der Fähigkeit zur Enolisierung. Häufig erfordern jedoch Substrate mit quartärem α-Kohlenstoff recht drastische Reaktionsbedingungen, während die α-unsubstituierten Verbindungen im allgemeinen leicht verseifbar sind.

Die Säurespaltung von β-Ketoestern entspricht einer Umkehrung der (reversiblen) *Claisen-Kondensation.* Mit alkoholischer Alkoholat-Lösung erhält man die beiden Ester, aus denen das Substrat – zumindest formal – aufgebaut ist. Verwendet man wäßriges Alkali, entstehen direkt die entsprechenden Säureanionen, die keine Carbonylaktivität besitzen und daher keine Rückreaktion mehr zulassen:

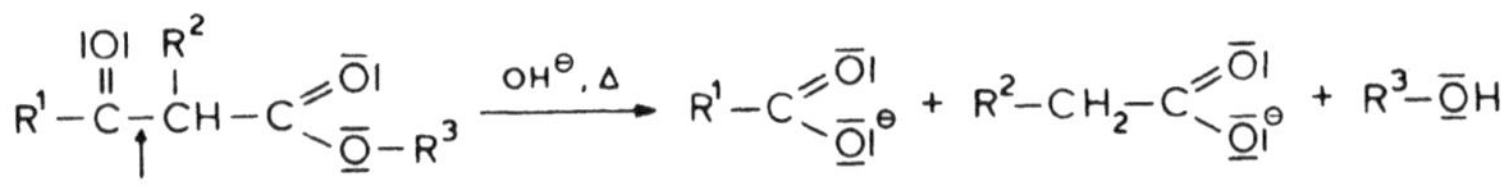

Die Spaltung wird durch den nucleophilen Angriff der Base an der Carbonylgruppe eingeleitet. Das anionische Addukt stabilisiert sich durch Eliminierung des Ester-Moleküls, das unter den alkalischen Bedingungen sofort verseift wird.

Da unter dem Einfluß konzentrierter Laugen die Säurespaltung, in Gegenwart verdünnter Laugen dagegen die Ketonspaltung überwiegt, gelingt es oft nicht, eine der beiden Varianten ausschließlich zu realisieren. Bei geeigneter Wahl der Base ist es jedoch in der Regel möglich, zumindest die Ketonspaltung mit befriedigenden Ausbeuten und weitgehend frei von Nebenreaktionen durchzuführen. Ihr kommt daher eine große präparative Bedeutung im Rahmen der Ketonsynthesen zu.

Der Darstellung von Carbonsäuren aus β-Ketoestern durch Säurespaltung wird im allgemeinen die Verseifung und Decarboxylierung substituierter Malonester vorgezogen. Die Säurespaltung verläuft nach folgendem Schema:

A Ketonspaltung: Synthese höherer aliphatischer und aliphatisch-aromatischer Methylketone aus Acyl-malonsäure-diestern (⌒ z. B. Phenyl-aceton); Ringöffnung von α-Acyl-lactonen ⌒ (ω-Hydroxyalkyl)-ketone;

Säurespaltung: Darstellung von Dicarbonsäuren durch Spaltung cyclischer β-Ketoester (Cyclohexan-1-on-2-carbonsäureester → Pimelinsäure)

L *H. Schenkel* und *M. Schenkel-Rubin*, Helv. Chim. Acta **31**, 514–524 (1948).
H. Henecka, Chemie der Beta-Carbonyl-Verbindungen, S. 129–141, Springer, Berlin 1950.
A. G. Davies und *J. Kenyon*, Q. Rev., Chem. Soc. **9**, 203–228 (1955).
H. O. House, Modern Synthetic Reactions, 2nd ed., S. 511; 514–518, Benjamin, Menlo Park 1972.
J. Wöllner, Ketone durch Hydrolyse, in *F. Korte*: Methodicum Chimicum, Bd. V, S. 417–420, Thieme, Stuttgart 1975.
H. Henecka, Ketone durch Keton-Spaltung von β-Oxo-carbonsäureestern, in *Houben-Weyl-Müller*: Methoden der Organischen Chemie, 4. Aufl., Bd. VII/2b, S. 1338–1362, Thieme, Stuttgart 1976.
J. Rahil und *R. F. Pratt*, J. Am. Chem. Soc. **99**, 2661–2665 (1977).

Etherspaltung

Aliphatische und aliphatisch-aromatische Ether werden beim Erhitzen mit konzentrierten starken Säuren unter Öffnung einer C-O-Bindung gespalten. Durch die primäre Bildung von Oxoniumsalzen wird im Substrat ein Alkohol-Molekül als günstige Austrittsgruppe vorgebildet, die nun leicht durch ein Nucleophil substituiert werden kann. Mit Lewis-Säuren entstehen polare Komplexe, die sich in analoger Weise umsetzen. Rein aromatische Ether sind dieser Reaktion nicht zugänglich.

M

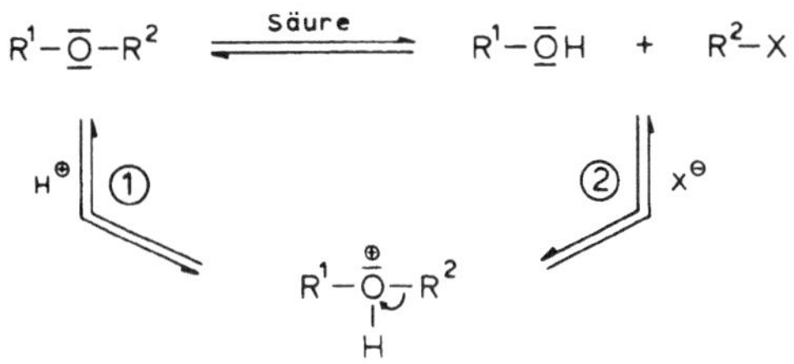

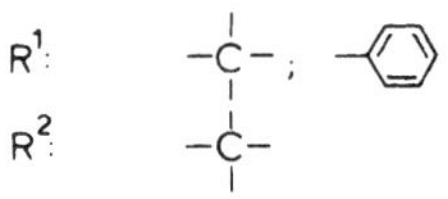

Säure: HI; HBr / HOAc; H_2SO_4; $HClO_4$; (BF_3; BCl_3; BBr_3; $AlCl_3$)

① Protonierung ⌒ Erhöhung der Austrittstendenz

② Nucleophile Substitution (S_N1 oder S_N2)

E Die Überführung des schwach basischen Ethers in seine korrespondierende Säure erfolgt in einem vorgelagerten, sich schnell einstellenden Protonierungsgleichgewicht. Wesentlich langsamer verläuft die sich anschließende Substitutionsreaktion, bei der die Austrittsgruppe in einem S_N1- oder S_N2-Prozeß gegen das Anion $X^{\ominus}$ ausgetauscht wird. Der Wechsel vom monomolekularen zum bimolekularen Mechanismus vollzieht sich beim Übergang von tertiären zu primären Ethern. Die Grenzen sind fließend und verschieben sich in Abhängigkeit vom Lösungsmittel sowie vom nucleophilen Charakter und der Konzentration der im Medium anwesenden Ionen.

Obwohl die Spaltung einfacher Ether mit einer Vielzahl von Protonen- oder auch Lewis-Säuren gelingt, werden die meisten dieser Reaktionen mit Jod- bzw. Bromwasserstoffsäure durchgeführt. Mit Hilfe der reaktiveren Jodwasserstoffsäure lassen sich sämtliche aliphatischen Ether spalten. Die Spaltungsgeschwindigkeit ist um Zehnerpotenzen größer als bei den übrigen Halogenwasserstoffsäuren. Dies steht in Einklang mit der Pearson-Schwarzenbachschen Theorie, nach der ein effektives Reagens aus einer harten Säure und einer weichen Base bestehen sollte. Von Nachteil sind jedoch die bei araliphatischen Substraten beobachteten Kernjodierungen sowie die hohen Kosten der Jodverbindung. Sie wird daher häufig durch ein Gemisch aus Bromwasserstoffsäure und Eisessig (1 : 1) ersetzt.

Die Spaltungsrichtung ist nur in bestimmten Fällen eindeutig vorhersagbar. So wird beispielsweise in araliphatischen Ethern stets die O-Alkyl-Bindung gelöst (⌒ Phenole). Bei rein aliphatischen Ethern mit einer tertiären Alkylgruppe verbleibt das Sauerstoffatom am primären oder sekundären Alkylrest. Methylalkylether liefern fast ausschließlich den kohlenstoffreicheren Alkohol. Abgesehen von diesen Sonderfällen entsteht aus unsymmetrischen Ethern im allgemeinen ein Gemisch aus vier Spaltprodukten. Unter energischen Bedingungen können jedoch auch die primär gebildeten Alkohole in Alkyljodide oder -bromide übergehen, so daß sich die Zahl der Produkte auf nur zwei reduziert.

Besonders leicht verläuft die Spaltung bei tert.-Alkyl-, Allyl- oder auch Triarylmethylethern. Auch Epoxide, die man als cyclische Ether auffassen kann, zeigen aufgrund ihrer Ringspannung (Baeyer-Spannung) eine hohe Reaktivität. Zur Öffnung einer C-O-Bindung genügen hier bereits verdünnte Säuren in wäßriger oder alkoholischer Lösung.

A Qualitative Analyse aliphatischer und araliphatischer Ether; Quantitative Bestimmung von Methoxygruppen (als Methyljodid) nach Zeisel; Synthese von 1,4-Dichlorbutan (⌒ Nylon) durch Spaltung von Tetrahydrofuran; Etherbildung mit Dimethylsulfat zum Schutz phenolischer OH-Gruppen

L *R. L. Burwell*, jr., Chem. Rev. **54**, 615-685 (1954).

H. Meerwein, Spaltungsreaktionen der Ether, in *Houben-Weyl-Müller*: Methoden der Organischen Chemie, 4. Aufl., Bd. VI/3, S. 143–171, Thieme, Stuttgart 1965.

F. Johnson, Reactions of Ethers and Cyclic Ethers, in *G. A. Olah*: Friedels-Crafts and Related Reactions, vol. IV, S. 1–109, Wiley-Interscience, New York 1965.

E. Staude und *F. Patat*, Cleavage of the C-O-C bond, in *Patai*: The Chemistry of the Ether Linkage, S. 21–80, Wiley-Interscience, London 1967.

T. Sakai, N. Yasuoka, H. Minato und *M. Kobayski*, Chem. Lett. **1976**, 1203–1206.

D. A. Whiting, Alkyl-Aryl and Diaryl Ethers, in *Barton-Ollis*: Comprehensive Organic Chemistry, vol. I, S. 899–901, Pergamon Press, Oxford 1979.

Glycolspaltung

Criegee; Malaprade

Criegee und Malaprade haben zwei äußerst wirksame und selektive Reagenzien zur Spaltung von vicinalen Diolen eingeführt: Bleitetraacetat bzw. Perjodsäure. Beide Substanzen sind in ihrer präparativen Bedeutung vergleichbar und ergänzen sich hinsichtlich ihrer Anwendungsmöglichkeiten. Während die Bleiverbindung entsprechend der Löslichkeit in organischen Solventien eingesetzt wird, benutzt man Perjodat zur Umsetzung wasserlöslicher Glycole.

M Criegee-Verfahren

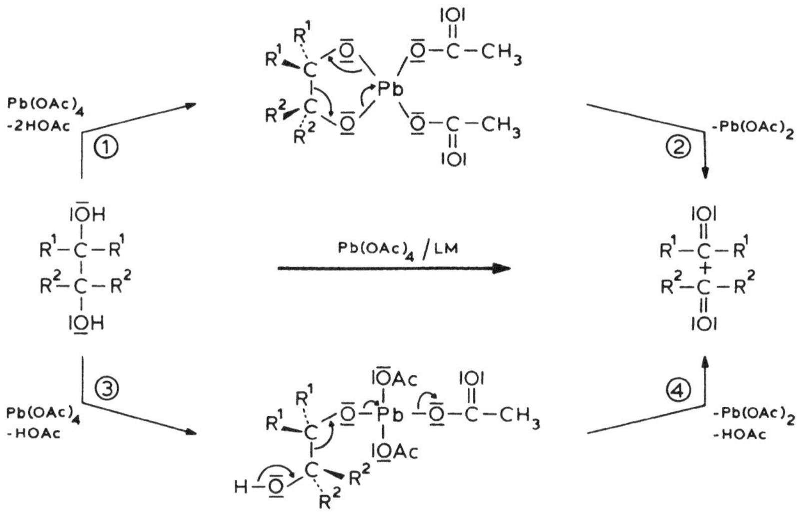

LM: Eisessig; Benzol; Nitrobenzol; Chloroform; 1.2-Dichlorethan;

① Bildung eines cyclischen Bleisäurediesters

② Cyclische Fragmentierung

③ Bildung eines Bleisäuremonoesters

④ *Grob-Fragmentierung*

E Das Hauptargument für die Ausbildung eines cyclischen Übergangszustandes (Diester) ist die wesentlich höhere Reaktionsgeschwindigkeit bei der Umsetzung von cis-Glycolen. Da aber selbst in trans-Stellung fixierte Diole noch reagieren, wird heute allgemein ein alternativer, über den Monoester führender Mechanismus angenommen.

Den Antrieb für die Reaktion liefert die Oxidationskraft des Metalls ($Pb^{4+} + 2e^- \rightarrow Pb^{2+}$). Es wird eine synchrone Verschiebung von Elektronenpaaren im Übergangszustand postuliert, wobei das Blei zwei Elektronen vom Sauerstoff übernimmt.

Die Produkte der Spaltung sind abhängig von der Art der eingesetzten Verbindungen:

$$R^1{-}CH(OH){-}CH(OH){-}R^2 \longrightarrow R^1{-}CHO + R^2{-}CHO$$

$$R^1{-}CR^2(OH){-}CH(OH){-}R^3 \longrightarrow R^1{-}CO{-}R^2 + R^3{-}CHO$$

$$R^1{-}CO{-}CH(OH){-}R^2 \longrightarrow R^1{-}COOH + R^2{-}CHO$$

Sind die Reste R Glieder eines Rings, so entstehen die entsprechenden Dialdehyde, Ketoaldehyde bzw. Aldehydcarbonsäuren.

Die Umsetzung erfolgt mit einer berechneten Menge Bleitetraacetat, meist in benzolischer Lösung. Die Temperatur wird unter 60°C gehalten. Das gebildete Blei(II)-acetat ist in organischen Solventien unlöslich und fällt aus.

A Konfigurations- und Konstitutionsermittlung besonders in der Steroid-Reihe; Spaltung von Olefinen nach deren Überführung in Diole

M **Malaprade-Verfahren**

$$HIO_4 \cdot 2H_2O = H_5IO_6 \rightleftharpoons H_4IO_6^{\ominus} + H^{\oplus}$$

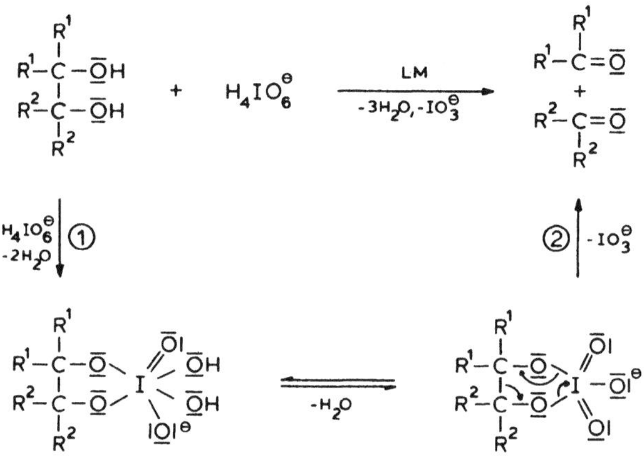

LM: Wasser; Methanol; tert.-Butanol; Dioxan; Eisessig;

① Diesterbildung (Monoanion)

② Abspaltung von Wasser

③ Cyclische Fragmentierung

E Auch bei der Perjodat-Spaltung liegt die treibende Kraft in der Aufnahme von zwei Elektronen durch das Oxidationsmittel, d. h. in der Reduktion der Persäure ($I^{7+} + 2e^- \rightarrow I^{5+}$). Es wird ein cyclischer Übergangszustand angenommen, der die erhöhte Reaktivität von cis-Glycolen erklärt. Im Gegensatz zum Criegee-Verfahren gibt es hier jedoch einige trans-Diole, die *nicht* oxidiert werden.

Die Spaltung wird meist in gepufferter Lösung (pH 4), bei Temperaturen von 0 – 15°C durchgeführt. Als Substrate sind ausschließlich vicinale Diole sowie α,β-Aminoalkohole verwendbar. Eine Besonderheit stellt die Umsetzung von Verbindungen mit drei benachbarten OH-Gruppen dar. Die Oxidation der mittleren Hydroxylgruppe zu Ameisensäure erlaubt die Durchführung quantitativer Bestimmungen durch Titration der entstandenen Säure.

Der Vorteil der Perjodatspaltung liegt in ihrer Selektivität sowie in der Möglichkeit, in wäßrigen Medium arbeiten zu können. Das Oxidationsmittel ist jedoch teurer als das beim Criegee-Verfahren verwendete Blei(IV)-acetat.

A Konstitutionsermittlung von Zuckern; quantitative Bestimmungen; gezielte Verwendung der Diol-Gruppierung als Spaltstelle in bifunktionellen Reagenzien; als Lemieux-Reagens ($NaIO_4$/$KMnO_4$) zur oxidativen Spaltung von Olefinen

L *L. Malaprade*, Bull. Soc. Chim. Fr. **43**, 683 (1928).
R. Criegee, Ber. Dtsch. Chem. Ges. **64**, 260–266 (1931).
E. L. Jackson, Org. React. **2**, 341–375 (1944).
O. Bayer, Methoden zur Herstellung und Umwandlung von Aldehyden, in *Houben-Weyl-Müller*: Methoden der Organischen Chemie, 4. Aufl., Bd. VII/1, S. 352–360, Thieme, Stuttgart 1954.
R. Criegee, E. Höger, G. Huber, P. Kruck, F. Marktscheffel und *H. Schellenberger*, Liebigs Ann. Chem. **599**, 81–125 (1956).
R. Criegee, Angew. Chem. **70**, 173–179 (1958).
R. Criegee, Neuere Untersuchungen über Oxydationen mit Bleitetraacetat, in *Foerst*: Neuere Methoden der Präparativen Organischen Chemie, 2. Aufl., Bd. II, S. 252–267, Verlag Chemie, Weinheim/Bergstrasse 1960.
R. Stewart, Oxidation Mechanisms, Applications to Organic Chemistry, S. 97–106, Benjamin, New York 1964.
F. Huber und *M. S. A. El-Meligy*, Chem. Ber. **102**, 872–877 (1969).
G. W. Rotermund, Blei-Verbindungen als Oxidationsmittel, in *Houben-Weyl-Müller*: Methoden der Organischen Chemie, 4. Aufl., Bd. IV/1b, S. 344–363, Thieme, Stuttgart 1975.
H. Huisgen, Chem. in unserer Zeit **12**, 49–55 (1978).

Haloform-Reaktion

Oxidative Spaltung von Methylketonen

Methylketone sowie Alkohole mit der Gruppierung CH_3–CHR–OH werden durch Hypohalogenite oxidativ in eine Carbonsäure und eine Haloformverbindung (Trihalogenmethan) gespalten. Doppelbindungen in α,β-Position bleiben erhalten (⌒ α,β-ungesättigte Carbonsäuren). Die Umsetzung verläuft unter außerordentlich milden Bedingungen und mit meist sehr guten Ausbeuten.

M

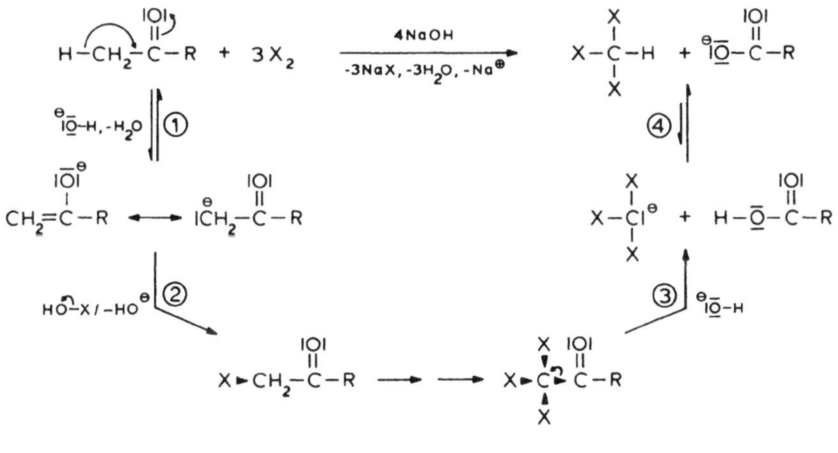

$X_2 = Cl_2;\ Br_2;\ I_2$

① Deprotonierung ⌒ Enolation ③ Alkalische Hydrolyse
② Elektrophile Substitution ④ Protonentransfer

E Die Haloform-Reaktion stellt einen Spezialfall der α-Halogenierung von Aldehyden und Ketonen dar. Es handelt sich hierbei um eine elektrophile Substitutionsreaktion, die durch die relativ große C-H-Acidität am α-Kohlenstoff von Carbonylverbindungen begünstigt wird.

Die elektronenziehende Wirkung jedes gebundenen Halogens bedingt, daß das nächste H-Atom der Methylgruppe noch leichter abgetrennt wird. Dies erklärt einerseits das unsymmetrische Substitutionsmuster, zum anderen wird verständlich, daß die Mono- und Dihalogenderivate nur in Ausnahmefällen zugänglich sind. Das entstehende Zwischenprodukt ist stark polarisiert, daher unter den Reaktionsbedingungen unbeständig und wird leicht hydrolytisch gespalten. Die sofortige Protonierung des gebildeten Carbanions macht diesen Schritt praktisch irreversibel.

Methylketone mit voluminösen Alkyl- oder Arylgruppen werden oft nicht oxidiert, da der nucleophile Angriff durch Hydroxylionen sterisch gehindert ist. In solchen Fällen stoppt die Reaktion auf der Stufe der halogenierten Carbonylverbindung.

Alkohole sind ebenfalls als Ausgangskomponenten geeignet. Sie werden unter den Reaktionsbedingungen zunächst oxidiert und reagieren dann analog:

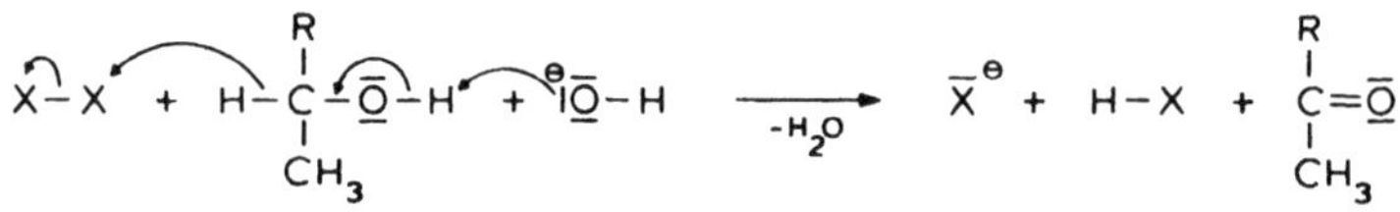

Die Geschwindigkeit der Umsetzung wird sowohl von der Konzentration des Ketons als auch von der Konzentration der Base bestimmt. Sie ist jedoch unabhängig von Konzentration und Art des Halogens.

Die Hypohalogenite können in Form ihrer Salze eingesetzt oder aus dem entsprechenden Halogen und Natronlauge in situ hergestellt werden ($X_2 + 2NaOH \rightleftharpoons NaX + H_2O + XONa$).

Verwendet man Hypojodite, so entsteht das schwerlösliche Jodoform, das aufgrund seiner gelben Farbe und seines charakteristischen Geruchs zum Nachweis der hier besprochenen Verbindungen dient.

A Allgemeines Darstellungsverfahren für Chloroform, Bromoform und Jodoform; Oxidation von Methylketonen zur entsprechenden Säure; Oxidation α,β-ungesättigter Carbonylverbindungen; Nachweis von CH_3–CO– und CH_3–CHR–OH–Gruppen

L *H. Lieben*, Liebigs Ann. Chem. (Suppl.) **7**, 218; 377 (1870).
R. C. Fuson und *B. A. Bull*, Chem. Rev. **15**, 275–309 (1934).
C. R. Noller, Lehrbuch der Organischen Chemie, S. 224–225, Springer, Berlin 1960.
A. Streitwieser, jr. und *C. H. Heathcock*, Introduction to Organic Chemistry, S. 367–368, Macmillan, New York 1976.

Isonitril-Reaktion

Hofmann

Die Umsetzung primärer Amine mit Chloroform in Gegenwart starker Basen galt lange Zeit als die beste Methode zur Darstellung von Isonitrilen (Carbylamin-Reaktion). Das Verfahren beruht auf der intermediären Bildung von Dichlorcarben, das sich unter Auffüllung seines

Elektronen-Sextetts an das freie Elektronenpaar des Amin-Stickstoffs addiert. Zwei sich anschließende Eliminierungsschritte führen zum Aufbau der N≡C-Dreifachbindung. (Vergleiche auch *Reimer-Tiemann*: Synthese von Phenolaldehyden).

M

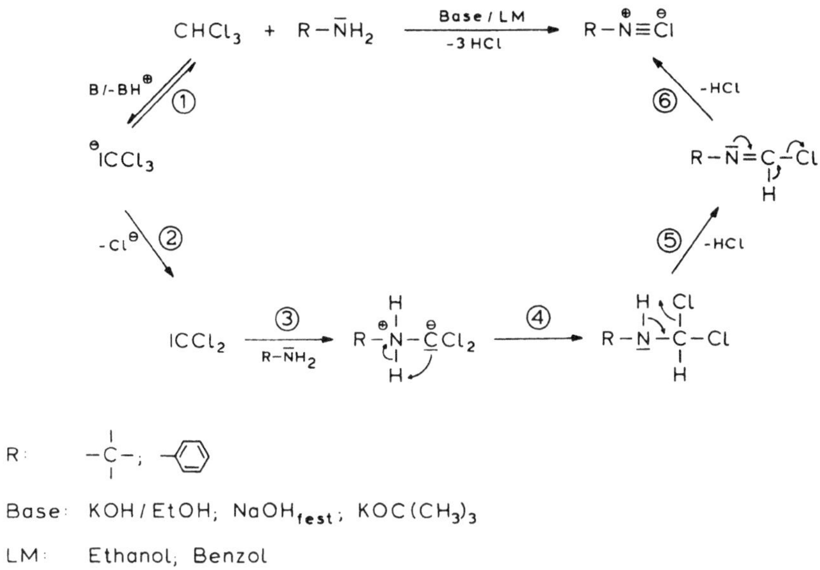

①,② α-Eliminierung

③ Elektrophile Addition

④ Intramolekularer Protonentransfer (Prototropie)

⑤ β-Eliminierung

⑥ α-Eliminierung

E Der Wasserstoff im Chloroform-Molekül (auch Bromoform ist verwendbar!) zeichnet sich durch eine erhöhte Acidität aus, die auf der elektronenziehenden Wirkung der drei Chloratome beruht. In Gegenwart starker Basen gelingt daher leicht die Deprotonierung zum korrespondierenden $CCl_3^{\ominus}$-Anion. Diesem schnellen Primärschritt folgt die wesentlich langsamere Abspaltung eines Chloridions unter Bildung von Dichlorcarben, das lediglich über ein Elektronen-Sextett am Kohlenstoff verfügt. Zwar wird das Elektronendefizit am C-Atom durch Mesomerie teilweise kompensiert (vergleiche dagegen Methylen: $|CH_2$), doch bleibt die Tendenz bestehen, durch Addition eines Nucleophils ein Elektronen-Oktett zu erreichen. Das Carben wirkt somit als starke Lewis-Säure, die sich bereitwillig mit dem primären Amin als Base umsetzt. Das Addukt stabilisiert sich unter zweifacher Eliminierung von HCl zum entsprechenden Isonitril.

Sekundäre Amine sind dieser Reaktion nicht zugänglich, da deren Substitutionsmuster die vollständige Abspaltung der Chloratome aus dem primären Additionsprodukt verhindert.

Die intermediär auftretenden Dichloride ($R_2N{-}CHCl_2$) können statt dessen zu N,N-disubstituierten Formamiden ($R_2N{-}CHO$) hydrolysiert werden. Mit Schwefelwasserstoff erhält man die entsprechenden Thio-Derivate ($R_2N{-}CHS$). Auf substituierte Hydrazine der allgemeinen

Form $RNH\text{-}NH_2$ (R = Alkyl) ist die Isonitril-Reaktion übertragbar. Hydrazin selbst liefert hierbei Diazomethan.

Isocyanide besitzen einen charakteristischen, jedoch sehr unangenehmen Geruch der es erlaubt, ihr Auftreten bereits in äußerst geringer Konzentration nachzuweisen. Aus dieser Tatsache resultiert die Bedeutung der Isonitril-Reaktion für die analytische Chemie, wo sie zur qualitativen Probe auf primäre Amine, bzw. zu deren Unterscheidung von sekundären und tertiären Aminen Verwendung findet.

A Analytische Chemie: qualitativer Nachweis von primären Aminen; Synthese von Isocyanaten durch Behandlung von Isocyaniden mit Ozon; Darstellung polyfunktioneller aromatischer Isocyanide (p-Isocyanobenzolsulfonsäureamid)

L

A. W. Hofmann, Liebigs Ann. Chem. **146**, 107–119 (1868).
H. Lindemann und *L. Wiegrebe*, Ber. Dtsch. Chem. Ges. **63**, 1650–1656 (1930).
P. A. S. Smith und *N. W. Kalenda*, J. Org. Chem. **23**, 1599–1603 (1958).
I. Ugi, U. Fetzer, U. Eholzer, H. Knupfer und *K. Offermann*, Angew. Chem. **77**, 492–504 (1965).
P. Hofmann, G. Gokel, D. Marquarding und *I. Ugi*, Isonitrile Syntheses, in *Blomquist*: Organic Chemistry, vol. 20, Isonitrile Chemistry, S. 18–19, Academic Press, New York 1971.
W. Gokel, R. P. Widera und *W. P. Weber*, Org. Synth. **55**, 96–99 (1976).
G. Tennant, Imines, Nitrones, Nitriles and Isocyanides, in *Barton-Ollis*: Comprehensive Organic Chemistry, vol. II, S. 569–570, Pergamon Press, Oxford 1979.

Nitril-Synthese

Houben-Fischer

Eine sehr einfache Methode zur Synthese aromatischer Nitrile besteht in der Umsetzung der aromatischen Grundkörper mit Trichloracetonitril in Gegenwart von Aluminiumchlorid und Chlorwasserstoff (vgl. *Gattermann*). Als Substrate eignen sich besonders Phenole und Phenolether sowie die verschiedenen Methyl-Derivate des Benzols. Die Reaktion verläuft über Ketimine als Intermediärprodukte, die durch verdünnte Säuren zu Ketonen hydrolysiert werden, in Gegenwart von Kaliumhydroxid jedoch die entsprechenden Nitrile liefern.

E Die hier beschriebene Methode zur Einführung der Cyanogruppe in aromatische Ringsysteme ist in analoger Weise auch auf andere Nitrile übertragbar (vgl. *Houben-Hoesch*). Dennoch nimmt die mit Trichloracetonitril besonders leicht verlaufende Kondensation eine gewisse Sonderstellung ein. Die primär gebildeten Trichlorketimine lassen sich nämlich durch Behandlung mit Alkalihydroxiden oder Ammoniak in Nitrile und Chloroform spalten. Mit den eng verwandten Mono- und Dichloracetonitrilen als Ausgangsverbindungen gelingt diese Folgereaktion nicht. Sie liefern – wie bei der sauren Hydrolyse – lediglich Ketone.

Nach Houben und Fischer kommt der zur Spaltung benutzten Base eine katalytische Funktion zu. Sie vermuten (siehe Formelschema), daß der Bindungsbruch durch eine Addition des Alkalihydroxids an die C=N-Doppelbindung des Ketimins eingeleitet wird. Hierbei entsteht eine sehr unbeständige Verbindung, die spontan in Chloroform und ein Pseudoamid zerfällt. Letzteres spaltet sich erneut, wobei neben dem Nitril ein Molekül Base freigesetzt wird, das wiederum in den Reaktionscyclus eingeschleust werden kann.

Die Nitril-Synthese führt beim Benzol selbst sowie bei den mono- und 1,2- bzw. 1,4-disubstituierten Derivaten zu weitgehend einheitlichen Produkten. Die Substitution erfolgt in para-

oder ortho-Stellung zur aktivierenden Gruppe. Es werden meist gute, zum Teil ausgezeichnete Ausbeuten (über 95%) erzielt.

Die als Zwischenprodukte auftretenden Ketimine sind isolierbar. Sie bieten einen bequemen Zugang zu verschiedenen Stoffklassen (Ketone, Carbonsäuren, Ester, Amide usw.) und sind daher ebenfalls präparativ sehr wertvolle Substanzen.

M

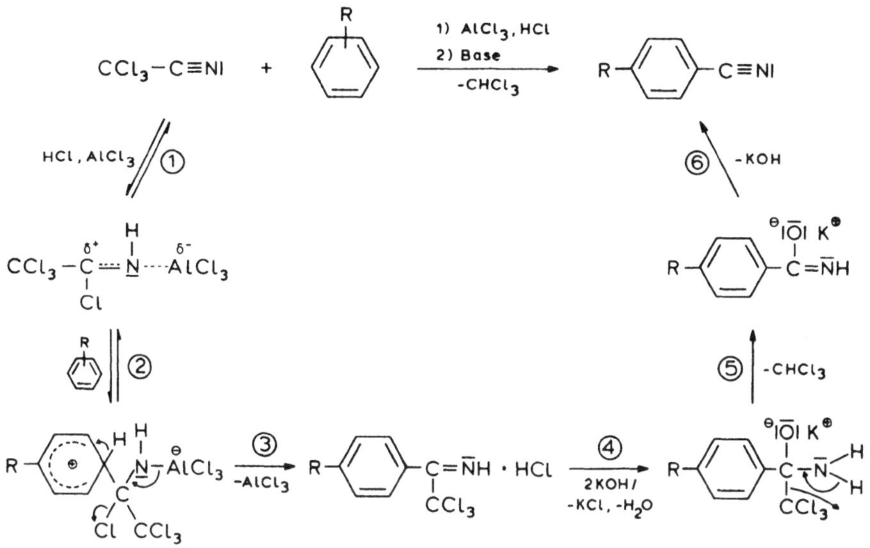

R: $-OH$; $-OCH_3$; $-CH_3$

Base: KOH; NaOH; NH_3

① Aktivierung des Nitrils durch Komplexierung

②,③ Elektrophile aromatische Substitution

④,⑤,⑥ Basenkatalysierte Hydrolyse ⌒ Eliminierung von Chloroform

A Synthese carbocyclischer und heterocyclischer aromatischer Nitrile (Benzol → Benzonitril; 2-Methylindol → 3-Cyano-2-methylindol)

L

E. A. Letts, Ber. Dtsch. Chem. Ges. **5**, 669–674 (1872).
J. Houben und *W. Fischer*, J. Prakt. Chem. **123**, 313-329 (1929).
J. Houben und *W. Fischer*, Ber. Dtsch. Chem. Ges. **66**, 339–349 (1933).
D. T. Mowry, Chem. Rev. **42**, 221–222 (1948).
P. Kurtz, Herstellung von Nitrilen durch Kondensation von Trichloracetonitril mit aromatischen Verbindungen (Methode von Houben-Fischer), in *Houben-Weyl-Müller*: Methoden der Organischen Chemie, 4. Aufl., Bd. VIII, S. 319–321, Thieme, Stuttgart 1952.
H. O. House, Modern Synthetic Reactions, 2nd ed., S. 623-628, Benjamin, Menlo Park 1972.
C.-W. Schellhammer, Ketone aus Carbonsäure-nitrilen und aromatischen Verbindungen, in *Houben-Weyl-Müller*: Methoden der Organischen Chemie, 4. Aufl., Bd. VII/2a, S. 398, Thieme, Stuttgart 1973.

Nitril-Synthese

Kolbe

Die Reaktion von Halogenverbindungen mit Metallcyaniden ist eine der wichtigsten Methoden zur Darstellung von Nitrilen. Bedingt durch den ambidenten Charakter des Cyanidions hängt das Gelingen der Reaktion stark von den gewählten Versuchsbedingungen und der Natur der Ausgangskomponenten ab. Als Produkte entstehen die Nitrile der um ein C-Atom reicheren Carbonsäure.

(siehe auch *Nitril-Synthese, Houben-Fischer*)

M

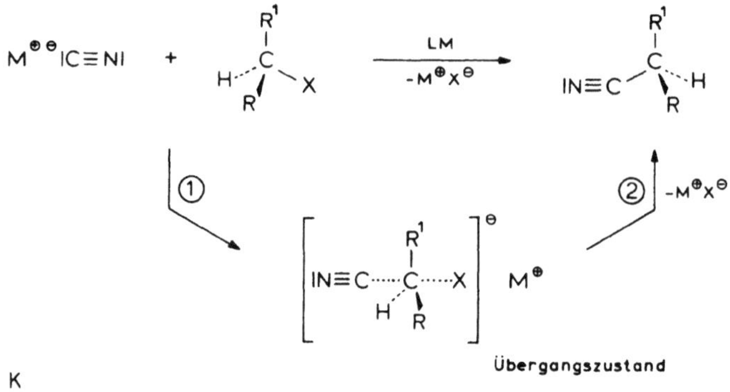

M: Na; K

X: I; Br; Cl

LM: Dimethylformamid; Benzol; Ether; Dimethylsulfoxid; Ethylenglycol; Wasser; Alkohol

①,② Bimolekulare nucleophile Substitution (S_N2)

E Das ambidente Cyanidion besitzt grundsätzlich zwei Möglichkeiten für einen nucleophilen Angriff auf das Alkylhalogenid. Verläuft die Umsetzung nach einem S_N1-Mechanismus, reagiert das Atom mit der größeren Elektronendichte (Stickstoff) und man erhält Isonitrile. Unter S_N2-Bedingungen bindet jedoch das stärker nucleophile C-Atom unter Bildung der gewünschten Alkylcyanide. Dies bedeutet, daß die Ausbeute an Nitril mit dem S_N2-Charakter der Reaktion zunimmt:

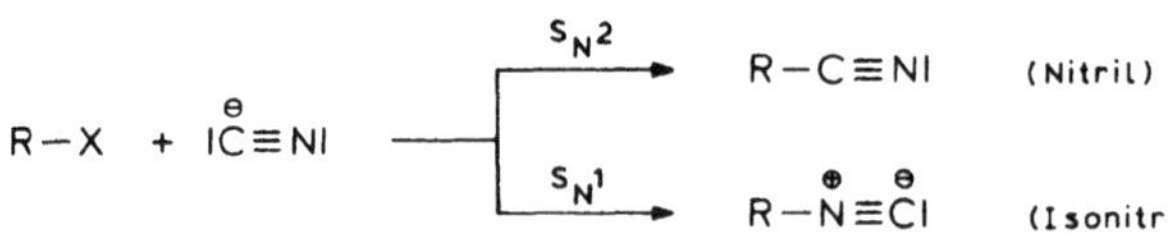

Besonders geeignet sind daher primäre aliphatische Alkylhalogenide sowie Benzylhalogenide, da sie die größte Tendenz zu bimolekularen Substitutionen zeigen. Die Reaktion kann zusätzlich durch Verwendung aprotischer Lösungsmittel weiter in das S_N2-Gebiet gedrängt werden.

Diese können abdissoziierende Anionen nur schlecht solvatisieren und wirken daher einem S_N1-Mechanismus entgegen. Dennoch entstehende Isonitrile können durch Schütteln der Lösung mit verdünnter Salzsäure in der Kälte entfernt werden.

Tertiäre und zum Teil auch sekundäre Halogenide setzen sich bevorzugt nach einem monomolekularen Mechanismus um. Die Alkylgruppen erleichtern durch ihren +I-Effekt die Abtrennung des Substituenten unter Mitnahme des bindenden Elektronenpaares. Darüberhinaus stabilisieren sie das bei der Dissoziation gebildete Carbeniumion. Für die Reaktivität der zu ersetzenden Halogene ist die Stabilität des entstehenden Anions entscheidend. Diese wächst mit der Polarisierbarkeit der Elektronenschale, d. h. mit der Verteilung der negativen Ladung auf einen größeren Raum. Der Bindungsbruch erfolgt daher in der Reihe F < Cl < Br < I zunehmend leichter.

Eine interessante Variante der Kolbe-Synthese ist die Darstellung von Nitrilen mit Hilfe von Ionenaustauschern. Das mit Cyanidionen beladene Harz tauscht diese während der Reaktion gegen die fester bindenden Halogenidionen aus der betreffenden Halogenverbindung aus. Letztere nehmen ihrerseits unter Bildung von Nitrilen die "freigewordenen" Cyanidionen auf. Die Methode ist allerdings auf reaktive Halogenide (Benzylhalogenide) beschränkt.

A Synthese von Carbonsäuren aus den um ein C-Atom ärmeren Alkylhalogeniden (Aufbausynthese)

L *F. Wöhler* und *J. von Liebig*, Liebigs Ann. Chem. **3**, 249–282 (1832).
A. E. Williamson, J. Prakt. Chem. **61**, 60–61 (1854).
D. T. Mowry, Chem. Rev. **42**, 189–284 (1948).
H. Brintzinger und *A. Scholz*, Chem. Ber. **83**, 141–145 (1950).
P. Kurtz, Herstellung von Nitrilen und Isonitrilen, in *Houben-Weyl-Müller*: Methoden der Organischen Chemie, 4. Aufl., Bd. VIII, S. 290–306, Thieme, Stuttgart 1952.
L. Friedman und *H. Shechter*, J. Org. Chem. **25**, 877–880 (1960).
M. Gordon, M. L. DePamphilis und *C. E. Griffin*, J. Org. Chem. **28**, 698–700 (1963).
K. Friedrich und *K. Wallenfels*, Introduction of the Cyanogroup into the Molecule, in *Patai*: The Chemistry of the Cyanogroup, S. 67–129, Wiley-Interscience, London 1970.
P. Hoffmann, G. Gokel, D. Marquarding und *I. Ugi*, Isonitrile Syntheses, in *Blomquist*: Organic Chemistry, vol. 20, S. 9–39, Academic Press, New York 1971.
G. Tennant, Imines, Nitrones, Nitriles and Isocyanides, in *Barton-Ollis*: Comprehensive Organic Chemistry, vol. II, S. 528–590, Pergamon Press, Oxford 1979.
siehe auch *Nitril-Synthese, Houben-Fischer.*

Olefin-Epoxidierung

Prileschajew

Die Prileschajew-Synthese von Epoxiden (Oxiranen) beruht auf der Behandlung von Alkenen mit Percarbonsäuren in indifferenten Lösungsmitteln. Besonders Olefine mit isolierter Doppelbindung werden glatt oxidiert. Das Verfahren ist auch für polyfunktionelle Substrate geeignet und daher von großer Anwendungsbreite. Nur Aminogruppen werden durch das Reagens derivatisiert (↷ Aminoxide). In wäßrgier Lösung unterliegen die Epoxide sofort der Hydrolyse zu den entsprechenden Glycolen.

M

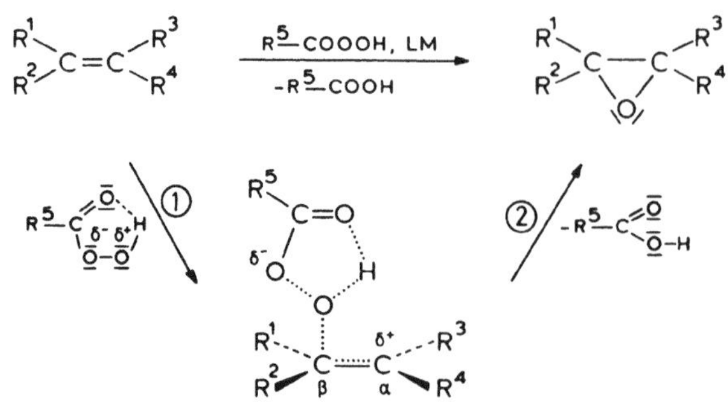

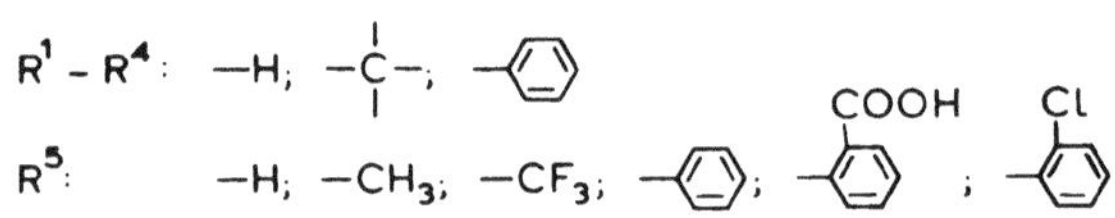

LM: Chloroform; Ether; Dioxan; Aceton; Benzol; Ameisensäure; Essigsäure

① Elektrophile Addition ⌒ asymmetrischer Übergangszustand

② "cis"-Addition des Sauerstoffs, stereospezifischer Ringschluß

E Der molekulare Verlauf der Prileschajew-Reaktion ist noch nicht in allen Einzelheiten bekannt. Neben dem zuerst formulierten und bisher allgemein akzeptierten "butterfly"-Mechanismus von Bartlett (1935) – elektrophiler Angriff der Persäure ⌒ bicyclischer Übergangszustand – wurde inzwischen eine Vielzahl alternativer Vorstellungen entwickelt, die beispielsweise einen primären Angriff durch Hydroxyl-Kationen beinhalten oder auch eine 1,3-dipolare Addition der Persäure an die Doppelbindung zugrunde legen. Neueren Untersuchungen zufolge (Deuterierungsexperimente, MO-Rechnungen) scheint sich aus beiden Reaktanten ein asymmetrischer Übergangszustand zu bilden, der wie folgt charakterisiert werden kann:

- sp^2-Geometrie und positive Partialladung am α-Kohlenstoff des Olefins
- deutlich ausgeprägte C_β-O-Bindung bei partiellem Erhalt der $(C_\alpha$-$C_\beta)$-π-Bindung
- negative Partialladung am Carboxylat-Sauerstoff
- weitgehender Erhalt des Bindungszustandes am Wasserstoffatom der Persäure.

Der nachfolgende Ringschluß ("cis"-Addition des Sauerstoffs) verläuft streng stereospezifisch, d. h. die Substituenten an der Doppelbindung behalten ihre gegenseitige Orientierung bei. Die entstehenden Epoxide können isoliert werden, wenn man in indifferenten Lösungsmitteln arbeitet. Ansonsten unterliegen sie der solvolytischen Ringspaltung, die ausschließlich zu trans-Produkten führt (S_N2!). Eine Ausnahme bilden Substrate, bei denen der nucleophile Angriff in terminaler Position einer aliphatischen Kette erfolgt (keine Walden-Umkehr). Die Öffnung des gespannten Oxiran-Systems gelingt in Gegenwart von Säuren besonders leicht. Es ist daher oft ratsam, in gepufferter Lösung zu arbeiten.

Die benötigten Persäuren können auch in situ aus Wasserstoffperoxid und der entsprechenden Carbonsäure synthetisiert werden, jedoch liefert dieses Verfahren in vielen Fällen direkt die trans-Glycole. Eine weitere Möglichkeit besteht in der Oxidation des zugrunde liegenden Aldehyds mit Sauerstoff bzw. Luft. Diese Variante führt insbesondere beim Einsatz von Benzaldehyd zu guten Ergebnissen. Gewisse arbeitstechnische Vorteile bringt die Epoxidierung mit aromatischen Persäuren, die an unlöslichen Harzen fixiert sind. Zwar sind die Ausbeuten zum Teil nur mäßig, doch können die Produkte leicht isoliert werden.

Da sich die Persäuren aufgrund ihrer elektrophilen Eigenschaften an Alkene addieren, läßt sich ihre Reaktivität durch elektronenziehende Substituenten erhöhen (CF_3—COOOH). Umgekehrt kann die olefinische Doppelbindung durch elektronenspendende Gruppen aktiviert werden. Der nucleophile Charakter steigt somit entsprechend nachstehender Reihenfolge:

$$H_2C{=}CH_2 < RCH{=}CH_2 < RCH{=}CHR \approx R_2C{=}CH_2 < R_2C{=}CHR < R_2C{=}CR_2$$

Akzeptor-Gruppen in α-Stellung zum ungesättigten Zentrum erschweren die Epoxidierung. Ebenso wirkt die Konjugation mit einer zweiten Doppelbindung oder einem aromatischen System desaktivierend.

A Selektive Epoxidierung isolierter Doppelbindungen in partiell konjugierten Polyolefinen; Quantitative Bestimmung von C=C-Doppelbindungen; technische Synthese von Glycerin aus Allylalkohol mit Wasserstoffperoxid am WO_3-Kontakt

L *N. Prileschajew*, Ber. Dtsch. Chem. Ges. **42**, 4811–4815 (1909).

P. D. Bartlett, J. Am. Chem. Soc. **57**, 224–227 (1935).

D. Swern, Org. React. **7**, 378–433 (1953).

R. E. Parker und *N. S. Isaacs*, Chem. Rev. **59**, 737–799 (1959).

F. D. Gunstone, Adv. Org. Chem. **1**, 124–130 (1960).

S. Patai und *Z. Rappoport*, Alkaline Epoxidation, in *Patai*: The Chemistry of Alkenes, vol. I, S. 512–517, Wiley-Interscience, London 1964.

G. Dittus, 1,2-Epoxyde durch Oxydation von Olefinen, in *Houben-Weyl-Müller*: Methoden der Organischen Chemie, 4. Aufl., Bd. VI/3, S. 385–397, Thieme, Stuttgart 1965.

H. O. House, Modern Synthetic Reactions, 2nd ed., S. 296–300; 302–319, Benjamin, Menlo Park 1972.

P. J. Kocienski und *J. Ciabattoni*, J. Org. Chem. **39**, 388–393 (1974).

H. Kropf und *M. R. Yazdanbachsch*, Tetrahedron **30**, 3455–3459 (1974).

W. Weigert, *A. Kleemann* und *H. Offermanns*, Epoxydation mit Percarbonsäuren, in *F. Korte*: Methodicum Chimicum, Bd. V, S. 165–173, Thieme, Stuttgart 1975.

R. P. Hanzlik und *G. O. Shearer*, J. Am. Chem. Soc. **97**, 5231–5233 (1975).

C. R. Harrison und *P. Hodge*, J. Chem. Soc., Perkin Trans. I **1976**, 605–609.

V. G. Dryuk, Tetrahedron **32**, 2855–2866 (1976).

W. Carruthers, Some Modern Methods of Organic Synthesis, 2nd ed., S. 361–367, Cambridge University Press, Cambridge 1978.

B. Plesničar, *M. Tasevski* und *A. Azman*, J. Am. Chem. Soc. **100**, 743–746 (1978).

A. F. Hegarty, Peroxy Acids and Acyl Peroxides, in *Barton-Ollis*: Comprehensive Organic Chemistry, Bd. II, S. 1106–1117, Pergamon Press, Oxford 1979.

Y. Ogata, *K. Tomizawa* und *T. Ikeda*, J. Org. Chem. **44**, 2362–2364 (1979).

J. Rebek, jr. und *R. McCready*, J. Am. Chem. Soc. **102**, 5602–5605 (1980).

Ozonisierung

Harries; Criegee

Die Ozonisierung von Olefinen erlaubt die selektive Spaltung der Kohlenstoffkette am Ort der Doppelbindung unter gleichzeitiger Oxidation der getrennten C-Atome zu Carbonylfunktionen. Der Mechanismus umfaßt eine dreistufige Reaktionsfolge aus der 1,2,4-Trioxolane, sogenannte Ozonide, als Zwischenprodukte hervorgehen. Diese können hydrolytisch zu Aldehyden oder Ketonen umgesetzt werden. Alkine reagieren mit Ozon zu Carbonsäuren, in manchen Fällen auch zu α-Diketonen. Aromaten werden unter Ringöffnung zu Dicarbonylen derivatisiert. Die beiden zuletzt genannten Verbindungsklassen zeigen jedoch eine geringere Reaktivität und liefern zum Teil uneinheitliche Produkte.

M

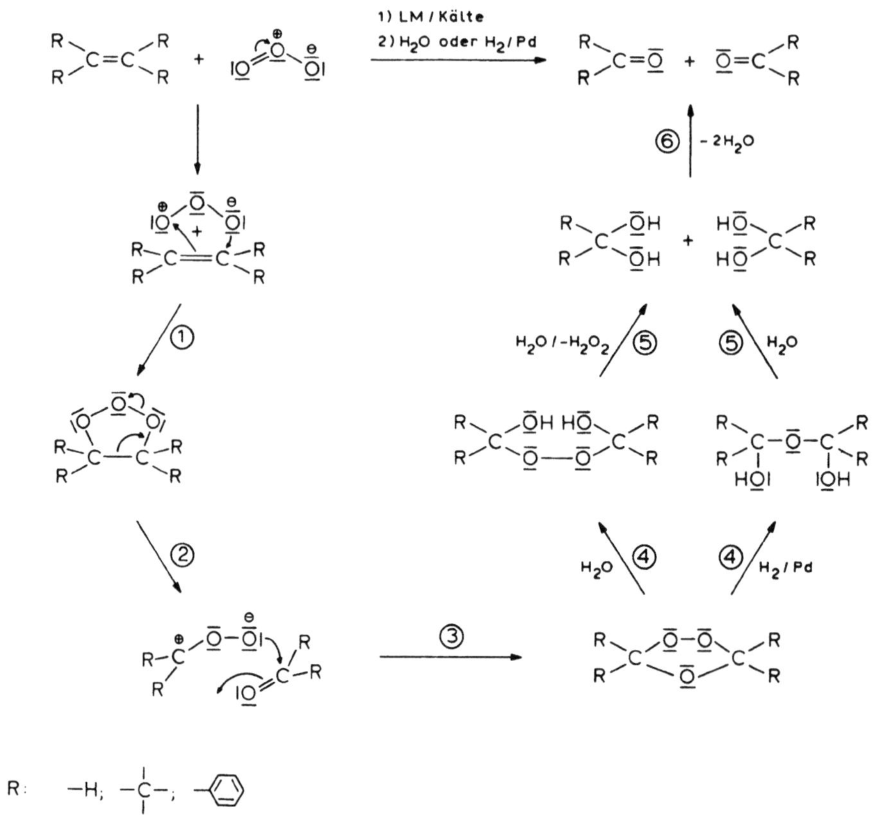

LM: Tetrachlorkohlenstoff; Chloroform; Hexan; Essigester; Ether

① 1,3-dipolare Cycloaddition ⌒ Primärozonid (1,2,3-Trioxolan)

② Cycloreversion des Primärozonids (1,3-dipolare Spaltung)

③ 1,3-dipolare Cycloaddition ⌒ Ozonid (1,2,4-Trioxolan)

④,⑤,⑥ Hydrolyse bzw. reduzierende Spaltung

E Ozon reagiert mit der C═C-Doppelbindung im Sinne einer 1,3-dipolaren Cycloaddition zu sogenannten Primärozoniden. Da die Mesomeriestabilisierung des O_3-Moleküls beim Aufbau des Heterocyclus verloren geht, sind diese Zwischenverbindungen thermisch labil und zerfallen leicht unter Bildung eines Aldehyd- oder Ketonoxids (Zwitterion) und einer Carbonylverbindung. Bei der Ringöffnung werden eine O-O- sowie eine C-C-Bindung gespalten, während die (stabileren) C-O-Bindungen erhalten bleiben. In einer weiteren 1,3-dipolaren Cycloadditionsreaktion rekombinieren beide Fragmente zu 1,2,4-Trioxolanen (Ozonide), die im allgemeinen nicht isoliert, sondern direkt zu den entsprechenden Carbonylverbindungen hydrolysiert werden.

Obwohl nur wenige Primärozonide bei Temperaturen oberhalb −78°C beständig sind, ist in einigen Fällen ihre Isolierung gelungen. Der Beweis für die symmetrische Ringstruktur konnte erst in neuerer Zeit durch die Kombination chemischer und spektroskopischer Analysenmethoden erbracht werden. Die als Spaltprodukte gebildeten Carbonyloxide sind trotz ihrer Mesomeriestabilisierung energiereiche Moleküle (vgl. Nitriloxide), die sich in verschiedener Weise stabilisieren können. Als wichtigste und häufigste Reaktion beobachtet man die Rekombination mit Aldehyden bzw. Ketonen. Monomere Ozonide entstehen jedoch in der Regel nur dann, wenn das gespaltene Alken mindestens ein H-Atom an der Doppelbindung trug. Tetraalkylsubstituierte Ethylene liefern ausschließlich Ketone, die weniger reaktiv sind und somit dem Zwitterion genügend Zeit zu Ausweichreaktionen lassen (Dimerisierung bzw. Polymerisierung, Umlagerung, Reaktion mit protonenaktiven oder nucleophilen Molekülen). Verwendet man anstelle der üblichen (inerten) Solventien Methanol oder Essigsäure als Lösungsmittel, läßt sich zumindest die Polymerisation der Carbonyloxide verhindern (⌒ Hydroperoxyether oder -ester).

Ozonide sind in reiner Form Flüssigkeiten oder Festkörper mit scharfem Siede- bzw. Schmelzpunkt. Es handelt sich um cyclische Peroxide, von denen einige zur explosionsartigen Zersetzung neigen. Das bei ihrer Hydrolyse freigesetzte Wasserstoffperoxid kann einen Teil der Aldehyde zu Carbonsäuren oxidieren. Man spaltet daher zweckmäßigerweise unter reduzierenden Bedingungen, z. B. mit Zinkstaub in Eisessig oder durch katalytische Hydrierung mit Palladium (5%) auf Calciumcarbonat (95%).

Der hier beschriebene, von Criegee stammende Mechanismus, wird durch viele experimentelle Befunde gestützt (Einbau externer Aldehyde, Kreuzionisierungen beim Zerfall unsymmetrisch gebauter Primärozonide). Die Entstehung zahlreicher Nebenprodukte läßt sich aufgrund der vielfältigen Reaktionsmöglichkeiten der Carbonyloxide ableiten. Der Mechanismus gibt keine Erklärung für die in einigen Fällen beobachtete Stereoselektivität der Ozonisierung. Ebenso unverständlich ist der Einbau von ^{18}O-Atomen aus externem Aldehyd in die Peroxidbrücke (und nicht die Etherbrücke!) der Ozonide. Diese und weitere noch offene Fragen haben inzwischen zu verschiedenen Erweiterungen und Modifikationen des Criegee-Mechanismus geführt (Bauld-Bailey- bzw. Kuczkowski-Schema), eine endgültige Klärung des Reaktionsverlaufs steht jedoch noch aus.

A Strukturaufklärung: Bestimmung der Lage von Doppelbindungen; Ozonisierung von Aromaten mit ungesättigter Seitenkette (Isoeugenol → Vanillin); Synthese sonst schwer zugänglicher Dialdehyde aus cyclischen Olefinen und Dienen (Cyclohexen → Adipindialdehyd)

L *C. Harries*, Liebigs Ann. Chem. **343**, 311 (1905).
L. Long, Chem. Rev. **27**, 437–493 (1940).
R. Criegee, Liebigs Ann. Chem. **583**, 1–36 (1953).
O. Bayer, Aldehyde durch Ozonspaltung von Kohlenstoff-Kohlenstoff-Doppelbindungen, in *Houben-Weyl-Müller*: Methoden der Organischen Chemie, 4. Aufl., Bd. VII/1, S. 333–345, Thieme, Stuttgart 1954.

A. Rieche, Angew. Chem. **70**, 251–266 (1958).
P. S. Bailey, Chem. Rev. **58**, 925–1010 (1958).
R. Criegee und *J. K. Sutherland*, Chem. Ind. **1961**, 1607–1609.
R. Huisgen, Angew. Chem. **75**, 631–634 (1963).
C. Bischoff und *A. Rieche*, Z. Chem. **5**, 97–103 (1965).
S. Fliszár und *J. Carles*, Can. J. Chem. **47**, 3921–3929 (1969).
S. Fliszár und *M. Granger*, J. Am. Chem. Soc. **92**, 3361–3369 (1970).
L. A. Hull, I. C. Hisatsune und *J. Heicklen*, J. Am. Chem. Soc. **94**, 4856–4864 (1972).
C. W. Gillies und *R. L. Kuczkowski*, J. Am. Chem. Soc. **94**, 6337–6343 (1972).
R. W. Murray und *A. Suzui*, J. Am. Chem. Soc. **95**, 3343–3348 (1973).
R. Crigee, Chem. in unserer Zeit **7**, 75–81 (1973).
R. P. Lattimer, R. L. Kuczkowski und *C. W. Gillies*, J. Am. Chem. Soc. **96**, 348–358 (1974).
P. Deslongchamps, P. Atlani, D. Fréhel, A. Malaval und *C. Moreau*, Can. J. Chem. **52**, 3651–3664 (1974).
R. Criegee, Angew. Chem. **87**, 765–771 (1975).
W. R. Wadt und *W. A. Goddard III*, J. Am. Chem. Soc. **97**, 3004–3021 (1975).
G. Klopman und *C. M. Joiner*, J. Am. Chem. Soc. **97**, 5287–5288 (1975).
P. C. Hiberty, J. Am. Chem. Soc. **98**, 6088–6092 (1976).
R. Huisgen, Chem. in unserer Zeit **12**, 49–55 (1978).
P. S. Bailey und *T. M. Ferrell*, J. Am. Chem. Soc. **100**, 899–905 (1978).
L. A. Hull, J. Org. Chem. **43**, 2780–2785 (1978).
P. S. Bailey, Ozonation in Organic Chemistry, in *Blomquist-Wasserman*: Organic Chemistry, vol. 39/1, Academic Press, New York 1978.
P. Kolsaker und *S. Børresen*, Acta Chem. Scand. **B 33**, 133–137 (1979).
Y. Yamamoto, E. Niki, H. Shiokawa und *Y. Kamiya*, J. Org. Chem. **44**, 2137–2142 (1979).
T. Yeysoglu, L. A. Mitscher und *J. K. Swayze*, Synthesis **1980**, 807–810.
H. Kühne, M. Forster, J. Hulliger, H. Ruprecht, A. Bauder und *H.-H. Günthard*, Helv. Chim. Acta **63**, 1971–1999 (1980).
P. S. Nangia und *S. W. Benson*, J. Am. Chem. Soc. **102**, 3105–3115 (1980).
G. D. Fong und *R. L. Kuczkowski*, J. Am. Chem. Soc. **102**, 4763–4768 (1980).
J.-S. Su und *R. W. Murray*, J. Org. Chem. **45**, 678–684 (1980).
D. Cremer, Angew. Chem. **93**, 934–935 (1981).
Y. Yamamoto, E. Niki und *Y. Kamiya*, J. Org. Chem. **46**, 250–254 (1981).
K. Griesbaum und *J. Neumeister*, Chem. Ber. **115**, 2697–2706 (1982).
C. Aronovitch, D. Tal und *Y. Mazur*, Tetrahedron Lett. **1982**, 3623–3626.

Peroxid-Effekt

Kharash

In Abwesenheit von Radikalen oder Radikalbildnern verläuft die Addition der Halogenwasserstoffsäuren an Olefine über einen Ionen-Mechanismus, wobei fast ausschließlich die nach der *Markownikoff-Regel* zu erwartenden Produkte entstehen. Durch ESR-spektroskopische Untersuchungen konnte gezeigt werden, daß in Gegenwart von Peroxiden oder Sauerstoff eine Radikalkettenreaktion stattfindet, die zur Bildung von "Anti-Markownikoff-Verbindungen" führt.

E Als Initiatoren werden solche Verbindungen eingesetzt, deren homolytische Spaltung bereits bei geringer Energiezufuhr erfolgt, beispielsweise Benzoylperoxid. Die Dissoziationsenergien der betreffenden Bindungen sind vorwiegend von sterischen Einflüssen sowie von der Stabilität der entstehenden Radikale abhängig. Letztere sind besonders energiearm, wenn das ungepaarte Elektron delokalisiert werden kann.

In der Startreaktion (Initiation) werden die nur mäßig reaktiven Bromatome gebildet, die als Kettenträger fungieren. Ihre Energie reicht jedoch aus, um die π-Bindung des Olefins anzugreifen. Sie wirken hierbei als elektrophiles Agens, da sie zur Ergänzung ihres Elektronen-Septetts ein weiteres Elektron benötigen.

Die Orientierung des eintretenden Halogens wird durch die Stabilität des neu entstehenden Radikals bestimmt. Da diese in der Reihenfolge tert. > sek. > prim. abnimmt, bindet das Bromatom an den endständigen Kohlenstoff und ermöglicht damit die Bildung des energetisch günstigeren sekundären Radikals. Die sich anschließende Aufnahme eines H-Atoms erfolgt daher entgegen der *Regel von Markownikoff*, d. h. der Wasserstoff reagiert mit dem C-Atom, das die meisten Alkylgruppen trägt.

Auch bei dem Ionen-Mechanismus der HBr-Addition ist das sekundäre Zwischenprodukt (Carbeniumion) stabiler als das primäre. Der Grund für die unterschiedliche Orientierung resultiert aus der Tatsache, daß der einleitende Angriff hier durch ein $H^{\oplus}$-Ion erfolgt, während beim Radikal-Mechanismus zunächst ein Bromatom bindet.

Die radikalische Addition von Fluor- bzw. Jodwasserstoffsäure an Olefine wurde bisher nicht beobachtet. Auch für Chlorwasserstoff sind nur wenige Beispiele bekannt. Als Ursachen sind die hohen Bindungsenergien und -polaritäten von H—F und H—Cl sowie die geringe Reaktivität der Jod-Radikale zu nennen. Beide Effekte bewirken einen stark endothermen Verlauf entsprechender Teilschritte in der Radikalkette.

An Stelle von Bromwasserstoff kann analog eine große Zahl anderer Verbindungen an Olefine addiert werden ($CHCl_3$, CBr_4, PCl_3, $SiHCl_3$, H_2S usw.). In einigen Fällen gelingen derartige Reaktionen auch an Acetylen, wobei teilweise durch zweifache Addition die gesättigten Verbindungen entstehen.

M

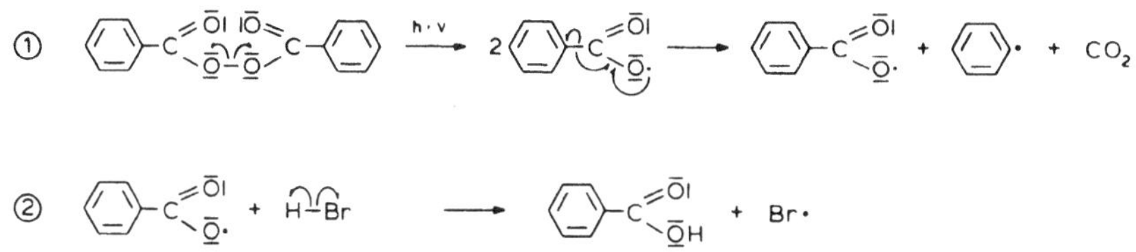

③ $\left\{\begin{array}{l} CH_3-CH=CH_2 + Br\cdot \longrightarrow CH_3-\dot{C}H-CH_2Br \\ CH_3-\dot{C}H-CH_2Br + H-Br \longrightarrow CH_3-CH_2-CH_2Br + Br\cdot \end{array}\right.$

④ $\left\{\begin{array}{l} 2\,CH_3-\dot{C}H-CH_2Br \longrightarrow CH_3-CH(CH_2Br)-CH(CH_2Br)-CH_3 \\ 2\,Br\cdot \longrightarrow Br-Br \end{array}\right.$

Initiator: O_2; $(CH_3)_3CO-OC(CH_3)_3$; $CH_3COO-OOCCH_3$; $CH_3-N=N-CH_3$; $(CH_3)_2C(CN)-N=N-C(CN)(CH_3)_2$

① Homolytischer Zerfall des Initiators ⌒ Radikale

② Ketten-Initiation

③ Ketten-Propagation

④ Rekombination freier Radikale (Abbruchreaktion)

A Addition von HBr (und HCl) an Olefine entgegen der *Regel von Markownikoff*

L *M. S. Kharasch, F. R. Mayo* und *M. C. McNab*, J. Am. Chem. Soc. **55**, 2468–2496; 2521–2533 (1933).
F. R. Mayo und *C. Walling*, Chem. Rev. **27**, 351–412 (1940).
E. Müller, Angew. Chem. **64**, 244–246 (1952).
C. Walling und *E. S. Huyser*, Org. React. **13**, 91–149 (1963).
F. W. Stacey und *J. F. Harris, jr.*, Org. React. **13**, 150–376 (1963).
G. Sosnovski, Free Radical Reactions in Preparative Organic Chemistry, S. 6–18, Macmillan, New York 1964.
E. S. Huyser, Free-Radical Chain Reactions, S. 139–171, Wiley-Interscience, New York 1970.
R. L. Huang, S. H. Goh und *S. H. Ong*, The Chemistry of Free Radicals, S. 145–170, Arnold, London 1974.
L. M. Harwood, M. Julia und *G. LeThuillier*, Tetrahedron **36**, 2483–2487 (1980).
J. Metzger, J. Hartmanns und *P. Köll*, Tetrahedron Lett. **1981**, 1891–1894.
S. Kojo und *S. Sano*, J. Chem. Soc., Perkin Trans. I **1981**, 2864–2870.
H. Morrison, D. Giacherio und *G. Pandey*, Tetrahedron Lett. **1982**, 3427–3430.

Pinakol → Pinakolon-Umlagerung

Vicinale Diole unterliegen bei der Behandlung mit Protonen- oder Lewis-Säuren einer Umlagerung zu Aldehyden bzw. Ketonen (ebenfalls gebräuchlich: Pinakol → Pinakolin). Eine Dehydratisierung zu konjugierten Dienen wird nur in seltenen Fällen beobachtet. Die Reaktion beruht auf der intermediären Bildung eines Carbeniumions, das sich durch anionotrope 1,2-Verschiebung eines Alkyl- oder Arylrestes stabilisiert. Der molekulare Verlauf der Gerüstumbildung entspricht somit völlig demjenigen der *Wagner-Meerwein-Umlagerung*.

M

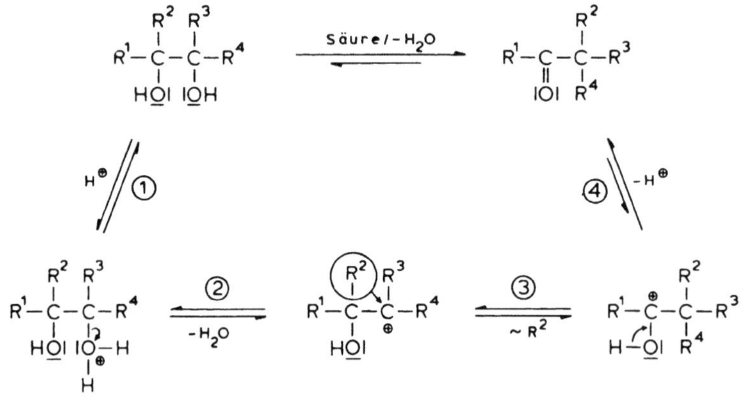

R:

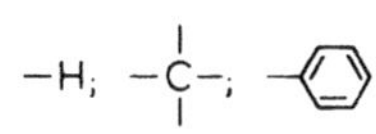

Säure: H_2SO_4; $HClO_4$; H_3PO_4; HCOOH; $(COOH)_2$; $ZnCl_2$; BF_3

E Vicinale Diole sind relativ leicht zugängliche Ausgangsmaterialien, so daß deren Umlagerung in Carbonylverbindungen häufig eine wertvolle Alternative zu den Standardverfahren der Aldehyd- und Keton-Synthesen darstellt. Pinakol selbst (Tetramethyl-ethylenglycol, R^1 bis R^4 = Methyl im obigen Formelschema) entsteht bei der reduktiven Dimerisierung von Aceton mit Natrium- oder Magnesiumamalgam in guten Aubeuten.

Bei der Behandlung mit Säuren verlieren die zweiwertigen Alkohole eine ihrer Hydroxylgruppen unter Bildung eines Carbeniumions. Die Abtrennung der OH-Funktion erfolgt stets so, daß das stabilere Kation gebildet wird. Damit ist die Richtung der Skelettumwandlung bereits festgelegt. Das resultierende Zwischenprodukt verfügt nur über ein Elektronen-Sextett am positiv geladenen Kohlenstoff und versucht daher, sich unter Auffüllung der Elektronenlücke zu stabilisieren. Dies geschieht durch anionotrope Wanderung eines in α-Stellung gebundenen Substituenten (Sextett-Umlagerung). Das Ausbleiben von "crossover"-Produkten bei der Umsetzung von Glycol-Gemischen beweist den intramolekularen Verlauf der 1,2-Verschiebung, d. h. R^2 (siehe Formelschema) wird nie vollständig vom Substrat gelöst. Die Umlagerungstendenz ist umso größer, je besser der wandernde Rest die positive Ladung am benachbarten C-Atom ausgleichen kann. Sie nimmt daher in der Reihenfolge

$$-H < -CH_3 < -C_2H_5 < -CH(CH_3)_2 < -C(CH_3)_3 < -C_6H_5$$

zu. Die 1,2-Verschiebung von Arylgruppen kann durch elektronenspendende Substituenten noch erleichtert werden (s. *Wagner-Meerwein*).

Da die Umlagerung noch vor der vollständigen Abtrennung der Austrittsgruppe beginnt, muß der Angriff am Sextett-Kohlenstoff von der zur $H_2O^{\oplus}$-Funktion entgegengesetzten Seite erfolgen. Diese Anforderung an die Molekülgeometrie ist insbesondere bei alicyclischen Substraten von Bedeutung, wie am Beispiel der isomeren 1,2-Dimethyl-1,2-cyclohexandiole zu erkennen ist:

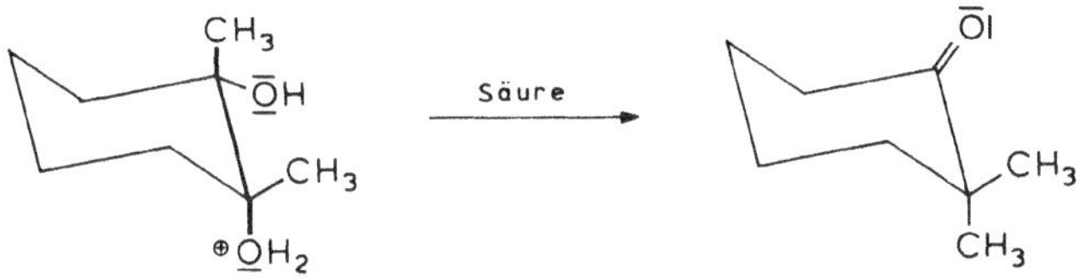

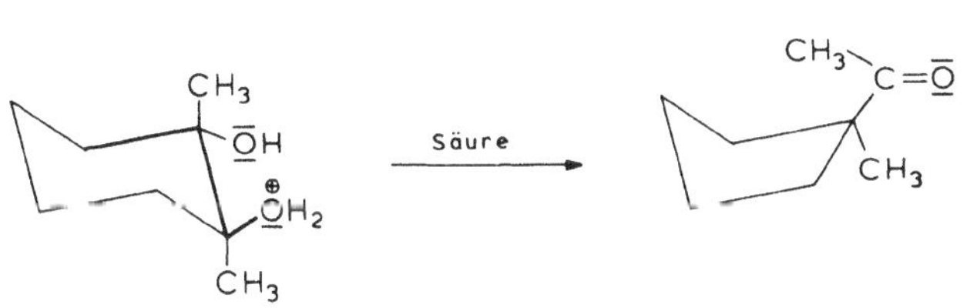

Ähnliche Umlagerungen von Alkyl- bzw. Arylresten werden auch bei anderen 1,2-disubstituierten Alkanen beobachtet. So liefern etwa α-Aminoalkohole unter dem Einfluß von salpetriger Säure in analoger Weise Aldehyde oder Ketone (vergleiche *Tiffeneau-Demjonov*).

---

① Protonierung ⌒ Erhöhung der Austrittstendenz

② Dehydratisierung, Bildung des stabileren Carbeniumions

③ Anionotrope Umlagerung (1,2-Verschiebung)

④ Deprotonierung ⌒ Aldehyd bzw. Keton

A Verengung und Erweiterung alicyclischer Ringsysteme durch Umlagerung cyclischer Pinakole (Dimethylcyclopentylglycol → Dimethylcyclohexanon); Synthese von Spiroverbindungen (Cyclopentanon → spiro[4,5]Decan-6-on); Derivatisierung von Steroiden.

L *R. Fittig*, Liebigs Ann. Chem. **110**, 17–23 (1859).
A. Butlerow, Liebigs Ann. Chem. **170**, 151–162 (1873).
H. Meerwein und *W. Unkel*, Liebigs Ann. Chem. **376**, 152–163 (1910).
M. Tiffeneau, Helv. Chim. Acta **21**, 404–431 (1938).
C. J. Collins, Q. Rev., Chem. Soc. **14**, 357–377 (1960).
Y. Pocker, Pinacolic Rearrangements, in *deMayo*: Molecular Rearrangements, vol. I, S. 15–25, Wiley-Interscience, New York 1963.
C. J. Collins und *J. F. Eastham*, The Pinacol Rearrangements, in *Patai*: The Chemistry of the Carbonyl Group, vol. I, S. 762–767, Wiley-Interscience, London 1966.
Y. Pocker, *B. P. Ronald*, J. Am. Chem. Soc. **92**, 3385–3392 (1970).
B. P. Mundy und *R.-D. Otzenberger*, J. Chem. Educ. **48**, 431–432 (1971).
D. Dieterich, Ketone durch Umlagerung von vic. Glycolen unter Veränderung des Kohlenstoffgerüstes, in *Houben-Weyl-Müller*: Methoden der Organischen Chemie, 4. Aufl., Bd. VII/2a, S. 1016–1034, Thieme, Stuttgart 1973.
K. Tamura und *T. Moriyoshi*, Bull. Chem. Soc. Jpn. **47**, 2942–2947 (1974).
S.-C. Chen, Synthesis **1974**, 701–703.
R. D. Bowen und *D. H. Williams*, J. Chem. Soc., Perkin Trans. II **1978**, 68–71.
B. P. Mundy und *R. Srinivasa*, Tetrahedron Lett. **1979**, 2671–2672.
B. P. Mundy, *R. Srinivasa*, *R. D. Otzenberger* und *A. R. DeBernardis*, Tetrahedron Lett. **1979**, 2673–2676.
A. Maguestiau, *R. Flammang*, *M. Flammang-Barbieux*, *H. Mispreuve*, *I. Howe* und *J. H. Beynon*, Tetrahedron **36**, 1993–1998 (1980).

Pyrrol-Synthese

Paal-Knorr; Hantzsch

Die **Paal-Knorr-Synthese** von Pyrrolen besteht in der cyclisierenden Kondensation von γ-Dicarbonylverbindungen mit Ammoniak oder primären Aminen. Es handelt sich um ein präparativ einfaches Verfahren, dessen Anwendungsbereich praktisch nur durch die Zugänglichkeit der Dialdehyde bzw. Diketone limitiert ist. Man erhält die entsprechend substituierten Heterocyclen in meist recht guten Ausbeuten. Pyrrol selbst kann aus Succindialdehyd dargestellt werden. (s. auch *Knorr; Pyrrol-Synthese*)

E Die Cyclisierung von 1,4-Dicarbonylverbindungen ist eine sehr vielseitige Methode zur Darstellung fünfgliedriger Heterocyclen. So führt die Verwendung von Hydroxylamin oder Hydrazin zur Bildung der N-Hydroxy- bzw. N-Aminopyrrole. Ersetzt man das Amin durch Phosphorpentoxid oder Phosphorpentasulfid, entstehen Derivate des Furans bzw. Thiophens. Die treibende Kraft dieser Synthesen ist die Ausbildung des aromatischen Systems im jeweiligen Endprodukt.

Die Ausbeute an Pyrrolen läßt sich in vielen Fällen durch Zusatz von Titan(IV)-chlorid als Katalysator steigern. Letzteres erhöht als Lewis-Säure die Elektrophilie des Carbonyl-Kohlenstoffs und bindet gleichzeitig das bei der Reaktion gebildete Wasser.

M

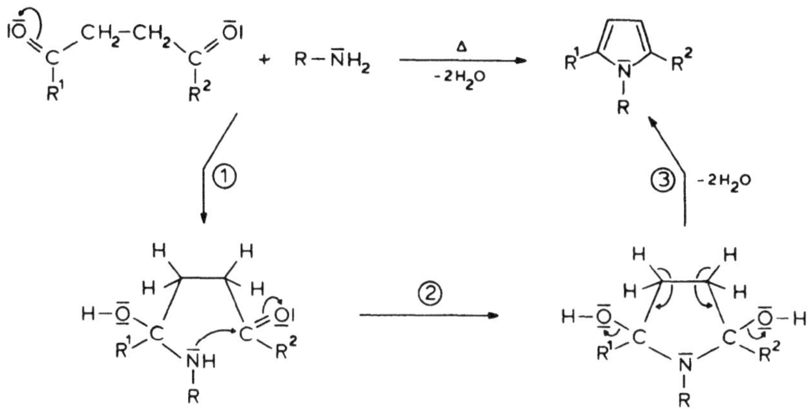

R: $-H$; $-\overset{|}{\underset{|}{C}}-$; $-OH$; $-NH_2$

①,② Nucleophile Addition

③ Eliminierung von Wasser ⌒ aromatisches System

A Synthese sterisch gehinderter und gespannter Pyrrol-Derivate; Cyclisierung alicyclischer Ketone; Darstellung pharmakologisch wirksamer Pyrrol-Abkömmlinge

Die Pyrrol-Synthese nach Hantzsch

Die Umsetzung von α-Halogenketonen mit β-Ketoestern in Gegenwart von Ammoniak oder primären Aminen führt ebenfalls zur Bildung substituierter Pyrrole. Die enge Verwandtschaft mit der *Knorr-Synthese* drückt sich dabei auch in der Vielseitigkeit dieser Methode aus. Durch Kombination verschiedenster Ausgangsverbindungen wird eine große Zahl von Pyrrol-Derivaten zugänglich.

E Wie die *Knorr-Synthese* verläuft auch das Verfahren nach Hantzsch über ein Enamin als Zwischenstufe, dessen Doppelbindung zum nucleophilen Angriff am jeweiligen Reaktionspartner befähigt ist. Dabei kann die Esterfunktion der Stickstoffkomponente in einigen Fällen auch durch Nitrilgruppen ersetzt werden. Die gebildeten Kondensationsprodukte wurden anhand kristallisierter Analoga eindeutig als Pyrrol-Vorläufer charakterisiert.

Der präparative Wert dieser Darstellungsmethode wird jedoch durch die konkurrierende Bildung von Furan-Derivaten eingeschränkt. Diese entstehen bei der direkten Reaktion beider Carbonylverbindungen. In diesem Falle fungiert das Amin als Akzeptor für die gebildete Salzsäure und beteiligt sich nur teilweise an der Kondensation.

M

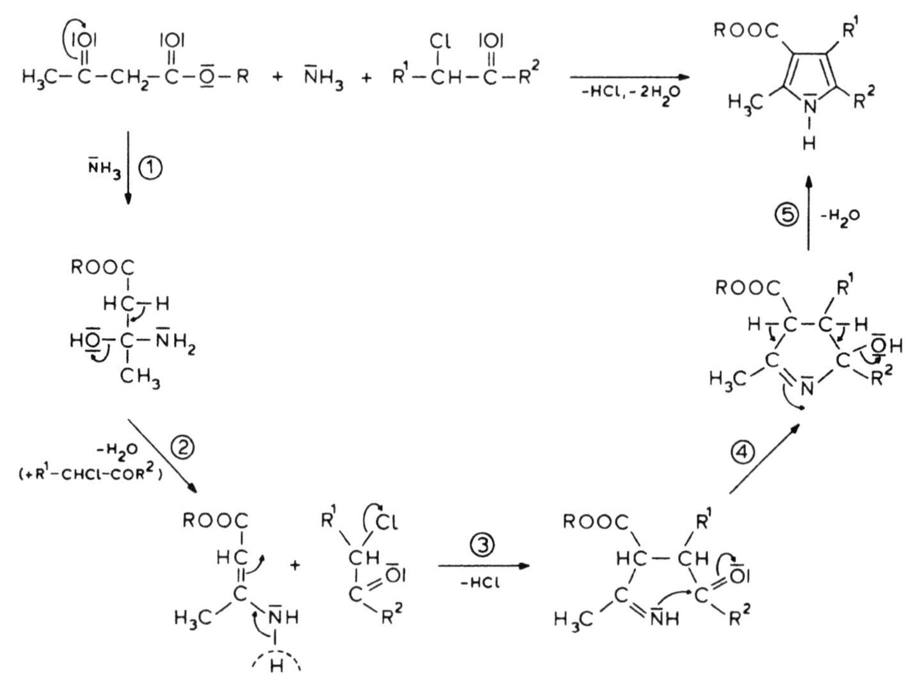

① Nucleophile Addition der Aminkomponente
② β-Eliminierung von Wasser
③ β-Alkylierung des Enamins
④ Intramolekulare nucleophile Addition ⌒ Ringschluß
⑤ Dehydratisierung, Ausbildung des aromatischen Systems

A Synthese 2,4,5-Tri- und 2,5-Dialkyl-substituierter Pyrrol-3-carbonsäureester; Darstellung von Pyrrolen mit freier 5-Position durch Umsetzung von α-Halogenaldehyden

L

C. Paal, Ber. Dtsch. Chem. Ges. **18**, 367–371 (1885).
L. Knorr, Ber. Dtsch. Chem. Ges. **18**, 299–311; 1568–1569 (1885).
A. Hantzsch, Ber. Dtsch. Chem. Ges. **23**, 1474–1476 (1890).
H. Fischer und *H. Orth*, Die Chemie des Pyrrols, Bd. I, S. 2–6; 231–236, Akademische Verlagsgesellschaft, Leipzig 1934.
E. Baltazzi und *L. I. Krimen*, Chem. Rev. **63**, 517–556 (1963).
H. S. Broadbent, W. S. Burnham, R. K. Olsen und *R. M. Sheeley*, J. Heterocycl. Chem. **5**, 757–767 (1968).
A. Gossauer, Die Chemie der Pyrrole, S. 224–225; 239–244, Springer, Berlin 1974.
R. A. Jones und *G. P. Bean*, The Chemistry of Pyrroles, in *Blomquist-Wasserman*: Organic Chemistry, vol. 34, S. 58–61; 77–79, Academic Press, London 1977.
A. H. Jackson, Pyrroles, in *Barton-Ollis*: Comprehensive Organic Chemistry, vol. IV, S. 298–299, Pergamon Press, Oxford 1979.
H. Quast, W. von der Saal und *J. Stawitz*, Angew. Chem. **93**, 619–620 (1981).
siehe auch unter *Knorr, Pyrrol-Synthese*

Selendioxid-Oxidation

Selendioxid ist als Oxidationsmittel vor allem zur Überführung von Aldehyden und Ketonen in 1,2-Dicarbonylverbindungen von Bedeutung. Weitere wichtige Anwendungsmöglichkeiten sind die Synthese 2,3-ungesättigter 1,4-Diketone aus den gesättigten Dicarbonylen sowie die Oxidation aromatischer Kohlenstoff-Seitenketten. Allgemein sind als Substrate solche Verbindungen geeignet, die über eine reaktive Methyl- bzw. Methylengruppe verfügen. Die Selektivität ist gering, da bereits schwach aktivierte Alkylreste angegriffen werden.

M

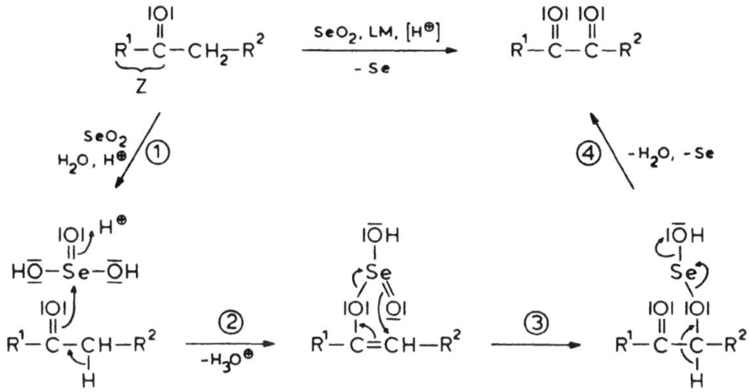

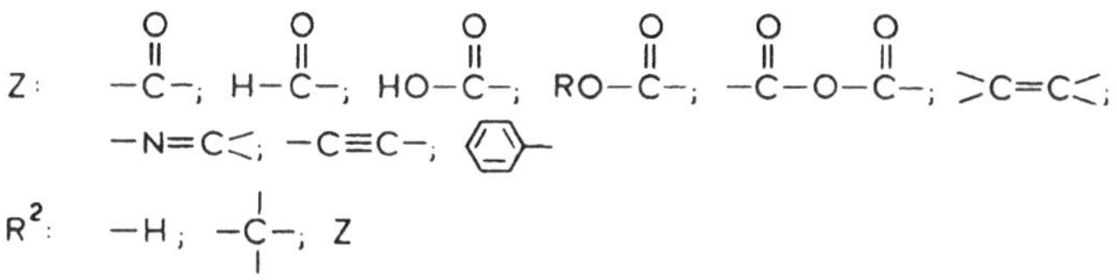

LM: Wasser; Ethanol; Essigsäure; Acetanhydrid; Dioxan; Xylol; Pyridin

① Bildung von seleniger Säure

② Elektrophile Substitution ⌒ Selen(IV)-ester

③ Umlagerung ⌒ Selen(II)-ester

④ Hydrolyse, Oxidation

E Selendioxid löst sich sehr leicht in protischen Solventien wie Wasser, Alkohole oder Carbonsäuren unter Bildung von seleniger Säure (H_2SeO_3), Dialkylseleniten [$(RO)_2SeO$] bzw. gemischten Anhydriden (RCO_2SeO_2H). Es ist sehr wahrscheinlich, daß das Oxidationsmittel erst in Form dieser Derivate auf die betreffenden Substrate einwirkt. In hydroxylgruppenfreien Solventien ist das Oxid unlöslich. Solvolyseempfindliche Ausgangsmaterialien, die auch die Beimengung protischer Lösungsmittel nicht zulassen, müssen daher – oft unter erheblichen Ausbeuteverlusten – in heterogener Phase umgesetzt werden.

Im wäßrigen Medium addiert sich die selenige Säure unter dem katalytischen Einfluß von Protonen [⌒ $(HO)_3Se^{\oplus}$] elektrophil an den Carbonylsauerstoff des Reaktionspartners. Mit der Umlagerung des resultierenden Selen(IV)-esters erniedrigt sich die Oxidationsstufe des Se-Atoms. Es entsteht ein instabiler Selen(II)-ester, der in elementares Selen, Wasser und die entsprechende Carbonylverbindung zerfällt.

Im allgemeinen werden Methylreste durch Selendioxid leichter oxidiert als Methylengruppen. Aus Methylethylketon entsteht daher vorwiegend Ethylglyoxal (CH_3CH_2COCHO). Besonders reaktiv sind CH_3-Gruppen in Nachbarschaft zur -C=N-Funktion (2,3-Dimethylchinolin → 3-Methylchinolin-2-aldehyd).

Vermutlich treten auch bei der Dehydrierung von 1,4-Diketonen Selen(IV)-ester als Zwischenstufen auf. Die Olefinbildung erfolgt leichter, wenn die abzuspaltenden Wasserstoffatome in cis-Stellung zueinander fixiert sind (cyclische Ketone!). Substrate mit C-C-Mehrfachbindungen werden in α-Stellung zum ungesättigten Zentrum oxidiert. In der Regel erhält man ungesättigte Alkohole, nur in wenigen Fällen (Ethylen → Glyoxal) entstehen Aldehyde.

Das Gelingen der Selendioxid-Oxidation ist in hohem Maße von der Beschaffenheit des Oxidationsmittels abhängig. Bewährt hat sich die Verwendung des frisch hergestellten, sofort sublimierten Oxids. Gelegentlich wurden auch wäßrige Lösungen von seleniger Säure mit gutem Erfolg eingesetzt. Die Umsetzungen verlaufen meist bei Temperaturen unter 100°C.

A Naturstoffchemie: Synthese cyclischer α-Diketone (Campher → Campherchinon, 3-Oxocholestan → 2,3-Dioxocholestan); Darstellung von Chinonen (Anthracen → Anthrachinon); milde Oxidation von Olefinen in Allyl-Position

L *H. L. Riley, J. F. Morley* und *N. A. C. Friend*, J. Chem. Soc. **1932**, 1875–1883.

G. Stein, Oxydation mit Selendioxyd, in *Foerst*: Neuere Methoden der Präparativen Organischen Chemie, Bd. I, S. 1–20, Verlag Chemie, Berlin 1943.

G. R. Waitkins und *C. W. Clark*, Chem. Rev. **36**, 235–289 (1945).

N. Rabjohn, Org. React. **5**, 331-349 (1949).

O. Bayer, Oxydation mit Selendioxyd, in *Houben-Weyl-Müller*: Methoden der Organischen Chemie, 4. Aufl., Bd. VII/1, S. 146–150, Thieme, Stuttgart 1954.

J. P. Schaefer, B. Horvath und *H. P. Klein*, J. Org. Chem. **33**, 2647–2655 (1968).

E. N. Trachtenberg, Selenium Dioxide Oxidation, in *Augustine*: Oxidation, vol. I, S. 119–187, Dekker, New York 1969.

E. N. Trachtenberg, C. H. Nelson und *J. R. Carver*, J. Org. Chem. **35**, 1646–1653; 1653–1658 (1970).

H. O. House, Modern Synthetic Reactions, 2nd ed., S. 407–411, Benjamin, Menlo Park 1972.

H.-J. Kabbe, Ketone durch Oxidation von Methylen-Gruppen, in *Houben-Weyl-Müller*: Methoden der Organischen Chemie, 4. Aufl., Bd. VII/2a, S. 686–688, Thieme, Stuttgart 1973.

W. Carruthers, Some Modern Methods of Organic Synthesis, 2nd ed., S. 228; 335–336, Cambridge University Press, Cambridge 1978.

M. A. Warpehoski, B. Chabaud und *K. B. Sharpless*, J. Org. Chem. **47**, 2897–2900 (1982).

Querverweise

Sie sollen Namen und Reaktionen finden helfen, die nicht im Inhaltsverzeichnis genannt sind.

GPSR Compliance

The European Union's (EU) General Product Safety Regulation (GPSR) is a set of rules that requires consumer products to be safe and our obligations to ensure this.

If you have any concerns about our products, you can contact us on ProductSafety@springernature.com

In case Publisher is established outside the EU, the EU authorized representative is:

Springer Nature Customer Service Center GmbH
Europaplatz 3
69115 Heidelberg, Germany

Batch number: 10577876

Printed by Printforce, the Netherlands